## 電験三種に関係する組立単位

| 量と量記号 | 単 位 | 記 号 | 基本・補助単位で表した単位 |
|---|---|---|---|
| 周波数 $f$ | ヘルツ | Hz | $1/s$ |
| 力 $F$ | ニュートン | N | $kg\,m/s^2$ |
| 熱量, 仕事, エネルギー $W$ | ジュール | J | $J = Nm = kg\,m^2/s^2 = Ws$ |
| 工率(仕事率), 電力 $P$ | ワット | W | $W = J/s = kg\,m^2/s^3$ |
| 圧力, 応力 $P$ | パスカル | Pa | $N/m^2 = kg/m\,s^2$ |
| 電気量, 電荷 $Q$ | クーロン | C | $As$ |
| 電圧, 起電力 $E$ | ボルト | V | $V = W/A = kg\,m^2/s^3 A$ |
| 電界の強さ $E$ | ボルト/メートル* | V/m | $V/m = kg\,m/s^3 A$ |
| 電気抵抗 $R$ | オーム | Ω | $\Omega = V/A = kg\,m^2/s^3 A^2$ |
| 静電容量 $C$ | ファラド | F | $F = C/V = A^2 s^4/kg\,m^2$ |
| 磁束 $\phi$ | ウェーバ | Wb | $Wb = Vs = kg\,m^2/s^2 A$ |
| 磁束密度 $B$ | テスラ | T | $T = Wb/m^2 = kg/s^2 A$ |
| 磁界の強さ $H$ | アンペア/メートル* | A/m | $A/m$ |
| インダクタンス $L$ | ヘンリー | H | $H = Wb/A = kg\,m^2/s^2 A^2$ |
| 起磁力 $F$ | アンペア | A | $A$ |
| 光束 $F$ | ルーメン | lm | $lm = cd\,sr$ |
| 照度 $E$ | ルックス | lx | $lx = lm/m^2 = cd\,sr/m^2$ |
| 輝度 $L$ | カンデラ/平方メートル* | $cd/m^2$ | $cd/m^2$ |
| コンダクタンス $g$ | ジーメンス | S | $s = 1/\Omega = A^2 s^3/kg\,m^2$ |

*印：名称自体も組み立てられている単位，量記号は一般的に使われているものを示す．

## 基本単位と角度の単位（旧補助単位）

| 単位種別 | 量 | 単 位 | 記 号 |
|---|---|---|---|
| 基本単位 | 長さ | メートル | m |
| | 質量 | キログラム | kg |
| | 時間 | 秒 | s |
| | 物質量 | モル | mol |
| | 電流 | アンペア | A |
| | 温度 | ケルビン | K |
| | 光度 | カンデラ | cd |
| 角度の単位 | 平面角 | ラジアン | rad |
| | 立体角 | ステラジアン | sr |

# 電験三種 合格一直線 法規

菅原秀雄 著

本書を発行するにあたって，内容に誤りのないようできる限りの注意を払いましたが，本書の内容を適用した結果生じたこと，また，適用できなかった結果について，著者，出版社とも一切の責任を負いませんのでご了承ください．

---

本書は，「著作権法」によって，著作権等の権利が保護されている著作物です．本書の複製権・翻訳権・上映権・譲渡権・公衆送信権（送信可能化権を含む）は著作権者が保有しています．本書の全部または一部につき，無断で転載，複写複製，電子的装置への入力等をされると，著作権等の権利侵害となる場合があります．また，代行業者等の第三者によるスキャンやデジタル化は，たとえ個人や家庭内での利用であっても著作権法上認められておりませんので，ご注意ください．

本書の無断複写は，著作権法上の制限事項を除き，禁じられています．本書の複写複製を希望される場合は，そのつど事前に下記へ連絡して許諾を得てください．

（社）出版者著作権管理機構
（電話 03-3513-6969，FAX 03-3513-6979，e-mail：info@jcopy.or.jp）

JCOPY ＜（社）出版者著作権管理機構 委託出版物＞

## ■正誤表

「電験三種合格一直線　法規」（平成 24 年 11 月 28 日第 1 版第 1 刷）

| 頁・該当箇所 | 誤 | 正 |
|---|---|---|
| p. 2<br>図 1.1 | 維持，運用の規則 | 維持，運用の規制 |
| p. 26<br>例題 2.2 | [解] より線の断面積 $S$ は，素線径を $d$，素線数を $n$ とすると，(2.1)式から，<br>$$S = \frac{\pi}{4}d^2 n = \frac{\pi}{4} \times 2.3^2 \times 19 \fallingdotseq 80 [\text{mm}^2]$$<br>よって，最低引張強さ $T$ は，素線の断面積当たりの引張強さを $\sigma$，素線数を $n$，引張強さ現象係数を $k$ とすると，(2.1)式から，<br>$T = \sigma \cdot S \cdot n \cdot k = 1.23 \times 80 \times 19 \times 0.9 \fallingdotseq 1\,683 [\text{kN}]$<br>[答]　1 683 [kN] | [解] 素線の断面積 $S$ は，素線径を $d$ とすると，<br>$$S = \frac{\pi}{4}d^2 = \frac{\pi}{4} \times 2.3^2 \fallingdotseq 4.155 [\text{mm}^2]$$<br>よって，最低引張強さ $T$ は，素線の断面積当たりの引張強さを $\sigma$，素線数を $n$，引張強さ現象係数を $k$ とすると，(2.1)式から，<br>$T = \sigma \cdot S \cdot n \cdot k = 1.23 \times 4.155 \times 19 \times 0.9 \fallingdotseq 87.4 [\text{kN}]$<br>[答]　87.4 [kN] |
| p. 38<br>[解]の式中 | $\therefore 25 \geqq \dfrac{100 R_D}{30 + R_D} \rightarrow 750 + 25 R_D \geqq 100 R_D$<br>$750 \geqq 75 R_D \quad \therefore R_D \leqq 10 [\Omega]$<br>[答]　10 Ω 以下 | $\therefore 50 \geqq \dfrac{100 R_D}{30 + R_D} \rightarrow 1\,500 + 50 R_D \geqq 100 R_D$<br>$1\,500 \geqq 50 R_D \quad \therefore R_D \leqq 30 [\Omega]$<br>[答]　30 Ω 以下 |
| p. 162<br>(5.32)式 | $kT_2 > T_1 + T_{CB1}$ | $kT_0 > T_1 + T_{CB1}$ |
| p. 189<br>問 16 | 問 16　(答)・(1)<br>…3.2.3 項の 1 参照． | 問 16　(答)・(5)<br>…3.2.4 項の 1 参照． |
| p. 197<br>左段上から 9 行目 | …，第 5 条第 1 項の規程 | …，第 5 条第 1 項の規定 |
| p. 205<br>右段上から 6 行目 | 3　最後部の地表からの… | 3　最高部の地表からの… |
| p.207　左段<br>**移動用発電設備** | 貨物自動車等に接地される又 | 貨物自動車等に設置される又 |

平成 26 年 10 月 1 日，オーム社

# まえがき

　私達の社会生活を維持するためには，いろいろなシステムが必要ですが，これらの社会システムの中でも重要な基盤をなすのが電気です．しかし，電気は非常に便利な反面，その取り扱いを誤れば，感電，電気火災などの事故につながりかねません．これらを防止するために，電気保安の根幹を規定する電気事業法では，特に危険度の高い「事業用電気工作物」について，電気に関する知識及び技能を有する者を「電気主任技術者」として選任し，その者が事業用電気工作物の工事，維持及び運用の保安と監督を行うように規定しています．

　電気主任技術者とは国家試験に合格し，主任技術者免状が与えられた者を指します．この中で，「電験三種」は，第三種電気主任技術者試験の略称です．電験三種の社会的ニーズは高く，人気のある国家資格です．ここ10年で見ても，毎年の受験者は，4～5万人で推移しています．一方，この試験は難関であり，全科目合格者数は4千人前後，率にして10％以下です．その理由は，範囲が広く内容も高度なためです．よって，電験三種の合格者は，電気に関する幅広い知識，技能を有する技術者として高く評価されています．

　本シリーズは，電験三種の受験科目に対応する「理論」「機械」「電力」「法規」の4巻で構成された受験対策書です．オーム社の雑誌「新電気」の別冊付録として評価をいただいた「いもづる式」シリーズがその母体です．法規科目を扱う本巻は，2011年7月に全文改正された電気設備技術基準の解釈（解釈）をフォローアップして，その内容及び構成を大幅に見直しました．本書は類書とは一味違う下記のような特色があります．

(1) 電気設備技術基準（電技）及び解釈の部分は，解釈の章立てに合わせて3章に区分し，読みやすさに配慮している．また，条文のみで理解しにくい部分については，詳しい解説を掲載した．

(2) 演習問題を豊富に用意し，問題解法の応用能力が付くように「解き方の手順」を重視した解答を示している．また，練習問題も最近の重要問題を選定している．

(3) 最近の出題傾向として，電技の条文そのものからよく出題されるので，関係する条文を付録1に収録している（条文の読み方にも触れた）．また，電技や解釈で定義されている用語についても付録2にまとめ，読者の便を図っている．

(4) 電気施設管理については，最近の出題傾向を踏まえて，少し進んだ部分も含めて実力が付くように詳しく説明している．

(5) 主任技術者や工事技術者として，実際に役立つ内容を豊富に記載しているので，末永く使用できる．

　学問に王道はありません．また，「継続は力なり」です．「急がば回れ」ともいいます．本シリーズをじっくり取り組まれることが，結局は「合格一直線」になります．また，本書は少し程度の高い部分も含んでいますので，三種合格後の二種受験にも十分に活用できます．末永くご愛読をお願いするとともに，皆様の三種合格を祈念します．

　最後に，本シリーズの基となる「いもづる式」以来お世話になった「新電気」編集部の各位に厚く御礼を申し上げます．

2012年11月

菅原　秀雄

# 本書の活用法

1. 「法規科目」は，電気関係法規，電気設備技術基準，電気施設管理の3本柱により構成されますが，電験三種4科目の中で特に電気主任技術者の業務と関連しています．電気施設の工事，維持，運用を行う場合に，本科目の知識が不可欠になります．
2. 学習に当たっては，以下の点に注意してください．
   ① 電気関係法規(第1章)については，電気事業法の自家用電気工作物の保安に対する規制を中心にして，要点を押さえてください．
   ② 電気設備技術基準(電技)については，第2章～第4章の全3章に分けて解説しています．法規科目の出題は，電技およびその解釈からの出題が全体の70%以上を占めます．学習の中心は，この部分に置くようにしてください．学習の順序は，第2章→第3章→第4章が基本です．
   ③ 電技の学習では，付録1の電技の条文の熟読を折に触れて必ず行ってください．また，付録2の用語集も活用してください．
   ④ 電気施設管理(第5章)の分野は，「電力科目」などの応用ですので，十分に内容が把握できないときは，「電力」や「機械」の復習を行ってください．B問題の計算問題については，十分に演習するようにしましょう．
3. 理解できない箇所は繰り返し学習し，不得手な部分をなくしましょう．とにかく，「まえがき」にも述べましたが，わかるまで何回も精読をお願いします．なお，★の付いた項目はやや程度が高いので，とりあえず省略されても構いません．
4. 各章の扉には，ポイントと必須項目がまとめてあります．学習の目標設定や，理解度の確認のために活用しましょう．
5. 学習の成果を例題や各節ごとの演習問題により試してください．演習問題は，重要問題を精選しています．必ず，わかるまで問題を解くようにしてください．解答のみを見て済ますことは絶対に避けてください．
6. 一応の理解ができた段階では，各章の練習問題に取り組んでください．この際，参考書などを一切見ずに問題を解くようにしましょう．解答と照らし合わせて，できなかったところは，もう一度本文で学習した後に再挑戦しましょう．
7. 学習を進めるに当たり，読者各位が自分のノートを作成し，問題演習や要点整理を行うことをお勧めします．格段にあなたの実力はアップします．何よりも，目→頭→手→頭の反復が大切です．
8. 本書は，オーム社の電験三種受験と電気技術の専門誌「新電気」とタイアップしています．読者から寄せられた疑問点，不明な点などは，適宜，新電気誌上でも解説を行う予定です．

【注】 1. 本書では，「電気設備に関する技術基準を定める省令」(電気設備技術基準)は「電技」，「電気設備の技術基準の解釈」は「解釈」と略称する．
2. 本文を読みやすくするため，条文に「ただし書き」等の例外規定が含まれる場合，そのただし書きを省略し，「原則として…」のような表現に替えている部分がある．また，列挙された該当事項の一部を省略し，「…等」という短い表現にまとめている部分がある．

# 目 次

まえがき …………………………………… Ⅲ
本書の活用法 ……………………………… Ⅳ
目　次 ……………………………………… Ⅴ

## 第1章　電気関係法規 ………………… 1
### 1.1 節　電気事業法 ………………… 2
1.1.1　電気事業法の目的 ……………… 2
1.1.2　電気工作物とは ………………… 2
1.1.3　電気工作物の種類 ……………… 2
1.1.4　電気工作物の規制 ……………… 4
1.1.5　工事計画 ………………………… 5
1.1.6　主任技術者 ……………………… 6
1.1.7　保安規程 ………………………… 8
1.1.8　技術基準 ………………………… 8
1.1.9　電気関係の報告 ………………… 8
1.1.10　電圧，周波数の維持 …………… 10
1.1.11　電気の使用制限 ………………… 10
1.1.12　立入検査 ………………………… 11
### 1.2 節　その他の法規 ………………… 13
1.2.1　電気工事士法 …………………… 13
1.2.2　電気工事業法 …………………… 14
1.2.3　電気用品安全法 ………………… 15
練習問題 ……………………………………… 17

## 第2章　電気設備技術基準・解釈Ⅰ
　　　　　（総則，発変電所）………… 21
### 2.1 節　共通事項 …………………… 22
2.1.1　電技及び解釈 …………………… 22
2.1.2　電　圧 …………………………… 23
2.1.3　電　線 …………………………… 24
2.1.4　電路の絶縁 ……………………… 26
2.1.5　接地工事 ………………………… 29
2.1.6　混触の危険防止措置 …………… 33
### 2.2 節　機械及び器具 ………………… 39

2.2.1　電気機械器具 …………………… 39
2.2.2　過電流遮断器 …………………… 42
2.2.3　地絡遮断装置 …………………… 45
2.2.4　避雷器 …………………………… 46
### 2.3 節　発変電所 …………………… 50
2.3.1　発変電所の定義 ………………… 50
2.3.2　発電所等の立入防止 …………… 50
2.3.3　発電機等の保護 ………………… 52
2.3.4　変圧器，調相設備の保護 ……… 53
2.3.5　常時監視をしない発変電所 …… 54
2.3.6　公害等の防止 …………………… 56
練習問題 ……………………………………… 59

## 第3章　電気設備技術基準・解釈Ⅱ
　　　　　（電線路）………………… 65
### 3.1 節　架空電線路 ………………… 66
3.1.1　電線路全般の共通事項 ………… 66
3.1.2　架空電線路の保安原則 ………… 68
3.1.3　架空電線路の荷重 ……………… 69
3.1.4　架空電線路の支持物等 ………… 71
3.1.5　低高圧架空電線路 ……………… 75
3.1.6　特別高圧架空電線路 …………… 79
### 3.2 節　その他の電線路等 …………… 89
3.2.1　本節の電線路の保安原則 ……… 89
3.2.2　屋側・屋上電線路 ……………… 89
3.2.3　引込線 …………………………… 91
3.2.4　地中電線路 ……………………… 92
3.2.5　特殊場所の電線路 ……………… 94
3.2.6　電力保安通信設備 ……………… 95
3.2.7　電気鉄道等 ……………………… 96
練習問題 ……………………………………… 98

## 第4章　電気設備技術基準・解釈Ⅲ
　　　　　（電気使用場所）………… 103

4.1節　電気使用場所の施設 ……… 104
　4.1.1　電気使用場所の通則 ………… 104
　4.1.2　低圧配線の電線 ……………… 106
　4.1.3　開閉器，幹線，分岐回路 …… 108
　4.1.4　電気使用場所の電気機械器具 112
4.2節　配線等の施設 ………………… 117
　4.2.1　低圧屋内配線工事の種類 …… 117
　4.2.2　屋内配線工事の施設方法 …… 120
　4.2.3　低圧屋外・屋側配線工事 …… 122
　4.2.4　低圧配線と他物との接近・交差 122
　4.2.5　高圧・特高配線 ……………… 123
　4.2.6　特殊な配線の施設 …………… 124
　4.2.7　移動電線，接触電線 ………… 125
4.3節　特殊場所，特殊機器の施設 … 129
　4.3.1　特殊場所の施設制限 ………… 129
　4.3.2　危険場所の施設方法 ………… 129
　4.3.3　その他の特殊場所等 ………… 132
　4.3.4　特殊機器の施設制限 ………… 132
　4.3.5　特殊機器等の施設方法 ……… 132
　4.3.6　小出力発電設備 ……………… 139
4.4節　国際規格，分散電源の連系 … 141
　4.4.1　国際規格の取り入れ ………… 141
　4.4.2　分散型電源の系統連系 ……… 143
練習問題 ………………………………… 149

## 第5章　電気施設管理 …………… 155
5.1節　配電施設の管理 ……………… 156
　5.1.1　配電施設の計画 ……………… 156
　5.1.2　力率改善 ……………………… 157
　5.1.3　変圧器の効率 ………………… 159
　5.1.4　自家用受変電設備 …………… 161
　5.1.5　電気設備の保守・点検 ……… 163
　5.1.6　高調波及びフリッカ ………… 165
5.2節　発電施設の管理 ……………… 171
　5.2.1　負荷曲線と電源設備 ………… 171
　5.2.2　各種発電方式の特徴 ………… 171
　5.2.3　発電原価 ……………………… 172
　5.2.4　水力発電所の運用 …………… 173
　5.2.5　負荷周波数制御 ……………… 174
　5.2.6　電圧調整 ……………………… 175
練習問題 ………………………………… 179

**練習問題　解答** …………………… 185
　第1章　電気関係法規 ……………… 185
　第2章　電技解釈Ⅰ(総則，発変電所) 186
　第3章　電技解釈Ⅱ(電線路) ……… 188
　第4章　電技解釈Ⅲ(電気使用場所) … 190
　第5章　施設管理 …………………… 191

**付録1　電技・風技の概要ほか** …… 196
　Ⅰ．電気設備技術基準 ……………… 196
　Ⅱ．発電用風力設備技術基準 ……… 205
　Ⅲ．法令条文の読み方 ……………… 205
**付録2　電技・解釈の用語** ………… 207
　1．共通，発変電所関係 …………… 207
　2．電線路関係 ……………………… 209
　3．電気使用場所関係 ……………… 212
　4．分散型電源連系関係 …………… 214

**索　引** ……………………………… 216

### コラム目次
ケージ効果 ………………………………  31
スラスト軸受 ……………………………  52
離隔距離 …………………………………  66
電柱の地際の曲げモーメント …………  72
建造物との交差 …………………………  79
50%衝撃せん絡電圧値 …………………  82
引留型，耐張型，補強型支持物 ………  86
電線共同溝 ………………………………  92
ケーブルの許容電流 …………………… 107
短時間許容電流の考え方 ……………… 108
防じん・防爆構造 ……………………… 131
解釈に採用のIEC規格 ………………… 142
電気事業の概要 ………………………… 154

# 第1章　電気関係法規

―――――――――――本章の必須項目―――――――――――

- □ **電気工作物の種類**　事業用と一般用
- **事業用電気工作物**(規制が厳しい)
  - (a) 電気事業の用に供する電気工作物
  - (b) 自家用電気工作物：一般用および(a)以外
- **一般用電気工作物**(危険度が低い)
  600V以下で受電，構外電線路なし，爆発性・引火性場所なし，小出力発電設備以外なし
- □ **電気工作物の規制**　一般用は少ない
- **事業用**　工事計画の認可・届出(認可は主に原子力のみ)，主任技術者の選任，保安規程の作成・届出，技術基準の遵守義務
- □ **工事計画の届出**　着工30日前に届出
- **需要設備**　受電電圧10kV以上の設置の工事，使用開始前に**使用前自主検査**の実施
- □ **電気主任技術者の監督範囲**(電気設備に限る)
  第一種：すべて，第二種：170kV未満
  第三種：50kV未満，5MW以上の発電所除く
- □ **保安規程の規定事項**
- ・保安業務の管理者の職務及び組織
- ・従事者の保安教育
- ・電気工作物の巡視，点検，検査
- ・電気工作物の運転，操作
- ・発電所を相当期間停止時の保全方法
- ・災害その他非常時の措置　・保安に関する記録
- □ **技術基準の規制内容**
- ・人体に危害を及ぼし，物件に損傷を与えない
- ・他の電気的設備等の物件の機能に電気的，磁気的な障害を与えない
- ・電気工作物の損壊により一般電気事業者の電気の供給に著しい支障を与えない
- ・電気事業用電気工作物は，その損壊により電気の供給に著しい支障を生じない
- □ **電気事故報告**　産業保安監督部長宛て
- **報告すべき事故**　感電・破損事故による死傷(死亡又は入院に限る)，電気火災(半焼以上)，主要電気工作物破損，電気事業者への波及，公共施設・工作物への影響事故など
- **報告の方法**　速報：発生を知ったときから48時間以内，報告書：発生を知った日から30日以内
- □ **電圧，周波数の維持**　電気事業者が維持
- ・標準電圧100V　101±6Vを超えない値
- ・標準電圧200V　202±20Vを超えない値
- □ **電気工事士法**
- ・電気工事作業従事者の資格および義務を定め，電気工事の欠陥による災害発生を防止
- **第一種電気工事士**　一般用電気工作物，500kW未満の自家用電気工作物(除特殊電気工事)
- **第二種電気工事士**　一般用電気工作物
- **特種電気工事資格者**　ネオン工事，非常用予備発電装置の二つ
- □ **電気工事業法**
- ・電気工事業者の登録と業務の規制
- □ **電気用品安全法**　粗悪電気用品の危険防止
- ・特定電気用品は強制設定の対象

―――――電験三種のポイント―――――

電気関係法規では電気事業法が最重要である．電気事業法では，保安に関する部分から出題される．電気工作物の定義，工事計画の届出，保安規程，主任技術者などが特に大切である．その他では，電気工事士の資格や義務，電気用品安全法の規制が重要である．

## 1.1節　電気事業法

### 1.1.1　電気事業法の目的

**電気事業法**(以下本節では「法」という)は，**電気事業**と**電気工作物**の規制を行う法律である．法の目的として，第1条において，「この法律は，電気事業の運営を適正かつ合理的ならしめることによって，電気の使用者の利益を保護し，及び電気事業の健全な発展を図るとともに，電気工作物の工事，維持及び運用を規制することによって，公共の安全を確保し，及び環境の保全を図ることを目的とする」としている(**図1.1**)．

以上のうち**電験の出題範囲は，主に電気工作物の保安のための規制に関する部分**である．

なお，法のもう一つの柱の電気事業の部分については P.154 のコラムを参照のこと．

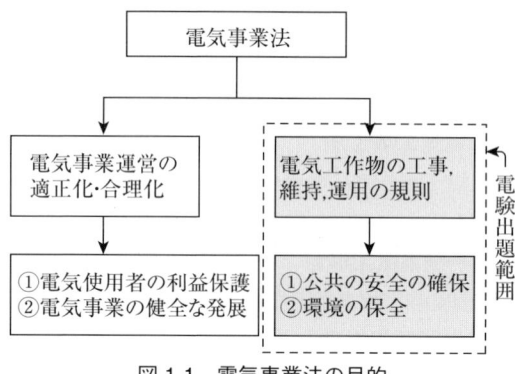

図 1.1　電気事業法の目的

### 1.1.2　電気工作物とは

法では，関係する設備全般に対して，「**電気工作物**」という用語を用いる．電気工作物は，法第2条において，「発電，変電，送電もしくは配電又は電気の使用のために設置する機械，器具，ダム，水路，貯水池，電線路その他の工作物(船舶，車両又は航空機に設置されるもの(略)を除く)をいう」と定義している．要するに狭義の電気設備だけを指す用語ではないことに注意しよう．

なお，船舶，車両等以外の場所に設置される電気的設備に電気を供給するために，船舶，車両等に設けた電気工作物は除外されない．これの代表的なものに，工事用や災害復旧用に使われる電源車や変圧器車がある．

上記のほか，電気工作物から除かれるものとしては，下記のようなものがある(**図1.2**)．

① 電圧 30V 未満の電気的設備であって，電圧 30V 以上の電気的設備と電気的に接続されていないもの．

② 電力保安通信設備以外の通信用の弱電流設備．ただし，これら通信設備用の電源設備は，電気工作物の取り扱いになる．

③ 水力発電所において，水路として利用している天然の河川．

④ 電力会社の営業所，従業員の社宅．

⑤ 電気使用場所において，電動機などにより駆動される機械器具．事務所，工場などの建築物．

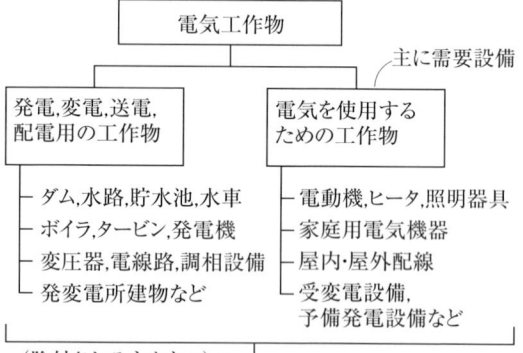

図 1.2　電気工作物の範囲

### 1.1.3　電気工作物の種類

電気工作物は，使用目的および機能上から分類することができる．

❶**使用目的による分類**　　電気工作物は，図

1.3のように，**事業用電気工作物**と**一般用電気工作物**に分けられ，前者はさらに，**電気事業の用に供する電気工作物**(要するに電力会社の電気供給設備を指す)と**自家用電気工作物**に分類される．

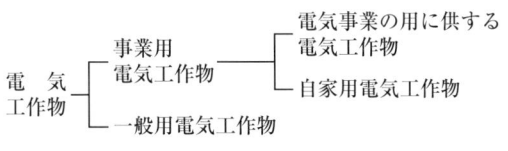

図 1.3　電気工作物の種類

**(1) 一般用電気工作物**　　電気を使用するための電気工作物と**小出力発電設備**であって，次の条件を満たすものをいう．安全性が高いので，事業用電気工作物に適用される主任技術者，保安規程，工事計画届出などの規制がない．

① **600V 以下**の電圧で受電し，その受電のための電線路以外に電線路を構外に出し，構外の電気工作物と電気的に接続していない．
② 小出力発電設備以外の発電設備が同一の構内に設置されていない．
③ **爆発性**又は**引火性**の物が存在する場所に設置されていない．具体的には，火薬類の製造事業所及び石炭坑を指す．

**(2) 小出力発電設備**　　電圧 600V 以下で，下記のものが小出力発電設備に指定されている．ただし，合計容量は 50kW 未満のこと*．
① 出力 50kW 未満の太陽電池発電設備*
② 出力 20kW 未満の風力発電設備
③ 出力 20kW 未満の水力発電設備(最大使用水量 1m³/s 未満で，ダムがないこと)**
④ 出力 10kW 未満の内燃力発電設備
⑤ 出力 10kW 未満の燃料電池発電設備***

**(3) 低圧受電の自家用電気工作物**　　低圧受電(600V 以下)であっても，**図 1.4** に示す場合は，

---

\* 2011 年(平成 23 年) 6 月に改正．
\*\* 2011 年(平成 23 年) 3 月に改正．
\*\*\* 固体高分子型又は固体酸化物型であって，燃料・改質系統設備の最高使用圧力が 0.1MPa (液体燃料を通ずる部分は 1.0MPa)未満のものに限る．

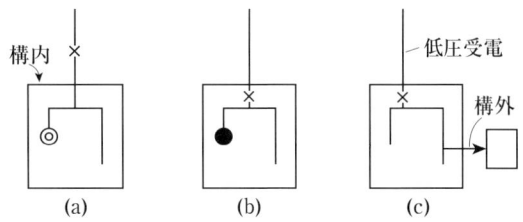

×：保安上の責任分界点　◎：小出力発電設備
●：一般の発電設備

図 1.4　低圧受電の自家用電気工作物

前記の記述から，自家用電気工作物に該当する．
(a) 受電点(保安上の責任分界点)が構外にある．
(b) 一般の発電設備がある．
(c) 構外にわたる電線路がある．

❷**機能上の分類**　　法では，工事計画や検査の面で，事業用電気工作物を機能上，発電所，変電所，送電線路，配電線路，需要設備に分類している(**図 1.5**)．

**(1) 発電所**　　発電機，原動機，ダム，水路などを含んだ発電所の総合体をいう．これはさらにダム，水車，ボイラ，タービンなどの**原動力設備**と，発電機，変圧器などの**電気設備**に分かれる．

**(2) 変電所**　　構内以外の場所から伝送される電気を変成し，これを構内以外の場所に伝送するため，又は構内以外の場所から伝送される電圧 10 万 V 以上の電気を変成するために設置する変圧器その他の電気工作物の総合体をいう．

受電電圧 10 万 V 以上の自家用の受変電設備は，法の変電所に含まれることに注意する．

**(3) 送電線路**　　発電所相互間，変電所相互間又は発電所と変電所との間の電線路及びこれに付属する開閉所その他の電気工作物をいう．

**(4) 配電線路**　　発電所，変電所もしくは送電線路と需要設備との間又は需要設備相互間の電線路及びこれに付属する開閉所その他の電気工作物をいう．

**(5) 需要設備**　　電気を使用するために，その使用の場所と同一構内(発変電所の構内を除く)に設置する電気工作物をいい，非常用予備発電

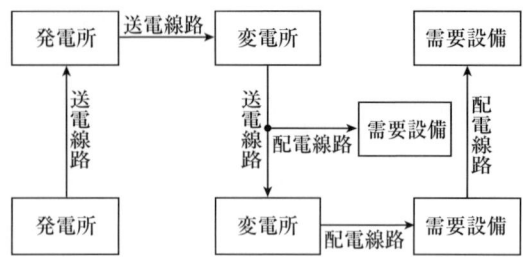

図 1.5　電気工作物の機能上の分類

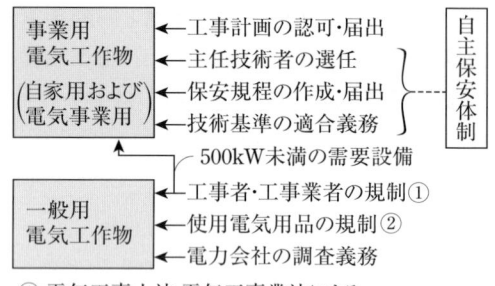

図 1.6　電気工作物の保安規制

装置も含まれる.

**例題 1.1**　**自家用電気工作物**
次の電気工作物のうち, 電気事業法に基づく自家用電気工作物に該当するものはどれか.
(1) 200 V で受電し, 受電電力の容量が 20 kW のマーケットに設置する電気工作物
(2) 400 V で受電し, 受電電力の容量が 35 kW のマーケットに設置する電気工作物
(3) 構外において 200 V で受電し, 受電電力の容量が 35 kW の事務所に設置する電気工作物
(4) 200 V で受電し, 受電電力の容量が 45 kW の事務所に設置する電気工作物
(5) 200 V で受電し, 受電電力の容量が 15 kW で, 別に出力 5 kW の内燃力発電設備を有する事務所に設置する電気工作物

[解]　(3) は受電点が構外にあるので自家用である. (5) は発電設備の容量が 50 kW 未満なので一般用である.

[答]　(3)

### 1.1.4　電気工作物の規制

事業用電気工作物と一般用電気工作物に区分して規制が行われている(**図 1.6**).

❶**事業用電気工作物の規制**　事業用電気工作物は, 種類, 規模などが多様であり, 画一的な規制は適当でない. よって, **自主保安体制**の考え方の下に, 次のような規制が行われている.

① **工事計画の認可又は事前届出**(30 日以上前).

② **主任技術者の選任**.

③ **保安規程の作成・届出**.

④ **技術基準の適合維持義務**.

このうちで, ①の工事計画は国の直接監督であるが, 平成 12 年の法改正により, 原子力発電所以外は, ほとんどのものが認可から届出に移行している(1.1.5 項参照).

❷**一般用電気工作物の規制**　一般用電気工作物の施設者は, 電気保安に関する知識, 技能が一般に少ないことから, 次のような規制が行われている.

① 工事者, 工事業者の規制(電気工事士法及び電気工事業法による).
② 使用電気用品の規制(電気用品安全法による).
③ 電気供給者の調査義務(電気事業法).

❸**一般用電気工作物の調査義務**　一般用電気工作物に電気を供給する者(電力会社)は, その一般用電気工作物が電気設備の技術基準に適合しているかどうかを, 次により調査しなければならない.

(1) 調査の時期　次の場合に行う.
① 電気工作物が設置されたとき及び変更の工事が完成したとき.
② 調査後 4 年に 1 回以上行う.

(2) 調査員の資格　次のいずれかに該当する者.
① 電気主任技術者の免状を有する者.
② 第一種電気工事士又は第二種電気工事士.

③ 大学，高等専門学校，高等学校で電気工学の課程を修め卒業した者．

**(3) 調査結果の措置**　調査結果は，所定事項を帳簿に記載し4年間保存する．また，電気設備の技術基準に適合しないものがあった場合は，適合させるためにとるべき措置及びその措置をとらなかったときに生ずる結果を遅滞なく所有者(占有者)に通知する．

**(4) 業務の委託**　電気供給者は上記の業務を経済産業大臣の登録を受けた者へ委託できる．

### 1.1.5　工事計画

事業用電気工作物の工事計画は，**設置の工事**及び**変更の工事**の際に必要になるが，これらは認可を要するものと事前届出を要するものとに分かれる．工事計画等に関する手続きの流れを**図1.7**に示す．

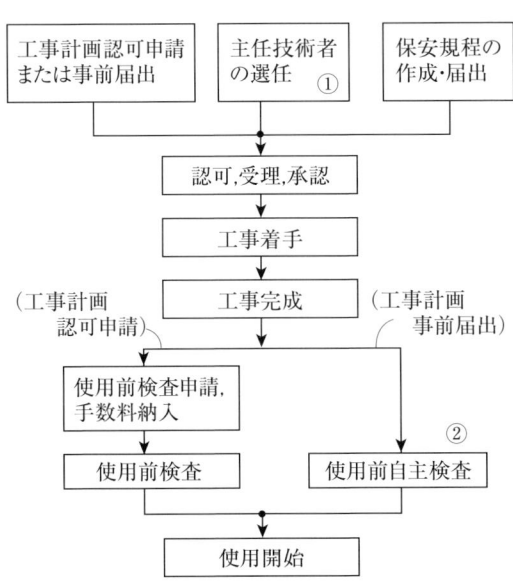

① 許可主任技術者，兼任，委託を含む．
② 定められた時期に安全管理審査を受ける．

図1.7　工事計画等の手続きの流れ

❶**認可を要するもの**　経済産業大臣の認可を要するものは，原子力発電所及び新しい技術による発電所の設置の工事及びこれらの発電所の変更の工事の一部である．新しい技術による発電所とは，水力，火力，燃料電池，太陽電池及び風力の一般的な各発電所以外の発電所と定められている．

❷**事前届出を要するもの**　工事開始の30日前までに経済産業大臣に事前届出を要するものは，法施行規則の別表第2に示されているが，需要設備を中心に，主なものを示すと下記のようになる．

**[需要設備]**　受電電圧1万V以上が対象となり，以下のように定められている．
① 需要設備の設置の工事．
② 需要設備の変更の工事で以下のもの．
イ．電圧1万V以上の受電用遮断器の設置，取り替え又は20%以上の遮断容量の変更を伴う改造の工事
ロ．電圧1万V以上の容量1万kVA又は出力1万kW以上の機器の設置，取り替え又は20%以上の電圧の変更もしくは20%以上の容量の変更
ハ．電圧5万V以上の電線路の設置又は電圧10万V以上の所定の条件以上の延長もしくは改造

**[変電所]**　設置の工事では，以下のように定められている．
① 電圧17万V以上の変電所の設置の工事．
② 電圧10万V以上の受電所の設置の工事．ここで**受電所**とは，変成した電気を構内以外に伝送しないものをいう．

**[送電線路]**　電圧17万V以上の送電線路の設置の工事．

**[発電所]**　設置の工事では，以下のように定められている．

---

\* 出力200kW未満(最大使用水量$1m^3/s$未満で，ダムがないこと)のもの及び上下水道施設内の敷地内に設けるもの(敷地外にダムや水路がないこと)は，工事計画の事前届出及びダム水路主任技術者の選任が不要．

① 水力発電所の設置の工事*．
② 汽力発電所の設置の工事**．
③ 1 000kW 以上のガスタービン発電所の設置の工事．
④ 1万kW 以上の内燃力発電所の設置の工事．
⑤ 汽力・ガスタービン・内燃力以外の火力発電所の設置の工事．
⑥ 2以上の原動力を組み合わせた火力発電所の設置の工事***．
⑥ 500kW 以上の燃料電池・太陽電池・風力の各発電所の設置の工事．

❸ **電気工作物の検査**　工事計画の認可又は届出を行った工事は，工事完成後に以下の検査が必要になる．

**(1) 使用前検査**　認可を要する工事では，工事完成後，経済産業大臣の**使用前検査**を受けて合格しなければならない．検査の合格要件は，工事計画通りに工事が行われていること，技術基準に適合しないものでないことである．

**(2) 使用前自主検査**　工事計画の事前届出を行った工事では，使用開始前に**使用前自主検査**を行い，その結果を記録しておかなければならない．この検査では，工事計画届出の通りに工事が行われていること，技術基準に適合しないものでないことを確認する．

　また，使用前自主検査を行う事業用電気工作物設置者は，同検査の実施に係る体制について，経済産業省令で定める時期に，経済産業大臣の**安全管理審査**を受けなければならない．審査は，事業用電気工作物の安全管理を旨として，自主検査の実施組織，検査方法，工程管理その他の事項について行う．経済産業大臣は，審査の結果に基づき，総合的な評定をして，これを審査を受けた者に通知する．

---

** 出力 300kW 未満(最高使用圧力 2MPa 未満，最高使用温度 250℃未満で，ボイラーは労働安全衛生法の適用を受けること)のものは，工事計画の事前届出及びボイラー・タービン主任技術者の選任が不要．
*** いわゆる**コンバインドサイクル**を指す．

**例題 1.2　工事計画の事前届出**

次の工事のうち，電気事業法の工事計画の事前届出の対象となるのはどれか．
(1) 受電電圧 6 600V で最大電力 1 600kW の需要設備における受電用遮断器の取り替え．
(2) 受電電圧 33 000V の需要設備における受電用遮断器の保護装置の取り替え．
(3) 受電電圧 6 600V の需要設備における受電用変圧器の 1 500kVA の容量増加を伴う改造工事．
(4) 受電電圧 22 000V の需要設備における受電用遮断器の 22% の遮断電流の変更を伴う改造工事．
(5) 受電電圧 6 600V で最大電力 1 800kW の需要設備の設置の工事．

[解]　受電電圧 10kV 以上が前提条件になる．よって，(2)か(4)になるが，(2)の保護装置の取り替えは対象ではない．(4)は遮断容量の増加が 20% 以上になるので該当する．

[答]　(4)

## 1.1.6　主任技術者

❶ **主任技術者の選任**　事業用電気工作物の設置者は，同工作物の工事，維持及び運用に関する保安を監督させるため，主任技術者免状の交付を受けている者のうちから，主任技術者を選任しなければならない(法第 43 条第 1 項)．設置者は，主任技術者を選任したとき及び解任したときは，遅滞なく，その旨を経済産業大臣に届け出なければならない(法第 43 条第 3 項)．

　主任技術者の選任は，法施行規則第 52 条に規定する事業場又は設備ごとに，所定の主任技術者免状を受けている者から行わなければならない．これを示すと**表 1.1** のようになる．

　表 1.1 からわかるように，主任技術者には，電気主任技術者のほか，**ボイラ・タービン主任技術者**と**ダム水路主任技術者**がある．

❷ **主任技術者の義務**　主任技術者は，事業用電気工作物の保安監督の職務を誠実に行わ

表1.1　主任技術者の選任箇所

| 事業場の種類 | | 主任技術者 |
|---|---|---|
| 設置工事の事業場 | 1　水力発電所[(1)] | 電気<br>ダム水路 |
| | 2　火力発電所[(2)]<br>　　原子力発電所<br>　　燃料電池発電所[(3)] | 電気<br>ボイラー・タービン |
| | 3　燃料電池発電所[(4)]<br>　　変電所<br>　　送電線路<br>　　需要設備 | 電気 |
| 保安管理の事業場 | 4　水力発電所[(1)]で一定規模の設備[(5)]あるもの又は高さ15m以上のダムの設置工事を行うもの | ダム水路 |
| | 5　火力発電所[(2)]<br>　　燃料電池発電所[(3)] | ボイラー・タービン |
| | 6　原子力発電所 | 電気<br>ボイラー・タービン |
| | 7　発電所(原子力以外)，変電所，需要設備，送配電線路を管理する事業場を直接統括する事業場 | 電気<br>ダム水路(4以外の水力発電所がある場合) |

(1) 出力200kWで一定要件満たしたものを除く．
(2) 内燃力，300kW未満の一定要件を満たしたガスタービンを除く．
(3) 改質器最高使用圧力98kPa以上のもの．
(4) (3)以外のもの．
(5) 高さ15m以上のダム，圧力392kPa以上の導水路，放水路等．

なければならない．また，事業用電気工作物の工事，維持又は運用に従事する者は，主任技術者がその保安のためにする指示に従わなければならない(法第43条第4, 5項)．

❸**電気主任技術者の監督範囲**　主任技術者の監督範囲は，法施行規則第56条でおのおのの免状の種類により規定されているが，電気主任技術者の監督範囲を示すと**表1.2**のようになる．

表1.2　電気主任技術者の監督範囲

| 種　類 | 監督できる範囲 |
|---|---|
| 第一種 | すべての電気工作物の工事，維持，運用 |
| 第二種 | 170kV未満の電気工作物の工事，維持，運用 |
| 第三種 | 50kV未満の電気工作物（出力5 000kW以上の発電所を除く）の工事，維持，運用 |

(注) いずれも監督範囲は，電気設備の部分に限る．

電気工作物のうち水力設備，火力設備，ガスタービン使用原動力設備(使用圧力100kPa未満，使用温度1 400℃未満の300kW未満のものを除く)，原子力設備，改質器の圧力98kPa以上の燃料電池設備は，電気主任技術者の監督範囲から除外されている．これらの除外される設備については，法施行規則第52条に規定する事業場ごとに，**ボイラー・タービン主任技術者，ダム水路主任技術者**を選任する必要がある．

**[許可主任技術者]**　自家用電気工作物の設置者は，前記にかかわらず，経済産業大臣の許可を受けて，免状を有しない者(許可主任技術者)を選任することができる(法第43条第2項)．電気主任技術者に係る許可主任技術者の基準は，**表1.3**を参照のこと．

表1.3　許可主任技術者の基準

| 保安監督できる電気工作物 | 必要資格 |
|---|---|
| (1) 出力500kW未満の発電所<br>(2) 10 000V未満の変電所，送配電線路<br>(3) 最大電力500kW未満の需要設備 | (1) 高校以上の教育施設で所定の電気工学の科目を取得，卒業した者<br>(2) 第一種電気工事士試験の合格者<br>(3) 旧高圧電気工事技術者の検定合格者<br>(4) 指定の高圧試験の合格者 |
| (1) 最大電力100kW未満の需要設備<br>(2) 600V未満の配電線路 | (1) 上記の者<br>(2) 第二種電気工事士<br>(3) 短大以上の教育施設で電気工学以外の学科で一般電気工学を修め卒業した者 |

**[保安管理業務の委託]**　自家用電気工作物のうち，7 000V以下で受電する需要設備，出力1 000kW未満の発電所(原子力発電所を除く)，電圧600V以下の配電線路は，**主任技術者の選任の免除**が認められている．これは「**保安管理業務外部委託承認制度**」と呼ばれている．この場合，**電気保安法人**(電気保安協会)又は**電気管理技術者**に保安管理業務を委託することになる．

**[主任技術者の兼務]**　主任技術者選任の特例として，経済産業大臣の承認を受けた場合は，二つ以上の事業場又は設備の**主任技術者の兼**

務が認められている(法施行規則第52条第3項).

### 1.1.7　保安規程

　事業用電気工作物の設置者は，同工作物の工事，維持及び運用に関する保安を確保するため，保安規程を定めて，電気工作物の使用開始前(法定自主検査を伴うものは工事開始前)に経済産業大臣に届け出なければならない(法第42条第1項)．保安規程を変更したときも遅滞なく届け出なければならない(法第42条第2項)．経済産業大臣は，保安を確保するため必要があると認めるときは，工作物の設置者に対して，保安規程の変更を命ずることができる(法第42条第3項)．工作物の設置者及びその従業者は保安規程を守らなければならない(法第42条第4項)．

　<u>保安規程に規定すべき事項</u>は，法施行規則第50条第4項で以下のように定められている．
① 保安業務を管理する者の<u>職務及び組織</u>．
② 保安業務従事者の<u>保安教育</u>．
③ 電気工作物の<u>巡視，点検，検査</u>．
④ 電気工作物の<u>運転，操作</u>．
⑤ 発電所を<u>相当期間停止時の保全方法</u>．
⑥ 災害その他非常時に<u>採るべき措置</u>．
⑦ 保安に関する<u>記録</u>．
⑧ <u>法定事業者検査</u>の実施体制，記録の保存．
⑨ <u>その他</u>保安に関し必要な事項．

### 1.1.8　技術基準

　事業用電気工作物設置者は，同工作物を技術基準に適合するように維持しなければならない．技術基準の規制内容は，次の主旨により定められている(法第39条)．
① 人体に危害を及ぼし，又は物件に損傷を与えない．
② 他の電気的設備その他の物件の機能に電気的又は磁気的障害を与えない．
③ 電気工作物の損壊により一般電気事業者の電気の供給に著しい支障を及ぼさない．
④ 電気事業用電気工作物は，その損壊により電気の供給に著しい支障を生じない．

　経済産業大臣は，事業用電気工作物が技術基準に適合していないと認めるときは，その<u>工作物設置者に対して，技術基準に適合するように当該工作物の修理，改造，移転，使用の一時停止，使用の制限をすることができる</u>(法第40条)．

　法第39条の規定に基づいて，電気設備，発電用火力設備，発電用水力設備，発電用風力設備などの技術基準が，経済産業省令として，それぞれ定められている．

### 1.1.9　電気関係の報告

❶**報告の概要**　経済産業大臣は，法第106条の規定に基づいて，事業用電気工作物の設置者に，その業務の状況に関し報告させることができる．具体的内容は**電気関係報告規則**に定められており，**定期報告，事故報告，公害防止等に関する届出，自家用発電所の出力の変更等の報告**がある．

❷**報告すべき事故**　事故報告は同規則第3条で定められており，自家用電気工作物関係では，次のような場合に報告が必要である．

①**死傷事故**　感電又は破損事故もしくは電気工作物の誤操作もしくは操作しないことによる人の死傷事故(死亡又は病院等に治療のために入院した場合に限る)．

②**電気火災事故**　電気的な異常状態による火災の発生が報告対象であり，乾燥機の取り扱い不注意による火災や，他からの出火により電気工作物が焼損した場合などは報告対象ではない．また，工作物では半焼以上に限る．

③**公共・社会的事故**　破損事故又は電気工作物の誤操作もしくは操作しないことにより，公共の財産に被害を与え，道路，公園，学校等の公共施設もしくは工作物の使用を不可能にさせた事故又は社会的に影響を及ぼした事故．

④**主要電気工作物破損事故**(<u>部長報告</u>)　三種関係では電圧1万V以上の需要設備，出力500kW以上の燃料電池発電所・太陽電池発電

所・風力発電所の主要電気工作物が該当する．

⑤**主要電気工作物破損事故**(大臣報告)　④より も規模の大きな電気工作物の事故が対象であり，出力 90 万 kW 以上の水力発電所，電圧 30 万 V 以上の変電所等，電圧 30 万 V (直流は 17 万 V) 以上の送電線路の主要電気工作物が該当する．

⑥**供給支障事故**　電気事業者への供給支障の発生事故であり，電圧 3 千 V 以上の自家用電気工作物の破損事故又は電気工作物を誤操作もしくは操作しないことによるもの，ただし，③記載のものを除く．

⑦**異常放流**　ダムの貯留された流水が洪水吐から異常に放流された事故，ただし，③記載のものを除く．

[電気事業者]　電気事業者では上記の事故のほか，供給支障電力 7 千 kW 以上の**供給支障事故**の報告が義務付けられている．このうち，10 万 kW 以上で 10 分以上の供給支障事故は，経済産業大臣への報告が必要である．

[主要電気工作物]　主要電気工作物は，報告規則第 1 条で定められており，需要設備では，他者と連系する 1 万 V 以上の遮断器，電圧 1 万 V 以上で容量 1 万 kVA 以上の変圧器・調相設備等，電圧 5 万 V 以上の電線路の電線・ケーブル・支持物である．

❸**事故の報告**　事故の報告は，所轄産業保安監督部長(上記 2 の⑤は経済産業大臣)宛に，次の①，②により行う．

①**速報**　事故の発生を知ったときから 48 時間以内に可能な限り速やかに，事故発生の日時，場所，電気工作物，事故の概要について電話等の方法により行う．

②**報告書提出**　事故の発生を知った日から 30 日以内に，所定の様式の報告書を提出する．ただし，主要電気工作物の破損事故で，水力発電所などで原因が自然現象であるものは①の速報のみでよい．

❹**公害防止等に関する届出**　電気事業者又は自家用電気工作物設置者は，報告規則第 4 条で公害防止に関する届出が義務付けられている．届出項目は，おおむね電気設備技術基準第 19 条の「公害等の防止」に対応している．

このうち，**PCB**(ポリ塩化ビフェニル)**電気工作物及び絶縁油の排出**については，以下の場合，所轄産業保安監督部長に届け出なければならない．

① PCB 電気工作物であると判明した場合．
② 上記①の内容が変更になった場合．
③ PCB 電気工作物を廃止した場合．
④ 電気工作物の破損等の事故が発生し，絶縁油が構内以外に排出された，又は地下に浸透した場合．

PCB を電気工作物として使用することは，第 2 章で述べるように，電気設備技術基準第 19 条で禁止されている．上記は，過去に使用した PCB 電気工作物が対象になる．報告の対象となる PCB 電気工作物には電力用コンデンサがある．なお，不要となった PCB 使用電気機械器具は，廃棄物処理法の規制を受ける．

❺**自家用電気工作物の報告**　自家用電気工作物の設置者は，次の場合は所轄の産業保安監督部長に報告しなければならない(報告規則第 5 条)．

① 発電所又は変電所の出力の変更．
② 送電線路又は配電線路の電圧の変更．
③ 発電所，変電所その他の自家用電気工作物を設置する事業場又は送電線路もしくは配電線路を廃止した場合．

ただし，①，②の場合で，工事計画の届出を行った場合を除く．

### 例題 1.3　電気事故報告

下記の需要設備の電気事故のうちで，電気事故報告をしなければならないのはどれか．
(1) 低圧の感電事故で火傷をして，通院で治療をした．
(2) 受電変圧器二次側にある 22kV の遮断器が破損した．

(3) 6.6kVの受電用遮断器の誤動作により, 電力会社の供給支障を発生させた.
(4) 33kV, 8 000kVAの電力用コンデンサが破損した.
(5) 変電室の油遮断器の事故で火災が起こり, 変電室の壁が焼けた.

[解] (1)通院の場合は報告不要. (2)遮断器の破損の報告は電力会社との連系用に限る. (4) 1万kVA未満の破損事故は報告不要. (5)半焼に至らない火災事故は報告不要.

(答) (3)

### 1.1.10 電圧, 周波数の維持

法第26条で,「電気事業者は供給する電気の電圧及び周波数の値を省令で定める値に維持するように努めなければならない」と規定されている. 省令第44条で次のように, 電圧, 周波数の基準が定められている. 特に電圧は, 配電線路において, 電気事業者が守るべき基準である.

標準電圧100[V]　101±6[V]を超えない値
標準電圧200[V]　202±20[V]を超えない値
周波数:標準周波数の値を維持する

電圧の計測は, 告示に定める箇所で毎年1回, 記録計器で24時間連続して行う. 周波数の計測は, 系統ごとに記録計で常時測定する. これらの測定記録は3年間保存する.

### 1.1.11 電気の使用制限

電気の使用制限は, 法第27条により,「電気の需給の調整を行わなければ電気の供給の不足が国民経済及び国民生活に悪影響を及ぼし, 公共の利益を阻害するおそれがあると認められるとき」は, 経済産業大臣(以下「大臣」という)が,「その事態を克服するため必要な限度において, 使用電力量の限度, 使用最大電力の限度, 用途もしくは使用を停止すべき日時を定めて, 一般電気事業者等の供給する電気の使用を制限し, 又は受電電力の容量の限度を定めて, 一般電気事業者等からの受電を制限することができる」としている.

実際の適用では, 大臣が電気の使用を制限する地域, 期間を指定する. そして, 使用電力量の限度等は, 法施行令第2条, および経済産業省令「電気使用制限等規則」(平成23年6月に改定, 以下の説明では制限規則と略)により, 以下のように定められている.

① **使用電力量の制限**　大臣が指定する地域において, 一般電気事業者等が供給する電気を使用する者であって, 一の需要設備についての契約電力が<u>500kW以上</u>であるものは, 大臣が指定した電力量の使用制限期間においては, <u>指定電力の限度を超えて</u>一般電気事業者等から供給する電気を使用してはならない. ただし, 上下水道の用に供する需要設備等は除く(制限規則第1条).

② **使用最大電力の制限**　大臣が指定する地域において, 一般電気事業者等から一の需要設備についての契約電力が<u>500kW以上</u>であるものは, 大臣が指定する期間及び時間においては, <u>当該契約電力に大臣が指定する率を乗じて得た電力の限度を超えて</u>使用してはならない. ただし, 上下水道の用に供する需要設備等は除く(制限規則第2条).

③ **用途による使用制限**　大臣が指定する地域において, 一般電気事業者等が供給する電気を使用する者は, 大臣が指定する期間及び時間においては, <u>装飾用, 広告用その他これらに類する用途</u>に使用されるもので大臣が指定するものの用に当該一般電気事業者等が供給する電気を使用してはならない(制限規則第4条).

④ **日時を定めてする使用制限**　大臣が指定する地域において, 一般電気事業者等から一の需要設備についての契約電力が50kW以上であるものは, 大臣が指定する期間においては, 大臣が<u>1週につき2日を限度として</u>指定する日数及び大臣が指定する日及び時間

には，保安用その他の大臣が指定する用途以外には電気を使用してはならない．ただし，上下水道の用に供する需要設備等は除く（制限規則第5条）．

⑤ **使用状況の報告** 上記の①，②に該当する者は，電気の使用の制限が行われたときは，大臣が指定する期日までに，電気の使用状況の報告書を大臣に提出しなければならない（制限規則第8条）．

### 1.1.12 立入検査

立入検査は，法第107条で定められている．そのうち，自家用電気工作物及び一般用電気工作物に関するものは以下のとおりである（経済産業大臣を大臣と略）．

① **自家用電気工作物** 大臣は，法の施行に必要な限度において，その職員に，自家用電気工作物を設置する者又はボイラー等もしくは格納容器等の溶接をする者の工場又は営業所，事務所その他の事業場に立ち入り，電気工作物，帳簿，書類その他の物件を検査させることができる（第3項）．

② **一般用電気工作物** 大臣は，法の施行に必要な限度において，その職員に，一般用電気工作物の設置の場所（居住用を除く）に立ち入り，一般用電気工作物を検査させることができる（第4項）．

③ **身分証明書の提示** 立入検査をする職員は，その身分を示す証明書を携帯し，関係人の請求があったときは，これを提示しなければならない（第8項）．

④ **権限** 立入検査の権限は，犯罪捜査のために認められたものと解釈してはならない（第13項）．

---

【演習問題 1.1】 **自主保安体制**

自家用電気工作物に関する電気事業法の規定のうち，自主保安体制に直接関係ないものは，次のうちどれか．
(1) 工事計画の事前届出　(2) 主任技術者の選任　(3) 保安規程の作成
(4) 保安規程の遵守　(5) 技術基準に適合するよう電気工作物の維持

[解] (1)の**工事計画の事前届出**は，**国の直接監督**であり，自主保安体制とは直接関係ない．国の直接監督には，このほかに，事故その他の報告徴収，技術基準適合に関する改善命令などがある．

[答] (1)

[解き方の手順]
自家用電気工作物の保安制度は，自主保安体制によるものと国の直接監督の両方がある．

【演習問題 1.2】 **電気主任技術者**

電気事業法によれば，電気主任技術者は，電気事業の用に供する電気工作物又は自家用電気工作物の工事，維持及び (ア) に関する (イ) の (ウ) の職務を誠実に行うこと．
上記の記述中の空白箇所(ア)，(イ)及び(ウ)に記入する字句を次の語群から選べ．
保安，保守，運用，運転，従事者，教育，監督

[解] 電気事業法第43条で,「電気主任技術者は,事業用電気工作物の工事,維持及び運用に関する保安の監督の職務を誠実に行わなければならない」とされている.なお,「従事する者は,主任技術者がその保安のためにする指示に従わなければならない」とも定められている.

[答] (ア)**運用**,(イ)**保安**,(ウ)**監督**

[解き方の手順]
「工事,維持及び(又は)運用」というのは,電気事業法上の決まり文句である.

---

**【演習問題 1.3】 保安規程**

電気事業法に基づく保安規程において,定めるべき事項として次の各号等が定められている.

一.事業用電気工作物の工事,維持又は運用に関する保安のための巡視,点検及び (ア) に関すること.

二.事業用電気工作物の (イ) 又は操作に関すること.

三. (ウ) その他非常の場合に採るべき措置に関すること.

上記の記述中の空白箇所(ア),(イ)及び(ウ)に記入する字句を次の語群から選べ.

測定,検査,運転,監視,災害,事故

---

[解] 保安規程で定めるべき事項は,電気事業法施行規則第50条で定められており,全部で9項目ある.一は第三号であり保安のための巡視,点検及び検査に関すること,二は第四号であり事業用電気工作物の運転又は操作に関すること,三は第六号であり災害その他非常の場合に採るべき措置である.

[答] (ア)**検査**,(イ)**運転**,(ウ)**災害**

[解き方の手順]
本文1.1.7項の記述参照.

---

**【演習問題 1.4】 技術基準**

電気事業法では,「技術基準」は次に掲げるところ等によらなければならないことが定められている.

1. 事業用電気工作物は,人体に危害を及ぼし,又は (ア) に損傷を与えないようにすること.

2. 事業用電気工作物は,他の電気的設備その他の物件の機能に (イ) な障害を与えないようにすること.

3. 事業用電気工作物の損壊により電気事業者の (ウ) に著しい支障を及ぼさないようにすること.

上記の記述中の空白箇所(ア),(イ)及び(ウ)に記入する字句を次の語群から選べ.

他の工作物, 物件, 他の電気設備, 電気的又は磁気的, 磁気的又は機械的, 電気的又は機械的, 電気の供給, 設備の運用, 供給設備の機能

---

[解] 技術基準の基本的要件は,電気事業法第39条第2項に定められている.第一号は「人体に危害を及ぼし,又は**物件**に損傷を与えない」,第二号は「他の電気的設備その他の物件の機能に**電気的又は磁気的**な障害を与えない」,第三号は「電気事業者の**電気の供給**に著しい支障を及ぼさない」,第四号は「電気事業用である場合,電気の供給に著しい支障を及ぼさない」旨の規定である.

[答] (ア)**物件**,(イ)**電気的又は磁気的**,(ウ)**電気の供給**

[解き方の手順]
本文1.1.8項の記述参照.
技術基準の規制内容は4項目の柱からなる.

# 1.2節　その他の法規

本節では，電気事業法以外の電気関係法規について，その概要を述べる．なお，電験の出題範囲ではないが，電気設備の設計・施工を行う場合には，建築基準法，消防法，労働安全衛生法など電気以外の多くの法令の規制を受ける．実際の業務においては，これらの電気以外の関係法令にも精通することが必要である．

## 1.2.1　電気工事士法

電気工事士法は，「一般用電気工作物及び自家用電気工作物の電気工事の作業に従事する者の資格及び義務を定めることにより，電気工事の欠陥による災害の防止に寄与する」ことを目的としている．

❶ **電気工事従事者の資格**　電気工事従事者の資格には以下のものがあり，それぞれの作業範囲が定まっている(**図1.8**)．ただし，政令で定められた軽微な工事(電圧600V以下の電気機器の端子に電線をねじ止めする，電圧600V以下の電力量計，電流制限器又はヒューズを取り付けるなど)は電気工事士でなくてもできる．

**(1)第一種電気工事士**　一般用電気工作物及び自家用電気工作物(発変電所，最大電力500kW以上の需要設備，送電線路，保安通信設備を除く．以下この節について同じ)に係る電気工事．ただし，特殊電気工事(ネオン工事，非常用予備発電装置工事)を除く．

**(2)第二種電気工事士**　一般用電気工作物に係る電気工事．

**(3)認定電気工事従事者**　自家用電気工作物のうち，電圧600V以下の電気工事(簡易電気工事)．ただし，電線路を除く．

**(4)特種電気工事資格者**　**ネオン工事資格者**及び**非常用予備発電装置工事資格者**の2種類がある．これらの工事は，当該工事の資格者認定証を受けている者に限る．

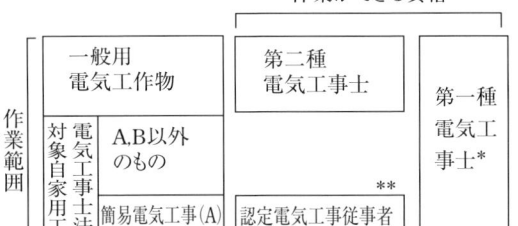

図1.8　電気工事士等の作業範囲

❷ **電気工事士の義務**
① 電気設備の技術基準に適合するように電気工事の作業を行わなければならない．
② 作業に従事するときに電気工事士免状を携帯しなければならない．
③ 電気用品安全法に適合する用品を使用しなければならない．

❸ **電気工事士免状**　電気工事士免状は，都道府県知事から，申請により次の者に与えられる．

**(1)第一種電気工事士免状**
① 第一種電気工事士試験に合格し，経済産業省令で定める実務経験を有する者．
② 電気主任技術者免状を有する者で，免状交付後5年以上の電気工作物の工事，維持及び運用に関する実務経験を有する者．
③ 旧高圧電気工事技術者試験に合格し，合格後3年以上の実務経験を有する者．

**(2)第二種電気工事士免状**
① 第二種電気工事士試験に合格した者．
② 経済産業大臣が指定する養成施設において必要な知識及び技能に関する課程を修了した者．
③ 経済産業省令が定めるところにより都道府県知事が認定した者．

### 例題 1.4　第一種電気工事士

第一種電気工事士の免状を有する者でなければ行うことができない電気工事として，正しいのは次のうちどれか．
(1) 一般住宅の屋内配線
(2) 低圧で供給を受けている工場の配線工事
(3) 受電電圧 6 600V，受電電力 100kW のビル内の電気工事
(4) 200V 三相 3 線式で供給を受けているポンプ場の配線工事
(5) 一般住宅のコンセント回路の配線工事

[解]　第一種電気工事士でなければ自家用電気工作物の電気工事ができない．(3)以外は，一般用電気工作物である．

[答]　(3)

### 1.2.2　電気工事業法

電気工事業法(電気工事業の適正化に関する法律)は，「電気工事業を営む者の登録及びその業務の規制を行うことにより，その業務の適正な実施を確保し，もって一般用電気工作物及び自家用電気工作物の保安の確保に資する」ことを目的としている．なお，ここでいう自家用電気工作物は，最大電力 500kW 未満の需要設備であり(1.2.1 項参照)，電気事業法上の自家用電気工作物とは対象範囲が異なるので注意すること．

電気工事業法では，次のような規制が行われている．

**❶登録電気工事業者**　電気工事業を営もうとする者(通知電気工事業者を除く)は，経済産業大臣(2 以上の都道府県内に営業所を設置する場合)又は都道府県知事(左記以外)の登録を受けなければならない(**登録電気工事業者**という)．登録の有効期間は 5 年であり，5 年ごとの更新の登録が必要．

**❷通知電気工事業者**　自家用電気工作物の電気工事のみに係る電気工事業を営もうとする者は，その事業開始の 10 日前までに経済産業大臣(2 以上の都道府県内に営業所を設置する場合)又は都道府県知事(左記以外)にその旨を通知しなければならない(**通知電気工事業者**という)．

**❸主任電気工事士の設置**　登録電気工事業者は，一般用電気工作物の電気工事を行う営業所ごとに，電気工事の作業を管理させるため，電気工事士免状を受けた後，3 年以上の実務経験を有する者を主任電気工事士として置かなければならない．

主任電気工事士は，電気工事による危険及び障害が発生しないよう，電気工事の作業の管理の職務を誠実に行わなければならない．また，電気工事の作業従事者は，主任電気工事士がその職務遂行のために行う指示に従わなければならない．

**❹電気工事業者の義務**
① **電気工事従事者の規制**　電気工事士でない者を電気工事の作業に従事させない(電気工事士法の軽微な工事を除く)．
② **業務委託の規制**　電気工事業者でない者に，その請負った電気工事を請負わせない．
③ **電気用品の使用規制**　電気用品安全法に適合しない電気用品を電気工事に使用しない．
④ **測定器具等の備え付け**　営業所ごとに絶縁抵抗計，接地抵抗計及び抵抗，交流電圧を測定できる回路計を備える．なお，自家用電気工事を行う営業所にあっては，さらに低圧検電器，高圧検電器，継電器試験装置，絶縁耐力試験装置を備える．
⑤ **標識の掲示**　営業所及び電気工事の施工場所ごとに，所定事項(氏名又は名称，営業所の名称，登録年月日及び登録番号，主任電気工事士名)を記載した標識を掲げる．
⑥ **帳簿の記載と保存**　工事に関する所定事項(注文者の名称及び住所，電気工事の種類及び施工場所，施工年月日，主任電気工事士及び作業者の氏名，配線図，検査結果)を記載した帳簿を備え，これを 5 年間保存する．

**例題 1.5**　電気工事業者の義務

電気工事業法の電気工事業者の義務として，誤っているのは次のうちどれとどれか（誤りは二つ）．
(1) 電気工事業者でない者に，その請負った電気工事を請け負わせない．
(2) 電気用品安全法に適合しない電気用品を電気工事に使用しない．
(3) 所定の測定器具等を本社に備え付ける．
(4) 工事に関する所定事項を記載した帳簿を備え，5年間保存する．
(5) 所定事項を記載した標識を電気工事の施工場所ごとに掲げる．

[ 解 ]　(3)所定の測定器具は営業所ごとに備える．(5)標識は営業所及び工事の施工場所ごとに掲げる．

[ 答 ]　(3), (5)

### 1.2.3　電気用品安全法

電気用品安全法は，<u>従来の電気用品取締法に代わるもの</u>であり，「電気用品の製造，販売等を規制するとともに電気用品の安全性の確保につき民間事業者の自主的な活動を促進する」ことを目的としている．

❶ **規制範囲**　一般用電気工作物の部分となり，又はこれに接続して用いられる機械，器具又は材料及び携帯発電機（30V 以上 300V 以下）である．電気用品は，**特定電気用品**（以前の甲種電気用品）とそれ以外の電気用品（以前の乙種電気用品）に分類される．特定電気用品は，構造又は使用方法その他の使用状況から見て特に危険又は障害の発生するおそれが多い電気用品である．そのため，強制認証の対象としている．

❷ **規制の概要**

① **製造業者，輸入業者の届出**　電気用品の製造又は輸入を行う者は，経済産業大臣に届け出る．

② **電気用品の基準適合義務**　届出事業者は経済産業省令で定める技術上の基準に適合するようにするとともに，その電気用品についての検査を行い，検査記録を作成し，保存する．

③ **特定電気用品の適合性検査**　製造又は輸入する電気用品が特定電気用品である場合，これを販売する時までに<u>経済産業大臣の認定又は承認する者の検査を受け，この証明書を保存する</u>．

④ **電気用品の表示**　届出事業者は前項②や③によって手続きした場合に限って，電気用品に**図 1.9** に示す記号，届出事業者名，証明書交付検査機関名（特定電気用品のみ）を表示することができる．前記の規定に合致しないものに，この表示をすることは禁止されている．

a．特定電気用品

b．左記以外の電気用品

図 1.9　電気用品表示記号

⑤ **電気用品の使用・販売規制**　前記④項に示す表示のあるものでなければ，販売業者は電気用品を販売，又は販売の目的で陳列してはならない．また，電気事業者，自家用電気工作物設置者，電気工事士等は，前記表示のない電気用品を使用してはならない．

第1章　電気関係法規

【演習問題 1.5】　電気工事士法
　電気工事士法に基づく自家用電気工作物(最大電力 500kW 未満の需要設備)の電気工事の作業に従事することができる者の資格と電気工事に関する次の記述のうち，正しいのはどれか．
(1) 認定電気工事従事者は，200Vで使用する電動機に至る低圧屋内配線工事の作業に従事することができる．
(2) 第一種電気工事士は，非常用予備発電装置として設置される原動機および発電機の電気工事の作業に従事することができる．
(3) 第二種電気工事士は，受電設備の低圧部分の電気工事の作業に従事することができる．
(4) 第二種電気工事士は，ネオン用として設置される分電盤の電気工事の作業に従事することができる．
(5) 第二種電気工事士は，100Vで使用する照明器具に至る低圧屋内配線工事の作業に従事することができる．

[解]　(2)，(4)非常用予備発電装置工事及びネオン工事は，特殊電気工事であり，それぞれの特種電気工事資格者が必要になる．
(3)，(5)第二種電気工事士は自家用電気工作物の工事には従事できない．(1)電圧 600V 以下なので，認定電気工事従事者が作業できる．

[答]　(1)

[解き方の手順]
　本文 1.2.1 項の記述参照．本問はすべて自家用電気工作物の構内の施設であることに注意する．

[電気工事士の義務]　1.2.1 項の 2 で述べたほか下記がある．
①電気工事業務の開始日から 10 日以内に都道府県知事に必要事項を届け出る．
②第一種電気工事士は免状交付日から 5 年以内に保安の講習を受ける．
　なお，都道府県知事は，電気工事士等が電気工事士法又は電気用品安全法に違反した場合，電気工事士免状等の返納を命じることができる．

【演習問題 1.6】　電気用品安全法
　電気用品安全法において，「電気用品」とは，次に掲げるものをいう．
① (ア) 電気工作物の部分となり，又はこれに接続して用いられる機械，器具又は材料であって，政令で定めるもの．
② (イ) であって，政令で定めるもの．
　又，この法律において，「(ウ) 電気用品」とは，構造又は使用方法から見て特に危険又は障害の発生するおそれが多い電気用品であって，政令で定めるものをいう．
　上記の記述中の空白箇所(ア)～(ウ)に記入する字句を答えよ．

[解]　電気用品は一般用電気工作物の部分又はこれに接続される機械器具等であり，政令で定めるものである．この中で，特定電気用品は危険度の高い電気用品である．

[答]　(ア)一般用，(イ)携帯発電機，(ウ)特定

[解き方の手順]
　本文 1.2.3 項の記述参照．電気用品には携帯発電機が含まれることに注意する．

# 練 習 問 題　(解答 p.185)

**問 1**　次の文章は,「電気事業法」の目的についての記述である.

この法律は,電気事業の運営を適性かつ合理的ならしめることによって,電気の使用者の利益を保護し,及び電気事業の健全な発展を図るとともに,電気工作物の工事,維持及び運用を (ア) することによって, (イ) の安全を確保し,及び (ウ) の保全を図ることを目的とする.

上記の記述中の空白箇所 (ア)～(ウ) に当てはまる語句として,正しいものを組み合わせたのは次のうちどれか.

(1) (ア) 規定　(イ) 公共　(ウ) 電気工作物　　(2) (ア) 規制　(イ) 電気　(ウ) 電気工作物
(3) (ア) 規制　(イ) 公共　(ウ) 環境　　　　　(4) (ア) 規定　(イ) 電気　(ウ) 電気工作物
(5) (ア) 規定　(イ) 電気　(ウ) 環境

**問 2**　次の文章は,「電気事業法」及び「同法施行規則」に基づく電気工作物の種類についての説明である.

1. 次に掲げる電気工作物は,一般用電気工作物に区分されている.
   一　一般電気事業者から (ア) [V] 以下の電圧で受電し,その受電の場所と同一の構内においてその受電にかかる電気を使用するための電気工作物
   二　構内に設置し,構内の負荷にのみ電気を供給する (イ) 設備
2. 事業用電気工作物とは, (ウ) 電気工作物以外の電気工作物をいう.
3. (エ) 電気工作物とは,電気事業の用に供する電気工作物及び一般用電気工作物以外の電気工作物をいう.

上記の記述中の空白箇所 (ア)～(エ) に記入する語句又は数値として,正しいものを組み合わせたのは次のうちどれか.

(1) (ア) 300　(イ) 小出力発電　(ウ) 一般用　　　　　(エ) 自家用
(2) (ア) 300　(イ) 常用発電　　(ウ) 自家用及び一般用　(エ) 特定用
(3) (ア) 600　(イ) 常用発電　　(ウ) 自家用及び一般用　(エ) 特定用
(4) (ア) 600　(イ) 常用発電　　(ウ) 一般用　　　　　(エ) 自家用
(5) (ア) 600　(イ) 小出力発電　(ウ) 一般用　　　　　(エ) 自家用

**問 3**　「電気事業法」及び「同法施行規則」に基づく一般用電気工作物の小出力発電設備に該当しないものは,次のうちどれか.ただし,小出力発電設備の合計容量は,法で定める条件を満たしているものとする.

(1) 出力 10kW の太陽電池発電設備　　(2) 出力 10kW の内燃力発電設備
(3) 出力 15kW の風力発電設備　　　　(4) 出力 7kW の燃料電池発電設備
(5) 出力 18kW の水力発電設備(最大使用水量 $0.7m^3/s$ で,ダムはない)

**問 4**　「電気事業法」及び「同法施行規則」に基づき事業用電気工作物の設置又は変更の工事の計画は,経済産業大臣に事前届出を要することが定められている.次の工事を予定するときに,事前届出の対象となるのはどれか.

(1) 受電電圧 6 600V で最大電力 1 900kW の需要設備の設置の工事
(2) 受電電圧 22 000V の需要設備における受電用遮断器の 25% の遮断電流の変更を伴う改造の工事
(3) 受電電圧 6 600V で最大電力 1 500kW の需要設備における受電用遮断器の取り替えの工事

(4) 受電電圧6 600Vの需要設備における受電用変圧器(一次電圧6 600V)の1 250kV·Aの容量増加を伴う改造の工事
(5) 受電電圧22 000Vの需要設備における受電用遮断器の保護装置の取り替えの工事

**問5** 次の文章は,「電気事業法」に基づく主任技術者の選任等に関する記述の一部である.

1. 事業用電気工作物を設置する者は,事業用電気工作物の (ア) 及び運用に関する保安の監督をさせるため,経済産業省令で定めるところにより,主任技術者免状の交付を受けている者のうちから,主任技術者を選任しなければならない.
2. (イ) 電気工作物を設置する者は,上記1にかかわらず,経済産業大臣の (ウ) を受けて,主任技術者免状の交付を受けていない者を主任技術者として選任することができる.
3. 主任技術者は,事業用電気工作物の (ア) 又は運用に関する保安の監督の職務を誠実に行わなければならない.
4. 事業用電気工作物の (ア) 又は運用に従事するものは,主任技術者がその保安のためにする (エ) に従わなければならない.

上記の記述中の空白箇所(ア)～(エ)に当てはまる語句として,正しいものを組み合わせたのは次のうちどれか.

(1) (ア)巡視,点検　(イ)自家用　(ウ)許可　(エ)要請
(2) (ア)巡視,点検　(イ)事業用　(ウ)許可　(エ)指示
(3) (ア)工事,維持　(イ)自家用　(ウ)承認　(エ)要請
(4) (ア)工事,維持　(イ)自家用　(ウ)許可　(エ)指示
(5) (ア)工事,維持　(イ)事業用　(ウ)承認　(エ)要請

**問6** 次の文章は,「電気事業法」に基づく保安規程に関する記述である.

1. (ア) 電気工作物を設置する者は, (ア) 電気工作物の工事,維持及び運用に関する保安を確保するため,経済産業省令で定めるところにより,保安を一体的に確保することが必要な (ア) 電気工作物の (イ) ごとに保安規程を定め,当該組織における (ア) 電気工作物の使用の開始前に,経済産業大臣に届け出なければならない.
2. (ア) 電気工作物を設置する者は,保安規程を変更したときは (ウ) ,変更した事項を経済産業大臣に届け出なければならない.
3. (ア) 電気工作物を設置する者及びその (エ) は,保安規程を守らなければならない.

上記の記述中の空白箇所(ア)～(エ)に当てはまる語句として,正しいものを組み合わせたのは次のうちどれか.

(1) (ア)一般用　(イ)事業場　(ウ)変更の日から30日以内に　(エ)使用者
(2) (ア)一般用　(イ)組　織　(ウ)遅滞なく　(エ)管理者
(3) (ア)自家用　(イ)事業場　(ウ)遅滞なく　(エ)使用者
(4) (ア)事業用　(イ)事業場　(ウ)変更の日から30日以内に　(エ)管理者
(5) (ア)事業用　(イ)組　織　(ウ)遅滞なく　(エ)従業者

**問7** 次の文章は,「電気事業法」に基づく技術基準適合命令に関する記述である.

経済産業大臣は,事業用電気工作物が経済産業省令で定める技術基準に (ア) していないと認めるときは,事業用電気工作物を (イ) する者に対し,その技術基準に (ア) するように事業用電気工作物を修理し,改造し,もしくは移転し,もしくはその使用を一時停止すべきことを命じ,又はその使用を (ウ) することができる.

上記の記述中の空白箇所（ア）〜（ウ）に当てはまる語句として，正しいものを組み合わせたのは次のうちどれか．
(1) （ア）適　合　（イ）管　理　（ウ）禁　止　　(2) （ア）合　格　（イ）管　理　（ウ）制　限
(3) （ア）合　格　（イ）設　置　（ウ）禁　止　　(4) （ア）適　合　（イ）管　理　（ウ）制　限
(5) （ア）適　合　（イ）設　置　（ウ）制　限

**問8** 次のうち，自家用電気工作物設置者が経済産業大臣又は管轄する産業保安監督部長に対して，「電気関係報告規則」による報告をする必要がない場合はどれか．
(1) 感電死傷事故が発生した場合
(2) 電気火災事故が発生した場合
(3) 主要電気工作物の損壊事故が発生した場合
(4) 需要設備の最大電力を変更した場合
(5) 需要設備を廃止した場合

**問9** 次の文章は，「電気事業法」及び「同法施行規則」の電圧及び周波数についての説明である．
1. 電気事業者（卸電気事業者及び特定規模電気事業者を除く．以下同じ）は，その供給する電気の電圧の値を標準電圧が100Vでは，（ア）の値を超えない値に維持するように努めなければならない．
2. 電気事業者は，その供給する電気の電圧の値を標準電圧が200Vでは，（イ）の値を超えない値に維持するように努めなければならない．
3. 電気事業者は，その者が供給する電気の標準周波数（ウ）値に維持するように努めなければならない．

上記の記述中の空白箇所（ア）〜（ウ）に当てはまる語句として，正しいものを組み合わせたのは次のうちどれか．
(1) （ア）100Vの上下4V　　（イ）200Vの上下8V　　（ウ）に等しい
(2) （ア）100Vの上下4V　　（イ）200Vの上下12V　（ウ）の上下0.2Hzを超えない
(3) （ア）100Vの上下6V　　（イ）200Vの上下8V　　（ウ）に等しい
(4) （ア）101Vの上下6V　　（イ）202Vの上下12V　（ウ）の上下0.2Hzを超えない
(5) （ア）101Vの上下6V　　（イ）202Vの上下20V　（ウ）に等しい

**問10** 自家用電気工作物について，「電気事業法」と「電気工事士法」では，定義が異なっている．
電気工事士法に基づく「自家用電気工作物」とは，電気事業法に規定する自家用電気工作物から，発電所，変電所，（ア）の需要設備，（イ）｛発電所相互間，変電所相互間又は発電所と変電所との間の電線路（もっぱら通信の用に供するものを除く）及びこれに付属する開閉所その他の電気工作物をいう）及び（ウ）を除いたものをいう．

上記の記述中の空白箇所（ア）〜（ウ）に当てはまる語句として，正しいものを組み合わせたのは次のうちどれか．
(1) （ア）最大電力500kW以上　　（イ）送電線路　　（ウ）保安通信設備
(2) （ア）最大電力500kW未満　　（イ）配電線路　　（ウ）保安通信設備
(3) （ア）最大電力2 000kW以上　（イ）送電線路　　（ウ）小出力発電設備
(4) （ア）契約電力500kW以上　　（イ）配電線路　　（ウ）非常用発電設備
(5) （ア）契約電力2 000kW以上　（イ）送電線路　　（ウ）非常用発電設備

**問11** 次の文章は,「電気事業法」,「同法施行令」,「電気関係報告規則」及び「電気工事士法」に定められた保安に関する規定の記述であるが,不適切なものは次のうちどれか.
(1) 電気事業法では,主任技術者について,「事業用電気工作物の工事,維持又は運用に従事する者は,主任技術者がその保安のためにする指示に従わなければならない」とされている.
(2) 電気事業法施行令では,電気工作物から除かれる工作物として「電圧30V未満の電気的設備であって,電圧30V以上の電気的設備と電気的に接続されていないもの」とされている.
(3) 電気事業法では,工事計画の届出に関し,「届出をした者は,その届出が受理された日から30日を経過した後でなければ,その届出に係る工事を開始してはならない」とされている.
(4) 電気関係報告規則に基づく電気事故の報告では,「事故の発生を知った時から24時間以内に可能な限り速やかに事故の発生の日時及び場所,事故が発生した電気工作物並びに事故の概要について,電話等の方法により行うとともに,事故の発生を知った日から起算して30日以内に所定様式の報告書を提出して行わなければならない」とされている.
(5) 電気工事士法では,「この法律は,電気工事の作業に従事する者の資格及び義務を定め,もって電気工事の欠陥による災害の発生の防止に寄与することを目的とする」とされている.

**問12** 次の文章は,「電気用品安全法」についての記述であるが,不適切なものはどれか.
(1) この法律は,電気用品による危険及び障害の発生することを防止することを目的としている.
(2) 一般用電気工作物の部分となる器具には,電気用品となるものがある.
(3) 携帯用発電機には,電気用品となるものがある.
(4) 特定電気用品とは,危険又は障害の発生するおそれの少ない電気用品である.
(5) 電気用品の販売業者は,所定の表示のあるものでなければ,販売の目的で電気用品を陳列してはならない.

**問13** 次の文章は,「電気工事士法」に基づく同法の目的及び電気工事士免状に関する記述である.
　この法律は,電気工事の (ア) に従事する者の資格及び (イ) を定め,もって電気工事の (ウ) による災害の発生の防止に寄与することを目的としている.
　この法律に基づき自家用電気工作物(特殊電気工事を除く)に従事することができる (エ) 電気工事士免状がある.また,その資格を認定されることにより非常用予備発電装置に係る工事に従事することができる (オ) 資格者認定証がある.
　上記の記述中の空白箇所(ア)〜(オ)に記入する語句として,正しいものを組み合わせたのは次のうちどれか.
(1) (ア)業務　(イ)権利　(ウ)事故　(エ)第二種　(オ)簡易電気工事
(2) (ア)作業　(イ)義務　(ウ)欠陥　(エ)第一種　(オ)特種電気工事
(3) (ア)作業　(イ)条件　(ウ)事故　(エ)自家用　(オ)特種電気工事
(4) (ア)仕事　(イ)権利　(ウ)不良　(エ)特　殊　(オ)第三種電気工事
(5) (ア)業務　(イ)条件　(ウ)欠陥　(エ)自家用　(オ)簡易電気工事

# 第2章　電気設備技術基準・解釈I（総則，発変電所）

### ■本章の必須項目■

□　**電圧の種別**
- **低圧**　直流 750V 以下，交流 600V 以下
- **高圧**　低圧を超え 7 000V 以下
- **特別高圧**　7 000V を超えるもの
- **最高電圧**　公称電圧 ×(1.15/1.1)

□　**電線の接続**　電気抵抗増加させない，機械強度 20%以上減少させない，同等の絶縁効力確保

□　**電路の絶縁**　大地からの絶縁が原則
- **低圧電路**　対地間，電線相互間の絶縁抵抗
  300V 以下：対地電圧 150V 以下　　0.1MΩ 以上
  300V 以下：その他の場合　　　　　0.2MΩ 以上
  300V 超過：　　　　　　　　　　　0.4MΩ 以上

□　**絶縁耐力試験**　最大使用電圧を $E_m$ とし，下記試験電圧を電路と大地間に連続 10 分間印加
- $E_m$ が 7 000V 以下：$1.5 E_m$
- $E_m$ が 7 000V 超 60 000V 以下：$1.25 E_m$
- 直流試験電圧：ケーブル 2 倍，回転機 1.6 倍

□　**接地工事の種類**

| 種別 | 抵抗値 | 遮断時間 | 接地線 | 主な適用箇所 |
|---|---|---|---|---|
| A種 | 10Ω | — | 2.6$^\phi$ 以上 | 高圧，特高の鉄台，外箱 |
| B種 | 150/$I_1$Ω<br>300/$I_1$Ω<br>600/$I_1$Ω | —<br>$1'' < t \leq 2''$<br>$t \leq 1''$ | 4.0$^\phi$ 以上<br>高圧～低圧<br>では2.6$^\phi$ | 高圧・特高～低圧結合変圧器の二次側接地 |
| C種 | 10Ω<br>500Ω | —<br>$t \leq 0.5''$ | 1.6$^\phi$ 以上 | 300V超の低圧の鉄台，外箱 |
| D種 | 100Ω<br>500Ω | —<br>$t \leq 0.5''$ | 1.6$^\phi$ 以上 | 300V以下の低圧の鉄台，外箱 |

□　**外箱接地の省略可能例**(主なもの)
- 直流 300V，交流対地 150V 以下を乾燥場所に設置
- 低圧器具を乾燥した絶縁性の床上で扱う
- 二重絶縁構造，モールド形器具を使用
- 水気場所以外の低圧器具で漏電遮断器施設

□　**過電流遮断器**
- **原則**　通過短絡電流が遮断可能なこと
- **ヒューズ**　定格の 1.1 倍の電流に耐えること
- **配線用遮断器**　定格の 1 倍の電流で動作しない

□　**地絡遮断装置の施設**(主なもの)
- 金属製外箱を有する使用電圧 60V 超の機械器具で人が容易に触れるおそれのあるもの

□　**避雷器の施設**　A 種接地工事を行うこと
- 発変電所の架空線の引込(出)口
- 架空線に接続の配電用変圧器の高圧及び特高側
- 高圧架空線で供給受ける 500kW 以上の引込口
- 特高架空線で供給受ける引込口

□　**発変電所の立入防止措置**
- さく，へい等の施設，さく高さ＋充電部までの距離の和を 5m 以上(35kV 以下)
- 出入口に立入禁止表示，施錠

□　**機器の保護装置**
- **電路の自動遮断**　発電機の過電流，内部故障(10MVA 以上)，スラスト軸受温度過昇等
  特高変圧器の内部故障(5MVA 以上)
  特高調相設備の内部故障(500kvar 超過)

### ──電験三種のポイント──

　本章は，解釈の第1章総則と，第2章発変電所の施設を扱っている．総則では，電圧の定義，絶縁，接地など電気設備の全般にわたる重要な事項が規定されている．特に，接地工事は十分に理解すること．B 種接地工事や絶縁耐力試験に関連して，計算問題がよく出題される．発変電所の施設では，立入防止措置や各種機械器具の保護が重要項目である．

## 2.1節　共通事項

本節は主に解釈第1章の第1節～第3節について説明する．

### 2.1.1　電技及び解釈

**❶電技と解釈の関係**　電気事業法第39条第1項及び第56条第1項に基づいて経済産業省令である「電気設備に関する技術基準」(本書では「**電技**」という)が定められている．また，この技術基準の内容を具体的に示すものとして，「電気設備の技術基準の解釈」(本書では「**解釈**」という)が経済産業省から公表されている．電気設備の工事，維持及び運用に当たっては，これらによらなければならない．なお，解釈は2011年(平成23年)7月に条文の整理を含む抜本的な改正が行われている．

最近の技術的進歩や**事業者の自己責任の原則**を重視する観点から，旧電技の条項を整理・統合して**電技の機能性化**が1997年(平成9年)に図られた．新しい電技では，保安上必要な原則だけを簡潔に述べ，それを実現するための具体的な手段，方法などは規定していない(**図2.1**)．

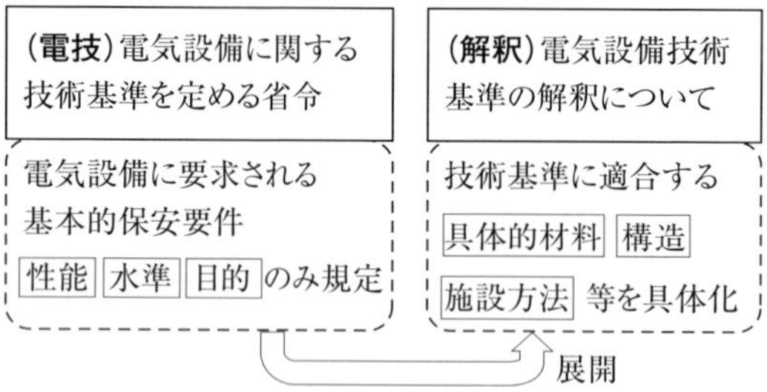

```
(電技)電気設備に関する        (解釈)電気設備技術
技術基準を定める省令          基準の解釈について
┌─────────────┐            ┌─────────────┐
│電気設備に要求される│            │技術基準に適合する│
│基本的保安要件      │            │具体的材料│構造 │
│性能│水準│目的│のみ規定│        │施設方法│等を具体化│
└─────────────┘            └─────────────┘
           └────────→ 展開 ←────────┘
```

図2.1　電技と解釈の考え方

一方，電気設備の施設に際しては具体的な基準が必要である．そこで，どのように施設すれば電技で定める技術的要件を満たすのかを具体的に示すものとして，通商産業省(現・経済産業省)から「解釈」が公表された．解釈は旧電技と旧告示の内容が大幅に取り入れられたものであり，事業用電気工作物の工事計画や使用前検査の審査基準となることや，一般用電気工作物の改修命令を出す際の基準となることが示されている．なお，電技に定める技術的要件を満足するのは解釈に限定されるわけではなく，技術的根拠があれば解釈以外の施設方法をとることも可能である．

条文も上記の趣旨から，電技は「…なければならない」と義務的・強制的に書かれているのに対して，解釈は「…であること」のような勧告的・推奨的な表現になっている．電技については**付録1**に条文を記載しているので参照のこと．

**❷重要な用語**　電技及び解釈では，それぞれの条文に現われる用語の定義を行っている．これらの詳細は**付録2**を参照されたい．これらの用語には，一般的な技術用語も多く含まれているが，その意味は通常とはニュアンスが異なることもあるので，条文理解のうえで注意を要する．ここでは，全般的に特に重要と考えられる用語について以下に記す．

・**電路**　通常の使用状態で電気が通じているところ(電技第1条第1号)．

・**電気使用場所**　電気を使用するための電気設備を施設した，1の建物又は1の単位をなす場所(解釈第1条第4号)．

・**需要場所**　電気使用場所を含む1の構内又はこれに準ずる区域であって，発電所，変電所及び開閉所以外のもの(解釈第1条第5号)．例示すると**図2.2**のようになる．

・**接触防護措置**＊　次のいずれかに適合するように施設することをいう(解釈第1条第36号)

　イ．屋内では床上2.3m以上，屋外では地表上2.5m以上の高さに，かつ，人が通る場所

---

＊ 従来の解釈で，「人が触れるおそれがないように施設する」としていたものの用語化である．

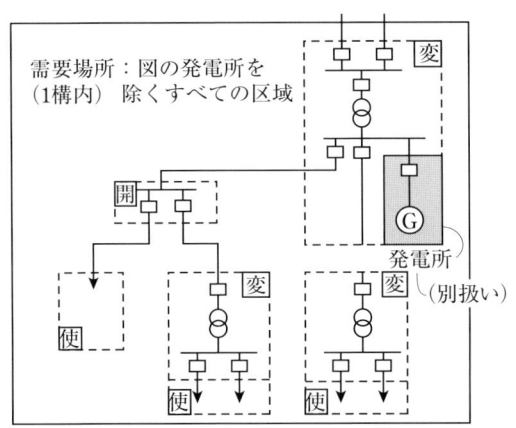

図2.2 需要場所等の概念

から手を伸ばしても触れることのない範囲に設備を施設する.

ロ．設備に人が接近又は接触しないよう，さく，へい等を設け，又は設備を金属管等に収める等の防護措置を施す.

・**簡易接触防護措置**\*\* 次のいずれかに適合するように施設することをいう(解釈1条37号)

イ．屋内では床上1.8m以上，屋外では地表上2m以上の高さに，かつ，人が通る場所から容易に触れることのない範囲に設備を施設する.

ロ．接触防護措置のロに同じ.

### 2.1.2 電 圧

**❶電圧の区分** 電気設備は，電圧の高低により規制を行うことが合理的である．電技第2条では危険の程度や実用面から**表2.1**に示すように**低圧，高圧，特別高圧**の3種に区分している．

**❷電圧の定義** 電圧には，いろいろな呼称があるが，以下のように定義されている．

**(1)使用電圧(公称電圧)** 電路を代表する線間電圧(解釈第1条第1号)．ただし，高圧又は特別高圧の中性線を有する多線式電路において，中性線と他の1線とに電気的に接続する電気設備については，中性線と他の1線との間の電圧とする(電技第2条第2項)．

**(2)標準電圧** 電路の電圧を統一することは，機器の規格化や送配電線の連系を行ううえで必要である．このため，**電気学会電気規格調査会標準規格** JEC-0222-2009で，**表2.2**のように標準電圧を定めている．ここで，**公称電圧**は，その電線路を代表する線間電圧をいい，**最高電圧**は，その電線路に通常発生する最高の線間電圧をいう．標準電圧は，2002年に400V級電圧のIEC規格との整合化，2009年に500kV級及び1000kV級電圧の見直しが図られている．

**[注]** 低圧系統の電圧は，数値からも理解できるように，主に50Hzとの整合(IEC規格)が図られている．したがって，60Hz系統では，400V級をはじめとして，表2.2とは異なる電圧も多数採用されている．

表2.1 電圧の区分

| | 交 流 | 直 流 |
|---|---|---|
| 低　圧 | 600V以下 | 750V以下 |
| 高　圧 | 低圧を超え7 000V以下 ||
| 特別高圧 | 7 000Vを超えるもの ||

\*\*従来の解釈で，「人が容易に触れるおそれがないように施設する」としていたものの用語化である．

表2.2 標準電圧 [JEC-0222-2009]

| 区分 | 公称電圧 | 単位 | 最高電圧の係数 |
|---|---|---|---|
| 1 000V 以下 | 100, 200, 100/200, 230, 400, 230/400 | V | 1.15 |
| 1 000V超 500kV未満 | 3.3, 6.6, 11, 22, 33, (66, 77), 110, (154, 187), (220, 275) | kV | 1.15/1.1 |
| 500kV | 500 | kV | 1.05, 1.1 又は1.2 |
| 1 000kV | 1 000 | kV | 1.1 |

**[注]** ( )内の電圧は1地域においていずれかの電圧を採用する．

**❸最大使用電圧** 解釈第1条第2号では，通常の使用状態において電路に加わる最大の線間電圧として，次のいずれかにより求めるとしている．

① 前記のJECの公称電圧に等しい電路では，表2.2に記載する係数を乗じた電圧．これは，JEC-0222の最高電圧に相当するものである．
② ①に規定するもの以外の電路では，電路の電源となる機器の定格電圧(電源機器が変圧器の場合は，最大タップ電圧とする)．
③ 計算又は実績により，①又は②の電圧値を上回ることが想定される場合は，その想定電圧．

❹ **対地電圧** 一般的には，電路と大地の間の電圧である．電技第58条において対地電圧は，**接地式電路**(中性点又は一端を接地した電路)では上記の通りであるが，**非接地式電路**では線間電圧を指す(**図2.3**)．

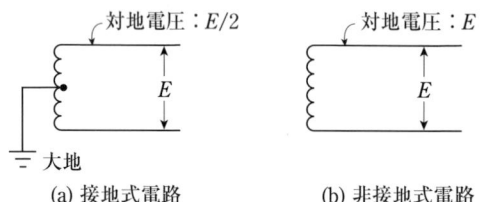

図2.3 対地電圧の例

## 2.1.3 電線

❶ **電線の保安原則** 電線は電技第1条第6号で，「強電流電気の伝送に使用する電気導体，絶縁物で被覆した電気導体又は絶縁物で被覆した上を保護被覆で保護した電気導体をいう」と定義されている．この中で，「又は絶縁物で…」以下の記述はいわゆる**ケーブル**を指す．

電線の保安原則は，電技，解釈において次のように規定されている．
① **断線防止** 通常の使用状態において断線のおそれがないように施設する(電技第6条)．
② **電線接続** 電線を接続する場合は，接続部分において電線の電気抵抗を増加させないように施設するほか，絶縁性能の低下(略)及び通常の使用状態において断線のおそれがないようにしなければならない(電技第7条)．
③ **規格品使用** 電線には，電気用品安全法の適用を受けるものを除き，解釈の規定に適合する性能を有するものを用いること(解釈第5条第1項ほか)．
④ **耐熱性** 通常の使用状態における温度に耐えること(解釈第3条第1号ほか)．
⑤ **線心識別** 線心が2本以上のものにあっては，色分けその他の方法により線心が識別できること(解釈第3条第2号)．

❷ **電線の接続法** 解釈第12条で以下のように規定されている．
① 接続部の電気抵抗を増加させない．
② 接続部で電線の機械的強度(引張強さ)を20%以上減少させない．
③ 接続部では，接続管その他の器具を用いるか，又はろう付とする．
④ 接続部は，本体絶縁物と同等以上の絶縁効力のある絶縁物で十分被覆するか，又は同等以上の絶縁効力を有する接続器を使用する．
⑤ コード，ケーブル，キャブタイヤケーブル相互の接続では，コード接続器などの器具を用いるものとし，直接接続は禁止する．ただし，断面積8mm²以上のキャブタイヤケーブル相互又は金属被覆のないケーブル相互の接続において，所定の措置を行う場合はこの限りでない．
⑥ アルミ線と銅線の接続では，接続部に電気的腐食が生じないようにする．
⑦ アルミニウムを使用する絶縁電線又はケーブルを屋内・屋側・屋外配線に用いる場合において，当該電線の接続は，電気用品安全法の適用を受ける接続器等を用いる．

**例題 2.1** ケーブル等の接続

電線を接続する場合において，直接接続ができるのは，次のうちどれか．
(1) 5.5mm² キャブタイヤケーブル相互
(2) 22 mm² 鉛被ケーブル相互
(3) 5.5 mm² VVケーブル相互
(4) 38 mm² アルミ被ケーブル相互
(5) 0.5 mm² ビニルコード相互

[解] (1)は8mm²未満である．(2),(4)は金属被覆がある．(5)コードは直接接続できない．

[答] (3)

❸**電線の種類** 電気設備の使用電線は，電気用品安全法に適合するもの又は解釈の規定に適合するものでなければならない(**表2.3**)．また，**光ファイバーケーブル**については，用語が電技で定義されている(付録2参照)．

表2.3 電線の規格

| 種別 | 電気用品安全法 | 解釈の規定 |
|---|---|---|
| 裸電線 | — | 全部 |
| 絶縁電線 | ・定格電圧600V以下<br>・導体公称断面積100mm²以下 | 左記以外 |
| ケーブル及びキャブタイヤケーブル | ・定格電圧600V以下<br>・導体公称断面積100mm²以下<br>・心線5本以下*<br>・各線心の材料構造が同一 | 左記以外 |
| コード | 全部 | — |
| 多心型電線 | — | 全部 |

*キャブタイヤは7本以下．

解釈では，第4〜11条において，電線の種類を，**裸電線等**(第4条)，**絶縁電線**(第5条)，**多心型電線**(第6条)，**コード**(第7条)，**キャブタイヤケーブル**(第8条)，**低圧ケーブル**(第9条)，**高圧ケーブル**(第10条)，**特別高圧ケーブル**(第11条)に分類して規制している．このうちで，主な事項について述べる．

①**裸電線等** 規制の範囲には，銅・アルミ線の導体のほか，支線，架空地線等に用いる鋼・鉄線を含んでいる．裸電線は，充電部が露出しており危険なので，原則として送電線，発変電所の屋外母線などの用途に限定している．低高圧の架空電線には使用できない(電技第21条ほか)．

解釈では，金属線の規格として，硬銅線，軟銅線，銅合金線，硬アルミ線，アルミ合金線，銅覆鋼線，アルミ覆鋼線の導電率，引張強さ及びアルミめっき鋼線，亜鉛めっき鋼線，インバー線(ニッケル鋼の一種)などの引張強さを規定している．

より線の引張強さ $T$ は，次式で計算した値以上であること．ここで，$\sigma$ は素線の断面積当たりの引張強さ $[N/mm^2]$，$S$ は素線断面積 $[mm^2]$，$n$ は素線数，$k$ は引張強さ減少係数，$\Sigma$ は素線の種類ごとに合計することを意味する．

$$T = \Sigma(\sigma \cdot S \cdot n) \cdot k \ [N] \tag{2.1}$$

$k$ は，銅・アルミ線関係の3本より以下で0.95，鋼・鉄線関係の7本より以下で0.92，左記以外のもので0.9である．

一般に市販されているより線では，素線径 $d$ の同種の線をより合わせたとき，層数を $b$ とすると，素線総数 $n$，より線外径 $D$ は次式で示せる．

$$n = 3b(1+b)+1, \quad D = (2b+1)d \tag{2.2}$$

ここで，$b$ は単線で0とする．上式から，層数の増加とともに，素線総数は順次，7，19，37…本よりとなる．

②**絶縁電線** 絶縁物で被覆した電気導体である．特別高圧絶縁電線，高圧絶縁電線，600Vビニル絶縁電線(IV)，屋外用ビニル絶縁電線(OW)などがあり，広く用いられている．OWは硬銅線であり，屋内配線には使用できない．

③**多心型電線** 図2.4に示すように，絶縁物で被覆した導体を，絶縁物で被覆していない裸導体の周囲にらせん状に巻付けたもので，2本よりのものと3本よりのものがある．300V以下の低圧架空電線に用いられる．裸導体は接地側電線として使用される．

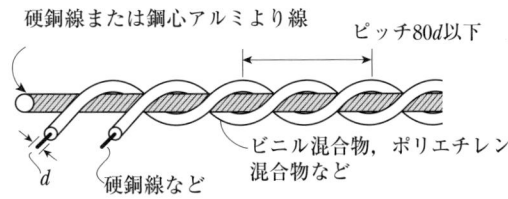

図2.4 多心型電線

④**コード** **電気用品安全法**の適用を受けたもの

を使用する．用途は低圧に限られている．ゴムコード，ビニルコード，ゴムキャブタイヤコードなどがある．

**⑤キャブタイヤケーブル**　絶縁物で被覆した上を外装で保護した電気導体である．高圧用では金属製の電気遮へい層を設ける．ケーブルよりも耐摩耗性，耐衝撃性，屈曲性に優れる．工場，工事現場，鉱山等での移動用ケーブルとして使われる．

キャブタイヤケーブルの種類は，1 種から 4 種まであるが，3 種以上は補強層があり強固である．1 種は 2 種へ統合化されつつある．ケーブル工事には，主に 3 種以上が使われる．

**⑥ケーブル**　ケーブルは絶縁電線の上をさらに保護被覆した**図 2.5** のような構造であり，絶縁電線に比べて外力に対して安全性が高い．使用電圧により，低圧ケーブル，高圧ケーブル，特別高圧ケーブルに分れる．最近では，ほとんどの場合，低圧用の VV（ビニル絶縁ビニルシースケーブル）のほか，架橋ポリエチレン絶縁ビニル外装ケーブル（CV）が使われている．

外装
絶縁物
導体
介在物

図 2.5　ケーブル

銅外被
銅導体
酸化マグネシウム

図 2.6　MI ケーブル

**a. 低圧ケーブル**　ビニル外装ケーブル（VV），鉛被ケーブル，MI ケーブル（解釈第 9 条第 3 項，4 項）などがある．**MI ケーブル**（mineral insulation の略）は，**図 2.6** のような構造であり，

t
D
d
ダクト
平滑ダクト（最低2.4mm）
t = D/25 + 1.0
波付ダクト（最低1.5mm）
t = D/200 + 1.0
金属
遮へい層
絶縁体
導体
D ≧ 1.3d
d はケーブルの外接円

図 2.7　CD ケーブル

絶縁体に酸化マグネシウムなどの無機物を使用しており耐熱性に優れる．

**b. 高圧・特別高圧ケーブル**　原則として線心ごとに又は一括で，**電気的遮へい層**を設けなければならない．

高圧ケーブルには特殊なものとして，**CD ケーブル**（解釈第 10 条第 4 項）がある．これは，**図 2.7** のような構造で，ケーブル外装に機械的強度の大きいポリエチレン混合物のダクトを用いており，地中埋設の場合，防護なしで直設埋設ができる（CV ケーブルや CD 管と混同しないこと）．

**c. 複合ケーブル**　電線と弱電流電線とを束ねたものの上に保護被覆を施したケーブルをいう（解釈第 1 条第 20 号）が，電線を**高圧又は特別高圧で使用する場合は，弱電流電線は電力保安通信線用のものに限られる**（解釈第 10 条，第 11 条）．

**例題 2.2**　**亜鉛めっき鋼線の引張強さ**

直径 2.3mm，引張強さ 1.23[kN/mm$^2$] の普通亜鉛めっき鋼線を 19 本よりで支線に用いる．この場合の引張強さはいくら以上でなければならないか．引張強さ減少係数は 0.9 とする．

**[解]**　より線の断面積 $S$ は，素線径を $d$，素線数を $n$ とすると，(2.1) 式から，

$$S = \frac{\pi}{4} d^2 n = \frac{\pi}{4} \times 2.3^2 \times 19 \fallingdotseq 80 \ [\mathrm{mm}^2]$$

よって，最低引張強さ $T$ は，素線の断面積当たりの引張強さを $\sigma$，引張強さ減少係数を $k$ とすると，(2.1) 式から，

$$T = \sigma \cdot S \cdot n \cdot k = 1.23 \times 80 \times 19 \times 0.9 = 1683 \ [\mathrm{kN}]$$

**[答]　1683[kN]**

## 2.1.4　電路の絶縁

**❶電路絶縁の原則**　電気設備において感電，火災等はあってはならないが，その防止について電技では，保安原則の総括的な規定として，以下のように定めている．

電気設備は，感電，火災その他人体に危害を及ぼし，又は物件に損傷を与えるおそれがない

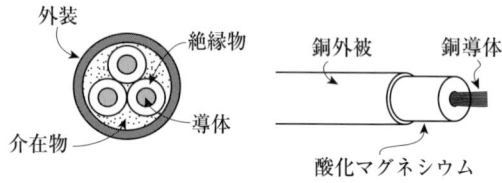

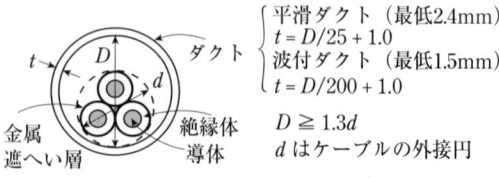

ように施設しなければならない(電技第4条).

電路が十分に絶縁されていなければ，漏えい電流による火災や感電の危険が生じる．よって，電技第5条では，絶縁に関する総括的な規定として，以下のように定めている．

**❶大地絶縁**　電路は大地からの絶縁が原則である．ただし，構造上やむを得ない場合であって通常予見される使用形態を考慮し危険のおそれがない場合，又は混触による高電圧侵入等の異常が発生した際の危険を回避するための接地その他の保安上必要な措置を講ずる場合は，この限りでない．

**②異常電圧想定**　前項の絶縁性能は原則として，事故時に想定される異常電圧を考慮し，絶縁破壊による危険のおそれがないものとしなければならない．

**③変成器内巻線**　当該変成器内の他の巻線との間の絶縁性能は，事故時に想定される異常電圧を考慮し，絶縁破壊による危険のおそれがないものとしなければならない．

**❷絶縁の例外**　接地点など次に掲げる部分は，電路絶縁の原則から除外されている(解釈第13条など)．

① 変圧器の低圧側の接地点(B種接地工事など，2.1.6項参照)
② 電路の中性点の接地点
③ 計器用変成器の二次側の接地点
④ 低圧架空電線と特別高圧架空電線を同一支持物に施設する場合の低圧架空線の接地点
⑤ パイプライン用表皮電流加熱装置に用いる発熱管(小口径管)の接地点
⑥ 低圧電路と使用電圧が150V以下の制御回路等を結合する変圧器の二次側の接地点
⑦ 試験用変圧器，電気さく用電源装置，電気防食用の陽極，単線式電気鉄道の帰線(レール)等電路の一部を大地から絶縁しないで電気を使用することが止むを得ないもの
⑧ 電気浴器，電気炉，電気ボイラー，電解槽等大地から絶縁することが技術上困難なもの

なお，上記の①～⑥において，接地を行う場合の接地点のみが大地絶縁の例外であり，接地線などその他の部分は，大地から絶縁しなければならない．

**❸電路の絶縁性能**　電技では，電路の絶縁性能について，低圧の場合は絶縁抵抗値により，高圧以上の場合は絶縁耐力により，それぞれ規定している(機器の場合はすべて絶縁耐力である)．これは，低圧の場合には漏れ電流の程度が大切であるのと，絶縁抵抗は**絶縁抵抗計**(メガー)により簡単に測定できることによる．一方，高圧以上では絶縁抵抗は一つの目安であり，絶縁性能は耐力試験により判定しなければならない．

**(1)一般の低圧電路**　電技第58条により，電線相互間及び電路と大地の間の絶縁抵抗は，開閉器又は過電流遮断器で区切ることのできる電路ごとに**表2.4**のように定められている(図2.8)．漏れ電流にすると約1mAのオーダになっている($\because$ 100[V]÷0.1[MΩ] = 1[mA])．

絶縁抵抗の測定が困難な場合は，漏えい電流が1mA以下であれば同等の絶縁性能とみなせる(解釈第14条第1項)．

表2.4　低圧電路の絶縁抵抗

| 電路の使用電圧の区分 | | 絶縁抵抗値 |
|---|---|---|
| 300V以下 | 対地電圧150V以下 | 0.1 [MΩ]以上 |
| | その他の場合 | 0.2 [MΩ]以上 |
| 300Vを超えるもの | | 0.4 [MΩ]以上 |

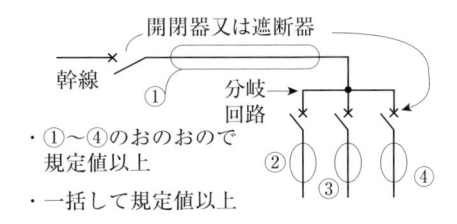

・①～④のおのおので規定値以上
・一括して規定値以上

図2.8　低圧電路の絶縁抵抗測定区分

**(2)低圧電線路**　電技第22条において，絶縁部分の電線と大地との間及び電線の線心相互間の絶縁抵抗は，使用電圧に対する漏えい電

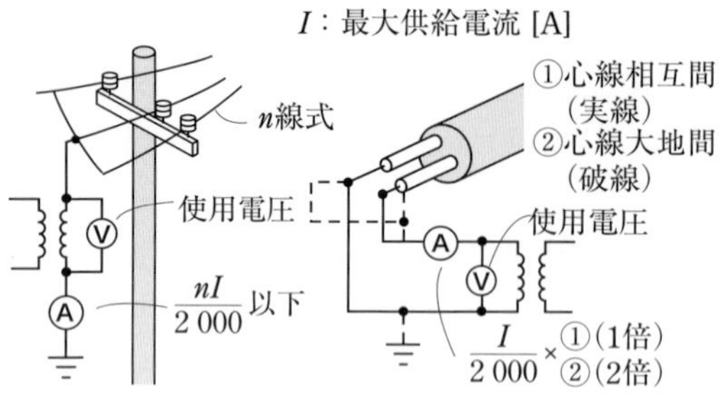

図2.9 低圧電線路の絶縁抵抗
(a) 多心ケーブル等以外
(b) 多心ケーブル等

$I$：最大供給電流 [A]
①心線相互間（実線）
②心線大地間（破線）
使用電圧
$n$線式
$\dfrac{nI}{2\,000}$ 以下
$\dfrac{I}{2\,000} \times$ ①(1倍) ②(2倍)

流が最大供給電流の 1/2 000 を超えないようにしなければならない．なお，この規定は電線1条当たりなので，電線を一括して大地との間に使用電圧を加えた場合は，$n$線式電路であれば $n/2\,000$ を超えなければよい（**図2.9**）．低圧電線路では，絶縁の破壊ということよりも，他物との接触，沿面漏電などの漏れ電流が問題となるので，このような規定にしている．

**(3) 高圧・特別高圧電路** 高圧及び特別高圧電路は，**表2.5**に示す電路の種類に応じ，同表の試験電圧を電路と大地の間（多心ケーブルでは心線相互間及び心線と大地の間[注]）に連続して10分間加えて絶縁耐力試験をしたとき，これに耐えなければならない．ただし，電線にケーブルを使用する交流の電路では，試験電圧の2倍の直流電圧を加えて試験をすることができる（解釈第15条）．長尺のケーブルでは，直流試験の規定を用いると試験器の容量が小さくて済む．

[注] 2個より，3個よりのケーブルは，単心ケーブルと同じ扱いになる．

**(4) 機械器具等の電路** 機器類の絶縁性能は，解釈第16条により，すべて絶縁耐力の値で規定している．機器の絶縁レベルは，おおむね表2.5に示した電路の場合と整合性が取れている．主なものを示すと**表2.6**のようになり，機器の種類，電圧に応じて，同表に示す試験電圧を同表に示す箇所に連続して10分間加えた場合に，これに耐えなければならない．

ただし，接地形計器用変圧器（EVT），避雷器，

表2.5 高圧・特別高圧電路の絶縁耐力

| 電路の種類 | | 試験電圧 |
|---|---|---|
| ①$E_m$が7 000V以下の電路 | 交流の電路 | 1.5$E_m$(AC) |
| | 直流の電路 | 1.5$E_m$(DC)又は1$E_m$(AC) |
| ②$E_m$が7 000Vを超え15 000V以下の中性点接地式電路（中性線多重接地式） | | 0.92$E_m$ |
| ③$E_m$が7 000Vを超え60 000V以下の電路（②を除く） | | 1.25$E_m$（最低10 500V） |
| ④$E_m$が60 000Vを超える中性点非接地式電路 | | 1.25$E_m$ |
| ⑤$E_m$が60 000Vを超える中性点接地式電路（⑥，⑦を除く） | | 1.1$E_m$（最低75 000V） |
| ⑥$E_m$が170 000Vを超える中性点直接接地式電路（⑦を除く） | | 0.72$E_m$ |
| ⑦$E_m$が170 000Vを超える中性点直接接地電路で，その中性点が直接接地されている発変電所内等の施設 | | 0.64$E_m$ |

[注] 1. $E_m$は最大使用電圧を表し，一般に公称電圧×(1.15/1.1)である（2.1.2項参照）．
2. ④〜⑦は整流器に接続しないものに限る．

表2.6 機器類の絶縁耐力（抜粋）

| 機器の種類 | | 試験電圧 | 試験箇所 |
|---|---|---|---|
| 回転機 | $E_m$が7 000V以下 | 1.5$E_m$（最低500V） | 巻線と大地間 |
| | $E_m$が7 000V超過 | 1.25$E_m$（最低10 500V） | |
| 整流器 | $E_m$6 000V以下 | 直流側の$E_m$の1倍の交流電圧（最低500V） | 充電部と外箱間 |
| 燃料電池及び太陽電池モジュール | | 1.5$E_m$の直流電圧又は$E_m$の交流電圧（最低500V） | 充電部と大地間 |
| 変圧器 | $E_m$7 000V以下巻線 | 1.5$E_m$（最低500V） | 巻線−他巻線，鉄心及び外箱間 |
| | $E_m$7 000V超過で15kV以下の巻線で中性点接地式電路に接続 | 0.92$E_m$ | |
| | $E_m$7 000V超で60kV以下の巻線（上記以外） | 1.25$E_m$（最低10 500V） | |
| 開閉器，遮断器，電力用コンデンサ，計器用変成器その他の器具 | | 表2.5の電圧レベルに準じる | 充電部と大地間 |

[注] 1. 表中の$E_m$は，最大使用電圧を表す
2. 交流の回転機は，試験電圧の1.6倍の直流電圧による試験ができる
3. 電線にケーブルを使用する機器類の交流の接続線もしくは母線では，試験電圧の2倍の直流電圧による試験ができる

地絡検出用コンデンサなどは耐圧試験が一般に困難であるので，これらが解釈の規格，JIS規格等に適合することを条件に耐力試験を免除している．

**例題 2.3　低圧電線路の漏れ電流**

200/100V，最大供給電流100Aの単相3線式配電線において，3線を一括して電線と大地の間に200Vを印加して絶縁試験を行う場合，漏れ電流の許容値はいくらか．

[解]　低圧電線路の使用電圧に対する漏れ電流 $I$ は，電線1条当たり，最大供給電流の1/2 000以下なので，

$$I = 100 / 2\,000 = 0.05\,[\text{A}]$$

である．よって，3線一括試験の場合は，これの3倍になるので，150 [mA] 以下が必要．

[答]　150 [mA]

**例題 2.4　ケーブルの直流耐力試験**

公称電圧が6 600Vの電路に使用する電力ケーブルの絶縁耐力試験を直流電圧で行う場合，その試験電圧値はいくらになるか．

[解]　最大使用電圧 $E_m$，公称電圧 $E$，試験電圧 $E_t$ とする．

$$E_m = E \times (1.15 / 1.1) = 6\,600 \times (1.15 / 1.1) = 6\,900\,[\text{V}]$$

解釈第15条により，$E_t$ は交流試験の2倍になり，

$$E_t = 1.5 E_m \times 2 = 1.5 \times 6\,900 \times 2 = 20\,700\,[\text{V}]$$

[答]　20 700[V]

### 2.1.5　接地工事

接地工事のうち，電気機械器具等に関するものは，2.2.1項の❻を参照のこと．

**❶接地工事の原則と種類**　電技第10条で，「電気設備の必要な箇所には，異常時の電位上昇，高電圧の侵入等による感電，火災その他人体に危害を及ぼし，又は物件への損傷を防止するために，接地工事を行わなければならない」と規定されている．また，電技第11条で，「接地を施す場合には，電流が安全かつ確実に大地に通ずることができるようにしなければならない」と規定されている．

解釈第17条で規定している接地工事は，**A種接地工事**，**B種接地工事**，**C種接地工事**，**D種接地工事**の4種類である．

これらの接地工事の種類ごとの適用例は，解釈の各所で規定されているが，これらをまとめると，概略は**表2.7**のようになる．

**❷接地工事の施設方法**　各種接地工事の施設方法は，解釈第17条に規定されているが，接地抵抗値及び接地線の太さは，**表2.8**のとおりである．表の接地線の太さは最低基準であり，実際には，変圧器容量などを考慮して適切なものを選定しなければならない．特に，演習問題2.6にもあるように，低圧側機器での地絡時には，C種又はD種とB種とで短絡回路を形成するので，この検討は重要である．

なお，A種及びB種接地工事の接地線は避雷針用地線を施設してある支持物には施設しないこと．

移動して使用する機器の金属製外箱に接地を施す場合で，可とう性を必要とする部分は**表2.9**に示す電線を用いる．A種，B種の場合は，最低太さが，一般の場合よりも大きい．

表2.7　接地工事の適用

| 種類 | 接地工事の適用例　（　）は解釈適用条文番号 |
|---|---|
| A種 | ・高圧用又は特別高圧用の機械器具の鉄台及び金属製外箱[1]（第29条）<br>・特高計器用変成器の二次側電路（第28条）<br>・高圧及び特高電路に施設する避雷器（第37条） |
| B種 | ・高圧又は特高電路と低圧電路を結合する変圧器低圧側の中性点[2]（第24条） |
| C種 | ・300Vを超える低圧用の機械器具の鉄台及び金属製外箱[1]（第29条） |
| D種 | ・300V以下の低圧用の機械器具の鉄台及び金属製外箱[1]（第29条）<br>・高圧用変成器の二次側電路（第28条） |

(1) 省略できる場合がある（2.2.1項（6）参照）．
(2) 300V以下では低圧側の1端子でもよい．

表2.8 接地工事の接地抵抗，接地線

| 種類 | 接地抵抗値 | 遮断時間(2) | 接地線の太さ(3) |
|---|---|---|---|
| A種 | 10 [Ω]以下 |  | 直径2.6mm以上 (1.04kN以上) |
| B種(1) | 150/$I_1$ [Ω]以下 300/$I_1$ [Ω]以下 600/$I_1$ [Ω]以下 最低値は5 [Ω]以下を要しない | — $1″<t≦2″$ $t≦1″$ | 一次特高：直径4mm以上 (2.46kN以上) 一次高圧：直径2.6mm以上 (1.04kN以上) |
| C種 | 10 [Ω]以下 500 [Ω]以下 | — $t≦0.5″$ | 直径1.6mm以上 (0.39kN以上) |
| D種 | 100 [Ω]以下 500 [Ω]以下 |  $t≦0.5″$ |  |

(1) $I_1$は1線地絡電流を示す(表2.10).
(2) 混触または地絡時に回路を一定時間内に自動遮断するときは抵抗値が緩和される（B種では35kV以下に限る）．
(3) 直径は軟銅線，( ) は容易に腐食し難い金属線を使用時の引張り強さを示す．

表2.9 移動電気機器の接地線

| 接地種別 | 接地線の種類 | 最低断面積 |
|---|---|---|
| A種接地 B種接地 | ・下記CTの1心 三種又は四種のクロロプレンCT，三種又は四種のクロロスルホン化ポリエチレンCT ・多心CTの遮へいその他の金属体 | 8mm² |
| C種接地 | 多心コード又は多心CTの1心 | 0.75mm² |
| D種接地 | 可とう性を有する軟銅より線 | 1.25mm² |

[注] CTはキャブタイヤケーブル

**(1) A種，B種接地工事接地線の施設方法**
人が容易に触れる場所のA種及びB種接地工事の接地線(極)は，発変電所内の接地及び移動電気機器の接地線を除いて，次により施設すること(図2.10).
①**接地極の位置**　地下75cm以上の深さに埋設する．
②**金属体近接の接地極**　接地極を鉄柱等の金属体に近接して施設する場合は，接地極を鉄柱の底面から30cm以上の深さとするか，又は鉄柱から1m以上離して埋設する．
③**接地線の材料**　屋外用ビニル絶縁電線以外の絶縁電線又は通信用ケーブル以外のケーブルを使用する．
④**接地線の保護**　接地線の地下75cmから地表上2mまでの部分は，合成樹脂管(厚さ2mm未満のもの及びCD管を除く)で覆う．

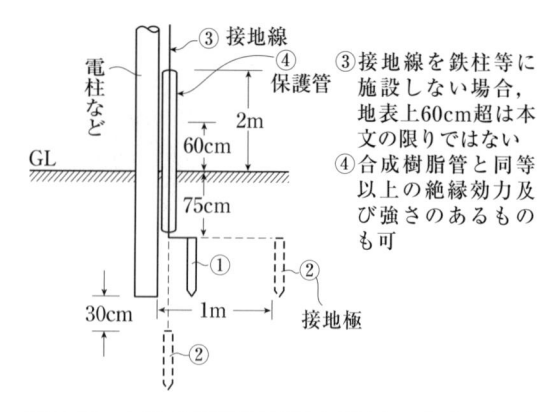

図2.10 A種，B種接地工事(人が触れるおそれあり)

③接地線
④保護管
電柱など
2m
60cm
GL
75cm
30cm
1m
①
②接地極

③接地線を鉄柱等に施設しない場合，地表上60cm超は本文の限りではない
④合成樹脂管と同等以上の絶縁効力及び強さのあるものも可

**(2) C種，D種接地工事の特例**　解釈第17条第5項及び第6項で次のような特例が定められている．
① C種接地工事を施す金属体と大地との間の電気抵抗値が10Ω以下の場合は，C種接地工事を施したものとみなす(解釈第17条第5項)．
② D種接地工事を施す金属体と大地との間の電気抵抗値が100Ω以下の場合は，D種接地工事を施したものとみなす(解釈第17条第6項)．

❸**工作物の金属体を使用した接地工事**　解釈第18条で以下の3通りが規定されている．
**(1)建物鉄骨等の構造体接地★**
**(a)構造体接地の考え方**　ビル等の建物において，A種〜D種の接地極を個別に施設してもA種接地等に大きな地絡電流が流れた場合，接地極間の距離が短いと，C，D種の接地に電位の干渉(上昇)が起こることが十分考えられる．この場合，C，D種の接地工事を行っている金属製外箱の電位が上昇し感電のおそれがある．このため，2011年(平成23年)の解釈の改正

る(図2.11).

① 建物鉄骨を各種接地の共通接地極とする.
② 鉄骨等に**等電位ボンディング**を施すことにより，接地電流が流れた場合に人体に生じる**接触電圧**を50V以下とする.

ここで，用語の意味は下記である.

- **等電位ボンディング**　導電性部分間において，その部分間に発生する電位差を軽減するために施す電気的接続.
- **接触電圧**　人が複数の導電性部分に同時に接触した場合に発生する導電性部分間の電圧.

**(b) 構造体接地の施設方法**　解釈第18条第1項により，鉄骨造，鉄骨鉄筋コンクリート造，鉄筋コンクリート造の建物において，当該建物の鉄骨又は鉄筋等の金属体(鉄骨等)をA〜D種接地工事その他の接地工事に係る共用の接地極として使用する場合は次によること．ただし，②〜⑤は，鉄骨等をA種又はB種接地工事の接地極として使用する場合である．これらの場合，鉄骨等は，接地抵抗値によらず，共通の接地極として使用できる.

① 建物の鉄骨又は鉄筋コンクリートの一部を地中に埋設するとともに，等電位ボンディングを施す.
② 特別高圧，高圧の機械器具の金属製外箱に施す接地工事の接地線に1線地絡電流が流れた場合において，建物の柱，梁，床，壁等の構造物の導電性部分に50Vを超える接触電圧が発生しないように，建物の鉄骨又は鉄筋は，相互に電気的に接続されていること.
③ ②において，接地工事を施した電気機械器具又は電気機械器具以外の金属製の機器・設備を施設するときは，これらの金属製部分間又はこれらの金属製部分と建物の構造物の導電性部分間に，50Vを超える接触電圧が発生しないように施設すること.
④ ②において，当該建物の金属製部分と大地との間又は当該建物及び隣接する建物の外

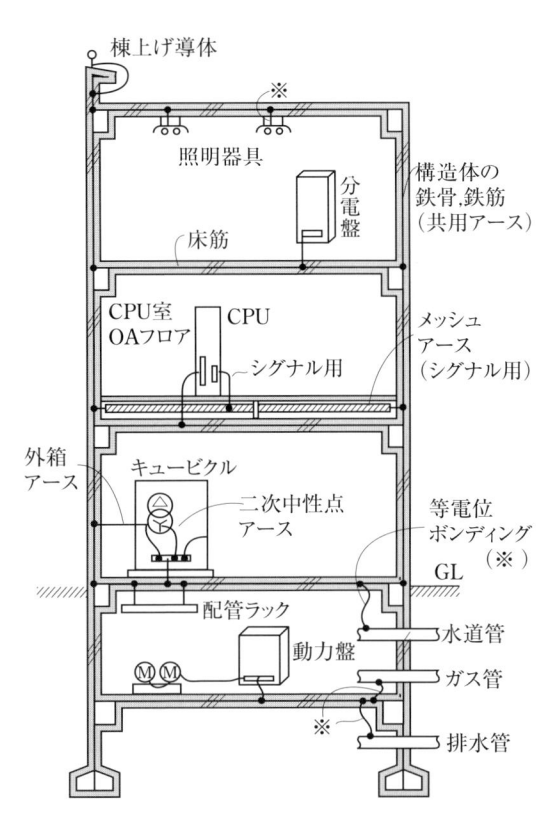

図2.11　建物鉄骨等の構造体接地の例

で，IEC(国際電気標準会議)規格の施設方法が取り入れられた.

施設方法のポイントは，以下のように，構造体金属の**ケージ(篭)効果**で安全を図るものである

**コラム　ケージ効果**

充電部に人体が接触した際に問題になるのは，電位の絶対的な大きさではなく，充電部と人体との電位差である．この電位差が非常に小さければ人体に流れる電流は，当然少なくなる．よって，人が活動する空間を金属製の鳥かご(ケージ)のように構成すれば，この目的を達成できる．これが本文で述べた等電位ボンディングの考え方であり，ケージ効果という．高電圧の裸電線の上に，スズメが留っていても感電しないがこれと同じである．

壁の金属製部分間に，50Vを超える接触電圧が発生しないように施設すること．ただし，建物の外壁に金属製部分が露出しないように施設する等の感電防止対策を施す場合はこの限りでない．

⑤ ②〜④の1線地絡電流による接触電圧を推定するため用いる接地抵抗値は，実測値又はJIS T 1022 (2006)規格「病院電気設備の安全基準」によること．

**(2) A種，B種接地工事の接地極の特例**
大地との間の電気抵抗値が2Ω以下の値を保っている建物鉄骨などの金属体は，これを非接地式高圧電路のA種又はB種接地工事の接地極に使用できる(解釈第18条第2項)．

**(3) 水道管の接地極使用**　地中に埋設され，かつ大地との間の電気抵抗値が3Ω以下の値を保っている金属製水道管路は，解釈第18条第3項の規定により接地工事を行う場合は，これをA種，B種，C種，D種の各接地工事の接地極に使用できる．

水道管の接地極代替は，水道管理者の承諾が容易に得られないことや，硬質ビニル管などの不導体管が水道管に多く使われていることなどにより，あまり行われていないのが実情である．

**❹ 保安上・機能上必要な接地**　次の(1)〜(4)の場合には，解釈第19条により接地工事を行うことができる．

**(1) 保安上必要な接地**　電路の保護装置の確実な動作の確保，異常電圧の抑制，対地電圧の低下を図るために必要な場合に行える．

代表例は，高電圧電路での事故時の保護リレーの確実な動作等を目的とする送電系統の**中性点接地**である．接地抵抗値は，おのおのの目的に応じて定めることになる．解釈では特に定めていない．施設内容は，解釈第19条第1，第2項で以下のように規定している．

**(a) 接地可能な箇所**　解釈の他の規定のほか，以下に掲げる場所に接地を施すことができる(解釈第19条第1項)．

イ．電路の中性点(使用電圧300V以下で施設困難な場合は電路の1端子)

ロ．特別高圧の直流電路

ハ．燃料電池の電路又はこれに接続する直流電路

**(b) 低圧以外の施設方法(図2.12)**　解釈第19条第2項により以下のように施設すること．

イ．接地極は，故障時にその近傍と大地間に生ずる電位差により人畜又は他の工作物に危険を与えないように施設すること．これは事故時(接地極に電流が流れるとき)に，人畜に有害な**接触電圧**や**歩幅電圧**が発生しないようにすることを意味する．

ロ．接地線は，直径4mm以上の軟銅線又は引張強さ2.46kN以上の容易に腐食しない金属線であって，故障時の電流を安全に通じることができるものであること．

ハ．接地線は，損傷を受けるおそれのないように施設すること．

ニ．接地線に接続する抵抗器，リアクトル等は故障時の電流を安全に通じるものであること．

ホ．接地線，抵抗器等は，取扱者以外の者が出入りできない場所に施設するか，接触防護措置を施すこと．

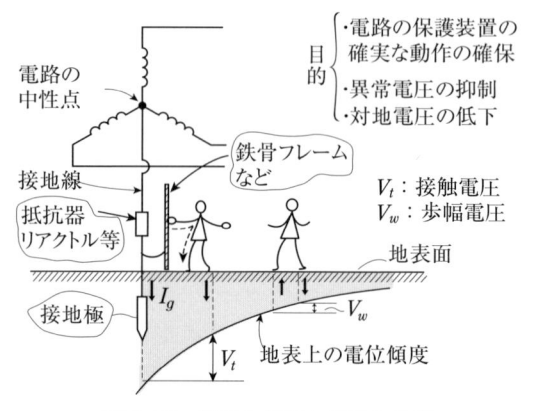

図2.12　保安上必要な接地の施設

**(c) 低圧の施設方法**　低圧電路の中性点の接地では，(b)によらずに解釈第19条第3項で以

下のように施工すればよい．

① 接地線は，直径 2.6mm の軟銅線又は引張強さ 1.04kN 以上の容易に腐食しない金属線で，故障時の安全に電流を通じることができるものであること．

② 接地線は，図 2.10 に準じて施設すること．

**(2) 変圧器の安定巻線等の接地★**　変圧器の安定巻線もしくは遊休巻線又は電圧調整器の内蔵巻線を異常電圧から保護するために必要な場合は，その巻線に接地することができる．施設は A 種接地工事とする（解釈第 19 条第 4 項）．

**(3) 需要場所の引込口の接地★**　引込口付近で，地中埋設の金属製水道管路又は鉄骨で大地との間の抵抗値が 3Ω 以下のものがある場合は，これを接地極として，B 種接地工事を施した低圧電線路の中性線又は接地側電線に，さらに接地を行うことができる（解釈第 19 条第 5 項）．ただし，わが国ではほとんど行われていない．

**(4) 電子機器の低圧電路等の接地**　電子機器に接続する 150V 以下の電路，その他機能上必要な場所において，電路に接地を施すことにより，感電，火災その他の危険を生じることのない場合には，電路に接地を施すことができる（解釈第 19 条第 6 項）．

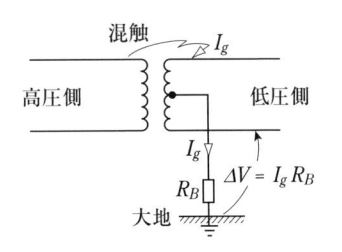

図 2.13　高低圧混触時の電位上昇

### 2.1.6　混触の危険防止措置

**❶ B 種接地工事の趣旨**　電技第 12 条第 1 項では，「高圧又は特別高圧の電路と低圧の電路とを結合する変圧器は，高圧又は特別高圧の電圧が低圧に侵入することによる低圧側の危険を防ぐために，当該変圧器の適切な箇所に接地を施すこと」を求めている．これは一般に高低圧間の**混触**と呼ばれており，これによる危険を防止するために行うのが，**B 種接地工事**である．

表 2.10　1 線地絡電流の計算式

| 電路の種類 | | 計算式 |
|---|---|---|
| 中性点非接地式電路 | 下記以外 | $1 + \dfrac{\dfrac{V'}{3}L - 100}{150} + \dfrac{\dfrac{V'}{3}L' - 1}{2}\ (= I_1 とする)$<br>第 2 項及び第 3 項の値は，それぞれ値が負となる場合は，0 とする． |
| | 大地から絶縁せずに使用する電気炉等を直接接続 | $\sqrt{I_1^2 + \dfrac{V^2}{3R^2} \times 10^6}$ |
| 中性点接地式電路 | | |
| 中性点リアクトル接地式電路 | | $\sqrt{\left(\dfrac{VR/\sqrt{3}}{R^2 + X^2} \times 10^3\right)^2 + \left(I_1 - \dfrac{VX/\sqrt{3}}{R^2 + X^2} \times 10^3\right)^2}$ |

（備考）　$V'$ は，回路の公称電圧を 1.1 で除した値 [kV]
　　　　　$L$ は，同一母線に接続される高圧電路のケーブル以外の電線延長 [km]
　　　　　$L'$ は，同一母線に接続される高圧電路のケーブル部分の線路延長 [km]
　　　　　$V$ は，電路の公称電圧 [kV]
　　　　　$R$ は，中性点に使用する抵抗器又はリアクトルの電気抵抗値
　　　　　（中性点の接地工事の接地抵抗値を含む）[Ω]
　　　　　$X$ は，中性点に使用するリアクトルの誘導リアクタンスの値 [Ω]

変圧器の低圧側が接地してある場合，高低圧の混触事故(変圧器内又は回路間)が起こると，高圧又は特高電路は地絡状態となり，1線地絡電流 $I_g$ [A] が流れる．この場合，$I_g$ による低圧電路の電位上昇値 $\Delta V$ は，図2.13のように，接地点の接地抵抗値を $R_B$ [Ω] とすると，

$$\Delta V = I_g R_B [\text{V}] \qquad (2.3)$$

となる．解釈では，電位上昇限度を一般には150Vとしている．ただし，35kV以下の電路との混触時には，高圧側の電路を自動的に遮断することを条件として，300V(遮断時間1秒を超えて2秒以内)又は600V(遮断時間1秒以内)まで緩和している．以上の条件により，B種接地工事の接地抵抗値が定まる．

❷ **1線地絡電流の算定** 1線地絡電流は，実測値又は線路定数による計算値(特別高圧電路の場合)によるが，高圧電路の場合は，解釈第17条第2項で定められた**表2.10**の計算式によるのが一般的である．計算結果は，小数点以下を切り上げ，2A未満となる場合は2Aとする．

**例題 2.5** **B種接地工事の抵抗値**

公称電圧6.6kVの変電所の母線に接続された三相3線式中性点非接地式の，こう長10kmの架空配電線路(絶縁電線)3回線と，こう長3kmの地中ケーブル2回線とがある．解釈の規定により，これらの配電線路に設ける柱上変圧器の低圧側のB種接地工事の接地抵抗値は何 [Ω] 以下でなければならないか．ただし，変電所引出口には高低圧混触時に，2秒以内に自動的に高圧電路を遮断する装置が設けてある．

[解] 表2.10の式により1線地絡電流 $I_g$ を求める．題意から，$V' = 6.6/1.1 = 6$ [kV]，$L = 10 \times 3 \times 3 = 90$ [km]，$L' = 3 \times 2 = 6$ [km]

$$\therefore I_g = 1 + \frac{(V'/3)L - 100}{150} + \frac{(V'/3)L' - 1}{2}$$

$$= 1 + \frac{(6/3) \times 90 - 100}{150} + \frac{(6/3) \times 6 - 1}{2}$$

$$= 1 + 0.533 + 5.5 = 7.03 \rightarrow 8 \text{[A]}（切り上げ）$$

遮断時間2秒以内では，電位上昇限度は300[V]である．よって，B種接地抵抗値 $R_B$ は，

$$R_B \leq \frac{300}{8} = 37.5 \text{ [Ω]}$$

[答] **37.5[Ω]**

ケーブルは電線延長でなく，線路延長で計算することに注意する．また，ケーブル部分の地絡電流が非常に大きいことがわかる．

❸ **B種接地工事の適用** 解釈第24条第1項では，高圧又は特別高圧と低圧とを結合する変圧器には，混触による危険防止のために，B種接地工事を施設することが，以下のように規定されている．ただし，鉄道又は軌道の信号用変圧器，電気炉・電気ボイラー等電路の一部を大地から絶縁せずに使用する負荷の専用変圧器についてはこの限りでない(同条第2項)．

① 次のいずれかの箇所に接地工事を施すこと．
   イ．低圧側の中性点．
   ロ．低圧300V以下で低圧側の中性点に施し難いときは，低圧側の1端子．
   ハ．低圧電路が非接地である場合は，高圧巻線又は特別高圧巻線と低圧巻線との間に設けた金属製の**混触防止板**．

② 接地抵抗値は表2.8によるが，5Ω未満であることを要しない．

③ 特別高圧と低圧を結合する変圧器では，接地抵抗の計算値が10Ωを超えるときは10Ω以下であること．ただし，使用電圧35kV以下の特別高圧の電路で地絡時に1秒以内に自動遮断する場合，及び特別高圧電路が15kV以下の架空電線路の場合は，この限りでない．

**[混触防止板接地の規制]** 混触防止板付きの変圧器(低圧電路は非接地)に接続する低圧電線を屋外に施設するときは，次によること(解釈第24条第5項)．

   イ．低圧電線は1構内だけに施設する．
   ロ．低圧架空電線路又は低圧屋上電線路の電線は，ケーブルであること．

ハ．低圧架空電線とケーブルでない高圧・特高架空電線を同一支持物に施設しない．

　低圧電路を接地すると感電・漏電火災による事故の危険性が一般に増すことは否定できない．鉱山，造船所などでは，施設場所の状況から，これら事故が発生しやすいので，混触防止板接地として低圧電路を非接地とすることが多い．この場合，高低圧混触を防止することが大切なので，上記の規制が行われている．

**❹接地線，共同地線**　B種接地工事は，変圧器の施設箇所ごとに行うのが原則であるが，土地の状況により，規定の接地抵抗値が得難い場合は，**接地線**又は**共同地線**の施設により，変圧器の施設箇所以外で接地工事を行うことができる(解釈第24条第3項，第4項)．

**(1) 接地線の施設**　変圧器から200m以内の箇所に接地工事を行い，次のいずれかに適合する接地線で変圧器と結ぶ．

① 引張強さ5.26kN以上のもの又は直径4mm以上の硬銅線により，低圧架空電線の規定(3.1.3項参照)に準じて施設した架空接地線．

② 地中電線の規定(3.2.3項参照)に準じて施設した地中接地線．

**(2) 共同地線の施設**　複数箇所で接地工事を行い，これらを**共同地線**で結んで，**図2.14**のように2以上の変圧器に共通のB種接地工事とする．

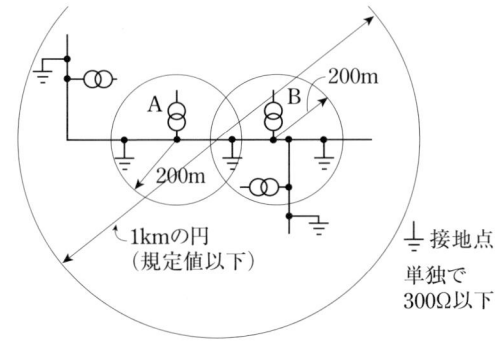

図2.14　共同地線によるB種接地工事

① 各変圧器を中心とする直径400m以内の地域で，各変圧器の両側に接地点があること．ただし，その施設箇所において接地工事を施した変圧器については，この限りでない．

② 共同地線と大地間の合成電気抵抗値は，直径1kmの地域ごとに規定値以下であること．

③ 各接地工事の接地抵抗値は，単独で300Ω以下であること．

④ **架空共同地線**は，引張強さ5.26kN以上のもの又は直径4mm以上の硬銅線により，低圧架空電線の規定(3.1.4項参照)に準じて施設する．

⑤ **地中共同地線**は，地中電線の規定(3.2.3項参照)に準じて施設する．架空線とは異なり，特に電線の強さ，太さの規定はない．

⑥ 共同地線には，低圧架空電線又は低圧地中電線の1線を兼用することができる．低圧架空電線の1線を兼用する場合，該当する電線は負荷の大きさに関係なく④の条件が適用されるので注意すること．

**[中性点接地式高圧電路の共同地線]**★　この場合の共同地線は，前記の①，④，⑤，⑥によるほか次の規定にもよる(解釈第24条第3項第4号)．非接地式に比べて1線地絡電流は非常に大きくなることから，規定値が得られにくいことが規定の背景にある．ただし，中性点接地式高圧配電線の施設例は非常に少ない．

① 同一支持物に高圧架空電線と低圧架空電線が施設されている部分では，接地箇所相互間の距離は，電線路沿いに300m以内であること．

② 共同地線と大地との間の合成電気抵抗値は，規定の接地抵抗値以下であること．

③ 各接地工事の接地抵抗値$R$は，単独で次式の計算値(300Ω超過時は300Ω)以下であること．

$$R = 150n / I_g \ [\Omega] \tag{2.4}$$

$n$は接地箇所数，$I_g$は1線地絡電流[A]．

**❺特別高圧と高圧との混触**　電技第12条第

2項により，特別高圧の電路に結合される高圧の電路には，特別高圧の電圧侵入による高圧側の危険防止措置を行わなければならない．

解釈第25条では，高圧電路に使用電圧の3倍以下の電圧が加わったときに放電する装置又は避雷器を設けることとされている．これらの装置の接地はA種接地工事とする．

---

【演習問題 2.1】 電圧の種別

電気設備技術基準では，「電圧の種別等」で電圧を次の区分によっている．
1. 低圧　直流にあっては (ア) V以下，交流にあっては (イ) V以下のもの
2. 高圧　直流にあっては (ア) Vを，交流にあっては (イ) Vを超え (ウ) V以下のもの
3. 特別高圧　(ウ) Vを超えるもの

上記の記述中の空白箇所(ア)，(イ)及び(ウ)に記入する数値を答えよ．

[解]　電技第2条で電圧の区分が定められている．低圧は直流では750V以下，交流では600V以下のもの，高圧は低圧の値を超え，7 000V以下のものである．

[解き方の手順]
本文2.1.2項参照．

[答] (ア) 750, (イ) 600, (ウ) 7 000

---

【演習問題 2.2】 電線の接続

電線を接続する場合は，原則として，電線の (ア) を増加させないように接続するほか，次の各号等によること．
一．裸電線相互又は裸電線と絶縁電線，キャブタイヤケーブルもしくはケーブルとを接続する場合は，電線の強さ(引張荷重で表す)を (イ) %以上減少させないこと．
二．一の場合，接続部分には，接続管その他の器具を使用し，又は (ウ) すること．

上記の記述中の空白箇所(ア)，(イ)及び(ウ)に記入する字句又は数値を次の語群から選べ．

接触抵抗，　電気抵抗，　20，　30，　50，　ハンダ付け，　ろう付け，　溶接

[解]　解釈第12条の電線の接続法の問題である．要点は次の通りである．①電線の電気抵抗は，増加させない．②電線の強さは20%以上減少させない．③接続管などの器具を使うか，ろう付けとする．

[解き方の手順]
本文2.1.3項の3参照．

[答] (ア)電気抵抗，(イ) 20，(ウ)ろう付け

---

【演習問題 2.3】 電路の絶縁

電線は大地から (ア) しなければならない．ただし，構造上やむを得ない場合であって通常予見される使用形態を考慮した危険のおそれがない場合，又は (イ) による高電圧の侵入等の異常が発生した際の危険を回避するための (ウ) その他保安上必要な措置を講ずる場合は，この限りでない．

上記の記述中の空白箇所(ア)，(イ)及び(ウ)に記入する字句を次の語群から選べ．

離隔，　絶縁，　遮断，　事故，　短絡，　混触，　接地

[解] 電技第5条の電路の絶縁の問題である．電路は大地から絶縁するのが原則であるが，電気ボイラーなど構造上やむを得ない場合や，高低圧の混触による高電圧の侵入時の危険を回避するための低圧側の接地の場合などでは，例外になる．

[答] （ア）**絶縁**，（イ）**混触**，（ウ）**接地**

[解き方の手順]
本文 2.1.4 項の 1 及び 2.1.6 項の 1 参照．B 種接地工事の意味をよく考えてみよう．

【演習問題 2.4】 絶縁耐力試験
最大使用電圧が 6 900V，三相 3 線式の電路があり，3 線一括の対地静電容量が 0.1μF であった．この電路について，50Hz の電源を用いて 3 線一括で絶縁耐力試験を行った場合，試験中の対地充電電流はいくらか．

[解] 最大使用電圧を $V_m$ とすると，試験電圧 $V_t$ は，
$$V_t = 1.5V_m = 1.5 \times 6\,900 = 10\,350 \text{ [V]}$$
となる．3 線一括の対地静電容量を $C_0$，周波数を $f$ とすると，対地充電電流 $I_c$ は，図 2.15 の回路図から次式により求まる．
$$I_c = 2\pi f C_0 V_t = 2\pi \times 50 \times 0.1 \times 10^{-6} \times 10\,350$$
$$\fallingdotseq 0.325 \text{[A]} = 325 \text{[mA]}$$

[答] **325mA**

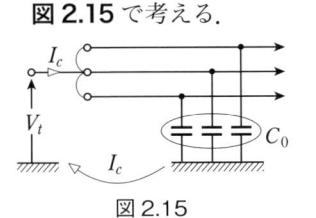

[解き方の手順]
図 2.15 で考える．

図 2.15

【演習問題 2.5】 接地工事の適用
接地工事に関する次の記述のうち，誤っているものはどれか．
(1) 特別高圧計器用変成器の二次側電路に D 種接地工事を施した．
(2) 一次電圧 6.6kV，二次電圧 210V，Y－△結線の変圧器の低圧側の1端子に B 種接地工事を施した．
(3) 高圧用の機械器具を人が触れるおそれがないように木柱の上に施設したので，その機械器具の金属製外箱に A 種接地工事を施すことを省略した．
(4) 大地との間の電気抵抗値が 2Ω 以下の値を保っている建物の鉄骨を接地極に使用して，非接地式高圧電路に施設する機械器具の鉄台に A 種接地工事を施した．
(5) D 種接地工事を施さなければならない低圧用の機械器具の金属製外箱と大地との間の電気抵抗値が 100Ω 以下で，D 種接地工事を施したものとみなされるので，接地工事を省略した．

[解] (1)特別高圧計器用変成器の二次側電路の接地は A 種である．D 種接地でよいのは，高圧計器用変成器の場合である(解釈第 27 条)．

[答] **(1)**

[解き方の手順]
本文の 2.1.5 項，2.1.6 項参照．接地が省略できる場合は 2.2.1 項の 6 参照．

## 【演習問題 2.6】 B種接地とD種接地

変圧器によって高圧電路に結合されている低圧電路に施設された使用電圧 100V の電動機に地絡事故が発生した場合，電動機の金属製外箱の対地電位が 50V を超えないようにするためには，この金属製外箱に施す D 種接地工事の接地抵抗値を何 [Ω] 以下としなければならないか．ただし，次の条件により求めるものとする．

(ア) 変圧器の高圧側電路の 1 線地絡電流の値は 10A とする．
(イ) 高低圧混触時に低圧電路の対地電圧が 150V を超えた場合に，1.5 秒で自動的に高圧電路を遮断する装置が設けられている．
(ウ) 変圧器の低圧側に施された B 種接地工事の接地抵抗値は，解釈で許容される最高値とする．

[解] 高低圧混触時の自動遮断時間 1～2 秒間では，電位上昇限度は 300V まで許容される．1 線地絡電流を $I_1$ とすると，B 種接地工事の許容される接地抵抗 $R_B$ は，

$$R_B = 300 / I_1 = 300 / 10 = 30 \, [\Omega]$$

となる．電動機に施すべき D 種接地工事の抵抗値を $R_D$ とすると，電動機の地絡時に，電動機外箱の対地電位 $\Delta V$ は，図 2.16 から，電源電圧 $E$ が $R_B$ と $R_D$ とにより按分されることになる．よって，題意の数値を代入すると次式になる．

$$\Delta V \geq \frac{R_D}{R_B + R_D} E \quad \therefore 25 \geq \frac{100 R_D}{30 + R_D} \rightarrow 750 + 25 R_D \geq 100 R_D$$

$$750 \geq 75 R_D \quad \therefore R_D \leq 10 [\Omega]$$

[答] 10Ω以下

### [解き方の手順]

図 2.16 で考える．B 種接地抵抗と D 種接地抵抗とによる閉回路である．

B 種接地の電位上昇限度は通常 150V であるが，遮断時間が短い場合は緩和される．

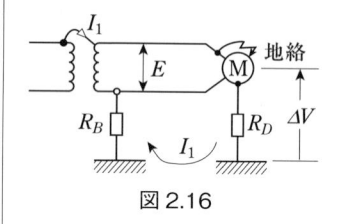

図 2.16

### [重要事項の解説]
D 種接地工事の規定値は 100[Ω] である．図 2.16 の電動機で地絡が起こると，電源電圧が $R_B$ と $R_D$ に按分される．よって，電動機外箱の接触電圧は，$R_D$ が 100[Ω] の場合，$R_B$ が 30[Ω] とすると 77[V] になる．この電圧は人体保護のうえでは高い値であり，D 種接地のみで人体保護を実現するのは容易ではないといえる．そのため，解釈第 36 条で使用電圧が 60[V] を超える金属製外箱を有する低圧の機械器具については，地絡遮断装置の設置を義務付けている．低圧側の感電保護だけを考えると B 種接地の抵抗値は高いほうがよく，極端にいうとないのが最良である．しかし，高低圧の混触の場合には，B 種接地がないと別の危険が生じる．実際の施工では，B 種接地と負荷側の C 種接地，D 種接地の各抵抗値のバランスを考慮する必要がある．極端に B 種接地抵抗を低くすることは避ける．

## 2.2節　機械及び器具

本節では，主に解釈第1章第4節と第5節の電気機械器具，過電流遮断器，地絡遮断装置，避雷器について解説する．

### 2.2.1　電気機械器具

**❶保安原則**　電気機械器具等の施設については，次のような保安原則を定めている．

①**耐熱性**　通常の使用状態において，その電気機械器具に発生する熱に耐えること(電技第8条，解釈第20条)．変圧器や発電機などでは，**温度上昇試験**を行うが，この規定が根拠になっている．

②**接触防護措置**　高圧又は特別高圧の電気機械器具は，取扱者以外の者が容易に触れるおそれがないように施設しなければならない(電技第9条第1項)．

③**アーク対策**　高圧又は特別高圧の開閉器，遮断器等で動作時にアークを生ずるものは，火災のおそれがないよう，木製の壁又は天井その他の可燃物から離して施設しなければならない(電技第9条第2項)．

④**電気・磁気的障害防止**　電気設備は，他の電気設備その他の物件の機能に電気的又は磁気的な障害を与えないように施設しなければならない(電技第16条)．

⑤**電気供給支障防止**　高圧又は特別高圧の電気設備は，その損壊により一般電気事業者の電気の供給に著しい支障を及ぼさないように施設しなければならない．これらの設備が一般電気事業の用に供される場合も，また同じである(電技第18条)．

⑤**PCB使用禁止**　ポリ塩化ビフェニル(PCB)を含有する絶縁油を使用する電気機械器具は，電路に施設してはならない(電技第19条第12項)．

**❷高圧用機械器具の施設**　高圧用の機械器具(ケーブル以外の付属高圧電線を含む)を発変電所等以外に施設する場合は，次のいずれかにより施設すること(解釈第21条)(**図2.17**)．

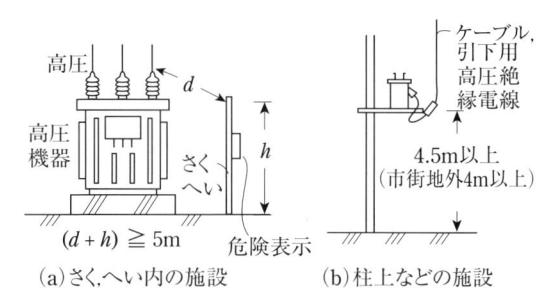

図2.17　高圧用機械器具の施設
(a) さく，へい内の施設　　(b) 柱上などの施設
$(d+h) \geqq 5m$

① 屋内の取扱者以外の者が出入できないように措置した場所に施設すること．
② 次により施設すること．ただし，工場等の構内においては，ロ及びハの規定によらないことができる．
　イ．人が触れるおそれがないように，機械器具の周囲にさく，へい等を設けること．
　ロ．イのさく，へい等との高さと，当該さく，へい等から充電部分までの距離との和を図2.17のように，5m以上とすること．
　ハ．危険である旨の表示をすること．
③ 機械器具に付属する高圧電線にケーブル又は引下用高圧絶縁電線を使用し，機械器具を人が触れるおそれのないように，地表上4.5m(市街地外では4m)以上の高さに施設すること．
④ 機械器具をコンクリート製の箱又はD種接地を施した金属製の箱に収め，かつ，充電部分が露出しないように施設すること．
⑤ 充電部分が露出しない機械器具を，次のいずれかにより施設すること．
　イ．簡易接触防護措置を施すこと．
　ロ．温度上昇により，又は故障の際に，その近傍の大地との間に生ずる電位差により，人畜又は他の工作物に危険のおそれがないように施設すること．

③は柱上変圧器などの施設，④はキュービク

ルの施設が該当する．

**❸ 特高用機械器具の施設**　特別高圧用の機械器具（ケーブル以外の付属特別高圧電線を含む）の施設については，前記❷項とほぼ同様な規制であるが，高圧の場合よりも以下のように規制は厳しくなる（解釈第 22 条）．

・前記❷の②の場合では，工場等の構内のロ及びハの緩和規定はない．また，距離の和は**表 2.11** に示す値以上が必要になる．

・前記❷の③では，地表上 5m 以上の高さに施設し，充電部の地表上の高さを表 2.11 に示す値とし，かつ，人が触れるおそれがないように施設しなければならない．ただし，使用する電線・ケーブルの規定は特にない．

・前記❷の④では，工場等の構内に限定され，絶縁性の箱又は A 種接地を施した金属製の箱とする．

・前記❷の⑤では，ロの規定は，35kV 以下の機器を路上に施設する場合に限定される（JESC 規格 E2007 による）．

表 2.11　特高用機器の離隔距離

| 使用電圧の区分 | さくの高さ＋さくから充電部までの距離又は地表上の高さ |
|---|---|
| 35 000V 以下 | 5m |
| 35 000V を超え 160 000V 以下 | 6m |
| 160 000V 超過 | $(6+c)$m |

（備考）$c$ は，使用電圧と 160 000V の差を 10 000V で除した値（小数点以下切上げ）に 0.12 を乗じたもの

**❹ アークを生じる器具の施設**　高圧用又は特別高圧用の開閉器，遮断器等で動作時にアークを生じるものは，次のいずれかにより施設すること（解釈第 23 条）．

① 耐火性のものでアークを生じる部分を囲むことにより，木製の壁・天井その他の可燃性のものから離す．

② 木製の壁・天井その他の可燃性のものとの離隔距離を，高圧用のものでは 1m 以上，特別高圧用のものでは 2m 以上とする．ただし，35kV 以下の場合で動作時に生ずるアークの方向及び長さを火災のおそれがないように制限した場合は 1m 以上でよい．

**❺ 特別高圧変圧器の施設**　特別高圧用変圧器は，発変電所等で施設することが原則であるが，特高配電用変圧器，交流電気鉄道の信号用変圧器はこの限りでない（解釈第 22 条第 2 項）．

**(1) 特別高圧配電用変圧器**　特高電線路に接続する場合は，次によること（解釈第 26 条）．

① 変圧器の一次電圧は 35kV 以下，二次電圧は高圧又は低圧であること．

② 特別高圧電線には，原則として特別高圧絶縁電線又はケーブルを使用する．

③ 変圧器の一次側に開閉器及び過電流遮断器を設ける．ただし，過電流遮断器が開閉機能を有する場合は，過電流遮断器のみでよい．

④ ネットワーク方式により施設する場合で，次により施設するときは③によらなくてよい．

　イ．変圧器の一次側には開閉器を施設する．
　ロ．変圧器の二次側には，過電流遮断器及び二次側電路から一次側電路に電流が流れたときに，自動的に二次側電路を遮断する装置を設ける．
　ハ．ロの規定の過電流遮断器及び装置を介して変圧器の二次側電路を並列接続する．

上記④の**ネットワーク方式**は，2 以上の特別高圧配電線路に接続する配電用変圧器の二次

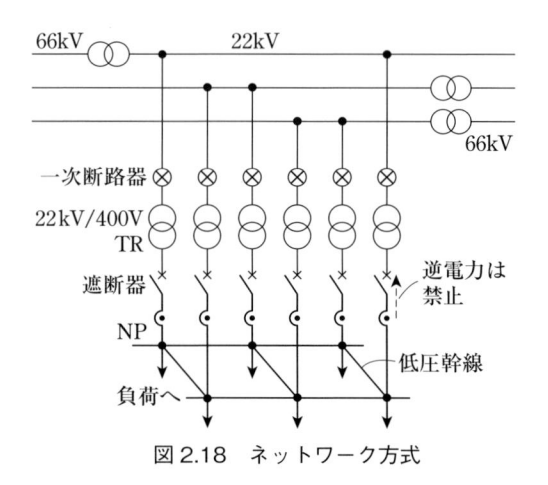

図 2.18　ネットワーク方式

側を並列接続して配電する方式をいう(**図2.18**). ネットワーク配電では,変圧器故障時にも他回線から電力供給ができるので,ロにより故障側への逆電力を防止している.図の**ネットワークプロテクタ**(NP)はその役目である.

**(2) 直接低圧に変成する変圧器**　電技第13条で,「次の各号のいずれかに掲げる場合を除き,施設してはならない」と規定されている.
① 発電所等公衆が立ち入らない場所に施設する.
② 混触防止措置が講じられている等危険のおそれがない.
③ 特高側の巻線と低圧側の巻線とが混触した場合に自動的に電路が遮断される装置の施設その他の保安上の適切な措置が講じられている.

解釈第27条で,以下のように具体化している.
① 発変電所等の所内用変圧器.
② 100kV以下の変圧器で,特高巻線と低圧巻線の間にB種接地工事(接地抵抗値の計算値が10Ω超の場合は10Ωとしたものに限る)を施した金属製の混触防止板を有するもの.
③ 35kV以下の変圧器で,特別高圧側巻線と低圧側巻線とが混触時に自動的に電路を遮断する装置を設けたもの.
④ 電気炉など大電流用の変圧器.
⑤ 交流電気鉄道の信号回路用の変圧器.
⑥ 15kV以下の特別高圧架空電線路に接続する変圧器.

**❻ 機械器具等の接地**

**(1) 機械器具外箱の接地**　電路に接続する機械器具の金属製の台及び外箱(外箱のない変圧器等では鉄心)には,**表2.12**に記載のように接地を行うこと.ただし,外箱を充電して使用する機械器具に人の触れるおそれがないように柵などを設けるか,絶縁台を設ける場合はこの限りでない(解釈第29条第1項).

**(2) 機械器具の接地の省略**　解釈第29条第2項により,機械器具が小出力発電設備である燃料電池発電設備である場合を除き,次の場合には接地が省略できる.
① 交流対地電圧150V又は直流300V以下の機械器具を乾燥した場所に施設する.
② 低圧用の機械器具を乾燥した木製の床など絶縁性のものの上で取り扱うように施設する.
③ 電気用品安全法の適用を受ける二重絶縁構造の機械器具を施設する.
④ 低圧用機械器具の供給電路の電源側に絶縁変圧器(二次側線間電圧300V以下で容量3kVA以下に限る)を設け,当該変圧器の負荷側の電路を接地しない.
⑤ 水気のある場所以外に施設する低圧用機械器具の供給電路に漏電遮断器(感度電流15mA以下,動作時間0.1秒以下の電流動作型に限る)を施設する.
⑥ 金属製外箱等の周囲に適当な絶縁台を設ける.
⑦ 外箱のない計器用変成器がゴム,合成樹脂などの絶縁物で被覆されている(いわゆるモールド形のものを指す).
⑧ 低高圧用の機械器具,35kV以下の特別高圧電線路に接続する配電用変圧器を,木柱その他絶縁性のものの上に,人が触れるおそれがない高さに施設する.

**(3) 高圧ケーブルの金属製遮へい層**　高圧ケーブルに接続される機械器具の接地線と,高圧ケーブルの金属製遮へい層は連接接地できる.合成の接地抵抗値は,A種接地工事の接地抵抗値以下とすること(解釈第29条第3項).

**(4) 太陽電池モジュールの接地**　使用電圧が300Vを超え450V以下の太陽電池モジュールの金属製外箱に施すC種接地工事の接地抵抗値は,次に適合するときは100Ω以下としてよ

表2.12　機械器具外箱の接地

| 機械器具の使用電圧 | | 接地工事 |
| --- | --- | --- |
| 低圧 | 300V以下 | D種 |
| | 300V超過 | C種 |
| 高圧又は特別高圧 | | A種 |

い(解釈第29条第4項).
① 直流電路は，非接地であること．
② 直流電路に接続する逆変換器の交流側に，絶縁変圧器を施設すること．
③ 太陽電池モジュールの合計出力は，10kW以下であること．
④ 直流電路に機械器具を接続しないこと．

**(5) 計器用変成器二次側接地**　高圧計器用変成器二次側電路にはD種接地，特別高圧計器用変成器二次側電路にはA種接地を施す(解釈第28条).

**例題 2.6**　電気機械器具の接地

解釈の規定で，機械器具の接地を省略できないのはどれとどれか(誤りは二つ).
(1) 電気用品安全法の適用を受ける二重絶縁構造の機械器具を使用する．
(2) 交流対地電圧200Vの機械器具を乾燥した場所で使用する．
(3) 機械器具を発変電所等に設置する．
(4) 金属製外箱の周囲に適当な絶縁台を設ける．
(5) 合成樹脂で被覆されている変流器を使用する．

[解]　(2)の条件の場合，接地が省略できるのは対地電圧150V以下に限る．(3)発変電所等に設置されている機械器具は，地絡遮断装置は省略できるが(後述)，接地を省略することはできない．

[答]　(2)，(3)

**❼ その他の施設制限**

**(1) 高周波利用設備の障害防止**　電路を高周波電流の伝送路として利用する高周波設備は，他の高周波利用設備の機能に継続的かつ重大な障害を及ぼすおそれのないように施設しなければならない(電技第17条).

他の高周波利用設備に漏えいする高周波電流は，2回以上連続して10分間以上測定したときの最大値の平均値が−30dB(1mWを0dBとする)以下であること(解釈第30条).

**(2) 電磁誘導作用による健康影響の防止**　発変電所及び需要場所以外に設置する変圧器，開閉器等から発生する磁界は，商用周波数において200μT以下であること．ただし，造営物内，田畑，山林等の人の往来の少ない場所で，人体に危害を及ぼすおそれのないときはこの限りでない(電技第27条の2第1項).測定点は原則として，公衆が接近することができる地点から水平に0.2m離れた高さ1mの点とする(解釈第31条).

### 2.2.2 過電流遮断器

電路の必要な箇所には，過電流による過熱焼損から電線及び電気機械器具を保護し，かつ，火災の発生を防止できるよう，過電流遮断器を施設しなければならない(電技第14条).

**❶ 低圧電路の過電流遮断器の性能**　過電流遮断器には，ヒューズ，配線用遮断器，その他の過電流遮断器がある(ヒューズの施設は少なくなっている).解釈第33条では，その動作特性を以下のように規定している．

**(1) 遮断能力**　過電流遮断器は，通過する短絡電流を遮断できるものでなければならない．ただし，当該箇所を通過する最大短絡電流が10kAを超える場合，次の規定によればこの限りでない(解釈第33条第1項).
① 当該箇所には10kA以上の遮断能力を有する配線用遮断器を設ける．
② ①より電源側に，①の配線用遮断器の遮断能力を超え当該最大短絡電流以下の短絡電流を遮断できる過電流遮断器を設ける．
③ ②の遮断器は，①より早く又は同時に遮断できること．

上記の規定は，最大短絡電流が10kAを超える場合に，技術的及び経済的な観点から**カスケード遮断方式**を認めたものである．これを図示すると**図2.19**のとおりである．

**(2) ヒューズ**　低圧電路に使用するヒューズ

## 2.2節　機械及び器具

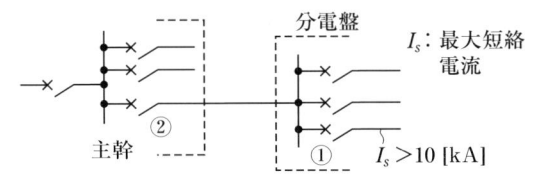

①は遮断能力10kA以上の配線用遮断器
　（ヒューズは不可）
②の遮断能力は①を超え，かつ$I_s$以下を①より早く又は同時に遮断できる．

図2.19　カスケード遮断方式

表2.13　低圧ヒューズの動作特性

| 定格電流の区分 | 溶断時間 | |
|---|---|---|
| | 定格電流の1.6倍 | 定格電流の2倍 |
| 30A以下 | 60分 | 2分 |
| 30Aを超え60A以下 | 60分 | 4分 |
| 60Aを超え100A以下 | 120分 | 6分 |
| 100Aを超え200A以下 | 120分 | 8分 |
| 200Aを超え400A以下 | 180分 | 10分 |
| 400Aを超え600A以下 | 240分 | 12分 |
| 600Aを超えるもの | 240分 | 20分 |

表2.14　低圧配線用遮断器の動作特性

| 定格電流の区分 | 動作時間 | |
|---|---|---|
| | 定格電流の1.25倍 | 定格電流の2倍 |
| 30A以下 | 60分 | 2分 |
| 30Aを超え50A以下 | 60分 | 4分 |
| 50Aを超え100A以下 | 120分 | 6分 |
| 100Aを超え225A以下 | 120分 | 8分 |
| 225Aを超え400A以下 | 120分 | 10分 |
| 400Aを超え600A以下 | 120分 | 12分 |
| 600Aを超え800A以下 | 120分 | 14分 |
| 800Aを超え1000A以下 | 120分 | 16分 |
| 1000Aを超え1200A以下 | 120分 | 18分 |
| 1200Aを超え1600A以下 | 120分 | 20分 |
| 1600Aを超え2000A以下 | 120分 | 22分 |
| 2000A超過 | 120分 | 24分 |

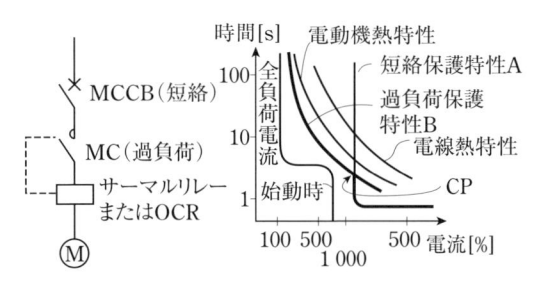

図2.20　電動機用の過電流保護

は水平に取り付けた場合において，次の各号に適合すること(解釈第33条第2項)．
① 定格電流の<u>1.1倍の電流に耐えること</u>．
② **表2.13**の電流区分に応じ，所定時間内に溶断すること．
③ 非包装ヒューズは，原則としてつめ付ヒューズのこと(解釈33条5項)．

**(3) 配線用遮断器**　　低圧電路に使用する配線用遮断器は，次の各号に適合すること(解釈第33条第3項)．
① 定格電流の<u>1倍の電流で自動的に動作しないこと</u>．
② **表2.14**の電流区分に応じ，所定時間内に自動的に動作すること．

**(4) 電動機用過電流遮断器**　　電動機用分岐回路の保護を，**図2.20**のように，**過負荷保護**は電磁開閉器で，**短絡保護**は瞬時遮断式の配線用遮断器又はヒューズで行うことが多い．この場合，どの時刻においても，電流値は図のように，電線＞電動機熱特性＞CB特性＞電動機電流の関係を満足しなければならない．このときに，サーマルリレーなどの過負荷保護特性Bに対して，過大な過電流遮断器(特性はA)を選定すると，A，Bの両曲線が交わらずに(図のCP：クロスポイント)，電磁接触器(MC)の接点の溶着やサーマルリレーの溶断が起こり，短絡保護ができないおそれがある．適切な整定が必要である．

これらは，電動機用の分岐回路に使われるが，詳細は，4.1.3項の❹の(2)を参照のこと．

以上を組み合わせた装置は，次の条件に適合すること(解釈第33条第4項)．
① **過負荷保護装置**は，次に適合すること．
　イ．電動機を焼損するおそれのある過電流を生じた場合に，自動的に遮断すること．
　ロ．電磁開閉器は，電気用品安全法又はJIS規格に適合すること．

② **短絡保護専用遮断器**は，次に適合すること．
　イ．過負荷保護装置が短絡電流によって焼損する前に，当該短絡電流を遮断する能力を有すること．
　ロ．定格電流の1倍の電流で自動的に動作しないこと．
　ハ．整定電流は，定格電流の13倍以下．
　ニ．整定電流値の1.2倍の電流では，0.2秒以内に動作すること．
③ **短絡保護専用ヒューズ**は次によること．
　イ．過負荷保護装置が短絡電流によって焼損する前に，当該短絡電流を遮断する能力を有すること．
　ロ．定格電流は，過負荷保護装置の整定電流値以下(直近上位の標準定格値のヒューズ)．
　ハ．定格電流の1.3倍の電流に耐えること．
　ニ．整定電流の10倍の電流では，20秒以内に溶断すること．
④ 過負荷保護装置と短絡保護専用遮断器又は短絡保護専用ヒューズは，専用の1の箱の中に収めること．

❷ **高圧・特別高圧電路の過電流遮断器の性能**

**(1) 性能の基本**　　次に適合すること(解釈第34条)．
① 電路に短絡を生じたときに動作するものでは，通過する短絡電流を遮断する能力を有すること．
② 作動に伴い，その開閉状態を表示する装置を原則として有すること．

**(2) 包装ヒューズ**　　3kV又は6kV級の**電力ヒューズ**を指している．これは，定格電流の1.3倍の電流に耐え，かつ，2倍の電流で120分以内に溶断するもの又はJIS規格に適合する高圧限流ヒューズであること．

**(3) 非包装ヒューズ**　　一般に**プライマリーカットアウト**内に施設するヒューズである．定格電流の1.25倍の電流に耐え，かつ，2倍の電流で2分以内に溶断するものであること．

❸ **過電流遮断器の施設の例外**　　次の箇所では，電路の遮断により，過電圧を招いたり，接地の意味がなくなったりするので過電流遮断器を設けないこと(解釈第35条)．
① 接地線
② 多線式電路の中性線
③ B種接地工事を中性点ではない低圧側の1端子に施した低圧電線路の接地側電線．ただし，次のいずれかの場合はこの限りでない．
　イ．各極が同時に遮断される場合．
　ロ．保安上の接地で，電路の中性点をリアクトル，抵抗等で接地してある場合，過電流遮断器動作の場合に，当該接地線が非接地状態にならないとき(リアクトル又は抵抗のいずれかを入り切りする場合である)．

以上を図示すると，**図2.21**のようになる．③の代表的なケースは，柱上変圧器による200V△結線の電線路の場合である．この場合，接地側電線のケッチホルダーにはヒューズを入れてはならない．

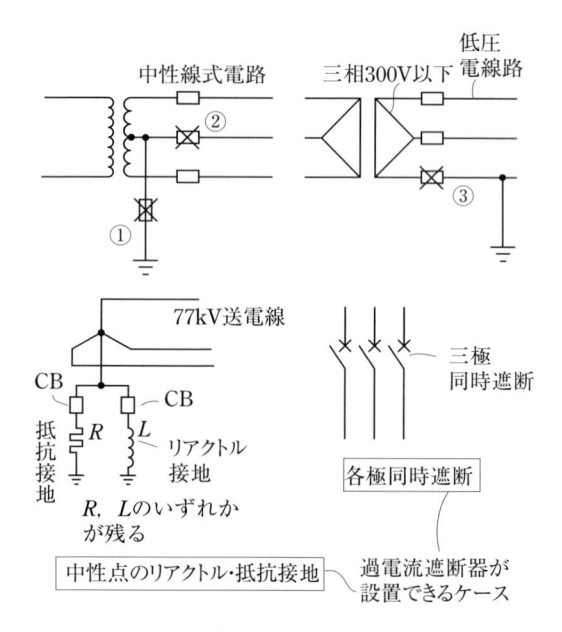

図2.21　過電流遮断器の施設禁止

## 例題 2.7　過電流遮断器

低圧の過電流遮断器に関する解釈の記述として，誤っているのは次のうちどれとどれか（誤りは二つ）．

(1) ヒューズは定格電流の 1.1 倍の電流に耐えること．
(2) 多線式電路の中性線にはヒューズを設けてもよい．
(3) 配線用遮断器は定格電流の 1 倍の電流で自動的に動作しないこと．
(4) 最大短絡電流が 10kA を超える場合には，カスケード遮断方式を認めている．
(5) 短絡保護専用遮断器は定格電流の 1.1 倍の電流で自動的に動作しないこと．

[解]　(2) 中性線にはヒューズを設けてはならない．(5) 定格電流の 1 倍が正しい．

[答]　(2)，(5)

### 2.2.3 地絡遮断装置

電技第 15 条では原則として，「電路には，地絡が生じた場合に，電線もしくは電気機械器具の損傷，感電又は火災のおそれがないよう，地絡遮断器の施設その他の適切な措置を講じなければならない」としている．具体的には解釈第 36 条で以下のように規定している．

#### ❶ 低圧の電路

**(1) 機械器具の電路**　金属製外箱を有する使用電圧が 60V を超える低圧の機械器具に電気を供給する電路には地絡遮断装置を設ける．

**[地絡遮断装置の省略]**　以下の場合は省略できる．＊印は，2.2.1 項の 6(2) の低圧機械器具外箱等の接地を省略できる場合と共通する項目である．

① 機械器具に簡易接触防護措置（金属製のもので電気的に接続するおそれのある方法を除く）を施す場合．
② 機械器具を発変電所等に設置する場合．
③ 機械器具を乾燥した場所に設置する場合．
④ 対地電圧 150V 以下の機械器具を水気のある場所以外の場所に設置する場合．
⑤ 二重絶縁構造の機械器具＊．
⑥ 機械器具がゴム，合成樹脂などの絶縁物で被覆されている場合＊．
⑦ 機械器具が誘導電動機の二次側電路に接続されている場合．
⑧ 大地から絶縁することがやむを得ない部分（解釈第 13 条第二号）．
⑨ 機械器具の C 種又は D 種接地工事の接地抵抗値が 3Ω 以下の場合．
⑩ 絶縁変圧器（二次線間電圧 300V 以下）の負荷側の電路を非接地とする場合．
⑪ 機械器具内に漏電遮断器を設け，かつ，電源引出部が損傷を受けるおそれがない場合．
⑫ 機械器具が太陽電池モジュールの直流電路に接続する場合で，次に適合する場合．
　イ．直流電路は非接地であること．
　ロ．直流電路に接続する逆変換装置の交流側に絶縁変圧器を設けること．
　ハ．直流電路の対地電圧は 450V 以下のこと．
⑬ 電路が管灯回路である場合．

**(2) 使用電圧 300V 超の電路**　特別高圧又は高圧変圧器により結合される使用電圧 300V を超える低圧電路には地絡遮断装置を設ける．ただし，以下の場合は省略できる（解釈第 36 条第 3 項）．

　イ．発変電所等にある電路．
　ロ．電気炉等の大地から絶縁することが困難なものに電気を供給する専用電路．

#### ❷ 高圧及び特別高圧電路

下記の箇所に地絡遮断装置を設ける．

① 発変電所等の引出口．
② 他の者から供給を受ける受電点．
③ 配電用変圧器（単巻変圧器を除く）の施設箇所．

ただし，以下の場合には地絡遮断装置の設置を省略できる（解釈第 36 条第 4 項）．

① 発変電所等の引出口：発変電所相互間の電線路が，いずれか一方の母線の延長と見なされる場合で，当該電線路に地絡を生じたと

きに電源側の電路を遮断する装置を施設するとき．
② **他者から供給を受ける受電点**：受電する電気をすべてその受電点に属する受電場所において変成し，又は使用する場合．ただし，この省略規定を実際に適用することは少なく，ほとんどの施設で受電点には地絡遮断装置が設けられている．
③ **配電用変圧器の施設箇所**：変圧器の負荷側に地絡を生じたときに，電源側の発変電所で当該電路を遮断する場合．

❸ **非常用の施設**　低高圧の電路であって，非常用照明装置，非常用昇降機，誘導灯，鉄道信号装置など，その停止が公共の安全確保に支障を生ずるおそれのある機械器具に電気を供給する電路に地絡を生じたときに，技術員駐在所に警報する装置を設ける場合は，地絡遮断装置を省略できる(解釈第36条第5項)．

❹ **特殊電路の場合★**　下記の特殊電路等の場合は，それぞれの規定により，地絡遮断装置を設ける(解釈第36条第2項)．
① 対地電圧150V超の住宅内低圧配線(解釈第143条第1項)．
② ライティングダクトの導体に電気を供給する電路(ダクトに簡易接触防護措置[金属製のもので電気的に接続するおそれのある方法を除く]を施した場合を除く)もしくは平形保護層の電線に電気を供給する電路(解釈第165条第3項，第4項)．
③ 火薬庫内の電気設備に電気を供給する電路．ただし，警報装置でもよい(解釈第178条第2項)．
④ コンクリートに直接埋設する1年以内に限り使用の臨時配線に電気を供給する電路(解釈第180条第4項)．
⑤ 水中照明灯用の絶縁変圧器二次側電路が30V超の場合の二次側供給電路(解釈第187条)．
⑥ フロアヒーティングの発熱線に電気を供給する電路(解釈第195条)．
⑦ 電気温床等の発熱線に電気を供給する電路(発熱線を空中に施設するものを除く)(解釈第196条)．
⑧ パイプライン等の発熱線に電気を供給する電路(解釈第197条)．
⑨ 燃料電池発電設備に接続する電路(解釈第200条第1項)．

**例題2.8**　地絡遮断装置

解釈で地絡遮断装置を設けることとされている箇所として，誤っているのはどれとどれか(誤りは二つ)．
(1) 高圧変圧器により結合される300Vを超える低圧電路．
(2) 高圧で他の者から供給を受ける受電点．
(3) 金属製外箱を有する使用電圧が50Vを超える機械器具に電気を供給する電路．
(4) 発変電所等の引出口．
(5) 配電用変圧器(単巻変圧器を含む)の施設箇所．

[**解**]　(3)は60V超過が条件である．(5)単巻変圧器を除くが正しい．

[**答**]　(3)，(5)

### 2.2.4　避雷器

❶ **設置が必要な箇所**　電技第49条で，「雷電圧による電路に施設する電気設備の損壊を防止できるよう，当該電路中次の各号に掲げる箇所又はこれに近接する箇所には，避雷器の施設その他の適切な措置を講じなければならない．ただし，雷電圧による当該電気設備の損壊のおそれがない場合は，この限りではない」としている．上記の電技及び解釈第37条第1項の規定により，高圧及び特別高圧の電路中，次に掲げる箇所には避雷器を設けなければならない．
① 発変電所等の架空電線引込口(需要場所の引込口を除く)及び引出口．
② 架空電線路に接続する特別高圧配電用変圧

器 (2.2.1 項の 5(1) の施設,解釈第 26 条)の特高側及び高圧側.
③ 高圧架空電線路から供給を受ける受電電力容量 500kW 以上の需要場所の引込口.
④ 特別高圧架空電線路から供給を受ける需要場所の引込口.

以上のうち,③では 500kW 未満であっても避雷器を設けることが実際には多い.

❷**避雷器の省略**　下記の場合は,解釈第 37 条 2 項の規定により避雷器の設置を省略できる.
① 前記 1 の各項目に掲げる箇所に直接接続する電線が短い場合.
② 60kV を超える特別高圧電路で,同一母線に常時接続されている架空電線路の数が,回線数が 7 以下の場合には 5 以上,回線数が 8 以上の場合には 4 以上のとき.この場合に,同一支持物に 2 回線以上の架空電線が施設されているときは架空電線路の数は 1 として計算する.

②の緩和規定は,高電圧で,かつ,同一母線に多数の電線が接続されている場合は,これらの電線の**サージインピーダンス**によって侵入雷電圧の波高値が低減することによる.

❸**避雷器の接地**　高圧及び特別高圧電路に施設する避雷器には,A 種接地工事(接地抵抗値は 10 Ω以下)を施すこと.

**[ 避雷器設置義務箇所以外の特例 ]**　高圧架空電線路に施設している避雷器(前記の設置義務箇所①〜④を除く)の A 種接地工事は,次のいずれかによることができる(**図 2.22**)(JESC E 2018 (2008) の規定による).
① 避雷器 (B 種接地工事が施された変圧器も近接して施設する場合を除く)の接地工事の接地線が専用である場合は 30 Ω以下でよい.
② 避雷器を B 種接地工事が施された変圧器に近接して施設する場合で,避雷器の接地工事の接地極を変圧器の B 種接地工事の接地極から 1m 以上離して施設する場合は 30 Ω以下でよい.
③ 避雷器を B 種接地工事が施された変圧器に近接して施設する場合で,避雷器の接地工事の接地線と変圧器の B 種接地工事の接地線とを変圧器に近接した箇所で接続し,かつ,図 2.22 ③により,低圧架空電線に 1 箇所以上の接地を施設する場合は,当該箇所の接地抵抗値 65 Ω以下,合成の接地抵抗値 20 Ω以下でよい.
④ 避雷器の接地工事の接地線と低圧架空電線を接続し,かつ,図 2.22 ④のように,低圧架空電線に 1 箇所以上の接地を施設する場合は,当該箇所の接地抵抗値 65 Ω以下,合成の接地抵抗値 16 Ω以下でよい.
⑤ ④により施設した避雷器の接地工事の地域内に他の避雷器を施設する場合,この避雷

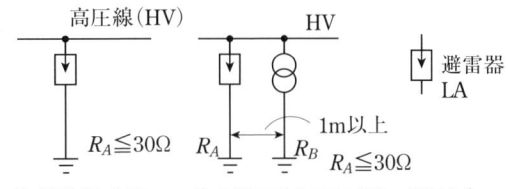

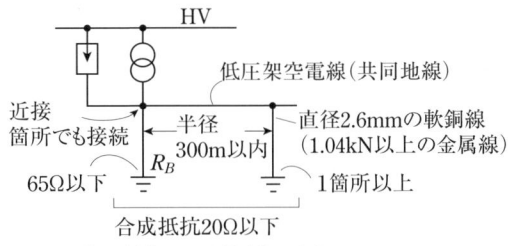

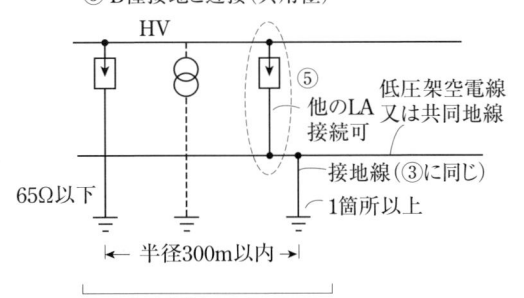

図 2.22　避雷器接地と B 種接地の連接

器の接地線を④の低圧架空電線に接続できる．

上記の JESC 規格は，雷の多い地方の高圧架空電線路では，設置義務箇所以外でも避雷器を施設することが多いことを考慮して，抵抗値を緩和したものである．

---

【演習問題 2.7】 特別高圧用機械器具の施設

発変電所等もしくはこれらに準ずる場所以外の場所において，使用電圧 11kV の機械器具（電気集じん応用装置及びエックス線発生装置を除く）を施設して差支えない場合として，誤っているのは次のうちどれか．
(1) 機械器具の周囲に人が触れるおそれがないように適当なさくを設け，さくの高さとさくから充電部分までの距離との和を 5m 以上とし，かつ，危険である旨の表示をする場合．
(2) 機械器具を地表上 5m 以上の高さに施設し，かつ，人が触れるおそれがないように施設する場合．
(3) 工場等の構内において，機械器具を絶縁された箱又は D 種接地工事を施した金属製の箱に収め，かつ，充電部分が露出しないように施設する場合．
(4) 機械器具を屋内の取扱者以外の者が出入りできないように設備した場所に施設する場合．
(5) 充電部分が露出しない機械器具を人が容易に触れるおそれがないように施設する場合．

[解] 解釈第 22 条の「特別高圧用の機械器具の施設」からの出題である．使用電圧は 7 000V を超えるので特別高圧である．条文の内容はおおむね問題文の通りである．(3)の D 種接地は A 種接地でなければならない．

[答] (3)

[解き方の手順]
本文 2.2.1 項の 3 参照．特別高圧の金属製の箱は，A 種接地工事である．

---

【演習問題 2.8】 特別高圧変圧器の施設

特別高圧を直接低圧に変成する次の変圧器のうち，施設することができないのはどれか．
(1) 電気炉等電流の大きな電気を消費するための変圧器
(2) 発電所又は変電所，開閉所もしくはこれらに準ずる場所の所内用変圧器
(3) 使用電圧が 30 000V の変圧器であって，その特別高圧側巻線と低圧側巻線との間に接地抵抗値が 20Ω の B 種接地工事を施した金属製の混触防止板を有するもの
(4) 交流式電気鉄道用信号回路に電気を供給するための変圧器
(5) 使用電圧が 35 000V 以下の変圧器であって，その特別高圧側巻線と低圧側巻線とが混触したときに，自動的に変圧器を電路から遮断するための装置を設けたもの

[解] 特別高圧と低圧電路を結合する変圧器の場合，原則として B 種接地抵抗値は 10Ω 以下でなければならない．他の記述はすべて正しい．

[答] (3)

[解き方の手順]
B 種接地工事の抵抗値に着目する．本文 2.2.1 項 5(2) 参照．

【演習問題 2.9】 地絡遮断装置の省略

金属製外箱を有する使用電圧が 60V を超える低圧の機械器具であって，人が容易に触れるおそれがある場所に施設するものに電気を供給する電路において，地絡遮断装置の設置の省略ができる場合に関する記述のうち，誤っているのはどれか．
(1) 機械器具を発電所又は変電所，開閉所もしくはこれらに準ずる場所に施設する場合．
(2) 機械器具を乾燥した場所に施設する場合．
(3) 対地電圧が 300V 以下の機械器具を水気のある場所以外の場所に施設する場合．
(4) 機械器具に施された C 種接地工事又は D 種接地工事の接地抵抗値が 3Ω 以下の場合．
(5) 機械器具がゴム，合成樹脂その他の絶縁物で被覆したものである場合．

[解] 解釈第 36 条第 1 項からの出題である．(3)の対地電圧は 150V 以下でなければならない．なお，低圧電路で地絡遮断装置が必要になる施設として，本問のほかに，特別高圧又は高圧変圧器により結合される 300V 超過の電路がある． [答] (3)

[解き方の手順]
本文 2.2.3 項参照．対地電圧 150V 以下の場合は一般的に規制がゆるい．

【演習問題 2.10】 避雷器の施設

高圧及び特別高圧の電路における避雷器の施設に関する記述として，不適切なものは次のうちどれか．
(1) 発電所の架空電線引出口には施設すること．
(2) 変電所の架空電線引込口には施設すること．
(3) 高圧架空電線路から供給を受ける受電電力の容量が 500kW 以上の需要場所の引込口には施設すること．
(4) 特別高圧の電路に施設する避雷器には，A 種接地工事を施すこと．
(5) 特別高圧地中電線路から供給を受ける需要場所の引込口には施設すること．

[解] 解釈第 37 条からの出題である．地中電線路は直接雷撃を受けないので，避雷器の取り付けは不要である． [答] (5)

[解き方の手順]
本文 2.2.4 項参照．避雷器の対象は架空電線路である．

# 2.3節　発変電所

本節は主に解釈第2章の発変電所等の施設について解説する．

## 2.3.1　発変電所の定義

本節では，「**発電所又は変電所，開閉所もしくはこれらに準ずる場所**」は，「**発電所等**」という．ここで，「変電所に準ずる場所」や「開閉所に準ずる場所」とは，解釈第1条第6号及び第7号に定義されているが，需要場所での変電室や受電所を指すものと考えてよい．これらを図示すると，**図2.23**のようになる．

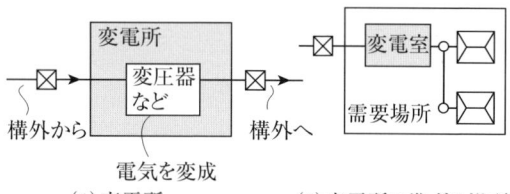

図2.23　変電所に準ずる場所

**❶発電所**　電技第1条では，「発電機，原動機，燃料電池，太陽電池その他の機械器具(小出力発電設備，非常用予備発電装置，携帯用発電機を除く)を施設して電気を発生させる所をいう」と定義している．

ただし，電気事業法施行令や同施行規則では，ダムや水路などの発電用水力設備なども含んだものとしており，電技とは若干概念が異なる．

**❷変電所**　電技第1条では，「構外から伝送される電気を構内に施設した変圧器(略)，整流器その他の電気機械器具により変成する所であって，変成した電気をさらに構外に伝送するものをいう」と定義している．柱上変圧器や自家用工作物の変電室などは，当然この定義には含まれないので，ここでいう変電所ではない．なお，電気事業法施行規則では，構外へ電気を伝送しないものであっても，100kV以上の電圧で受電している所は変電所として扱っている．

**❸開閉所**　電技第1条では，「構内に施設した開閉器その他の装置により電路を開閉する所であって，発電所，変電所及び需要場所以外のものをいう」と定義している．変電所で，変圧器のない状況を考えればよい．

## 2.3.2　発電所等の立入防止

電技第23条第1項では，「高圧又は特別高圧の電気機械器具，母線等を施設する発電所等には，取扱者以外の者に電気機械器具，母線等が危険である旨の表示をするとともに，当該者が容易に構内に立ち入るおそれがないように適切な措置を講じなければならない」としている．

**❶屋外の発電所等**　高圧又は特別高圧の機械器具及び母線等(以下「機械器具等」という)を屋外に施設する発電所等は，次により構内に取扱者以外の者が立ち入らないような措置を講じ

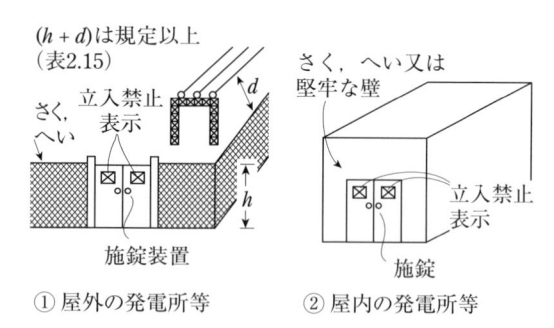

図2.24　発電所等の立入防止措置

表2.15　充電部分との離隔距離

| 電圧区分 | さく，へい等の高さと，さく，へい等から充電部分までの距離との和 |
|---|---|
| 35kV以下 | 5m以上 |
| 35kVを超え160kV以下 | 6m以上 |
| 160kVを超えるもの | 160kVを超える10kV又はその端数ごとに12cmを6mに加えた値以上 |

る(図2.24①)．ただし，土地の状況により立ち入るおそれがない箇所については，この限りでない(解釈第38条第1項)．

① **さく，へい**等を設けること．
② **特別高圧の機械器具等**を施設する場合は，さく，へい等と特別高圧の充電部分との距離に関して，**表2.15**のように施設すること．
③ 出入口に立入禁止の表示をすること．
④ 出入口に施錠装置を施設すること．

❷ **屋内の発電所等** 高圧又は特別高圧の機械器具等を屋内に施設する発電所等は，次により構内に取扱者以外の者が立ち入らないような措置を講じる(図2.24②)．ただし，❶の規定により施設したさく，へいの内部については，この限りでない(解釈第38条第2項)．

① ❶の①，②に準じてさく，へい等を施設するか，もしくは堅牢な壁を設ける．
② 出入口に立入禁止の表示を行うとともに，施錠装置を施設する．

❸ **その他の発電所等** 高圧又は特別高圧の機械器具等を施設する発電所等を次の(1)，(2)のいずれかにより施設する場合は，前記の1，2によらないことができる(解釈第38条第3項)．なお，以下の規定は，解釈第21条(高圧の機械器具の施設)，同第22条(特別高圧の機械器具の施設)と同じ規定が多い．2.2.1項も参照のこと．

**(1) 工場等の構内** 構内境界全般にさく，へい等を施設して，一般公衆が立ち入らないようにし，かつ，発電所等は危険である旨の表示をするとともに，次により施設する．

① **高圧の機械器具** 次のいずれかによる．
   イ．屋内の取扱者以外の者が出入できない場所に施設する．
   ロ．機械器具(付属する電線はケーブル又は引下げ用高圧絶縁電線に限る)を地表上4.5m(市街地外では4m)以上の高さに施設し，かつ，人が触れるおそれのないように施設する．
   ハ．コンクリート製の箱又はD種接地工事を施した金属製の箱に収め，かつ，充電部分が露出しないように施設する．
   ニ．充電部が露出しない機械器具に，簡易接触防護措置を施す．

イは屋内の開放形変電室が，ロは柱上の施設が，ハはキュービクルが，それぞれ該当する．

② **特別高圧の機械器具** 次のいずれかによる．
   イ．屋内の取扱者以外の者が出入りできない場所に施設する．
   ロ．地表上5m以上の高さに施設し，充電部分の地表上の高さを表2.15に掲げる値以上とし，かつ，人が触れるおそれのないように施設する．
   ハ．絶縁された箱又はA種接地工事を施した金属製の箱に収め，かつ，充電部分が露出しないように施設する．
   ニ．充電部が露出しない機械器具に，簡易接触防護措置を施す．
   ホ．15kV以下の特高架空電線路に接続する機械器具を上記①に準じて施設する．

**(2) その他** 次の規定により施設する．
① **高圧の機械器具等**は，次のいずれかによる．
   イ．コンクリート製の箱又はD種接地工事を施した金属製の箱に収め，かつ，充電部分が露出しないように施設し，箱は施錠する．
   ロ．充電部が露出しない機械器具に，簡易接触防護措置を施す．
② **特高の機械器具等**は，次のいずれかによる．
   イ．絶縁された箱又はA種接地工事を施した金属製の箱に収め，かつ，充電部分が露出しないように施設し，箱は施錠する．
   ロ．充電部が露出しない機械器具に，簡易接触防護措置を施す．
③ 危険である旨の表示をする．
④ 高圧又は特別高圧の機械器具相互を接続する電線(隣接して接続するものを除く)であって，取扱者以外の者が立ち入る場所に施設するものは，電線路の規定に準じて施設する．

本項 (2) の規定は，(1) とは異なり工場等の構内に限定していない．

### 2.3.3 発電機等の保護

**❶保安原則**　発電機，燃料電池又は常用電源として用いる**蓄電池**には，当該電気機械器具を著しく損傷するおそれがあり，又は一般電気事業の供給に著しい支障を及ぼすおそれがある異常が当該電気機械器具に生じた場合に自動的にこれを電路から遮断する装置を施設しなければならない（電技第44条第1項）．

**❷発電機の保護装置**　以下の場合には発電機を自動的に電路から遮断する装置を施設すること（解釈第42条）．

① 過電流を生じた場合．
② 500kVA 以上の発電機の水車の圧油装置の油圧又は電動式制御装置の電源電圧が著しく低下した場合．
③ 100kVA 以上の発電機の風車の圧油装置の油圧，圧縮空気の空気圧又は電動式ブレード制御装置の電源電圧が著しく低下した場合．
④ 2 000kVA 以上の水車発電機の**スラスト軸受**の温度が著しく上昇した場合．
⑤ 10 000kVA 以上の発電機の**内部故障**．
⑥ 10 000kW 超の蒸気タービンのスラスト軸受の著しい摩耗又は温度上昇．

**❸水素冷却式発電機等の施設**　水素冷却式の発電機もしくは調相設備等は，水素と空気が混合することによる爆発を避けるため，電技第35条及び解釈第41条にて施設を規定している．

発電機等の内部の水素純度が 85% 以下に低下した場合及び水素圧力の変動が著しい場合には，これを警報する装置を設けること．

水素の圧力及び温度の計測装置を設けること．

**❹発電機の機械的強度**　電技第45条により次のように定められている．

① 発電機，変圧器，調相設備並びに母線及びこれを支持するがいしは，短絡電流により生ずる機械的衝撃に耐えなければならない．
② 水車又は風車に接続する発電機の回転部分は，負荷遮断時の速度に対し，蒸気タービン，ガスタービン又は内燃機関に接続する発電機の回転部分は，非常調速装置（略）の動作速度に対し，耐えるものでなければならない．
③ 蒸気タービン発電機は，主要な軸受又は軸に発生しうる最大の振動に対して構造上十分な機械的強度を有するものでなければならない（「発電用火力設備に関する技術基準を定める省令」第13条第2項の準用）．

**❺燃料電池等の施設**　燃料電池発電所に施設する燃料電池その他の器具は次によること（解釈第45条）．なお，燃料電池発電設備が一般用電気工作物である場合には，運転状態を表示する装置を施設しなければならない（電技第59条第2項）．

**①電路の遮断等**　次に掲げる場合には，電路の遮断，燃料ガス供給の遮断，電池内の燃料ガスの排除を自動的に行うこと．ただし，燃料ガスの自動排除は，出力10kW 未満のもので，燃料ガスが安全に排除できるもの又は燃料ガスの爆発に耐えられる構造のものでは不要である．

イ．過電流を生じた場合．
ロ．発電電圧の異常低下が生じた場合，又は燃料ガス出口における酸素濃度もしくは空気出口における燃料ガス濃度の著しい上昇．

---

**コラム──スラスト軸受**

スラストは回転体の軸方向に働く力を指す．これを受けるのがスラスト（推力）軸受である．これに対し円周方向の力を受ける普通の軸受を**ラジアル軸受**という．蒸気タービンのように軸の伸びがあるものや水車のように立型の機械では，スラスト軸受が不可欠である．スラスト軸受の異常は，回転体に対して重大な影響を及ぼす．

ハ．燃料電池の温度の著しい上昇．
**②充電部の防護**　充電部分が露出することのないように施設すること．
**③直流電路の保護**　直流幹線部分の電路に短絡を生じた場合に，当該電路を保護する過電流遮断装置を原則として施設すること．
**④可とう接続**　燃料電池その他の器具の電線の接続では，堅ろうに接続するとともに，接続点に張力が加わらないように施設すること．
**❻蓄電池の保護装置**　発変電所等に施設する蓄電池(非常用予備電源用を除く)は，次の場合には自動的に電路から遮断すること．
①過電圧，②過電流，③制御装置の異常，④内部が高温のものでは，断熱容器の内部温度の著しい上昇

④は **NAS 電池**(ナトリウム硫黄電池)を対象としたものである．

**❼太陽電池発電所の電線等の施設**　太陽電池発電所に施設する高圧の直流電路の電線(電気機械器具内の電線を除く)は，高圧ケーブルであること．ただし，取扱者以外の者が立ち入らない措置を講じた場所で，使用電圧が直流1500V以下である場合において，解釈第46条第1項各号に適合する**太陽電池発電設備用直流ケーブル(PVケーブル)**を使用する場合は，この限りでない．

太陽電池モジュールの支持物は，JIS規格，建築基準法に適合すること(解釈第46条第2項)．

**[注]**　太陽電池発電設備に係る施設の規定は，平成24年(2012年)6月に改正された．要点は以下の二つである．
① 直流1500V以下の場合は，金属シースを有しないPVケーブルを使用できる(上記のただし書)．
② 太陽電池発電所の施設の詳細規定の多くを小出力発電設備(解釈第200条第2項)での規定とする(4.3.6項 P.139参照)．

**❽発電機用風車の保護**　分散型電源の普及にともなって増加している発電用の風車に対し，「発電用風力設備に関する技術基準を定める省令」(以下「風技」と略)により，技術基準が定められている．電験三種の出題範囲である．風技の条文については付録1を参照．

**(1) 危険防止措置**　取扱者以外の者に見やすい箇所に風車が危険である旨を表示するとともに，当該者が容易に接近しないように措置すること(風技第3条第1項)．

**(2) 風車の構造**　次の各号により施設する(風技第4条)．
① 負荷を遮断したときの最大速度に対し，構造上安全であること．
② 風圧に対して構造上安全であること．
③ 運転中に風車に損傷を与える振動がないように施設すること．
④ 通常の想定最大風速においても取扱者の意図に反して風車が起動することないように施設すること．
⑤ 運転中に他の工作物，植物等に接触しないように施設すること．

**(3) 風車の保護等**
① **自動停止**　次の場合に行う(風技第5条第1項)．
・回転速度の著しい上昇
・風車の制御装置の機能の著しい低下
② **雷撃からの保護**　地表高さ20m超過の風力設備には，雷撃から風車を保護する措置を講じること(風技第5条第3項)．
③ **支持工作物**　自重，積載荷重，積雪及び風圧並びに地震その他の振動及び衝撃に対して構造上安全であること．取扱者以外の者が容易に登ることができないように適切な措置を講じること(風技第7条)．

### 2.3.4　変圧器，調相設備の保護
**❶保安原則**　電技第44条第2項で，「特別高圧の変圧器又は調相設備には，当該電気機械器具を著しく損傷するおそれがあり，又は一般電気事業に係わる電気の供給に著しい支障を及ぼすおそれがある異常が当該電気機械器具

表2.16 特高変圧器の保護装置

| バンク容量等 | 動作条件 | 装置の種類 |
|---|---|---|
| 5 000kVA以上 10 000kVA未満 | 変圧器内部故障 | 自動遮断装置又は警報装置 |
| 10 000kVA以上 | 同上 | 自動遮断装置 |
| 他冷式変圧器 | 冷却装置の故障又は変圧器温度の著しい上昇 | 警報装置 |

に生じた場合に自動的にこれを電路から遮断する装置を施設しなければならない」と定めている.

❷**特別高圧用変圧器の保護** 表2.16により保護装置を施設する.ただし,変圧器の内部故障時に当該変圧器の電源側発電機を自動停止する場合は,自動遮断装置は不要である(解釈第43条第1項).

変圧器の内部故障の検出には,比率差動継電器及びブッフホルツ継電器,衝撃圧力継電器などの機械式のものを用いる.機械式のものは,比率差動継電器と併用するのが普通である.

❸**特別高圧調相設備の保護** 表2.17により保護装置を施設する(解釈第43条2項).

15 Mvar(MVA)以上は,内部故障時の自動遮断が必要になる.変圧器と同じく比率差動継電器を使う.

表2.17 特高調相設備の保護装置

| 設備種別 | バンク容量 | 電路遮断装置 |
|---|---|---|
| 電力用コンデンサ・分路リアクトル | 500kvarを超え15 000kvar未満 | 内部故障又は過電流 |
| | 15 000kvar以上 | 内部故障及び過電流又は過電圧 |
| 調相機 | 15 000kVA以上 | 内部故障 |

**例題 2.9** 発電所等の機器の保護

発電所等に設ける機械器具の保護に関する電技・解釈の記述として,誤っているのは次のうちどれとどれか(誤りは二つ).

(1) 発電機,変圧器は,短絡電流による機械的衝撃に耐えなければならない.
(2) 5 000kVA以上の発電機の内部故障には,自動的に電路を遮断する装置を設ける.
(3) 水車又は風車に接続する発電機の回転部分は,負荷遮断時の速度に対し耐えなければならない.
(4) 燃料電池に過電流の発生した場合には,電路の遮断のみを行う.
(5) 蒸気タービン発電機は,主要な軸受又は軸に発生しうる最大の振動に対して構造上十分な機械的強度を有するものでなければならない.

[解] (2) 解釈第42条では10 000kVA以上である.(4) 電路の遮断のほか,燃料ガス供給の遮断及び電池内の燃料ガスの排除を自動的に行うこと(解釈第45条).

[答] (2), (4)

### 2.3.5 常時監視をしない発変電所

❶**保安原則** 電技第46条第1項では,常時監視を要する発電所の要件を定めている.これは,「人体への危害,物件への損傷を与えるおそれがないよう,異常の状態に応じた制御が必要となる発電所,又は電気供給の著しい支障を避けるために,異常を早期に発見する必要がある発電所の運転に必要な技術者が当該発電所等において常時監視しないものは,施設してはならない」としている.

また,電技第46条第2項では,「常時監視をしない発変電所(100kV超過の電気を変成するものを含む)では,非常用予備電源を除き,異常時に安全かつ確実に停止できる措置を講じなければならない」ことを定めている.

❷**常時監視をしない発電所★** 解釈第47条では,「常時監視をしない発電所の施設」を,規定(技術員の駐在方法,警報・監視装置などの施設)している.結論からいうと,常時監視をしない発電所は,汽力発電所と原子力発電所を除いて,発電所の種別により電圧,出力の制限があるものの,すべて認められている.

常時監視しない発電所の方式は,以下の3

通りが定められている．①，②は変圧器の使用電圧が170kV以下に限られる．

①**随時巡回方式**：技術員が，適当な間隔を置いて発電所を巡回し，運転状態の監視を行うもの．

②**随時監視制御方式**：技術員が，必要に応じて発電所に出向き，運転状態の監視又は制御その他必要な措置を行うもの．

③**遠隔常時監視制御方式**：技術員が，制御所に常時駐在し，発電所の運転状態の監視又は制御を遠隔で行うもの．

これらの方式の技術要件の概略は，**表2.18**に示すとおりである．また，発電所の種別ごとに採用可能な制御方式を**表2.19**に示す．

❸**常時監視をしない変電所★** 解釈第48条では，「**常時監視をしない変電所の施設**」を規定（技術員の駐在方法，警報・監視装置などの施設）している．結論からいうと，常時監視をしない変電所はすべて認められている．

常時監視しない変電所の方式は，以下の4通りが定められている．

①**簡易監視制御方式**：技術員が必要に応じて変電所に出向き，変電所の監視及び機器の操作を行うもの．

②**断続監視制御方式**：技術員が当該変電所又はこれから300m以内の技術員駐在所に常時駐在し，断続的に変電所に出向いて変電所の監視及び機器の操作を行うもの．

③**遠隔断続監視制御方式**：技術員が変電制御所又はこれから300m以内の技術員駐在所に常時駐在し，断続的に変電制御所に出向いて変電所の監視及び機器の操作を行うもの．

④**遠隔常時監視制御方式**：技術員が変電制御所に常時駐在し，変電所の監視及び機器の操作を行うもの．

変電所に施設する変圧器の使用電圧に応じて，採用可能な制御方式が**表2.20**のように定められている．

水素冷却式調相機では，調相機内の水素濃

表2.18 発電所制御方式の技術要件

| 制御方式 | 技術要件 | 変圧器電圧 |
|---|---|---|
| 随時巡回方式 | ・異常時でも需要場所が停電しない<br>・発電機の運転・停止によって系統の電圧・周波数の維持に支障を及ぼさない | 170kV以下 |
| 随時監視制御方式 | 発電所の火災，他冷式特高変圧器の冷却装置故障，温度上昇時又はガス絶縁機器のガス圧低下の場合の技術員への警報装置 | 170kV以下 |
| 遠隔常時監視制御方式 | ・随時監視制御方式と同じ警報装置<br>・制御所に発電所の運転・停止の監視・操作装置<br>・10万V超の変圧器がある発電所には運転操作に常時必要なCBの監視・操作装置<br>・その他発電所の種別ごとに要求される装置 | 制限なし |

表2.19 発電所に採用可能な制御方式

| 種別 | 随時巡回 | 随時監視 | 遠隔常監 |
|---|---|---|---|
| 水力 | ○ 2MW未満 | ○ | ○ |
| 風力 | ○ | ○ | ○ |
| 太陽電池 | ○ | ○ | ○ |
| 燃料電池 | ○ *1 | ○ | ○ |
| 地熱 | × | ○ | ○ |
| 内燃力*2 | ○ 1MW未満 | ○ | ○ |
| ガスタービン | ○ 1MW未満 | ○ | ○ |
| 内燃力＋排熱利用の汽力 | × | ○ 2MW未満 | × |
| 移動内燃力 | ○ 880kW以下 | — | — |

（注）○：採用可能，×：採用不可，—：対象外
＊1：燃料改質系統設備圧力100kPa未満
＊2：移動用のものを除く

表2.20 変電所に採用可能な制御方式

| 変電所の変圧器の使用電圧の区分 | 監視制御方式 | | |
|---|---|---|---|
| | 簡易監視 | 断続監視 | 遠隔断続 |
| 100kV以下 | ○ | ○ | ○ |
| 100kV超，170kV以下 | | ○ | ○ |
| 170kV超過 | | | |

（注）・○は採用可能．
・遠隔常時監視制御方式は，すべての電圧区分で採用可能．

度が85%以下に低下した場合には，当該調相機を電路から遮断することが必要である(解釈第48条第4号)．

### 2.3.6 公害等の防止

❶**環境関係法規制**　公害等の防止については，電技第19条にて規定している．発変電所等や関係する電気工作物に対して，大気汚染防止法，水質汚濁防止法，特定水道利水障害防止特別措置法，騒音規制法，振動規制法，急傾斜地崩壊災害防止法などの環境関係法令により規制がされている．

❷**変圧器絶縁油の流出防止**　<u>中性点直接接地式電路に接続する変圧器を設置する箇所には，絶縁油の構外への流出及び地下への浸透を防止するための措置が施されなければならない</u>(電技第19条第8項)．

中性点直接接地式電路は地絡電流が大きいため，アークエネルギーによる変圧器タンクの破損に対処するための措置である．

❸**電磁誘導作用による健康影響の防止**　変電所又は開閉所から発生する磁界は，<u>磁束密度の測定値が商用周波数において200μT以下</u>であることが規定されている．測定箇所は原則として，地上変電所では周囲のさく，へい等から水平方向に0.2m離れた地表高さ1mの点，地下変電所では地表高さ0.2mの点とする(電技第27条の第2項，解釈第39条)．

❹**圧力容器の施設**　ガス絶縁機器に使用する圧力容器，開閉器及び遮断器の圧縮空気装置に使用する圧力容器については，電技第33条，解釈第40条にて，圧力容器の構造，圧力試験の方法，警報装置等について規定している．

---

【演習問題 2.11】　発変電所の立入防止

次の文章は，高圧又は特別高圧の機械器具及び母線等を屋外に施設する発電所等において，構内に取扱者以外の者が立ち入らないような措置に関する解釈の規定である．
一　(ア)等を設けること．
二　特別高圧の機械器具を施設する場合は，前号の(ア)等の高さと，(ア)等から(イ)部分までの距離との和は，(イ)部分の使用電圧の区分が35000V以下では，(ウ)m以上とすること．
三　出入口に(エ)を禁止する旨を表示すること．
四　出入口に(オ)装置を施設して(オ)する等，取扱者以外の者の出入りを制限する措置を講じること．

上記の記述中の空白箇所(ア)～(オ)に記入する字句又は数値を答えよ．

[解]　高圧又は特別高圧の機械器具を施設する発変電所等への取扱者以外の者の立入り防止に関しては，電技第23条第1項にて保安原則を定めている．

[答] (ア)さく，へい　(イ)充電　(ウ)5　(エ)立ち入り　(オ)施錠

[解き方の手順]
解釈第38条第1項からの出題である．本文2.3.2の1項を参照．

## 【演習問題 2.12】 常時監視をしない発変電所

次の文章は，常時監視をしない発電所等の施設に関する電技の記述である．

1. 異常が生じた場合に (ア) に危害を及ぼし，もしくは (イ) に損傷を与えるおそれがないよう，異常の状態に応じた (ウ) が必要となる発電所，又は一般電気事業に係る電気の (エ) に著しい支障を及ぼすおそれがないよう，異常を早期に発見する必要のある発電所であって，発電所の運転に必要な知識及び技能を有する者が当該発電所又はこれと同一の構内において常時監視をしないものは，施設してはならない．

2. 前項に掲げる発電所以外の発電所又は変電所であって，発電所又は変電所の運転に必要な知識及び技能を有する者が当該発電所もしくはこれと同一の構内又は変電所において常時監視をしない発電所又は変電所は，非常用予備電源を除き，異常が生じた場合に安全かつ確実に (オ) できるような措置を講じなければならない．

上記の記述中の空白箇所(ア)〜(オ)に記入する字句を答えよ．

[解] 電技第46条第1項は，常時監視を要する発電所に関する規定であり，対象は原子力発電所と汽力発電所等である．同条第2項は常時監視をしない発変電所の規定である．具体的には解釈第47条で常時監視をしない発電所の要件を，解釈第48条で常時監視をしない変電所の要件をそれぞれ定めている．

[答] (ア) **人体** (イ) **物件** (ウ) **制御** (エ) **供給** (オ) **停止**

[解き方の手順]
電技第46条からの出題である．本文2.3.5項の1の記述参照．

## 【演習問題 2.13】 公害等の防止

次の文章は，電技に基づく公害等の防止に関する記述である．

1. (ア) 電路に接続する変圧器を設置する箇所には，絶縁油の (イ) への流出及び (ウ) への浸透を防止するための措置が施されていなければならない．

2. ポリ塩化ビフェニルを含有する絶縁油を使用する電気機械器具は， (エ) に施設してはならない．

上記の記述中の空白箇所(ア)，(イ)，(ウ)及び(エ)に記入する字句を次の語群から選べ．
屋外の，　特別高圧の，　中性点直接接地式，　中性点非接地式，　構外，　構内，　河川，　農地，　床，　地下，　電路，　発変電所

[解] 電技第19条からの出題である．同条第8項では中性点直接接地式電路に接続する変圧器の絶縁油の構外への流出，地下への浸透防止を定めている．同条第12項ではPCBを使用した機器を電路に使用することを禁止している．

[答] (ア) **中性点直接接地式** (イ) **構外** (ウ) **地下** (エ) **電路**

[解き方の手順]
中性点直接接地式電路は地絡電流が大きいので，アークエネルギーにより変圧器タンクが破損し油流出のおそれがある．

## 【演習問題 2.14】 発電用風力設備の風車

次の(ア)～(エ)は,発電用風力設備の風車に異常が生じた場合について記述したものである.
(ア) 回転速度が著しく上昇した場合
(イ) 風車の制御装置の機能が著しく低下した場合
(ウ) 軸受の温度が著しく上昇した場合
(エ) 運転中に風車が著しく振動した場合

上記の(ア)～(エ)の現象のうち,「発電用風力設備に関する技術基準」において,「風車が安全かつ自動的に停止する措置を講じなければならないもの」として, 定められているものはどれとどれか.

**[解]** 発電用風力設備に関する技術基準の第5条(風車の安全な状態の確保)によれば,風車の安全な自動停止を求められているのは,風車の過速度と制御装置の機能低下である.

**[答] (ア), (イ)**

**[解き方の手順]**
本文 2.3.3 項の 8 の記述参照.

## 【演習問題 2.15】 発電機等の機械的強度

次の文章は,電技に基づく発電機等の機械的強度に関する記述の一部である.
a. 発電機,変圧器,調相設備並びに母線及びこれを支持するがいしは, (ア) により生ずる機械的衝撃に耐えるものでなければならない.
b. 水車又は風車に接続する発電機の回転する部分は, (イ) した場合に起こる速度に対し,耐えるものでなければならない.
c. 蒸気タービン,ガスタービン又は内燃機関に接続する発電機の回転する部分は, (ウ) 及びその他の非常停止装置が動作して達する速度に対し,耐えるものでなければならない.

上記の記述中の空白箇所(ア)～(ウ)に記入する語句を次の語群の中から選べ.
異常電圧,短絡電流,負荷を遮断,制御装置が故障,非常調速装置,加速装置

**[解]** 電技第45条からの出題である.上記のほか,蒸気タービン発電機は,主要な軸受又は軸に発生しうる最大の振動に対して構造上十分な機械的強度を有するものでなければならない.

**[答] (ア)短絡電流, (イ)負荷を遮断, (ウ)非常調速装置**

**[解き方の手順]**
本文 2.3.3 項の 4 の記述参照.

# 練 習 問 題 (解答 p.186〜188)

**問1** 電圧に関しての電気設備技術基準及び同解釈の記述として，誤っているのは次のうちどれか．
(1) 直流にあっては，600V以下を低圧という．
(2) 電路を代表する線間電圧を使用電圧という．
(3) 対地電圧は，電線間の電圧をいう場合がある．
(4) 高圧の下限値は，直流と交流とで異なる値である．
(5) 最大使用電圧は，通常の状態において電路に加わる最大の線間電圧をいう．

**問2** 電気設備技術基準では，電線の定義を次のように規定している．
「電線」とは，（ア）電気の伝送に使用する電気（イ），絶縁物で被覆した電気（イ）又は絶縁物で被覆した上を（ウ）で保護した電気（イ）をいう．
上記の記述中の空白箇所（ア）〜（ウ）に当てはまる語句として，正しいものを組み合わせたのは次のうちどれか．
(1) (ア)大電流　（イ)導体　（ウ)保護被覆　　(2) (ア)強電流　（イ)導線　（ウ)絶縁被覆
(3) (ア)強電流　（イ)導体　（ウ)絶縁被覆　　(4) (ア)強電流　（イ)導体　（ウ)保護皮膜
(5) (ア)大電流　（イ)導線　（ウ)絶縁被覆

**問3** 複合ケーブルとは，電線と（ア）とを束ねたものの上に（イ）を施したケーブルをいう．
上記の記述中の空白箇所（ア），（イ）に当てはまる語句として，正しいものを組み合わせたのは次のうちどれか．
(1) (ア)光ファイバーケーブル　（イ)保護被覆　　(2) (ア)弱電流電線　（イ)保護被覆
(3) (ア)光ファイバーケーブル　（イ)絶縁被覆　　(4) (ア)弱電流電線　（イ)絶縁被覆
(5) (ア)電力保安通信線　（イ)絶縁被覆

**問4** 電気設備技術基準では，光ファイバーの定義を次のように規定している．
1. 光ファイバーケーブルとは，光信号の伝送に使用する伝送導体であって，保護（ア）で保護したものをいう．
2. 光ファイバーケーブル線路とは，光ファイバーケーブル及びこれを（イ）し，又は保蔵する工作物(造営物の屋内又は（ウ）に施設するものを除く)をいう．
上記の記述中の空白箇所（ア）〜（ウ）に当てはまる語句として，正しいものを組み合わせたのは次のうちどれか．
(1) (ア)装置　（イ)収納　（ウ)屋外　　(2) (ア)装置　（イ)収納　（ウ)屋上
(3) (ア)被覆　（イ)保護　（ウ)屋上　　(4) (ア)被覆　（イ)支持　（ウ)屋側
(5) (ア)器具　（イ)支持　（ウ)屋側

**問5** 次の文章は，電気設備技術基準に基づく電気使用場所における低圧の電路の絶縁性能に関する記述である．
電気使用場所における使用電圧が低圧の電路の電線相互間及び電路と大地との間の絶縁抵抗は，開閉器又は（ア）で区切ることのできる電路ごとに，次に掲げる電路の使用電圧の区分に応じ，それぞれ次に掲げる値以上でなければならない．
　a．電路の使用電圧の区分が（イ）[V]以下で対地電圧(接地式電路においては電線と大地の間の電圧，非接地式電路においては電線間の電圧をいう)が150[V]以下の場合の絶縁抵抗値は，（ウ）[MΩ]以上でなければならない．

b. 電路の使用電圧の区分が (イ) [V] 以下で，上記 a. 以外の場合の絶縁抵抗値は，(エ) [MΩ] 以上でなければならない．

上記の記述中の空白箇所 (ア)～(エ) に記入する語句又は数値として，正しいものを組み合わせたのは次のうちどれか．

(1) (ア) 過電流遮断器　(イ) 300　(ウ) 0.1　(エ) 0.2
(2) (ア) 過電流遮断器　(イ) 300　(ウ) 0.2　(エ) 0.4
(3) (ア) 配線用遮断器　(イ) 300　(ウ) 0.1　(エ) 0.2
(4) (ア) 配線用遮断器　(イ) 600　(ウ) 0.2　(エ) 0.4
(5) (ア) 漏電遮断器　　(イ) 600　(ウ) 0.2　(エ) 0.4

**問 6** 定格容量 75kV·A，一次電圧 6 600V，二次電圧 105V の単相変圧器に接続された単相 2 線式 1 回線の低圧架空配電線路で，2 線を一括して大地との間に使用電圧を加えた場合に，電気設備技術基準の規定では，許容最大漏えい電流 [A] の値はいくらか．正しい値を次のうちから選べ．

(1) 0.179　(2) 0.357　(3) 0.476　(4) 0.714　(5) 1.429

**問 7** 最大使用電圧が 400V の交流発電機を直流電圧で絶縁耐力試験を行う場合，その試験電圧 [V] として適切な値は次のうちどれか．ただし，試験電圧は巻線と大地との間に連続して 10 分間加えるものとする．

(1) 500　(2) 600　(3) 800　(4) 960　(5) 1 200

**問 8** 電気設備技術基準の解釈に基づき，最大使用電圧が 6.9kV の電路に接続する導体断面積 $100mm^2$，長さ 800m の高圧 CV ケーブル (単心) の絶縁耐力試験を交流で実施する場合について，次の (a) 及び (b) に答えよ．ただし，周波数は 50Hz，ケーブルの対地静電容量は 1km 当たり 0.45μF とする．

(a) ケーブルに試験電圧を印加した場合の充電電流 [A] の値として，最も近いのは次のうちどれか．

(1) 0.78　(2) 1.17　(3) 1.46　(4) 2.34　(5) 3.51

(b) 図問 8 のような試験回路でケーブルの絶縁耐力試験を行う場合，試験用変圧器の容量を 5kV·A としたとき，補償リアクトルの必要最小の設置台数として，正しいのは次のうちどれか．ただし，試験電圧を印加したとき，1 台の補償リアクトルに流すことができる電流 (電流容量) は 270mA とする．

(1) 1 台　(2) 2 台　(3) 3 台　(4) 4 台　(5) 5 台

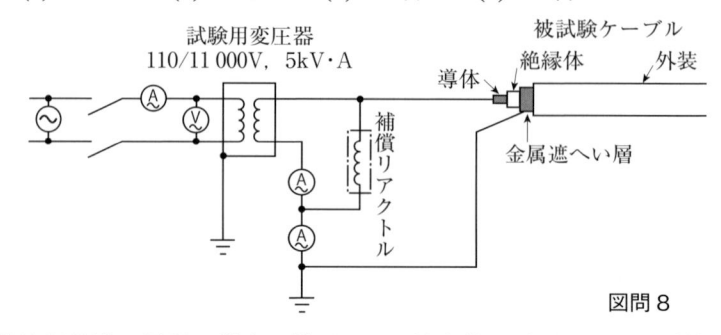

図問 8

**問 9** 電気設備技術基準の解釈の規定に基づいて，最大使用電圧 23kV の電線路に接続する受電用変圧器の絶縁耐力試験を，最大使用電圧に所定の係数を乗じた試験電圧を印加する試験方法により行う場合，試験電圧と試験時間に関する記述として，適切なのは次のうちどれか．

(1) 最大使用電圧の 1.1 倍である 25 300V の電圧を連続して 1 分間加える．
(2) 最大使用電圧の 1.25 倍である 28 750V の電圧を連続して 1 分間加える．
(3) 最大使用電圧の 1.25 倍である 28 750V の電圧を連続して 10 分間加える．
(4) 最大使用電圧の 1.5 倍である 34 500V の電圧を連続して 1 分間加える．
(5) 最大使用電圧の 1.5 倍である 34 500V の電圧を連続して 10 分間加える．

**問10** 電気設備技術基準の解釈の規定に基づき，最大使用電圧 6 900V の高圧受電用設備の絶縁耐力試験を行う場合の方法として，誤っているのは次のうちどれか．
(1) 高圧電路部分に印加する試験電圧は，交流 10 350V とした．
(2) 避雷器については，所定の規格に適合していることを確認したので高圧電路から切り離し，試験電圧を印加しなかった．
(3) 高圧電路と低圧電路を結合する変圧器の高圧側に試験電圧を印加する際に，低圧側端子を短絡して大地から絶縁した．
(4) 引込用高圧ケーブルに印加する試験電圧は，直流 20 700V とした．
(5) 引込用高圧トリプレックスケーブルの試験は，金属遮へい層を接地して三相一括で試験電圧を印加した．

**問11** A 種接地工事又は B 種接地工事に使用する接地極及び接地線を人が触れるおそれのある場所に施設する場合は，次により施設すること．
a．接地極は，地下 (ア) [cm] 以上の深さに埋設すること．
b．接地極を鉄柱その他の金属体に近接して施設する場合は，次のいずれかによること．
  (1) 接地極を鉄柱その他の金属体の底面から 30cm 以上の深さに埋設すること．
  (2) 接地極を地中でその金属体から (イ) [m] 以上離して埋設すること．
c．接地線の地下 (ア) [cm] から地表上 (ウ) [m] までの部分は，電気用品安全法の適用を受ける合成樹脂管 (厚さ 2mm 未満の合成樹脂電線管及び CD 管を除く) 又はこれと同等以上の絶縁効力及び強さのあるもので覆うこと．

上記の記述中の空白箇所 (ア)～(ウ) に記入する数値として，正しいものを組み合わせたのは次のうちどれか．
(1) (ア) 5  (イ) 0.75  (ウ) 1.8　(2) (ア) 5  (イ) 1  (ウ) 1.8
(3) (ア) 75  (イ) 1  (ウ) 2　(4) (ア) 75  (イ) 1.25  (ウ) 2
(5) (ア) 100  (イ) 1.25  (ウ) 2.2

**問12** 変圧器によって高圧電路に結合されている使用電圧 100V の低圧電路がある．この変圧器の B 種接地抵抗値及びその低圧電路に施設された電動機の金属製外箱の D 種接地抵抗値に関して，次の (a) 及び (b) に答えよ．ただし，以下の (ア)，(イ) の条件によるものとする．
(ア) 高圧側の電路と低圧側の電路との混触時に低圧電路の対地電圧が 150V を超えた場合に，1 秒以内で自動的に高圧電路を遮断する装置が設けられている．
(イ) 変圧器の高圧電路の 1 線地絡電流は 8A とする．
(a) 変圧器の低圧側に施された B 種接地工事の接地抵抗について，電気設備技術基準の解釈で許容される最高限度値 [Ω] として，正しいのは次のうちどれか．
  (1) 18.7　(2) 37.5　(3) 56.2　(4) 75.0　(5) 81.1
(b) 電動機に完全地絡事故が発生した場合，電動機の金属製外箱の対地電圧が 30V を超えない

ようにするために，この金属製外箱に施す D 種接地工事の最高限度値 [Ω] の値として，最も近いのは次のうちどれか．ただし，B 種接地工事の接地抵抗値は，上記 (a) で求めた最高限度値 [Ω] に等しい値とする．

(1) 3.75　　(2) 5.00　　(3) 25.0　　(4) 30.0　　(5) 32.1

**問 13**　移動して使用する高圧の電気機械器具の金属製外箱に施す A 種接地工事の接地線のうち，可とう性を必要とする部分の接地線の最小太さ [mm²] として，正しいのは次のうちどれか．

(1) 3.5　　(2) 5.5　　(3) 8　　(4) 14　　(5) 22

**問 14**　C 種接地工事及び D 種接地工事の接地抵抗値は，電気設備技術基準の解釈の規定によれば，当該低圧回路において，地絡を生じた場合に 0.5 秒以内に当該電路を自動的に遮断する装置を施設するときは，何 [Ω] 以下にすることができるか．正しい値を次のうちから選べ．

(1) 1 000　　(2) 500　　(3) 300　　(4) 200　　(5) 150

**問 15**　次の文章は，電気設備の接地に関する記述であるが，電気設備技術基準の解釈から判断して，不適切なものは次のうちどれか．

(1) 使用電圧 200V の機械器具の鉄台に施す接地工事の接地抵抗値を 90Ω とした．
(2) 使用電圧 100V の機械器具を屋内の乾燥した場所で使用するので，その機械器具の鉄台の接地工事を省略した．
(3) 使用電圧 400V の機械器具に電気を供給する電路に動作時間が 0.1 秒の漏電遮断器が施設されているので，その機械器具の鉄台の接地工事の接地抵抗値を 300Ω とした．
(4) 水気のある場所で使用する使用電圧 100V の機械器具に電気を供給する電路に動作時間が 0.1 秒の漏電遮断器が施設されているので，その機械器具の鉄台の接地工事を省略した．
(5) 使用電圧 3 300V の機械器具の鉄台に施す接地工事の接地線に，直径 2.6mm の軟銅線を使用した．

**問 16**　発電所又は変電所，開閉所もしくはこれらに準ずる場所以外に，高圧用の機械器具を施設できる場合として，誤っているのは次のうちどれか．

(1) 付属する電線にケーブルを使用する機械器具を市街地において地表上 4.5m 以上の高さに施設し，かつ，人が触れるおそれがないように施設する場合．
(2) 機械器具を大地から絶縁した金属製の箱に収め，かつ，充電部が露出しないようにして施設する場合．
(3) 機械器具をコンクリート製の箱に収め，かつ，充電部が露出しないようにして施設する場合．
(4) 工場等の構内において，機械器具の周囲に人が触れるおそれがないように施設する場合．
(5) 機械器具を屋内の取扱者以外の者が出入できないように措置した場所に施設する場合．

**問 17**　電気設備技術基準の解釈に基づく電路中の過電流遮断器の施設に関する記述として，不適切なものは次のうちどれか．

(1) 低圧電路に使用するヒューズは，水平に取り付けた場合 ( 板状ヒューズにあっては，板面を水平に取り付けた場合 ) において，定格電流の 1.1 倍の電流に耐えること．
(2) 低圧電路に使用する配線用遮断器は，定格電流の 1.25 倍の電流で自動的に動作しないこと．
(3) 低圧電路に施設する電動機の過負荷保護装置と短絡保護専用遮断器又は短絡保護専用ヒューズを組み合わせた装置は，これらを専用の一の箱の中に収めて施設したものであること．
(4) 低圧電路に使用する非包装ヒューズは，原則として，つめ付きヒューズでなければ使用しな

いこと．
(5) 高圧電路に用いる非包装ヒューズは，定格電流の1.25倍の電流に耐え，かつ，2倍の電流で2分以内に溶断するものであること．

**問18** 次の文章は，過電流に対する低圧電路の保護に関する記述である．

電動機の始動電流や変圧器の励磁突入電流などは，過渡的にそれぞれの定格電流をはるかに超える大きさになることがある．

**図問18**は，誘導電動機が接続されている低圧電路の過電流保護協調の一例を示したものである．図中の曲線 (ア) は電動機の始動特性，曲線 (イ) は配線用遮断器の動作特性，曲線 (ウ) はこの電路の電線の許容電流の時間特性である．

上記の記述中の空白箇所(ア)～(ウ)に記入する図の各曲線の記号として，正しいものを組み合わせたのは次のうちどれか．

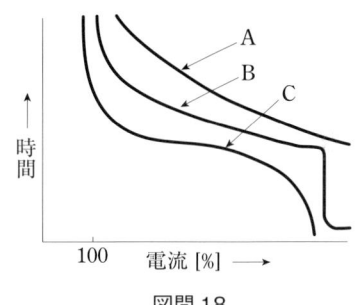

|  | (ア) | (イ) | (ウ) |
|---|---|---|---|
| (1) | B | A | C |
| (2) | C | B | A |
| (3) | B | C | A |
| (4) | A | B | C |
| (5) | A | C | B |

図問18

**問19** 次の文章は，電気設備技術基準に基づく発電所等への取扱者以外の者の立入防止に関する記述である．

(ア) の電気機械器具，母線等を施設する発電所又は変電所，開閉所もしくはこれらに準ずる場所には，取扱者以外の者に電気機械器具，母線等が (イ) である旨を表示するとともに，当該者が容易に (ウ) に立ち入るおそれがないように適切な措置を講じなければならない．

上記の記述中の空白箇所(ア)～(ウ)に記入する語句として，正しいものを組み合わせたのは次のうちどれか．

(1) (ア) 特別高圧　　　　　　(イ) 高電圧　　(ウ) 構　内
(2) (ア) 高　圧　　　　　　　(イ) 危　険　　(ウ) 区域内
(3) (ア) 高圧又は特別高圧　　(イ) 高電圧　　(ウ) 施設内
(4) (ア) 特別高圧　　　　　　(イ) 充電中　　(ウ) 区域内
(5) (ア) 高圧又は特別高圧　　(イ) 危　険　　(ウ) 構　内

**問20** 次の文章は，電気設備技術基準に基づく発電機の機械的強度に関する記述である．
1. 発電機は，短絡電流により生じる (ア) に絶えるものでなければならない．
2. 内燃機関に接続する発電機の回転する部分は， (イ) 及びその他の非常停止装置が動作して達する (ウ) に対し，耐えるものでなければならない．

上記の記述中の空白箇所(ア)～(ウ)に記入する語句として，正しいものを組み合わせたのは次のうちどれか．

(1) (ア) 機械的衝撃　(イ) 非常調速装置　(ウ) 振　動
(2) (ア) 機械的衝撃　(イ) 非常調速装置　(ウ) 速　度

(3) (ア) 電磁力　　　（イ) 燃料遮断装置　（ウ) 速　度
(4) (ア) 電磁力　　　（イ) 緊急冷却装置　（ウ) 振　動
(5) (ア) 電磁力　　　（イ) 燃料遮断装置　（ウ) 温　度

**問21** 次の文章は，電気設備技術基準の解釈における発電機の保護装置に関する記述の一部である．発電機には，次の場合に，自動的に発電機を電路から遮断する装置を施設すること．

a. 発電機に (ア) を生じた場合 ( 原子力に施設する非常用予備発電機にあっては，非常用炉心冷却装置が作動した場合を除く)．

b. 容量が 100 kV·A 以上の発電機を駆動する風車の圧油装置の油圧，圧縮空気装置の空気圧又は電動式ブレード制御装置の電源電圧が著しく (イ) した場合．

c. 容量が 2 000 kV·A 以上の (ウ) 発電機のスラスト軸受の温度が著しく上昇した場合．

d. 容量が 10 000 kV·A 以上の発電機の (エ) に故障を生じた場合．

上記の記述中の空白箇所 (ア)〜(エ) に記入する語句として，正しいものを組み合わせたのは次のうちどれか．

(1) (ア) 過電流　　（イ) 低　下　　（ウ) 水　車　　　　（エ) 内　部
(2) (ア) 過電流　　（イ) 変　動　　（ウ) 水　車　　　　（エ) 原動機
(3) (ア) 過電圧　　（イ) 低　下　　（ウ) 水　車　　　　（エ) 内　部
(4) (ア) 過電圧　　（イ) 低　下　　（ウ) ガスタービン　（エ) 原動機
(5) (ア) 過電圧　　（イ) 変　動　　（ウ) ガスタービン　（エ) 内　部

**問22** バンク容量の区分が ___ [kvar] を超え 15 000 kvar 未満の特別高圧用の電力用コンデンサには，内部に故障を生じた場合又は過電流を生じた場合に，自動的にこれを電路から遮断する装置を施設すること．

上記の記述中の空白箇所に記入する数値として，正しいのは次のうちどれか．

(1) 300　　(2) 500　　(3) 1 000　　(4) 1 500　　(5) 2 000

**問23** 次の文章は，電気設備技術基準に基づく常時監視をしない発電所等の施設に関する記述である．

異常が生じた場合に (ア) ，もしくは物件に損傷を与えるおそれがないよう，異常の状態に応じた (イ) が必要となる発電所，又は (ウ) に係る電気の供給に著しい支障を及ぼすおそれがないよう，異常を早期に発見する必要のある発電所であって，発電所の運転に必要な知識及び技能を有する者が当該発電所又はこれと同一の構内において常時監視しないものは，施設してはならない．

上記の記述中の空白箇所 (ア)〜(ウ) に記入する語句として，正しいものを組み合わせたのは次のうちどれか．

(1) (ア) 事故を拡大し　　　（イ) 制　御　　　　（ウ) 電気事業
(2) (ア) 人体に危害を及ぼし　（イ) 保護継電装置　（ウ) 一般電気事業
(3) (ア) 事故を拡大し　　　（イ) 通信施設　　　（ウ) 特定電気事業
(4) (ア) 人体に危害を及ぼし　（イ) 制　御　　　　（ウ) 一般電気事業
(5) (ア) 事故を拡大し　　　（イ) 保護継電装置　（ウ) 電気事業

# 第3章　電気設備技術基準・解釈Ⅱ（電線路）

## 本章の必須項目

- ☐ **油入開閉器の施設禁止**（架空線の支持物に）
- ☐ **風圧荷重の種類**　風速 40m/s を想定
- **甲種風圧荷重**　風圧荷重の基準，電線一般 980Pa，多導体 880Pa，コン柱 780Pa など
- **乙種風圧荷重**　氷雪多い地方の低温季に，架空線に氷雪が付着（厚さ6mm，比重0.9）した状態で，甲種荷重の1/2を想定
- **丙種風圧荷重**　一般の低温季や人家の多く連なっている場所で，甲種荷重の1/2を想定
- ☐ **風圧荷重の適用**

| 地方の別 | | 高温季 | 低温季 |
|---|---|---|---|
| 氷雪の多い地方以外の地方 | | 甲種 | 丙種 |
| 氷雪の多い地方 | 冬季最大風圧 | | 甲種又は乙種の大なるほう |
| | 上記以外 | | 乙種 |

- ☐ **低高圧架空電線の種類，太さ**（ケーブルを除く）

| 使用電圧 | 種　類 | 太さ（硬銅線） |
|---|---|---|
| 低圧 300V以下 | 絶縁電線（DV含） | 2.6mm以上 |
| | 多心型電線 | 3.2mm以上 |
| 低圧300V超，又は高圧 | 絶縁電線 | 市街地　5mm以上 |
| | | 市街地外　4mm以上 |

- ☐ **低高圧架空電線の安全率**　硬銅線・耐熱銅合金線 2.2 以上，その他の線 2.5 以上
- ☐ **支持物**　B種柱は基礎の強度計算が必要
- **A種柱**　基礎の強度計算が不要，根入は全長15m以下で1/6以上確保，地盤の軟弱箇所は**根かせ**
- ☐ **支線の施設**　強度は支持物が1/2以上を分担
- **一般支線**　安全率 2.5 以上，より線では直径 2mm 以上の金属線を 3 条以上より合わせ
- **不平均張力支線**　引留箇所，径間差大の箇所，水平角度箇所に施設，安全率 1.5 以上
- ☐ **低高圧架空電線の高さ**

| 施　設　箇　所 | 低圧架空線 | 高圧架空線 |
|---|---|---|
| 道路横断 | 地表上6m以上 | |
| 鉄道，軌道横断 | 軌条面上5.5m以上 | |
| 横断歩道橋上に施設 | 路面上3m以上 | 路面上3.5m以上 |
| 上記以外 | 地表上5m以上 | （低圧では4m以上の例外あり） |

- ☐ **高圧保安工事**　他物と接近状態・上方交差時

| 電線の太さ及び強さ | ケーブルを除き，直径5mm以上の硬銅線と同等以上 |
|---|---|
| 木柱の安全率 | 風圧荷重に対し1.5以上 |
| 径間の制限（　）内は一般の場合 | 木柱，A種鉄柱，同鉄筋コン柱　100(150)m |
| | B種鉄柱，同鉄筋コン柱　150(250)m |
| | 鉄塔　400(600)m |

- 38mm² 以上の硬銅より線等使用時に，支持物にB種柱，鉄塔使用時は，上表の径間制限の適用外
- ☐ **がけの電線路の原則禁止**
- ☐ **引込線**　高圧・特高の連接引込は禁止
- **低圧**　直径 2.6mm 以上の硬銅線，絶縁電線
- **高圧**　直径 5mm 以上の硬銅線，高圧絶縁電線
- ☐ **地中電線路**
- **方式**　管路式（強度のある管にケーブルを収納），暗きょ式，直接埋設式
- **直接埋設式の土冠**　圧力受けるとき 1.2m 以上，その他 0.6m 以上

### 電験三種のポイント

　本章は，解釈の第3章電線路を主に扱っている．重要項目は，風圧荷重，接近状態，電線の安全率，支線などである．計算問題は，電線の安全率からたるみを求める問題や支線の問題がよく出題される．また，電技に規定されている保安原則も十分に理解する必要がある．

# 3.1節　架空電線路

本章では記述を簡略化するため，誤解を招く箇所以外は，下記の用語を以下の略称で表すことがある．
　架空電線→架空線，地中電線→地中線
　電線路又は電車線路等→電線路等
　低圧及び高圧→低高圧，特別高圧→特高
　鉄筋コンクリート柱→コン柱
　複合鉄筋コンクリート柱→複合柱
　A種鉄筋コンクリート柱及びA種鉄柱→A種柱
　B種鉄筋コンクリート柱及びB種鉄柱→B種柱
　鉄道又は軌道→鉄軌道
　道路，横断歩道橋，鉄道又は軌道→道路等

## 3.1.1　電線路全般の共通事項

本節では主に解釈第3章の第1節～第4節について説明する．

本項では，各種電線路全般の共通事項について述べる．

**❶重要な用語**　電線路全般に関連する重要な用語について述べる．

・**電線路**　発電所，変電所，開閉所及びこれらに類する場所並びに電気使用場所相互間の電線(電車線を除く)並びにこれを支持し，又は保蔵する工作物(電技第1条第8号)．第1章図1.4参照．

・**工作物**　人により加工されたすべての物体(解釈第1条第22号)．

・**造営物**　工作物のうち，土地に定着するものであって，屋根及び柱又は壁を有するもの(解釈第1条第23号)．

・**建造物**　造営物のうち，人が居住もしくは勤務し，又は頻繁に出入りもしくは来集するもの(解釈第1条第24号)．

・**接近**　一般的な接近している状態であって，並行する場合を含み，交差する場合及び同一支持物に施設される場合を除くもの(解釈第1条第21号)．

・**接近状態**　第1次接近状態と第2次接近状態がある．**第1次接近状態**は，架空電線が他の工作物の上方又は側方において，水平距離で3m以上，かつ，架空電線路の支持物の地表上の高さに相当する距離以内に施設される状態．**第2次接近状態**は，架空電線が他の工作物の上方又は側方において，水平距離で3m未満に施設される状態(解釈第49条第9～第11号)．

これらは，架空電線の切断や支持物の倒壊の際に，当該電線が他の工作物に接触するおそれがある状態であり，**図3.1**のように示せる．

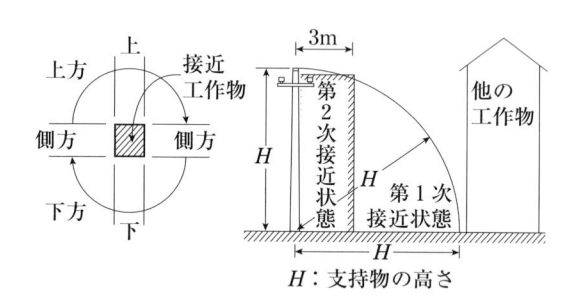

図3.1　接近状態

**コラム**──**離隔距離**

電線路ではしばしばこの用語が現れる．特に解釈などで用語の定義はされていないが，対象物からの最短距離であり，「離さなければならない距離」と理解すればよい．架空電線では，温度による弛みの変化や風圧による横振れを考慮しなければならない．単に「距離」という場合は接近限界を示す場合に用いられる．これらは**図3.2**のように示せるので，よく理解して欲しい．

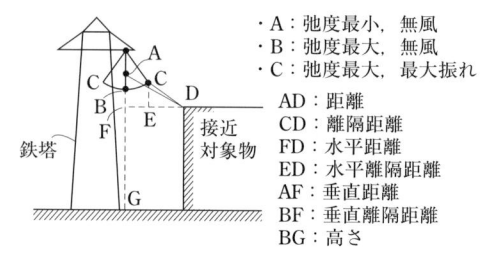

・A：弛度最小，無風
・B：弛度最大，無風
・C：弛度最大，最大振れ

AD：距離
CD：離隔距離
FD：水平距離
ED：水平離隔距離
AF：垂直距離
BF：垂直離隔距離
BG：高さ

図3.2　離隔距離

❷**電線路の種類**　電線路には，解釈の条文の上で下記の種類がある．最も一般的なものは，このうち①と④である．なお，電線路の支持物から需要場所(建物)に至る1区間の電線を**引込線**というが，電線路と区別して扱う．

①**架空電線路**　地上に建てた電柱や鉄塔等の**支持物**を用いて電線・ケーブルを支持する．最も一般的な施設方法であり，地中電線路に比べて工事費は安いが，高さ・離隔距離など保安上の制約が多い．

②**屋側電線路**　建物の側面に設けた支持材に沿って施設する．施設できる場合が限定される．ケーブルを用いて施設されることが多い．

③**屋上電線路**　建物の上部(屋根)に設けた支持材に沿って施設する．屋側電線路と同様に，施設できる場合が限定される．

④**地中電線路**　大地を掘削してケーブルを埋設する．架空電線路に次いで施設例が多い．架空電線路に比べて工事費が高いが，自然災害の影響を受けにくく保安上優れる．施設上の制約が少なく，空間利用や美観の点でも優れる．都市部を中心にして増加の傾向にある．

⑤**特殊場所の電線路**　トンネル内，水上，水底，地上，橋，電線路専用橋，がけ，屋内等の特殊な場所に施設する．一般に施設上の制約が多い．これらの電線路では，一般にケーブルを用いることが多い．

⑥**臨時電線路**　災害復旧用や工事用として，期間を限って使われる電線路である．施設方法が緩和されている．

❸**電線路共通の保安原則**　すべての種類の電線路に関して，次の保安原則を定めている．

①**感電・火災の防止**　電線路は，施設場所の状況及び電圧に応じ，感電又は火災が生じないように施設しなければならない(電技第20条)．

②**電磁誘導作用による健康影響の防止**　電線路を発変電所等及び需要場所以外の場所に施設する場合は，電磁誘導作用により人の健康に影響を及ぼすおそれのないよう，人により占められる空間の磁束密度の平均値が商用周波数において200μT以下になるように施設しなければならない．ただし，田畑，山林等の人の往来が少ない場所において，人体に危害を及ぼすおそれのないように施設する場合は，この限りでない(電技第27条の2第1項，解釈第50条)．

③**電線の混触防止**　電線路の電線，電力保安通信線又は電車線等は，他の電線又は弱電流電線等と接近し，もしくは交差する場合又は同一支持物に施設する場合には，他の電線又は弱電流電線等を損傷するおそれがなく，かつ，接触，断線等によって生じる混触による感電又は火災のおそれがないように施設しなければならない(電技第28条)．

④**他の工作物等への危険防止**　電線路の電線は，他の工作物又は植物と接近，交差する場合には，他の工作物又は植物を損傷するおそれがなく，かつ，接触，断線等によって生じる感電又は火災のおそれがないように施設しなければならない(電技第29条)．

⑤**通信障害の防止**　電線路は，無線設備の機能に継続的かつ重大な障害を及ぼす電波を発生するおそれがないように，また，弱電流電線路に対し，誘導作用により通信上の障害を及ぼさないようにしなければならない(電技第42条)．

解釈第51条で電波障害防止の施設方法を，解釈第52条で通信障害防止の施設方法をそれぞれ定めている．

⑥**地球磁気観測所等への障害防止**　**直流**の電線路は，地球磁気観測所又は地球電気観測所に対して観測上の障害を及ぼさないようにしなければならない(電技第43条)．

#### 例題 3.1　電線路の保安原則

電線路の保安原則として，誤っているのは次のうちどれとどれか(誤りが二つ)．

(1) 電線路は，感電又は火災が生じないように施設しなければならない．

(2) 電線路の電線が，他の工作物等と接近，交

差する場合は，他の工作物を損傷するおそれがないようにしなければならない．
(3) 需要場所内の電線路は，人により占められる空間の磁束密度の平均値が200μT以下となるようにしなければならない．
(4) 電線路は，弱電流電線路に対し，誘導作用により通信上の障害を及ぼさないようにしなければならない．
(5) 交流の電線路は，地磁気観測所の観測上の障害を及ぼさないようにしなければならない．
[解] (3)発変電所等及び需要場所は除かれる．
(5)交流ではなく直流である．

[答] (3)，(5)

### 3.1.2 架空電線路の保安原則

本項では，架空電線路全般の保安原則について述べる．

**❶保安原則**　架空電線路の施設について，次のような保安原則を定めている．

**①架空電線の感電の防止**　低高圧の架空電線には，感電のおそれがないよう，原則として使用電圧に応じた絶縁性能を有する絶縁電線又はケーブルを使用しなければならない(電技第21条第1項)．

**②支持物の昇塔防止**　感電のおそれがないよう，取扱者以外の者が容易に昇塔できないようにする(電技第24条)．昇降用の足場金具等を地表上1.8m未満に施設しない．ただし，下記の場合は例外である(解釈第53条)．

　イ．足場金具等が内部に格納可能．
　ロ．支持物に昇塔防止のための装置を施設．
　ハ．支持物の周囲に，さく，へい等を施設．
　ニ．山地等で人が容易に立ち入らない場所．

**③架空電線等の高さ**　架空電線，架空電力保安通信線及び架空電車線は，接触又は誘導作用による感電のおそれがなく，かつ，交通に支障のない高さに施設する．支線は，交通に支障のない高さに施設する(電技第25条)．

**④他者の電線路・支持物に対する措置**　架空電線及びその支持物は，他人の設置した架空電線路，架空弱電流電線路等又はそれらの支持物を，はさんで又は貫通して施設しない(電技第26条)．

**⑤支持物の倒壊防止**　架空電線路又は架空電車線路の支持物の材料及び構造(支線を含む)は，その支持物が支持する電線等による引張荷重，風速40m/秒の風圧荷重及び当該設置場所において通常想定される気象の変化，振動，衝撃その他の外部環境の影響を考慮し，倒壊のおそれがないよう，安全なものでなければならない．ただし，人家が多く連なっている場所に施設する架空電線路にあっては，その施設場所を考慮して施設する場合は，風速40m/秒の風圧荷重の1/2の風圧荷重を考慮して施設することができる(電技第32条第1項)．上記の風速40m/秒は，台風時の風速を想定している．

**⑥油入開閉器の施設禁止**　絶縁油を使用する開閉器，断路器，遮断器は，架空電線路の支持物に施設しない(電技第36条)．内部短絡等による噴油事故の防止のために規定されている．最近の柱上開閉器は，真空開閉器又は気中開閉器を用いている．

**⑦架空電線の分岐**　架空電線の分岐は，ケーブルを使用する場合又は分岐点に張力が加わらないように施設する場合を除いて，電線の支持点ですること(解釈第54条)．

**⑧防護具**　低高圧及び35kV以下の特別高圧の電線路の防護具は，解釈第55条で規定する構造，耐電圧試験値等を満足すること．防護具は，主に配電線路の電線と建築物等との離隔距離が不足する場合に用いられるポリエチレン製の電線カバーである．

**❷電波・通信障害の防止★**

**(1)電波障害の防止**　電波の許容限度は，架空電線の直下から電線路と直角の方向に10m離れた地表上1mの位置で，526.5～1605.5kHzの周波数帯の準せん頭値(最大値の平均値)が36.5dB以下であること(解釈第51条)．

**(2)通信障害の防止**　解釈第52条で以下の

ように規定している．

①**低高圧架空電線路**　架空弱電流電線路と並行する場合は，いずれかがケーブルである場合を除き，相互の離隔距離は原則として 2 m 以上とすること．効果が得られない場合は，さらに次のいずれか一つ以上の対策を施す．

　イ．離隔距離を増加する．
　ロ．交流架空電線路のねん架を行う．
　ハ．相互の線間に直径 4 mm 以上の硬銅線 2 条以上を施設し，D 種接地工事を施す．これは，いわゆる**遮へい線**である．

②**特高架空電線路**

a．電磁誘導作用により，架空弱電流電線路に対して通信上の障害を及ぼさないこと．

b．静電誘導作用による架空電話線路の誘導電流(計算方法は解釈第 52 条の規定による)は，通常の使用状態において下記による．ただし，電話線に通信用ケーブルを用いた場合等はこの限りでない．

　イ．使用電圧が 60 kV 以下の場合は，電話線路のこう長 12 km ごとに 2 μA を超過しない．
　ロ．使用電圧が 60 kV 超過の場合は，電話線路のこう長 40 km ごとに 3 μA を超過しない．

### 3.1.3 架空電線路の荷重

解釈第 58 条第 1 項で規定する架空電線路の強度検討に用いる荷重は，風圧荷重，垂直荷重，水平荷重などがあり，概略以下のようになる．

❶**風圧荷重の区分**　風圧荷重は，次の 4 種類になる．その計算は，図 3.3 のように電線の垂直投影面積に対して行う．

**(1)甲種風圧荷重**　風圧を受けるものの区分

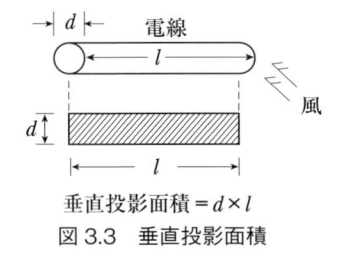

表 3.1　甲種風圧荷重

| 風圧を受けるものの区分 | | | 構成材の垂直投影面積 1m² についての風圧 [Pa] |
|---|---|---|---|
| 支持物 | 木柱 | | 780 |
| | 鉄柱 | 丸型のもの | 780 |
| | | 三角形，ひし形のもの | 1860 |
| | | 鋼管構成の四角形 | 1470 |
| | | その他のもの | 腹材が前後面で重なる場合 2160，その他の場合 2350 |
| | 鉄筋コンクリート柱 | 丸型のもの | 780 |
| | | その他のもの | 1180 |
| | 鉄塔 | 単柱（腕金類を除く） 丸型のもの | 780 |
| | | 単柱（腕金類を除く） 六角形，八角形 | 1470 |
| | | 鋼管により構成されるもの（単柱を除く） | 1670 |
| | | その他のもの（腕金類を含む） | 2840 |
| 電線その他の架渉線 | 多導体（条件あり） | | 880 |
| | その他のもの | | 980 |
| がいし装置(特高電線路に限る) | | | 1370 |
| 木柱，鉄柱(丸形)及び鉄筋コンクリート柱の腕金類（特高電線路に限る） | | | 単一材として使用する場合 1570，その他の場合 2160 |

に応じて**表 3.1** に示す風圧荷重を基礎として計算したもの，又は風速 40 m/s 以上を想定した風洞実験に基づくもの．風圧荷重の基準である．

**(2)乙種風圧荷重**　架渉線の周囲に厚さ 6 mm，比重 0.9 の氷雪が付着した状態に対し，甲種風圧荷重の 0.5 倍を基礎として計算したもの(**図 3.4**)．

**(3)丙種風圧荷重**　甲種風圧荷重の 0.5 倍を基礎として計算したもの．

**(4)着雪時風圧荷重**★　架渉線の周囲に比重 0.6 の雪が付着した状態に対し，甲種風圧荷重

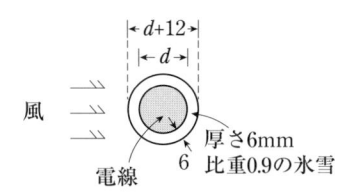

図 3.3　垂直投影面積

図 3.4　付着氷雪

の0.3倍を基礎として計算したもの．なお，想定着雪厚さは，当該地域の過去の着雪量など適切な方法で定める(解釈第58条第3項)．

❷**風圧荷重の適用**　適用は**表3.2**による．

人家が多く連なっている場所での特例として，次に記すものの風圧荷重は，甲種又は乙種に代えて**丙種風圧荷重**とすることができる．
① 低高圧架空電線路の支持物及び架渉線
② 35kV以下の特高架空電線路の電線に特別高圧絶縁電線又はケーブルを用いた支持物，架渉線並びにがいし装置及び腕金類

表3.2　風圧荷重の適用

| 地方の別 | | 高温季 | 低温季 |
|---|---|---|---|
| 氷雪の多い地方以外の地方 | | 甲種 | 丙種 |
| 氷雪の多い地方 | 下記以外 | | 乙種 |
| | 冬季最大風圧 | | 甲種又は乙種の大きいほう |

**例題 3.2**　**風圧荷重**

電線に断面積 55mm² (直径 3.2mm の 7 本より) の硬銅より線を使用する特別高圧架空電線路に対する甲種風圧荷重の計算で，電線に加わる風圧は電線 1 条 1m 当たりいくらか．

**[解]**　電線の直径を $D$，長さ 1m 当たりの垂直投影面積を $S$ とすると，

$$D = 3.2 \times 10^{-3} \times 3 = 9.6 \times 10^{-3} [\text{m}]$$

$$\therefore S = D \times 1 = 9.6 \times 10^{-3} [\text{m}^2]$$

となる．電線の甲種風圧荷重は，表3.1から，980Pa なので，求める風圧 $W$ は，

$$W = 980S = 980 \times 9.6 \times 10^{-3} \fallingdotseq 9.41 [\text{N}]$$

**[答]**　**9.41[N]**

7 本よりの電線では，中心 1 本の回りを 6 本が取り囲んでいるから，垂直投影面積の計算では直径は素線の 3 本分になる．

❸**荷重の方向**　電線路に加わる荷重の方向は，**図3.5**のように基本的に次の3種である．

**(1)垂直荷重**　架渉線重量，がいし装置の重量，支持物の自重(コン柱では腕金類を含む)，垂直角度荷重(架渉線の最大張力の垂直分力，高低差の著しい箇所に限る)，支線荷重(支線張力の垂直分力，コン柱・鉄柱に限る)，被氷荷重(乙種風圧荷重の場合に限る)，着雪重量などである．

ここで，**被氷荷重**は架渉線周囲に厚さ6mm，比重 0.9 の氷雪が付着時の氷雪重量の荷重，**着雪荷重**は架渉線周囲に比重 0.6 の雪が同心円状に付着したときの雪の重量による荷重である．

**(2)水平横荷重**　電線路と直角方向の荷重．風圧荷重(支持物，架渉線・がいし)，水平角度荷重(屈曲箇所)，ねじり力荷重などである．

**(3)水平縦荷重**　電線路の方向の荷重．風圧荷重(支持物，がいし)，不平均張力荷重(引留箇所，径間差のある箇所，断線などにより生じる)，ねじり力荷重などである．

ここで，**ねじり力荷重**は，架渉線配置が非対称の場合や断線により生じる．

❹**強度検討の想定荷重★**　❸の(1)～(3)の

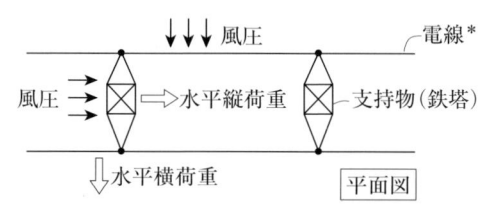

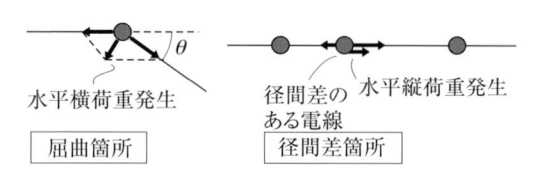

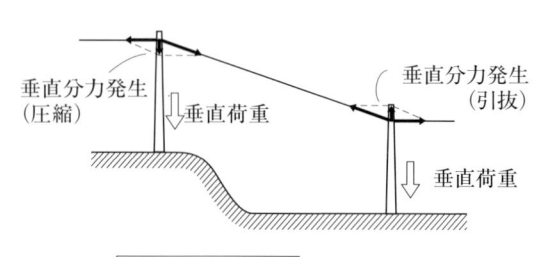

図3.5　荷重の方向

荷重の組み合わせにより，以下のような常時及び異常時の**想定荷重**が定められており，これに基づいて支持物の部材強度の検討を行う．これらの適用は次項3.1.4で述べる．

**(1) 常時想定荷重**　架渉線の切断を考慮しない場合の荷重であって，風圧が電線路に直角の方向に加わる場合と平行な方向に加わる場合とのそれぞれについて，各種荷重が同時に加わるものとし，各部材について，その部材に大きい応力を生じさせるほうの荷重を採用する．

**(2) 異常時想定荷重**　(1)において，架渉線の切断を考慮した荷重をいう．

**(3) 異常着雪時想定荷重**　(1)において，降雪の多い地域の着雪を考慮した荷重であり，被氷荷重に代えて着雪荷重を採用する．

### 3.1.4 架空電線路の支持物等

本項では，架空電線路の支持物，支線，径間制限について述べる．

#### ❶ 支持物の要件

**(1) 支持物の用語**　支持物に関する重要な用語について述べる．

- **支持物**　木柱，鉄柱，鉄筋コンクリート柱及び鉄塔並びにこれらに類する工作物であって，電線又は弱電流電線もしくは光ファイバーケーブルを支持することを主たる目的とするもの(電技第1条第15号)．

- **A種柱，B種柱**　A種柱は基礎の強度計算を行わず，根入れ深さを解釈の規定値以上とすること等により施設する電柱をいう．B種柱はA種柱以外の電柱をいう(解釈第49条第2号，第3号他)．

- **複合鉄筋コンクリート柱**　鋼管と組み合わせた鉄筋コンクリート柱(解釈第49条第7号)．鉄筋コンクリート柱の上部に鋼管柱を組み合わせて両者の長所を取り入れたものであり，現場組立も可能である．環境調和を目的として使用されることも多い．

**(2) 構成材料の要件**　支持物の構成材料の許容応力，規格等に関して，鉄筋コンクリート柱については解釈第56条で，鉄柱及び鉄塔については解釈第57条で，それぞれ規定している．

**(3) 電柱の耐荷重倍数**　各種電柱の底部から全長の1/6 (2.5m超過では2.5m)までを管が変形しないように固定し，下記の条件で電柱の柱の軸に直角に荷重を加えた場合に，これに耐えること．

① 工場打ち鉄筋コンクリート柱：頂部から25cmの点に設計荷重の2倍(JIS規格)．
② 複合鉄筋コンクリート柱：頂部から30cmの点に設計荷重の2倍(解釈第56条第1項第3号)．
③ 鋼管柱：頂部から30cmの点に設計荷重の3倍(解釈第57条第2項第4号)．

#### ❷ 支持物の強度等

**(1) 支持物の耐荷重**　架空電線路に用いる各種支持物の耐えるべき荷重の種類等を**表3.3**に示す(解釈第59条)．結論からいうと，A種コン柱を用いる場合は，すべて風圧荷重のみを考慮すればよい．

鉄塔及びB種柱には，**引留型**，**耐張型**，**補強型**等の種別があるが，これらについては，3.1.6項の13に記載のコラム(P.86)を参照のこと．

表3.3　支持物の適用荷重等

| | | 木柱 | | A種柱 検討荷重 | | B種柱 検討荷重 | 鉄塔 検討荷重 |
|---|---|---|---|---|---|---|---|
| | | 検討荷重 | 安全率 | 鉄筋コン柱 | 鉄柱 | | |
| 支持物の強度 | 低圧 | 風圧 | 1.2 | 風圧 | 風圧 | 風圧 | 風圧 |
| | 高圧 | 風圧 | 1.3 | [複合柱]風圧，垂直 | 風圧垂直 | 常時 | 常時 |
| | | 末口12cm以上 | | | | | |
| | 特高 | 風圧 | 1.5 | [その他柱]風圧 | 風圧垂直 | 常時 | 常時 異常×2/3 |
| | | 末口12cm以上 | | | | | |
| 根入れ | | 15m以下：L/6 15m超過：2.5m | | 図3.6 | 木柱に同じ | — | — |
| 基礎安全率 | | 計算不要 | | 計算不要 | | 2 | 2 異常等1.33 |

**[注]** 1. 荷重名の「常時」は常時想定，「異常」は異常時想定を示す．
2. 「異常等」は，異常時想定荷重又は異常着雪時想定荷重を示す．
3. 根入れのLは全長を示す．

電柱の強度として問題になるのは，主に地際にかかる**曲げモーメント**である．電柱自身や架渉線の風圧から生じるモーメントに対抗して，電柱の地際では曲げモーメントが発生する．これが，各電柱の許容曲げ応力以下でなければならない（下記コラム参照）．曲げモーメントの計算方法は，本書の姉妹編『電験三種合格一直線 電力』P.245参照のこと．

**(2) 基礎の安全率**　支持物の基礎の安全率は，当該支持物が耐えることとされた荷重が加わった状態において2以上であること．鉄塔における異常時荷重については1.33以上でよい．ただし，木柱[注]，A種柱はこの限りでない（解釈第60条）．これらは以下の根入れ等の制約を満たせばよい．

**(3) 根入れ深さ**　木材の根入れ深さはでは，全長15m以下は全長の1/6以上，15m超過で

は2.5m以上とする（解釈第60条第1項）．A種柱等の根入れ深さは，**図3.6**に示す通りである（解釈第59条第2項）．また，A種柱等では，以下の制約がある．

**① 全長等の制約**　A種鉄柱及び水田その他地盤が軟弱な箇所に施設するA種鉄筋コンクリート柱は，設計荷重6.87kN以下，全長16m以下とする．

**② 根かせ**　水田その他地盤が軟弱な箇所に施設する木柱及びA種柱には，特に堅ろうな**根かせ**を施すこと．

[注] 以前の解釈では，木柱の強度計算方法が示されていたが，平成23年の改正では，民間レベルの規定であるとして記載されていない．これについては，以前の規定を参考にするとよい．

---

**コラム** ── 電柱の地際の曲げモーメント ──

電柱の地際にかかる曲げモーメントを $M[\text{N·m}]$，電柱の地際の**断面係数**を $Z[\text{m}^3]$ とすると，電柱の地際に生じる曲げ応力 $\sigma$ は，

$$\sigma = \frac{M}{Z} \quad [\text{Pa}] \tag{3.1}$$

となる．この $\sigma$ が，材料の許容曲げ応力 $\sigma_B$ より小さくなければならない．コンクリートは一般に曲げには弱いので，鉄筋コンクリート柱として，鉄筋部分にて強度を多く分担している．外径 $D$ の丸軸の断面係数 $Z_1$，外径 $D_2$，内径 $D_1$ の中空軸の断面係数 $Z_2$ は，それぞれ次式で示せる．

$$Z_1 = \frac{\pi}{32} D^3 \quad [\text{m}^3] \tag{3.2}$$

$$Z_2 = \frac{\pi}{32} \cdot \frac{D_2^4 - D_1^4}{D_2} \quad [\text{m}^3] \tag{3.3}$$

---

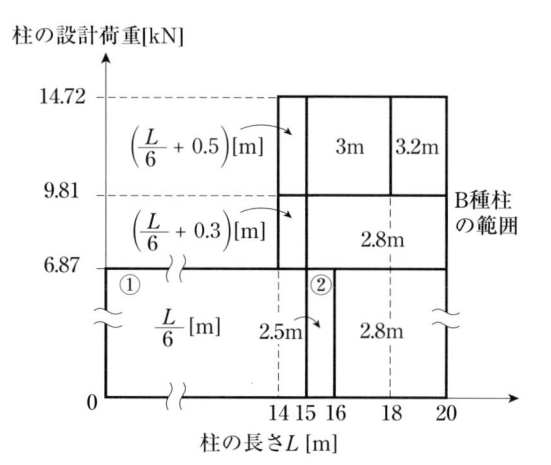

図3.6　A種柱等の根入れ

[注] A種鉄柱及び軟弱地盤箇所のA種鉄筋コン柱は，①と②の範囲に限る．

**例題3.3**　**支持物の強度**

架空電線路の支持物の強度等に関する記述として，誤っているのは次のうちどれとどれか（誤りは二つ）．

(1) 高圧架空電線路に用いる木柱の風圧荷重に対する安全率を1.4とした．
(2) 高圧架空電線路に用いるA種複合鉄筋コンクリート柱の強度計算を風圧荷重で行った．
(3) 地盤が強固な箇所でA種鉄筋コンクリート柱の根かせを省略した．
(4) 設計荷重9kN，全長15mのA種鉄筋コンクリート柱の根入れを2.5mとした．

(5) 低圧架空電線路のA種柱は，すべて風圧荷重で強度計算を行えばよい．

[解] (1)1.3以上が要件なので問題ない．(2) A種の複合鉄筋コンクリート柱及び鉄柱は圧縮強度が弱いので，高圧・特別高圧架空電線路の強度計算では，風圧荷重及び垂直荷重で行うことになっている．(4)設計荷重6.87kNを超え9.81kN以下のA種コン柱は，全長の1/6に0.3mを加えた値とすること．2.8mが正しい．

[答] (2),(4)

### ❸支線及び支柱

**(1)支線と支持物の強度** 木柱，鉄筋コンクリート柱又は鉄柱において，支線を用いてその強度を分担させる場合は，当該木柱等は，支線を用いない場合において，解釈の規定による風圧荷重の1/2以上の強度を有すること(解釈第59条第6項)．

鉄塔は，支線を用いてその強度を分担させないこと(解釈第59条第7項)．

**(2)支線の施設方法** 架空電線路の支持物に施設する支線は次によること(解釈第61条)．

①**支線の引張強さ** 10.7kN以上であること．ただし，(3)の不平均張力による支線では6.46kN以上でよい．

②**支線の安全率** 2.5以上であること．ただし，(3)の不平均張力による支線では1.5以上でよい．

③**より線の場合の施設方法**
　イ．**素線3条以上**をより合わせる．
　ロ．素線に直径2mm以上，かつ，引張強さ0.69kN/mm$^2$以上の金属線を用いる．

④**地中・地表部の措置** 地中部及び地表上30cmまでの地際部分には耐食性のあるもの又は亜鉛めっきを施した鉄棒を使用し，これを容易に腐食し難い根かせに堅ろうに取り付けること．また，根かせは支線の引張荷重に十分耐えるように施設すること．

⑤**支線の高さ** 道路横断では地表上5m以上とする．ただし，技術上やむを得ない場合で，交通に支障がない場合は，4.5m以上，歩道上では2.5m以上にできる．

⑥**がいしの挿入** 電線と接触するおそれのある支線には，その上部にがいしを挿入すること．ただし，低圧架空線の支線を水田その他の湿地以外の場所に設けるときは，この限りでない．

⑦**支柱での代替** 支線は，同等以上の効力のある支柱に代替できる．

**(3)不平均張力による支線** 高圧，特別高圧架空線の支持物として用いる木柱，A種柱には，次の場合，支線が必要になる(解釈第62条)．いずれも電線の**不平均張力**に起因するものであるが(図3.7)，実際に施設される支線はこの種別のもののほうが多い．この場合の支線は前記のように，引張強さは6.46kN以上，安全率は1.5以上でよい．

① 水平角度5度以下の直線部分で，**両側の径間差が大きい箇所**は，径間差により生じる不平均張力による水平力に耐える支線を電線路の方向の両側に設ける．

② 5度を超える**水平角度箇所**は，水平横分力に耐える支線を設ける．

③ 全架渉線の**引留箇所**は，水平力に耐える支線を電線路の方向に設ける．

(a) 両側の径間差の大きい直線部分（含 5°以内）
　　（おおむね標準径間の1/2以上の差がある場合）

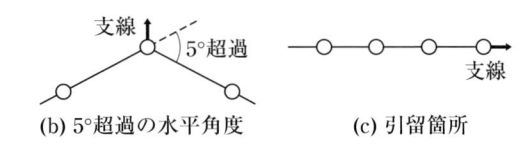

(b) 5°超過の水平角度　　(c) 引留箇所

図3.7　不平均張力による支線

**例題3.4** 支線の素線必要条数

地表上10mの高さで高圧架空電線を引留め，9.8kNの水平張力を受けている垂直に建柱されたA種鉄筋コンクリート柱がある．この水平張力を地表上の高さ10mの位置に取り付けた根

開き 6m の支線で受ける場合，支線(より線)の素線必要条数はいくらか．ただし，素線には直径 2.3mm の亜鉛めっき鋼線(引張強さ 1.23 kN/mm²)を使用し，より合わせによる引張荷重減少係数は 0.92 とする．

[解] 図 3.8 で水平張力を $T_h$ とすると，支線に働く力 $T_0$ は，支線高さを $H$，根開きを $D$，支線角度を $\theta$ とすると，

$$T_0 = \frac{T_h}{\sin\theta} = T_h \frac{\sqrt{H^2+D^2}}{D} = 9.8 \times \frac{\sqrt{10^2+6^2}}{6}$$

$$\fallingdotseq 19.05 \text{ [kN]}$$

となる．素線の必要条数 $N$ は，安全率を $f$，素線引張強さを $F$，素線断面積を $S$，引張荷重減少係数を $\alpha$ とすると，

$$N \geq \frac{T_0 f}{FS\alpha} = \frac{19.05 \times 1.5}{1.23 \times (\pi \times 2.3^2 / 4) \times 0.92}$$

$$\fallingdotseq 6.08 \rightarrow 7 条$$

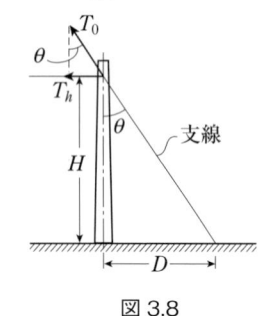

図 3.8

[答] 7 条

本問は A 種柱による高圧架空線の引留箇所の支線なので，安全率は 1.5 でよい．

**❹ 径間の制限**　高圧又は特別高圧架空電線路の径間制限(解釈第 63 条)及び低高圧保安工事(3.1.3 項の 5 参照)の径間制限(解釈第 70 条)を**表 3.4(a)** に示す．一般の低圧架空線路の径間制限は，解釈の規定の上では特にない．

**[長径間の施設方法]** ★　「径間 100m 超の高圧架空電線路」及び「**長径間工事**」の施設方法を **表 3.4(b)** に示す(解釈第 63 条)．

表 3.4(b)　長径間工事等の施設方法

| | 径間 100m 超の高圧架空線 | 長径間工事 | |
|---|---|---|---|
| | | 高圧架空線 | 特高架空線 |
| 電線 | 引張強さ 8.01kN 以上又は直径 5mm 以上の硬銅線 | 引張強さ 8.71kN 以上又は断面積 22mm² 以上の硬銅より線 | 引張強さ 21.67kN 以上又は断面積 55mm² 以上の硬銅より線 |
| 木柱 | 安全率1.5 以上 | 想定最大張力の 1/3 に等しい不平均張力に耐える支線を電線路の方向の両側に施設 | |
| A種柱 | — | | |
| B種柱 | — | 上記の支線又は耐張型の柱 | |
| 鉄塔 | — | 長径間区間の両端は耐張型 | |

**[耐張措置]** ★　長径間工事では，支持物の種類により以下の耐張措置を採ること(**図 3.9**)．

① 木柱，A 種柱を用いる場合は，全架渉線につき各架渉線の想定最大張力の 1/3 に等しい不平均張力による水平力に耐える支線を，電線路の方向の両側に設けること．

② B 種柱を用いる場合は，次のいずれかによること．
　イ．耐張型の柱を用いる．
　ロ．①の規定に適合する支線を施設する．

③ 土地の状況により，①又は②の規定により難い場合は，長径間工事箇所から 1 径間又は 2 径間離れた場所に施設する支持物が，そ

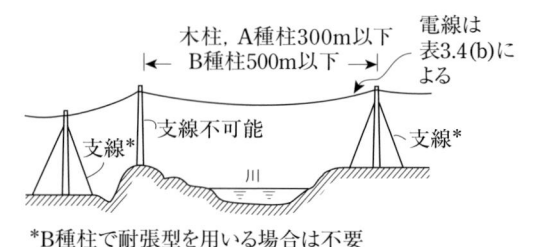

表 3.4(a)　架空電線路の最大径間

| 支持物 | 使用電圧 | 長径間工事以外 | 長径間工事箇所 | 保安工事 低圧 | 保安工事 高圧 |
|---|---|---|---|---|---|
| 木柱, A種柱 | — | 150m | 300m | 100m | 100m |
| B種柱 | — | 250m | 500m | 150m | 150m |
| 鉄塔 | 170kV 未満 | 600m | 制限なし | 400m | 400m |
| | 170kV 以上 | 800m | | | |

[注] 低圧一般は，径間制限なし．

*B種柱で耐張型を用いる場合は不要

図 3.9　鉄塔以外の長径間工事

れぞれ①又は②の規定に適合するものであること．

④ 支持物に鉄塔を用いる場合は，次による．
　イ．長径間工事区間（長径間工事箇所が連続する場合はその連続する区間をいう）の両端の鉄塔は，耐張型であること．
　ロ．土地の状況により，イの規定により難い場合は，長径間工事区間から区間の外側に1径間又は2径間離れた場所に施設する鉄塔が，耐張型であること．

### 3.1.5 低高圧架空電線路

**❶適用範囲**　解釈で規定する低高圧架空電線路には次のものは含まれない（解釈第64条）．

① 低圧架空電線（路）に含まれないもの
低圧架空引込線，低圧連接引込線の架空部分，低圧屋側電線路に隣接する1径間の架空電線路，屋内に施設する低圧電線路に隣接する1径間の架空電線路．

② 高圧架空電線（路）に含まれないもの
高圧架空引込線，高圧屋側電線路に隣接する1径間の架空電線路，屋内に施設する低圧電線路に隣接する1径間の架空電線．

**❷電線の要件**　電技第21条第1項で，「低圧又は高圧の架空電線には，感電のおそれがないよう，使用電圧に応じた絶縁性能を有する絶縁電線又はケーブルを使用しなければならない．ただし，通常予見される使用形態を考慮し，感電のおそれがない場合は，この限りでない」と規定されている．また，通常の使用状態において断線のおそれがないように施設しなければならない（電技第6条）．

**(1) 電線の種類及び強さ**　解釈第65条第1項で以下のように規定している．

**①電線の種類**　使用電圧に応じ**表3.5**に記載のものを使用のこと．**多心型電線**を使用する場合で，絶縁物で被覆していない導体は，B種接地工事の施された中性線もしくは接地側電線，又はD種接地工事の施されたちょう架用線とし

て使用すること．また，次のいずれかの場合は，裸電線を使用できる．
　イ．低圧架空電線を，B種接地工事の施された中性線又は接地側電線として施設する場合．
　ロ．高圧架空電線を，海峡横断箇所，河川横断箇所，山岳地の傾斜が急な箇所又は谷越え箇所であって，人が容易に立ち入るおそれがないように施設する場合．

表3.5　低高圧架空電線の種類

| 使用電圧 | | 電線の種類 |
|---|---|---|
| 低圧 | 300V以下 | 絶縁電線，多心型電線，ケーブル |
| | 300V超過 | 引込用以外の絶縁電線，ケーブル |
| 高　圧 | | 高圧・特高絶縁電線，ケーブル |

**②電線の強さ**　電線の太さ又は引張強さは，ケーブルである場合を除き，**表3.6**に規定する値以上であること．300V超過では，市街地と市街地外で規制が異なる．なお，300V超過には高圧も含まれる．

表3.6　低高圧架空電線の最低太さ，強さ

| 使用電圧 | 施設場所 | 電線の種類 | | 太さ又は引張強さ |
|---|---|---|---|---|
| 300V以下 | すべて | 絶縁電線 | 硬銅線 | 直径2.6mm |
| | | | その他 | 引張強さ2.3kN |
| | | 絶縁電線以外 | 硬銅線 | 直径3.2mm |
| | | | その他 | 引張強さ3.44kN |
| 300V超過 | 市街地 | | 硬銅線 | 直径5mm |
| | | | その他 | 引張強さ8.01kN |
| | 市街地以外 | | 硬銅線 | 直径4mm |
| | | | その他 | 引張強さ5.26kN |

**(2) 電線の安全率**　高圧架空電線及び使用電圧が300Vを超える低圧架空電線（いずれもケーブルを除く）並びに多心型電線は，以下の荷重条件（**表3.7**）の下で，引張強さに対する安全率が，硬銅線又は耐熱銅合金線では2.2以上，その他は2.5以上となるような弛度により施設すること（解釈第66条）．

① 荷重は当該地方の平均温度及び最低温度において計算すること．

② 以下に掲げるものの合成荷重であること．
　イ．電線の自重
　ロ．風圧荷重は電線路の直角方向に加わるものとし，平均温度で計算する場合は高温季の風圧荷重とし，最低温度で計算する場合は低温季の風圧荷重とする．
　ハ．乙種風圧荷重を適用する場合は，被氷荷重

実際の施工では，電線架設時の温度により適切な弛度とする必要がある．

**(3) 高圧の架空地線**　高圧架空電線路の架空地線は，引張強さ5.26kN以上のもの又は直径4mm以上の裸硬銅線を使用し，電線の引張強さに対する安全率は，前記の(2)によること(解釈第69条)．

表 3.7　低高圧架空電線の荷重

| 荷重の種別 | | 氷雪の多い地方以外の地方 | 氷雪の多い地方 | |
|---|---|---|---|---|
| | | | 低温季に最大風圧[(1)] | その他 |
| 平均気温時 | 垂直 | 電線の自重 | | |
| | 水平 | 甲種風圧荷重（980Pa） | | |
| 最低気温時 | 垂直 | 電線の自重 | ①電線の自重<br>②①＋電線周囲に厚さ6mm，比重0.9の氷雪荷重 | 同左② |
| | 水平 | 丙種風圧荷重（490Pa） | ①甲種風圧荷重<br>②乙種風圧荷重<br>（上欄②の氷雪付着状態で490Pa） | 同左② |

［注］(1)　①又は②のいずれか大きなほうを選択する．
　　　(2)　弛度は水平荷重と垂直荷重による合成荷重で計算する．

**❸ 架空ケーブル工事**　低高圧架空電線にケーブルを使用する場合は，解釈第67条の規定による．
① **ケーブルの施設方法**は，次のイ～ホのいずれかによること(**図3.10**)．
　イ．ケーブルをハンガーによりちょう架用線に支持する．高圧の場合，ハンガーの間隔は50cm以下とする．最もオーソドックスな工法である．
　ロ．ケーブルをちょう架用線に接触させ，その上に容易に腐食し難い金属テープ等を20cm以下の間隔でせん状に巻き付ける．
　ハ．ちょう架用線をケーブルの外装に堅ろうに取り付けて施設する．これは，市販の**自己支持形ケーブル**(ひょうたん形ケーブル)を用いる方法であり，ちょう架用線を張る手間が省ける．
　ニ．ちょう架用線とケーブルをより合わせて施設する．
　ホ．半導電性外装ちょう架用高圧ケーブルを使用し，ケーブルを金属製のちょう架用線に接触させ，その上に容易に腐食し難い金属テープ等を6cm以下の間隔でせん状に巻き付ける．**半導電性外装ちょう架用高圧ケーブル**は，解釈第65条第2，第3項で規定する性能を満たすものを用いること．

② **ちょう架用線**は，引張強さが5.93kN以上のもの又は**断面積22mm$^2$以上の亜鉛めっき鉄より線**であること．

③ ちょう架用線及びケーブルの金属被覆には，D種接地工事を施すこと．ただし，低圧ケーブルのちょう架用線に絶縁電線等を用いるときはこの限りでない．

④ 高圧ケーブル用のちょう架用線の安全率は，高圧架空電線の規定に準じて施工する．亜鉛めっき鉄より線の場合の安全率は，2.5以上になる．

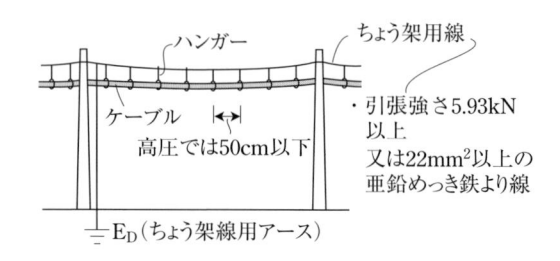

図 3.10　架空ケーブル工事の例

### 例題 3.5　架空ケーブルの施設

下記は解釈の規定により，高圧架空電線にケーブルを用いて施設する場合の記述である．空白箇所の(ア)～(エ)を答えよ．

ケーブルをハンガーによりちょう架用線に支持し，ハンガーの間隔を (ア) cm 以下とする．ちょう架用線には断面積 (イ) mm² 以上の (ウ) を用い，(エ) 種接地工事を施す．

[解]　解釈第 67 条による．
[答]　(ア) 50，(イ) 22，(ウ) 亜鉛めっき鉄より線，(エ) D

### ❹ 電線の高さ

低高圧架空電線の高さは，解釈第 68 条で**表 3.8** のように規定している．

水面上に施設する低高圧架空電線は，船舶の航行に危険を及ぼさない高さを保持すること．また，氷雪の多い地方の高圧架空電線は，積雪上の高さが人又は車両の通行に危険を及ぼさないようにすること．

表 3.8　低高圧架空電線の最低高さ

| 区分 | | 基準 | 高さ |
|---|---|---|---|
| 道路横断*¹ | | 路面上 | 6m |
| 鉄軌道横断 | | レール面上 | 5.5m |
| 低圧：横断歩道橋上 | | 橋路面上 | 3m |
| 高圧：横断歩道橋上 | | 橋路面上 | 3.5m |
| 上記以外 | 屋外照明用*² | 地表上 | 4m |
| | 低圧：道路以外 | 地表上 | 4m |
| | その他の場合 | 地表上 | 5m |

*1　車両の往来がまれなもの，及び歩行専用部分を除く．
*2　絶縁電線，ケーブルを用いた対地電圧 150V 以下を交通に支障のないように施設する場合

### ❺ 低高圧保安工事

**保安工事**は，架空電線路の電線の切断，支持物の倒壊等による危険を防止するため必要な場合に行う工事方法として，**低圧保安工事**(解釈第 70 条第 1 項)及び**高圧保安工事**(同条第 2 項)を規定している．低圧保安工事は，規制が高圧保安工事とほぼ同様であり，適用例が非常に少ないので，高圧保安工事について述べる．

表 3.9　高圧保安工事

| 電線の太さ及び強さ | 引張強さ8.01kN以上のもの又は直径5mm以上の硬銅線（ケーブルのときは除く） | | |
|---|---|---|---|
| 木柱の安全率 | 風圧荷重に対して1.5以上 | | |
| 径間の制限(注) | 木柱，A種柱 100m以下 | B種柱 150m以下 | 鉄塔 400m以下 |

(注)　電線に引張強さ14.51kN以上のものまたは38mm²以上の硬銅より線を使用し，支持物にB種柱又は鉄塔を使用する場合は適用外．

**(1) 高圧保安工事の施設方法**　表 3.9 のように規定している．

**(2) 高圧保安工事の適用**　高圧架空電線が，下記①～⑧の建造物や道路等と接近状態又は上方で交差する場合には，原則として高圧保安工事が適用される．ただし，⑧の「他の工作物」では，電線の切断，支持物の倒壊の際に危険を及ぼすおそれのあるときに限る．( )内は解釈の条番号を示す．

①建造物と接近状態(第71条)，②道路等(第72条)，③索道(第73条)，④低高圧架空電線(第74条)，⑤低高圧架空電車線(第75条)，⑥架空弱電流線(第76条)，⑦アンテナ(第77条)，⑧①～⑦以外の他の工作物で危険を及ぼすおそれのあるとき(第78条)

### 例題 3.6　高圧保安工事

下記は解釈の規定による高圧保安工事に関する記述である．空白箇所の(ア)～(エ)を答えよ．

a. 木柱の風圧荷重に対する安全率は，(ア) 以上であること．
b. 電線はケーブルである場合を除き，引張強さ 8.01kN 以上のもの又は直径 (イ) mm 以上の硬銅線であること．
c. 径間は，A 種鉄筋コンクリート柱又は A 種鉄柱では (ウ) m 以下のこと．ただし，電線に引張強さ 14.51kN 以上のもの又は断面積 (エ) mm² 以上の硬銅より線を用いて，支持物に B 種柱又は鉄塔を使用するときはこの限りでない．

[解] 解釈第70条第2項，表3.9による．
[答] (ア) 1.5, (イ) 5, (ウ) 100, (エ) 38

❻ 他物との接近・交差
(1) 接近状態　接近状態については3.1.1項の1（図3.2）で述べた．特高架空線では第1次接近状態と第2次接近状態とで規制内容を分けているが，低高圧架空線では，接近状態を一括して同一の規制内容としている．
(2) 他物等との離隔距離　解釈第71～79条にて，低高圧架空電線と建造物など他の工作物等との接近又は交差について規定している．これらの場合の電線と他の工作物との離隔距離の原則を表3.10に示す．

❼ 併架・共架　高圧架空電線と低圧架空電線を同一支持物に施設する場合を併架といい（解釈第80条），低高圧架空電線と架空弱電流電線を同一支持物に施設する場合を共架という（解釈第81条）．これらのポイントを示すと，原則として，図3.11のようになる．ただし，架空電線や垂直配線にケーブルを使用する場合は，緩和規定がある．

表3.10　低高圧架空線と他物との離隔距離　　　　　　　　　　　　　　　　　単位[m]

| 架空電線 | 接近・交差する工作物など | 建造物(1) | | | 道路など | 電車線など | | | 架空弱電流電線 | | | アンテナ | 低高圧架空電線路 | | | | 支持物 | その他の工作物 | | 植物 |
|---|---|---|---|---|---|---|---|---|---|---|---|---|---|---|---|---|---|---|---|---|
| | | 上部造営材の上方 | その他 | 下方接近 | 道路・横断歩道橋・鉄軌道 | 低圧電車線・索道 | 高圧電車線 | 高低圧電車線の支持物 | 弱電流電線の管理者の承諾(4) | その他 | 架空弱電流電線の支持物 | | 低圧架空電線 | | 高圧架空電線 | | | 上部造営材の上方 | その他 | |
| | | | | | | | | | | | | | ケーブル等(5) | その他 | ケーブル | その他 | | | | |
| 低圧 | ①②以外の絶縁電線，多心型電線 | 2 | 1.2 (0.8)(2) | 0.6 | 3 (1)(3) | 0.6 | 1.2 | 0.3 | 0.3 | 0.6 | 0.3 | 0.6 | 0.3 | 0.6 | 0.4 | 0.8 | 0.3 | 2 | 0.6 | NT(6) |
| 低圧 | ②特高・高圧絶縁電線，ケーブル | 1 | 0.4 | 0.3 | 3 (1)(3) | 0.3 | 1.2 | 0.3 | 0.15 | 0.3 | 0.3 | 0.3 | 0.3 | 0.4 | 0.8 | 0.3 | 1 | 0.3 | NT(6) |
| 高圧 | ①特高・高圧絶縁電線 | 2 | 1.2 (0.8)(2) | 0.8 | 3 (1.2)(3) | 0.8 | 0.8 | 0.6 | 0.8 | 0.6 | 0.8 | 0.8 | 0.8 | 0.4 | 0.8 | 0.6 | 2 | 0.8 | NT(6) |
| 高圧 | ②ケーブル | 1 | 0.4 | 0.4 | 3 (1.2)(3) | 0.4 | 0.4 | 0.3 | 0.4 | 0.4 | 0.3 | 0.4 | 0.4 | 0.4 | 0.3 | 1 | 0.4 | NT(6) |

[注] (1) 簡易な突き出し看板その他の人が上部に乗るおそれがない造営材と接近するときは，下記の①，②であればよい．
　① (低圧) 絶縁電線では，0.4m以上の離隔をとるか又は絶縁電線・ケーブルを低圧防護具で防護し，接触しないようにする．
　② (高圧) 高圧・特高絶縁電線又はケーブルを高圧防護具により防護し接触しないようにする．
(2) 人が建造物の外へ手を伸ばす又は身を乗り出すことができない部分．
(3) 水平離隔距離の場合．
(4) 弱電流電線は絶縁電線又は通信ケーブルのこと．
(5) 特高・高圧絶縁電線を含む．
(6) NT：接触しなければよい．

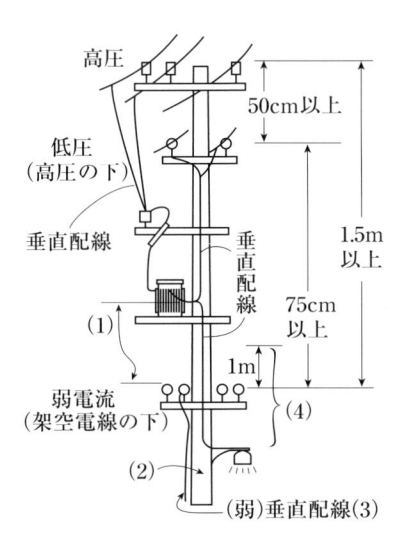

(1) 垂直配線相互が1m以上あれば規制なし
(2) 共架時の木柱は安全率1.5以上
(3) 弱電流の垂直配線と架空電線の垂直配線とは支持物をはさんで施設のこと
(4) 架空電線の垂直配線は，その最下部から弱電流電線の上1mまでケーブル又は絶縁電線

図 3.11 併架・共架の施設

> **コラム** — 建造物との交差
>
> 解釈第71条～第78条では，低高圧架空線と工作物や道路等との接近又は交差について規定している．これらの条文の見出しは，「…との接近又は交差」となっているが，第71条の建造物のみが，「…との接近」となっており，見出しのうえでは交差が含まれていない．第71条では上部造営材との離隔距離を定めており，また，第二次接近状態の規定もあるから，建造物との交差を一律に禁止しているものではないと理解できる．しかし，見出しの表現からすると，低高圧架空線と建造物の交差は好ましいものではないといえる．事実，高圧架空電線路はほとんどの場合，一般の建造物の上部を極力避けて施設されている．なお，状況は特別高圧架空線の場合でも基本的に同様である．

❽**低圧架空電線路の特例**　農事用の低圧架空電線路及び1構内だけに施設する低圧架空電線路については，施設の緩和規定がある．使用電圧は，いずれも300V以下が条件である(解釈第82条)．

これらでは，径間30m以下を条件として，電線には引張強さ1.38kN以上のもの又は直径2.0mm以上の硬銅線を使用できる(通常の場合は直径2.6mm以上の硬銅線等になる)．また，電線高さの緩和規定もある．

### 3.1.6 特別高圧架空電線路

特別高圧架空電線路については，保安原則及び使用電圧35kV以下の電線路等，電験三種の関連部分を中心に述べる(❶～❹が特に重要)．特高配電の普及に伴い，使用電圧35kV以下の特高架空電線路の施設が増えている．

❶**一般事項**

**(1)適用範囲**　解釈第83条で規定する特別高圧架空電線(路)には，次のものは含まれない．

特高架空引込線，特高屋側電線路に隣接する1径間の架空電線路，屋内に施設する特高電線路に隣接する1径間の架空電線路

**(2)保安原則**　特高架空電線路の保安に関して，電技及び解釈では以下のような原則が定められている．

①**静電・電磁誘導作用による感電の防止**　電技第27条で以下のように定められている．

a. 通常の使用状態において，<u>静電誘導作用</u>により人による感知のおそれがないように，<u>地表上1mにおける電界強度が3kV/m以下</u>になるように施設しなければならない．ただし，田畑，山林その他の人の往来が少ない場所において，人体に危害を及ぼすおそれがないように施設する場合はこの限りでない．

b. <u>電磁誘導作用</u>により<u>弱電流電線路を通じて人体に危害を及ぼすおそれがないように</u>施設しなければならない．

②**低高圧架空電線との併架**　特別高圧の架空

電線と低圧又は高圧の架空電線(略)を同一支持物に施設する場合は，異常時の高電圧の侵入により低圧側又は高圧側の電気設備に障害を与えないよう，接地その他の適切な措置を講じなければならない(電技第31条第1項).

③**上方での低圧機器の施設** 特別高圧架空電線路の電線の上方において，その支持物に低圧の電気機械器具を施設する場合は，異常時の高電圧の侵入により低圧側の電気設備へ障害を与えないよう，接地その他の適切な措置を講じなければならない(電技第31条第2項).

④**連鎖倒壊の防止** 特別高圧架空電線路の支持物は，構造上安全なものとすること等により連鎖的に倒壊のおそれがないように施設しなければならない(電技第32条第2項).

⑤**市街地等の施設制限** 特別高圧の架空電線路は，その電線がケーブルである場合を除き，原則として市街地その他人家の密集する地域に施設してはならない(電技第40条)．市街地等で施設できるのは，使用電圧が170kV未満であって電線にケーブルを使用するか又は解釈の規定により施設する場合である．

市街地等の判断は，特別高圧架空電線路を中心とする幅100m，線路方向に長さ500mの区域の面積(50 000m²)から道路面積を引いた面積に対する造営物の建ぺい率が，25～30%以上の区域とする(解釈第88条)．

**(3) 15kV以下の電線路** 中性点接地式の三相4線式11.4kV(中性線と電圧線間は6.6kV)の特別高圧架空電線路については，解釈第108条により，高圧架空電線路に準じて施工することができる．現在，特高配電線は，22kVや33kVの電圧が使用されており，本項に該当する施設例は非常に少ない．

例題 **3.7** 特高架空電線路の原則

特高架空電線路の原則に関する次の記述のうち，誤っているのはどれか．
(1) 特高架空電線路は，ケーブルである場合を除き，原則として市街地など人家の密集する地域に施設してはならない．
(2) 特高架空電線路の支持物は，連鎖的に倒壊するおそれがないようにしなければならない．
(3) 特高架空電線路の電線の上方において，その支持物に低圧の電気機械器具を施設してはならない．
(4) 中性点接地式の三相4線式11.4kVの特高架空電線路は，高圧架空電線路に準じて施設できる．
(5) 特高架空電線路と低高圧架空電線路の併架では，異常時の高電圧侵入により低高圧側の電気設備に障害を与えないよう，適切な措置を講じなければならない．

[解] (3)適切な措置を講じれば，特高架空電線路の電線の上方において，その支持物に低圧の電気機械器具を施設できる．航空障害灯が代表例である．

[答] (3)

## ❷電線の要件

**(1)電線の強さ及び太さ** 特高架空電線路の施設条件別による電線の太さ等は，ケーブルの場合を除いて表 3.11 による．表で( )内の数値は解釈の条番号である．

**(2)電線の安全率** 高圧架空電線の規定(解釈第66条第1項)に準じて施設すること(解釈第85条)．すなわち，引張強さの安全率は硬銅線・耐熱銅合金線が2.2以上，その他は2.5以上である．

**(3)電線の高さ** 使用電圧が35kV以下の特

表 3.11 特高架空電線の太さ，強さ

| 一般箇所 (84) | 市街地施設制限 (88) | 特別保安工事 (95) | | | 長径間工事 (63) |
|---|---|---|---|---|---|
| | | 第一種 | 二種，三種 | | |
| | | 100kV 未満 | — | | |
| 8.71kN 以上のより線又は22mm²以上の硬銅より線 | 21.67kN 以上のより線又は55mm²以上の硬銅より線 | 左記に同じ | 一般に同じ．径間制限は表 3.14, 3.15 | | 市街地制限に同じ |

別高圧架空電線の最低高さは，解釈第87条で**表3.12**のように規定している．

水面上に施設する場合は，船舶の航行等に危険を及ぼさない高さを保持すること．また，氷雪の多い地方に施設する場合は，積雪上の高さが人又は車両の通行に危険を及ぼさないように保持すること．

表3.12 特高架空電線の最低高さ（35kV以下）

| 区　　分 | 基準 | 高さ |
|---|---|---|
| 道路横断[*1] | 路面上 | 6m |
| 鉄軌道横断[*2] | レール面上 | 5.5m |
| 横断歩道橋上 | 橋路面上 | 4m |
| その他の場合 | 地表面上 | 5m |

[*1] 車両の往来がまれなもの，及び歩行専用部分を除く．
[*2] 特高絶縁電線，ケーブルに限る．

**(4)架空地線** 特高架空電線路に施設する架空地線は次によること(解釈第90条)．

イ．引張強さが8.01kN以上の裸線又は直径5mm以上の裸硬銅線を用いて，高圧架空電線の規定(解釈第90条第1項)に準じて施設すること．

ロ．支持点以外の箇所における特高架空電線と架空地線との間隔は，支持点における間隔以上であること．

ハ．架空地線の相互接続には，接続管その他の器具を使用すること．

上記のロの規定は，架空地線と電線とのせん絡を防止するためである．

❸**架空ケーブル工事** 特別高圧架空電線にケーブルを使用する場合は以下による(解釈第86条)．

①**ケーブルの施設方法** 次のいずれかによること(図3.10参照)．

イ．ケーブルをハンガーによりちょう架用線に50cm以下の間隔で支持する．

ロ．ケーブルをちょう架用線に接触させ，その上に容易に腐食し難い金属テープ等を20cm以下の間隔でせん状に巻き付ける．

ハ．ちょう架用線をケーブルの外装に堅ろうに取り付けて施設する．

②**ちょう架用線** 引張強さが13.93kN以上のより線又は断面積22mm$^2$以上の亜鉛めっき鋼より線であること．

③ちょう架用線及びケーブルの金属被覆には，D種接地工事を施すこと．

④ちょう架用線の安全率　高圧架空電線の規定に準じて施工する(硬銅線・耐熱銅合金線2.2以上，その他2.5以上)．

❹**市街地の施設制限**　使用電圧35kV以下の特別高圧架空電線路をケーブル以外で施設する場合は，**表3.13**によること(解釈第88条第1項第2号)．この場合，がいし装置の施設については，6項によること．

❺**支持物等との離隔距離**　特別高圧架空電線(ケーブルを除く)とその支持物，腕金類，支柱又は支線との離隔距離は，**表3.14**によること．ただし，技術上やむをえない場合で，危険のおそれがないように施設するときは0.8倍まで減じることができる(解釈第89条)．

❻**がいし装置**★

①**安全率**　がいし装置は，解釈第91条(特別高圧架空電線路のがいし装置等)に規定する強度計

表3.13 35kV以下の市街地での施設

| 項目 | 施設内容 |
|---|---|
| 使用電線 | 表3.11による |
| 電線地表上高さ[*1] | 特高絶縁電線：8m<br>その他：10m |
| 最大径間 | A種柱：75m，B種柱：150m<br>鉄塔[*2]：600m<br>鉄塔[*3]：250m<br>鉄塔（その他）：400m |
| がいし装置 | 6項による |

[*1] 発変電所等の構内と構外を結ぶ1区間を除く．
[*2] 電線にACSR160mm$^2$以上又は同等品を用い，風・雪による動揺により短絡しないように施設する場合．
[*3] 電線が水平に2以上あり，その間隔が4m未満のとき．

表3.14 支持物等との離隔距離

| 使用電圧 | 離隔距離 |
|---|---|
| 15kV 未満 | 0.15m |
| 15kV 以上 25kV 未満 | 0.2m |
| 25kV 以上 35kV 未満 | 0.25m |
| 35kV 以上 50kV 未満 | 0.3m |
| 50kV 以上 60kV 未満 | 0.35m |
| 60kV 以上 70kV 未満 | 0.4m |
| 70kV 以上 80kV 未満 | 0.45m |
| 80kV 以上 130kV 未満 | 0.65m |

算をした場合に，安全率が2.5以上となるように施設すること．

②**強化規定** 解釈第88条の市街地の施設制限(170kV未満の架空電線路に限る)及び解釈第95条の第2種特別保安工事の場合，電線を支持するがいし装置は次のいずれかであること(**図3.12**)．

イ．**50％衝撃せん絡電圧値**(コラム参照)が，当該電線の近接する他の部分を支持するがいし装置の値の110％(130kV超は105％)以上のもの．

ロ．アークホーンを取り付けた懸垂がいし，長幹がいし又はラインポストがいしを使用するもの．

ハ．2連以上の懸垂がいし又は長幹がいしを使用するもの．

ニ．2個以上のラインポストがいしを使用するもの(本項は第1種特別保安工事では認められていない)．

ホ．イ〜ニで支持線を使用するときは，支持線には本線と同一の強さ及び太さのものを使用し，かつ，本線との接続は堅ろうにして電気が安全に伝わるようにすること(本項は特別保安工事に限り適用)．

電線の落下事故の大半は支持点付近であり，その原因は雷サージによるせん絡に起因する電線や金具の溶断であるので，これらの規定を設けている．

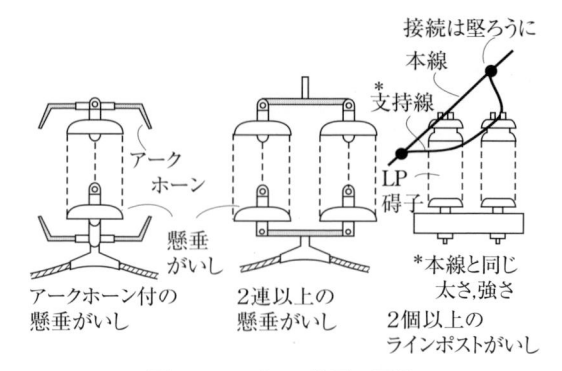

図3.12 がいし装置の要件

❼**特別高圧保安工事**★ 特別高圧保安工事も，低高圧保安工事と同じ主旨で行われる．解釈第95条で，第1種，第2種，第3種が定められている．このうち，35kV以下の特高架空電線路に関係するものは，第2種及び第3種である．

(1)**第2種特高保安工事** 次の規定による．

①木柱の風圧荷重に対する安全率は2以上とすること．

②径間は**表3.15**により施設すること．

③電線が他の工作物と接近又は交差する場合は，その電線を支持するがいし装置等は，❻項の②によること．

④電線は，風，雪又はその組み合わせによる振動により短絡するおそれがないように施設す

---

**コラム** ─ 50％衝撃せん絡電圧値 ─

空気中において，**図3.13**のような波頭長1μs，波尾長40μsの波形をした標準衝撃電圧を加え，その加えた回数のうち，50％がフラッシオーバを起こす場合の電圧波高値をいう．

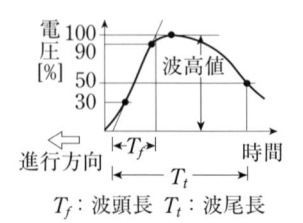

図3.13 標準衝撃電圧

表 3.15 第 2 種特高保安工事の最大径間

| 支持物 | 電線の種類 | 径間 |
|---|---|---|
| 木柱, A種柱 | すべて | 100m 以下 |
| B種柱 | 引張強さ 38.05kN 以上のより線又は断面積 100mm² 以上の硬銅より線 | 制限なし |
| | その他 | 200m 以下 |
| 鉄塔 | 引張強さ 38.05kN 以上のより線又は断面積 100mm² 以上の硬銅より線 | 制限なし |
| | その他 | 400m 以下 |

表 3.16 第 3 種特高保安工事の最大径間

| 支持物 | 電線の種類 | 径間 |
|---|---|---|
| 木柱, A種柱 | 引張強さ 14.51kN 以上のより線又は断面積 38mm² 以上の硬銅より線 | 150m 以下 |
| | その他 | 100m 以下 |
| B種柱 | 引張強さ 38.05kN 以上のより線又は断面積 100mm² 以上の硬銅より線 | 制限なし |
| | 引張強さ 21.67kN 以上のより線又は断面積 55mm² 以上の硬銅より線 | 250m 以下 |
| | その他 | 200m 以下 |
| 鉄塔 | 引張強さ 38.05kN 以上のより線又は断面積 100mm² 以上の硬銅より線 | 制限なし |
| | 引張強さ 21.67kN 以上のより線又は断面積 55mm² 以上の硬銅より線 | 600m 以下 |
| | その他 | 400m 以下 |

ること.

**(2) 第 3 種特高保安工事** 次によること.
① 径間は**表 3.16** により施設すること.
② 電線は, 風, 雪又はその組み合わせによる振動により短絡するおそれがないように施設すること.

**(3) 特別高圧保安工事の適用** 使用電圧 35kV 以下の特別高圧架空電線路が, 下記の工作物等と接近又は交差する場合は特別高圧保安工事の対象になる(解釈第 106 条).

**[対象工作物]** 建造物, 道路(人の往来がまれであるものを除く), 横断歩道橋, 鉄軌道, 索道, 低高圧架空電線, 架空弱電流電線, 左記以外の工作物(「他の工作物」という. 電線の切断, 支持物の倒壊の際に特別高圧架空電線が他の工作物に接触することにより人に危険を及ぼすおそれがあるときに限り適用する).

保安工事の適用は, ❾項(表 3.18)で述べる.
**❽ 特高架空線の支線の施設★** 特高架空線が建造物等と接近又は交差する場合には, 鉄塔を除き支持物に支線を設ける必要がある(解釈第 96 条).

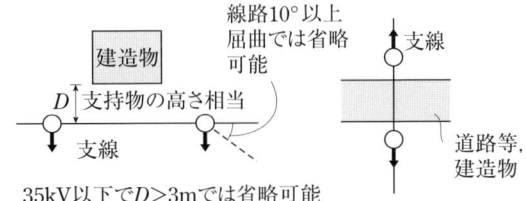

**(1) 建造物等との接近状態** 建造物等[注]と第二次接近状態に施設される場合又は 35kV 超過の特高架空電線が第一次接近状態に施設される場合(建造物の上に施設される場合を除く)は, 特高架空電線路の支持物には, 建造物等と反対側に支線を施設すること(図 3.14 (a)). 次のいずれかに該当する場合は, この限りでない.

イ. 特高架空電線路が, 建造物等の反対側に 10 度以上の水平角度がある.

ロ. 常時想定荷重に 1.96kN の水平横荷重を加算した荷重に耐える B 種鉄筋コンクリート柱又は B 種鉄柱を使用する.

ハ. 特高架空電線路が次の a, b のいずれかの場合において, 常時想定荷重の 1.1 倍に耐える B 種柱を使用する.

a. 特別高圧絶縁電線を使用する 35kV 以下の電線路で, 支持物の径間が 75m 以下

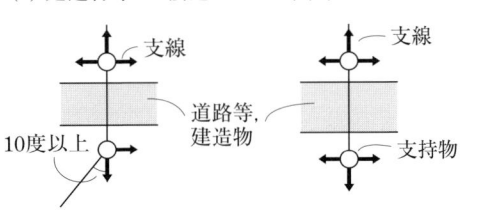

図 3.14 特高架空線の支線

である．
　b．100kV未満でケーブルを使用する．

[注] この条で建造物等とは，建造物，道路等，架空弱電流線，低高圧架空線，低高圧電車線を指す．

**(2)建造物等との交差等**　道路等と交差又は建造物の上に施設される場合は，図3.14（b）～（d）に示すように支線を設けること．(1)のロ又はハに該当する場合はこの限りでない．

### ❾ 特別架空電線の接近・交差 ★

**(1)特別高圧架空電線相互の接近・交差**

解釈第101条で以下のように規定している．

①**離隔距離**　35kV以下の特別高圧架空電線と，他の特別高圧架空電線・支持物・架空地線との相互の離隔距離は，**表3.17**の値以上であること．

②**上方・側方側電線路の措置**　第3種特別高圧保安工事により施設する．なお，使用電圧が35kV以下では，接近の場合の支線の施設は不要である．交差する場合は，上に施設する特高電線路の支持物に，図3.14に準じて支線を施設すること．

**(2)他物との接近・交差**　使用電圧35kV以下の特高架空電線が工作物等と接近・交差する場合，他物との離隔距離及び保安工事の適用は，原則として**表3.18**による(解釈第106条)．なお，特高架空線が低高圧架空線等と下方交差できるのは，特高線がケーブル，弱電線が電力通信用の光ケーブルである場合など，一部に

表3.17　35kV以下の特高架空電線と他の特高架空線等との離隔距離

| 他の特高架空線等 | | 35kV 架空線の電線の種類 | | |
|---|---|---|---|---|
| 使用電圧 | 電線種類 | ケーブル | 特高電線 | その他 |
| 35kV以下 | ケーブル | 0.5m | 0.5m | 2m |
| | 特高電線 | 0.5m | 1m | |
| | その他 | 2m | 2m | |
| 35kV超過<br>60kV以下 | ケーブル | 1m | 2m | |
| | その他 | 2m | | |
| 60kV超過 | ケーブル | (1+c)m | (2+c)m | (2+c)m |
| | その他 | (2+c)m | | |
| 支持物又は架空地線 | | 0.5m | 1m | 2m |

[注] 1．特高電線は，特別高圧絶縁電線を示す．
　　2．記号cは，(使用電圧−60kV)/10kVの値(小数点以下切上げ)に0.12を乗じたもの

表3.18　特高架空線と他物との離隔距離，保安工事の適用

| 項目 | | 建造物 | | 道路等<br>*1 | 索道 | 低圧架空線 | | 高圧架空線 | 架空弱電線 | 低高圧電車線 | 低高圧線の支持物 | 他の工作物 | | 植物 |
|---|---|---|---|---|---|---|---|---|---|---|---|---|---|---|
| | | 上部造営材の上方 | その他 | | | 絶縁電線，ケーブル | その他 | | | | | 上部造営材の上方 | その他 | |
| 離隔距離 | ケーブル | 1.2m | 0.5m | 3m 又は HI 1.2m | 0.5m | 0.5m | 1.2m | 0.5m | 0.5m | 1.2m | 0.5m | 1.2m | 0.5m | NT |
| | 特高電線 | 2.5m | 1.5m(1m)*2 | 3m 又は HI 1.5m | 1m | 1m | 1.5m | 1m | 1m | 1.5m | 1m | 1m | 2m | NT(0.5m)*3 |
| | その他 | 3m | 3m | 2m | 2m | 2m | 2m | 2m | 2m | 2m | 2m | 2m | | 2m |
| | 下方接近 | HI 3m*4 | | HI 3m*4 | 3項4号 | 100条4項各号のいずれかによる | | | — | | | HI 3m*4 | | — |
| 保安工事 | 1次接近 | 第3種 | | 第3種 | 第3種 | 第3種 | | | | — | | 第3種*9 | | |
| | 2次接近 | 第2種 | | 第2種*5 | 第2種 | 第2種*7, HI 2m*4 | | | | | | 第2種*9 | | |
| | 上方交差 | — | | 第2種*6*7 | 第2種*7 | 第2種*7*8 | | | | | | | | |

HI：水平離隔距離，NT：接触せず，特高電線：特別高圧絶縁電線，—：規定なし
＊1　道路等は，道路(車両及び人の往来がまれなものを除く)，横断歩道橋，鉄軌道をいう．
＊2　人が建物の外へ手を伸ばす又は身を乗り出すことができない部分．　＊3　高圧絶縁電線の場合．
＊4　ケーブル，特高絶縁電線では規制なし．　＊5　道路との2次接近では，がいし装置の部分の規制を除く．
＊6　道路との交差を除く．　＊7　対象物との間に保護網を施設する場合は，がいし装置部分の規制を除く．
＊8　特高架空線の両外側の直下部に，規定の保護線を0.6m以上の離隔を保持して施設する．ただし，特高線がケーブル，特高絶縁電線では規制なし．　＊9　特高架空線路の電線の切断，支持物の倒壊の際に他の工作物に接触することにより人に危険を及ぼすおそれがあるとき．

🔟 **併架・共架★** 35kV以下の特別高圧架空電線と同一支持物での低高圧架空電線との併架及び架空弱電流電線との共架は，解釈第107条で以下のように規定されている．

**(1)低高圧架空電線との併架** 低高圧電車線を併架する場合も以下の規定に準じる．

①特別高圧架空電線を低高圧架空電線の上に別個の腕金に施設すること．ただし，特高線がケーブルで，かつ，低高圧線が絶縁電線・ケーブルであるときは，この限りでない．

②特別高圧架空電線と低高圧架空電線の離隔距離は，**表 3.19** によること．

③低高圧架空電線は次のいずれかによる．
　イ．ケーブル
　ロ．直径 3.5mm 以上の銅覆鋼線
　ハ．径間 50m 以下：引張強さ 5.26kN 以上のもの又は直径 4mm 以上の硬銅線
　ニ．径間 50m 超過：引張強さ 8.01kN 以上のもの又は直径 5mm 以上の硬銅線

④併架できる低高圧架空電線は，次のいずれかに該当すること．ただし，特高線にケーブルを用いた場合はこの限りでない．
　イ．特高線と同一支持物に施設される部分に，接地抵抗 10Ω 以下の接地（接地線は直径 4mm 以上の軟銅線）を施した低圧架空電線
　ロ．B種接地（解釈第 24 条第 1 項）を施した低圧架空電線（接地抵抗は最大 10Ω 以下）
　ハ．放圧装置を施した（解釈第 25 条第 1 項）高圧架空電線
　ニ．特高架空電線の支持物に施設する低圧機械器具に接続する低圧架空線

上記の，イ～ハは，特別高圧と低圧又は高圧との混触防止措置である．

**(2)架空弱電流電線との共架** 次の規定により施設する．ただし，電力保安通信線及び電気鉄道専用敷地内に設ける電気鉄道用通信線の共架を除く．

①特高架空電線路は，第 2 種特別保安工事によること．

②特高架空電線は，架空弱電流電線の上とし，別個の腕金に施設する．

③特高架空電線は，ケーブル以外の場合，引張強さ 21.67kN 以上のより線又は断面積 55mm² 以上の硬銅より線とする．

④相互の離隔距離は，表 3.19 による．

⑤架空弱電流電線は，原則として，金属製の電気的遮へい層を有する通信用ケーブルとする．

⑥支持物の長さ方向に施設される特高電線は，弱電流電線の 2m 上部から最下部までの部分は，ケーブルとする．

⑦特高架空電線路の接地線にはケーブル又は絶縁電線を使用し，特高架空電線路の接地線・接地極と架空弱電流電線路の接地線・接地極とは，それぞれ別個に施設する．

⑧特高架空電線路の支持物は，当該電線路の工事，維持及び運用に支障を及ぼさないこと．

⓫ **低圧機械器具等の施設** 特高架空電線路の支持物で，ケーブル以外の特高架空線の上方に低圧の機械器具を施設する場合は，**図 3.15** により施設する（解釈第 109 条）．高鉄塔の頂部に航空障害灯を設ける場合が該当する．

⓬ **耐張型等の支持物★** 特高架空電線路の支持物が連続して施設される場合は，電技第 32 条で規定する支持物の連鎖的な倒壊を防止するために，解釈第 92 条で以下のように定めている．耐張型などの用語は，コラム参照．

①A種柱，木柱を連続して 5 基以上使用する場合で，それぞれの柱の施設箇所の線路の水平角度が 5 度以下であるときは，以下によるこ

表 3.19 特高架空線の併架・共架の離隔距離

| 特高架空線電線種類 | 低圧又は高圧の架空電線 | | 離隔距離 |
|---|---|---|---|
| | 電圧 | 電線種類等 | |
| ケーブル | 低圧 | 絶縁電線，ケーブル | 0.5m |
| | 低圧 | 特高支持物取付の低圧機械器具用 | |
| | 高圧 | 特高・高圧絶縁電線，ケーブル | |
| その他 | すべて | | 1.2m |

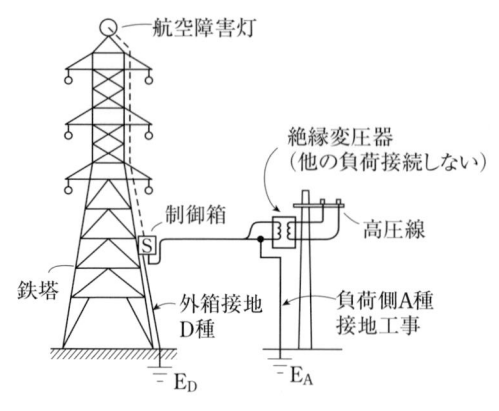

図3.15 特高支持物の低圧機械器具

と(図3.16).

イ．5基以下ごとに，支線を電線路と直角の方向に両側に施設すること．使用電圧35kV以下はこの限りでない．

ロ．A種柱等を連続して15基以上使用する場合は，15基以下ごとに，支線を電線路に平行な方向に両側に施設すること．

ハ．上記の支線は，本項の❽で述べた建造物等と接近する場合に施設する支線と兼用することができる．

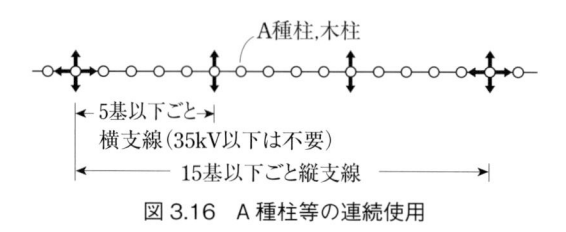

図3.16 A種柱等の連続使用

② B種柱を連続して10基以上使用する部分は，次のいずれかによること．
  イ．10基以下ごとに耐張型の鉄筋コンクリート柱又は鉄柱を1基施設すること．
  ロ．5基以下ごとに補強型の鉄筋コンクリート柱又は鉄柱を1基施設すること．
③ 懸垂がいしを使用する鉄塔を連続して使用する部分は，10基以下ごとに，異常時想定荷重の不平緊張力を想定最大張力とした懸垂がいし装置を使用する鉄塔を1基施設す

ること．

❸ **雪害対策★** 降雪の多い地域では以下の雪害対策を行うこと．
① **難着雪化対策** 特高架空電線路が，市街地その他人家の密集する地域で建造物と接近状態に施設される場合並びに主要地方道以上の道路又は鉄軌道と接近状態もしくはこれらの上方に施設される場合は，電線の難着雪化対策を行うこと(解釈第93条)．
② **塩雪害対策** 塩雪害のおそれがある地域に施設する場合は，がいしへの着雪による絶縁破壊を防止する対策を施すこと(解釈第94条)．

---

**コラム** 引留型，耐張型，補強型支持物

鉄塔及びB種柱は，一般に強度計算を要するが，旧電技第121条では，引留型，耐張型，補強型について次のように規定していた．
・引留型：全架渉線を引き留める箇所用
・耐張型：両側の径間差が大きい箇所用
・補強型：直線分にて補強のために使用
　これらの支持物では，常時想定荷重に，架渉線の不平均張力による水平縦荷重を加算するが，想定最大不平均張力に次の係数を乗じたものを水平縦分力として加算する．引留型は1，耐張型は1/3，補強型は1/6としている(解釈第58条第1項第13号)．

## 3.1節 架空電線路

**【演習問題 3.1】 氷雪のある場合の風圧荷重**

氷雪の多い地方(冬季に最大風圧なし)で断面積 55mm² (7本/3.2mm)の硬銅より線を使用した特別高圧架空電線路がある.この電線1条1m当たりの低温季における風圧荷重を求めよ.

**[解]** 題意の風圧荷重は乙種であるから,電線の投影面積は,電線の周囲に厚さ 6mm の氷雪が付着した状態により求める.よって,電線1条1m当たりの投影面積 $S$ は,

$$S = 1 \times (3.2 \times 3 + 6 \times 2) \times 10^{-3} = 21.6 \times 10^{-3} \, [\text{m}^2]$$

となる.電線の乙種風圧荷重は垂直投影面積 1m² 当たり 490Pa なので,風圧荷重は $F$ は,次式で求まる.

$$F = 490S = 490 \times 21.6 \times 10^{-3} = 10.58 \, [\text{N}]$$

**[答] 10.58 [N]**

**[解き方の手順]**

解釈第58条の乙種風圧荷重を求める.題意から,冬季に最大風圧が生じないので,甲種風圧荷重との比較は不要.

**[注]** 本問の甲種風圧荷重は,
$980 \times 9.6 \times 10^{-3} = 9.41 \, [\text{N}]$
である.

---

**【演習問題 3.2】 架空電線路の支持物の支線**

架空電線路の支持物に施設する支線は,次の各号によること.
1. 支線の安全率は,原則として (ア) 以上であること.
2. 素線 (イ) 条以上をより合わせたものであること.
3. 素線には,直径が (ウ) mm 以上及び引張強さ 0.69kN/mm² 以上の金属線を用いること.

上記の記述中の空白箇所(ア),(イ)及び(ウ)に記入する数値を答えよ.

**[解]** 解釈第61条からの出題である.ここでは,支線の安全率は 2.5 以上,支線は3条以上のより合わせとし,素線の直径は 2mm 以上とされている.

**[答] (ア) 2.5, (イ) 3, (ウ) 2**

**[解き方の手順]**

本文 3.1.4 項 3 の記述参照.電線の不平均張力による支線(解釈第62条)と混同しないこと.

---

**【演習問題 3.3】 高圧架空電線の強さ**

高圧架空電線は, (ア) である場合を除き,市街地に施設するものにあっては引張強さ 8.01kN 以上の強さのもの又は直径 (イ) mm 以上の (ウ) ,市街地外に施設するものにあっては引張強さ 5.26kN 以上の強さのもの又は直径 (エ) mm 以上の (ウ) であること.

上記の記述中の空白箇所(ア),(イ),(ウ)及び(エ)に記入する語句又は数値を答えよ.

**[解]** 解釈第65条からの出題である.市街地では引張強さ 8.01kN 以上のもの又は直径 5mm 以上の硬銅線,市街地外では同様に 5.26kN 以上のもの又は直径 4mm 以上の硬銅線である.なお,低圧 300V 超過(400V 配電線など)も上記と同様の規制になる.

**[答] (ア)ケーブル, (イ) 5, (ウ)硬銅線, (エ) 4**

**[注]** 低圧 300V 以下の架空電線の強さは,絶縁電線では引張強さ 2.3kN 以上のものは直径 2.6mm 以上の硬銅線,絶縁電線以外では,引張強さ 3.44kN 以上のもの又は直径 3.2mm 以上の硬銅線である.

**[解き方の手順]**

本文 3.1.5 項の ❷ (表 3.6)参照.

### 【演習問題 3.4】 架空ケーブルによる施設

高圧架空電線にケーブルを使用する場合は，原則として，次の各号により施設すること．

1. ケーブルは，ちょう架用線にハンガーにより施設し，そのハンガーの間隔は (ア) cm 以下とすること．
2. ちょう架用線は，引張強さ5.93kN 以上のもの又は断面積 (イ) mm² 以上の (ウ) であること．
3. ちょう架用線及びケーブルの被覆に使用する金属体には， (エ) 接地工事を施すこと．

上記記述中の(ア)～(エ)に記入する数値又は字句を次の語群から選べ．

30，50，60，22，38，銅心アルミより線，亜鉛めっき鉄より線，アルミめっき鋼線，A種，C種，D種

【解】 解釈第67条からの出題である．ハンガー間隔は，高圧のとき 50cm 以下，ちょう架用線は 22mm² 以上の亜鉛めっき鉄より線，金属体には D 種接地工事を施す．

【答】 (ア) 50，(イ) 22，(ウ) 亜鉛めっき鉄より線，(エ) D種

[解き方の手順]
本文 3.1.5 項の ❸ 参照．
(エ)は接地工事の種別である．

### 【演習問題 3.5】 低高圧架空電線相互の接近又は交差

低高圧架空電線相互の接近又は交差に関する解釈の規定に適合しないものは，どれとどれか．

(1) 低圧絶縁電線を用いた低圧架空電線相互の離隔距離は，0.4m 以上とすること．
(2) ケーブル以外の高圧架空電線相互の離隔距離は，0.8m 以上とすること．
(3) 高圧架空電線が低圧架空電線と接近状態に施設される場合は，原則として高圧架空電線を，高圧保安工事により施設すること．
(4) 高圧架空電線が低圧架空電線の上方に接近して施設される場合は，高圧架空電線と低圧架空電線の水平距離は，原則として低圧架空電線路の支持物の地表上の高さに相当する距離以上であること．
(5) 高圧架空電線と低圧架空電線が交差する場合は，原則として高圧架空電線を低圧架空電線上に施設すること．

【解】 解釈第74条からの出題である．(1) 低圧架空電線相互の離隔距離は，0.6m 以上である．
(4) 高圧架空電線が低圧架空電線の下方に接近して施設される場合が正しい．その他の記述は正しい．

【答】 (1)，(4)

[解き方の手順]
本文 3.1.5 項の ❻ 及び表 3.10 を参照．

# 3.2節 その他の電線路等

## 3.2.1 本節の電線路の保安原則

本節では架空電線路以外の電線路及び引込線について説明する．

本節で述べる電線路等について，以下の保安原則が定められている．

①**屋内電線路等の禁止** 屋内貫通，屋側，屋上，地上の各電線路は，当該電線路から電気の供給を受ける者以外の者の構内に原則として施設してはならない(電技第37条)．要するに，これらの電線路は当該者の受電用線路に限られる．

②**高圧，特別高圧の連接引込線の禁止** 原則として施設しない(電技第38条)．

③**がけの電線路の原則禁止**(電技第39条)．

電線路は，がけに施設してはならない．ただし，その電線が建造物の上に施設する場合，道路，鉄道，軌道，索道，架空弱電流電線等，架空電線又は電車線と交差して施設する場合及び水平距離でこれらのもの(道路を除く)と接近して施設する場合以外の場合であって，特別な事情のある場合は，この限りでない．

## 3.2.2 屋側・屋上電線路

❶**屋側電線路** 本節の屋側電線路には，引込線の屋側部分は含まない．

**(1)低圧屋側電線路** 低圧屋側電線路は，**図3.17**のように，(a)の**1構内だけに施設する電線路，**又は(b)の**1構内専用の電線路中，その構内等に施設する部分において，それぞれの全部又は一部として施設する場合に限る**(解釈第110条)．

ここで本節の**1構内**には，同一基礎構造物及びこれに構築された複数の建物並びに構造的に一体化した建物を含む．近時は，大規模開発での人工地盤など共有のスペースを屋内・屋側電線路として通過させることが多くなっている

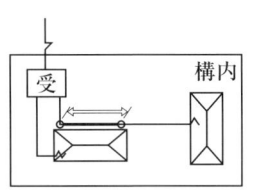

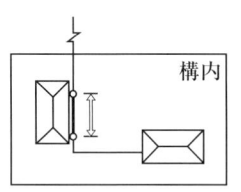

(a) 1構内だけの電線路　　(b) 1構内専用の電線路

図3.17　低圧屋側電線路（⇔の部分）

ので，このような規定をしている．

**[施設方法]** 次のいずれかの工事方法により，電気使用場所の配線工事の規定(4.2.1項及び4.2.2項参照)に準じて施工すること．

イ．**がいし引き工事** 展開した場所に限る．最近は行われないので記述を省略する．

ロ．**合成樹脂管工事**

ハ．**金属管工事** 木造以外の造営物に限る．

ニ．**バスダクト工事** 木造以外の造営物で，展開場所又は点検可能な隠ぺい箇所に限る．屋外用バスダクトを用いる．

ホ．**ケーブル工事** 鉛被，アルミ被，MIの各ケーブルは木造以外の造営物に限る．

**(2)高圧屋側電線路** 高圧屋側電線路は，低圧屋側電線路の場合(図3.17)のほか，屋外に施設された複数の電線路から送受電する場合も認められている(解釈第111条)．これは，屋上に高圧受電用キュービクル等を施設した場合に，**図3.18**のように**π引込み**を行う場合が該当する．

①**施設方法** 接触防護措置を施したケーブルを

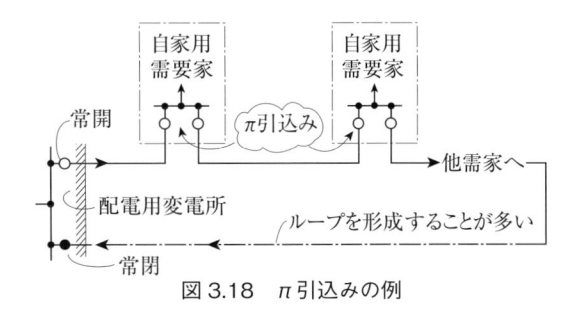

図3.18　π引込みの例

展開した場所に施設するほか，次による．

　イ．ケーブルの**支持点間の距離は2m**（**垂直取付の場合は6m**）以下とする．

　ロ．ケーブルをちょう架配線する場合は，架空ケーブルによる施設（解釈第67条，3.1.5項の3参照）に準じて行い，かつ，ケーブルが造営材に接触しないようにする．

　ハ．ケーブルを収める管などの金属製部分は，原則としてA種接地工事を施す．

②**離隔距離**　高圧屋側電線が，他物と接近又は交差する場合の離隔距離は，次によること．

　イ．0.15m以上：他の低圧・特高屋側電線，管灯回路の配線，弱電流電線等，ガス管・水管等．

　ロ．0.3m以上：イ以外のもの．接近して施設される低圧架空線等が考えられる．

　ハ．他物との間に耐火性のある堅ろうな隔壁を設けるか，高圧屋側電線を耐火性のある堅ろうな管に収める場合は，イ及びロによらなくてよい．

**(3)特高屋側電線路**　使用電圧100kV以下で，高圧屋側電線路の条件に合致する場合に限り施設することができる．施設方法は，高圧屋側電線路に準じる（解釈第112条）．

❷**屋上電線路**　低圧，高圧屋上電線路とも，低高圧屋側電線路と同様に，1構内専用等の場合に限り施設することができる（解釈第113，第114条）．なお，特別高圧屋上電線路は，特別高圧の引込線の屋上部分を除いて施設できない（解釈第115条）．

**(1)低圧屋上電線路**　絶縁電線，ケーブル又はバスダクトを用いて施設する（**図3.19**）．

①**絶縁電線の場合**　展開した場所に危険のおそれがないように施設するほか，次による．

　イ．電線は，引張強さ2.30kN以上のもの又は直径2.6mm以上の硬銅線を用いる．

　ロ．造営材に堅ろうに取付けた支持柱（台）に絶縁性，難燃性及び耐水性のあるがいしを用いて電線を支持し，支持点間距離は15m以下とする．

　ハ．電線と造営材との離隔距離は2m（高圧・特高絶縁電線では1m）以上とする．

②**ケーブルの場合**　次のいずれかによる．

　イ．展開した場所で，架空ケーブルによる施設（解釈第67条，3.1.5項の3参照）に準じて行い，造営材に堅ろうに取り付けた支持柱（台）にケーブルを支持し，離隔距離は1m以上とする．

　ロ．造営材に堅ろうに取り付けた堅ろうな管又はトラフ（容易に開けられない構造とする）にケーブルを収め，屋内配線のケーブル工事に準じて施設する．

　ハ．造営材に堅ろうに取り付けたラックに施設し，電線に簡易接触防護措置を施し，屋内配線のケーブル工事に準じて施設する．

③**バスダクトの場合**　木造以外の造営物（点検不可の隠ぺい場所を除く）に，**屋外用バスダクト**（人が容易に触れないようにする）を用いて，屋内配線のバスダクト工事に準じて施設する．

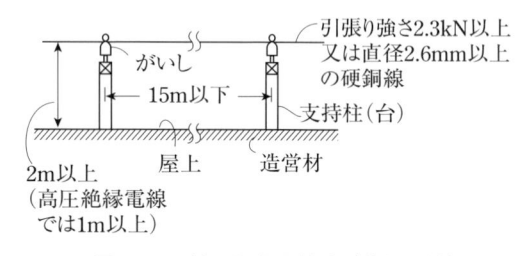

図3.19　低圧屋上電線路（絶縁電線）

**(2)高圧屋上電線路**　ケーブルを用いて，次のいずれかにより施設する．

　イ．展開した場所で，架空ケーブルによる施設（解釈第67条，3.1.5項の3参照）に準じて行い，造営材に堅ろうに取り付けた支持柱（台）にケーブルを支持し，離隔距離は1.2m以上とする．

　ロ．造営材に堅ろうに取り付けた堅ろうな管又はトラフ（容易に開けられない構造とする）にケーブルを収め，金属部分には原則と

してA種接地を行う．
ハ．他の工作物との離隔距離は0.6m以上．

**例題 3.8** 屋側・屋上電線路

屋側・屋上電線路に関する記述として，誤っているのは次のうちどれとどれか(誤りは二つ)．
(1) 低圧屋側電線路は，1構内専用の場合に施設できる．
(2) 木造の建物の低圧屋上電線路にバスダクトを用いた．
(3) 高圧屋上電線路にケーブルを用い，A種接地工事を施した保護管に収めた．
(4) 受電用線路として，使用電圧77kVの特高屋側電線路を施設した．
(5) 低圧屋上電線路の支持点間距離を20mとした．

[解] (2)バスダクトは木造以外の造営物に限る．(5)支持点間距離は15m以下とする．

[答] (2), (5)

### 3.2.3 引込線

❶**引込線の定義** 電技及び解釈で以下のように定義されている．

・**架空引込線** 架空電線路の支持物から他の支持物を経ずに需要場所の取付け点に至る架空電線(解釈第1条第9号)．
・**引込線** 架空引込線及び需要場所の造営物の側面等に施設する電線であって，当該需要場所の引込口に至るもの(解釈第1条第10号)．
・**連接引込線** 一需要場所の引込線から分岐して，支持物を経ないで他の需要場所の引込口に至る部分の電線(電技第1条第16号)．

以上の関係を図示すると，**図3.20**のようになる．

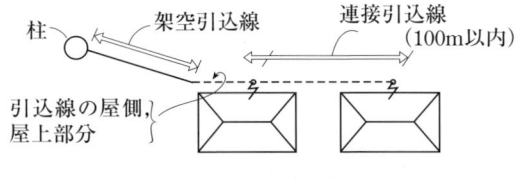

図 3.20 引込線

❷**低圧架空引込線** 解釈第116条による．
①**電線** ケーブル又は絶縁電線を用いる．絶縁電線は，引張強さ2.3kN以上のもの又は直径2.6mm以上の硬銅線とする(径間15m以下では，引張強さ1.38kN以上のもの又は2.0mm以上の硬銅線)．

②**地上高さ** 以下による．
・道路横断　5m（止むを得ぬとき3m）以上
・鉄軌道横断　5.5m以上
・横断歩道橋上　3m以上
・その他　4m（止むを得ぬとき2.5m）以上

③**他物との離隔など** 原則として，一般の架空電線に準じて行うが，引込線を直接引込んだ造営物又は技術上止むを得ない場合には緩和規定がある．

❸**高圧架空引込線** 解釈第117条による．
①**電線** ケーブル又は絶縁電線を用いる．絶縁電線は，引張強さ8.01kN以上のもの又は直径5mm以上の硬銅線の高圧・特別高圧絶縁電線か，引下用高圧絶縁電線を用いる．

②**その他** 原則として高圧架空電線に準じて施設するが，下記の緩和規定がある．
イ．引込線を直接引込んだ造営物については，危険のおそれがなければ離隔距離などを規制しない．
ロ．引込線の地表上の高さは，道路又は鉄軌道横断の箇所以外では，3.5m以上でよい．ただし，この場合にケーブル以外では，電線の下に危険表示を行う．

❹**引込線の屋側・屋上部分** 屋側電線路の規定(3.2.2項参照)に準じて施設する．

❺**低圧連接引込線** 低圧引込線の規定に準じて行うほか，下記による(解釈第116条第4項)．
①引込線の分岐点から100m以内に限る．
②幅5m超過の道路を横断しない．
③屋内を貫通しない．

❻**特高架空引込線** 需要場所に引き込む特高架空引込線は，使用電圧100kV以下で，架

空ケーブルによる施設(解釈第86条, 3.1.6項の3参照)に準じて施設する. 電線の高さは解釈第87条(3.1.6項の2参照)によるが, 使用電圧35kV以下で, 道路等の横断箇所以外は, 地表上4m以上とすることができる.

**例題 3.9** 高圧引込線

高圧引込線の施設方法として, 誤っているのは次のうちどれか.
(1) 電線には, 直径5mmの硬銅線を使用した.
(2) 引込線の高さは, 道路又は鉄軌道の横断ではないので, 地表上3.5mとした.
(3) 屋側部分の電線は, A種接地工事を施した金属管に納めた.
(4) 屋側部分の電線に, 高圧絶縁電線を用いた.
(5) ケーブルには, 簡易接触防護措置を施した.
[解] (3)高圧引込線の屋側部分の電線は, 屋側電線路に準ずるので, ケーブルに限られる.

[答] (3)

### 3.2.4 地中電線路

都市空間の有効活用や景観の面から, 高低圧配電線ともに, 急速に地中電線化が進んでいる. 最近の動向も踏まえて説明する.

**❶保安原則** 地中電線に対する保安原則として次のものがある.

①**絶縁性能** 地中電線(略)には, 感電のおそれがないよう, 使用電圧に応じた絶縁性能を有するケーブルを使用しなければならない(電技第21条第2項).

②**他物への危険防止** 地中電線, 屋側電線及びトンネル内電線その他の工作物に固定して施設する電線は, 他の電線(略)又は管と接近し, 又は交差する場合には, 故障時のアーク放電により他の電線等を損傷するおそれがないように施設しなければならない(以下略, 電技第30条).

③**地中電線路の保護** 地中電線路は, 車両その他の重量物による圧力に耐え, かつ, 当該地中電線路を埋設している旨の表示等により掘削工事からの影響を受けないようにしなければならない.

2 地中電線路のうちその内部で作業が可能なものには, 防火措置を講じなければならない(電技第47条).

**❷施設方法** 地中電線路は, 電線にはケーブルを使用し, かつ, 管路式, 暗きょ式, 又は直接埋設式により施設する(解釈第120条).

**(1) 管路式** 電線共同溝方式(図3.21(b))も管路式に含まれる. 管には車両その他の重量

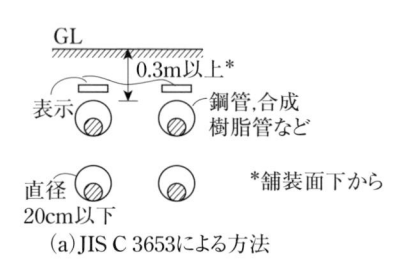

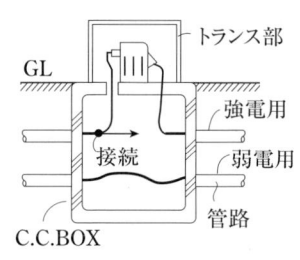

(a) JIS C 3653による方法

(b) 電線共同溝(C.C.BOX)

図 3.21　管路式

---

**コラム** ─ 電線共同溝 ─

C.C.Boxとも呼称し, Community or Compact Cable Boxの略称である. 共同溝は, 電気以外の上下水道管やガス管を含むのに対し, 電線共同溝では, 電力と放送通信の電気関係の電線のみが収納される. 共同溝に対して, 工事費, 工事期間の面で有利である. CAB方式よりも急速に普及している. また, Box部以外の直線部分は, 管路式で施工されることが多い. 道路管理者の指定の下に, **電線共同溝整備法**に基づいて工事が行われている.

物の圧力その他に耐えるものを用いる．要するに，強度のある管にケーブルが入っている場合は，管路式として扱われる(平成4年の解釈の改正で明確化された)．

解釈では埋設深さは規定されていないが，JIS C 3653（電力ケーブルの地中埋設の施工方法）による場合は，図3.21 (a)のように舗装面の下面から0.3m以上あればよい．

高圧又は特別高圧の地中電線路には，次の表示を行う(需要場所に施設する長さ15m以下の高圧地中電線路は除く)．

① 物件の名称，管理者名及び電圧(需要場所のものは電圧のみでよい)
② おおむね2mの間隔で表示．

**(2)暗きょ式**　暗きょ式(図3.22)には共同溝のほかCABが含まれる．CABはCable Boxの略であり，電力，通信等のケーブルを収納するために道路下に設けるふた掛式のU字構造物をいう．暗きょ式は，次により施設する．

① 暗きょには車両その他の重量物の圧力に耐えるものを使用する．
② 地中電線に所定の耐熱措置を施すか，又は暗きょ内に自動消火設備を設ける．

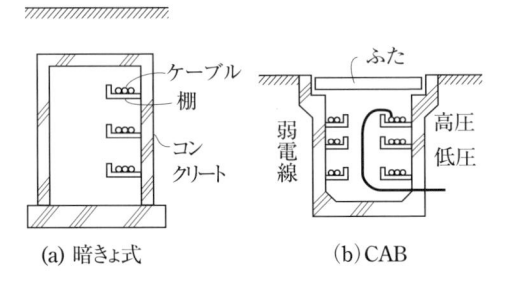

図3.22　暗きょ式

**(3)直接埋設式**　最近は，自家用施設を中心として，直接埋設式より管路式(前記のJIS方式)を採用することが多くなっている．直接埋設式は，次により施設する(**図3.23**)．

① 原則として，土冠は車両その他の重量物を受ける場所では1.2m以上，その他の場所では0.6m以上とする．
② ケーブルを衝撃から防護する方法は，次のいずれかによる．
　イ．堅ろうなトラフその他の防護物に収める．
　ロ．低高圧の地中電線を車両その他の重量物が加わらない場所で，電線の上部を堅ろうな板又はといで覆う．
　ハ．堅ろうながい装ケーブルを用いる(特高の場合は，堅ろうな板又はといで，上部及び側面を覆う)．なお，がい装の性能・規格は解釈第120条第6,第7項で規定している．
　ニ．パイプ型圧力ケーブルを用い，かつ，地中電線の上部を堅ろうな板又はといで覆う．
③ 管路式と同様の埋設表示を行う．

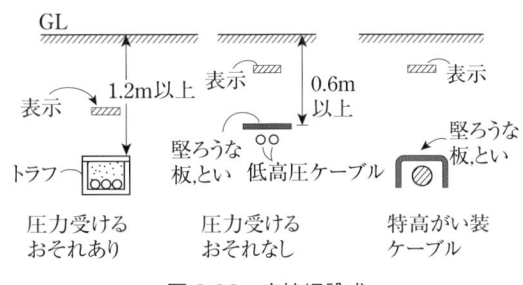

図3.23　直接埋設式

**(4)地中電線の冷却水**　地中電線の冷却のために，ケーブル収納管内に水を循環させる場合は，地中電線は循環水圧に耐え，かつ，漏水が生じないようにする．

**❸地中箱の施設**　地中箱は一般にマンホール，ハンドホールなどといわれるものであり，管路の分岐箇所や末端に設けて，ケーブルの引入れ，引抜き，接続などを行う．地中箱は次により施設する(解釈第121条)．

① 車両その他の重量物の圧力に耐える．
② 爆発性又は燃焼性のガスが侵入するおそれのある1m³以上の地中箱には，ガスを放散させるための装置を設ける．
③ 地中箱のふたは容易に開けることができないようにする．

❹**地中電線の被覆金属体の接地** 地中電線の防護部装置の金属製部分には，防食措置を施したもの以外は，原則としてD種接地工事を施す(解釈第123条).

❺**地中電線と他物との離隔** 地中電線が他の埋設物と接近，交差する場合は，**表3.20**に示す値以上とすること．表の数値未満に接近する場合には，次のいずれかによる．ただし，地中箱内についてはこの限りではない(解釈第125条)．

① 相互間に<u>堅ろうな耐火性の隔壁</u>を設ける．
② 地中電線を堅ろうな<u>不燃性又は自消性のある難燃性の管</u>に収める．他物が地中弱電流電線等又は可燃性・有毒性流体管である場合は，当該管は他物と接触しないようにすること．
③ <u>地中電線相互の接近・交差の場合は上記の①によるほか，次のいずれかであればよい．</u>
　イ．いずれかの地中電線が，不燃性の被覆を有するか又は堅ろうな不燃性の管に納められていること．
　ロ．それぞれの地中電線が，自消性のある難燃性の被覆を有するか又は堅ろうな自消性のある難燃性の管に納められていること．

上記の「不燃性」及び「自消性のある難燃性」については，解釈第125条第5項で，その性能を規定している．

**例題 3.10　地中電線の離隔**

高圧地中電線が，特高地中電線と30cm以内に接近する場合の施設方法として，適切でないのは次のうちどれか．
(1) 高圧地中電線を堅ろうな不燃性の管に収める．
(2) 相互間に堅ろうな耐火性の隔壁を設ける．
(3) 特高地中電線の被覆が不燃性である．
(4) 両方の地中電線の被覆が自消性のある難燃性である．
(5) 特高地中電線を堅ろうな自消性のある難燃性の管に収める．

[解]　(5)不燃性の管，被覆であれば片方のみでよいが，難燃性では両方の電線を堅ろうな自消性のある難燃性の管に収めること．

[答]　(5)

❻**その他の規制**

①**誘導障害の防止** 地中弱電流電線に対して，漏えい電流又は誘導作用により通信上の障害を及ぼさないよう，十分離すなど，適当な方法で施設すること(解釈第124条)．

②**加圧装置の施設** 電技第34条では，圧縮ガスを使用してケーブルに圧力を加える装置について規定している．

圧縮ガスを通じる管，容器等は，最高使用圧力の1.5倍の油圧又は水圧(油圧・水圧試験が困難なときは1.25倍の気圧でもよい)を連続して10分間加えたとき，これに耐え，かつ，漏えいがないこと(解釈第122条)．

## 3.2.5　特殊場所の電線路

❶**トンネル内の電線路** トンネル内部の壁に施設する電線路であり，解釈第127条で規定している．人が常時通行するトンネルでは，使用電圧は35kV以下とする．

❷**水上・水底電線路** 水上電線路は浮き台等で支える電線路であり，水底電線路は海底・川底に施設する電線路である．解釈第128条

表3.20　地中電線と他埋設物との離隔

| 接近する埋設物 | | 地中電線 | | |
|---|---|---|---|---|
| | | 低圧 | 高圧 | 特別高圧 |
| 地中弱電流電線 | | 30cm* | | 60cm* |
| 可燃性，有毒性流体の管 | | — | | 1m |
| 上記の管以外の管 | | — | | 30cm |
| 他の地中電線路<br>(地中箱内以外) | 低圧 | — | 15cm | 30cm |
| | 高圧 | 15cm | — | 30cm |
| | 特別高圧 | 30cm | — | — |

*使用電圧170kV未満で地中弱電流電線の管理者が承諾した場合は10cm

で規定しているが，水上電線路では陸上部との接続に注意が必要であり，水底電線路では損傷の防護が必要である．

① 水上電線路の使用電圧は高圧以下で，ケーブルは所定のキャブタイヤケーブルを用いる．
② 水底電線路は，損傷を受けるおそれがない場所に，危険のおそれがないように施設する．機械的強度を有するがい装ケーブルを用いる．

❸ **地上電線路**　地上に設けたトラフ等にケーブル等を収める電線路であり，解釈第128条で規定している．

① **施設可能な場合**　次のいずれかの場合に施設できる．イ及びロは，図3.17を参照．
　イ．1構内だけに施設する電線路の全部又は一部．
　ロ．1構内専用の電線路中，その構内に施設する部分の全部又は一部．
　ハ．地中電線路と橋梁部の電線路の間で，取扱者以外が立ち入らない場合．

② **低高圧の地上電線路の施設方法**
　イ．電線はケーブル又は所定のキャブタイヤケーブルを用いる．
　ロ．ケーブルの場合は，ふたを容易に開けられない鉄筋コンクリート製の堅ろうな開きょ又はトラフに収める．
　ハ．キャブタイヤケーブルの場合は，電源側に専用の開閉器，過電流遮断器を設ける．300V超過の電路には，原則として地絡遮断装置を設ける．

③ **特高の地上電線路の施設方法**
　イ．電線はケーブルを用いる．
　ロ．1構内専用の場合の使用電圧は，100kV以下であること
　ハ．ふたを容易に開けられない鉄筋コンクリート製の堅ろうな開きょ又はトラフに収める．

❹ **橋の電線路**　橋の上面，側面，下面に施設する電線路であり，解釈第129条で規定している．

❺ **電線路専用橋等の電線路**　電線路専用の橋，パイプスタンド等に施設する電線路であり，解釈第130条で規定している．

❻ **がけの電線路**　がけの電線路は，電技第39条で原則禁止であるが，施設できる場合は，技術上止むを得ない場合であって，<u>以下に該当しないこと</u>(解釈第131条)．
　イ．建造物の上に施設される．
　ロ．道路，鉄軌道，索道，架空弱電流電線，架空電線又は電車線と交差して施設される．
　ハ．ロ(道路を除く)との水平距離が3m未満に接近して施設される．

施設方法は以下によること．
　イ．使用電圧は高圧以下．
　ロ．施設場所は，道路等と交差又は3m未満に接近しないなど限定される．
　ハ．電線の支持点間距離は15m以下．

❼ **屋内の電線路**　屋内に設ける電線路を解釈第132条で規定している．屋内電線路は，他の電線路と連続して施設されることが多い．

① **施設可能な場合**　<u>粉じんの多い場所等の特殊な場所以外</u>で，次のいずれかの場合に限る．イは，図3.17を参照．ロは特高受電のπ形引込(図3.18)が該当する．
　イ．屋側電線路が施設可能な場合に同じ．
　ロ．屋外に施設された複数の電線路から送受電するように施設される場合．

② **施設方法の概要**
　イ．基本的には，屋内配線の規定に準じる．
　ロ．<u>住宅の屋内電線路の対地電圧は，300V以下</u>であること．

❽ **臨時電線路**　工事用や災害復旧用など期間を限って使用される電線路について，解釈第133条で緩和規定を示している．

### 3.2.6　電力保安通信設備★

電力保安通信設備は，給電所，発変電所，制御所など電力系統の各所に設けられ，電力系

統の維持及び運用を行ううえで極めて重要な設備である．解釈の第4章でその詳細が規定されている．以下には，保安原則の概要を説明する．

❶**保安原則**　電力保安通信設備に対する保安原則は，以下のように定められている．

①**保安通信設備の施設**　発変電所，開閉所，給電所，技術員駐在所その他の箇所であって，一般電気事業に係る電気の供給に対する著しい支障を防ぎ，かつ，保安を確保するために必要なものの相互間には，電力保安通信用電話設備を施設しなければならない．

　電力保安通信線は，機械的衝撃，火災等により通信の機能を損なうおそれのないように施設しなければならない（電技第50条）．

②**災害時の通信の確保**　電力保安通信設備に使用する無線用アンテナ等を施設する支持物の材料及び構造は，風速60m/秒の風圧荷重を考慮し，倒壊により通信の機能を損なうおそれのないように施設しなければならない（略，電技第51条）．

　一般の電線路の風圧荷重の基準は，風速40m/秒であるから1.5倍である．荷重は風速の2乗に比例するから，上記の場合は，一般電線路の2.25倍の荷重に相当する．電力保安通信設備の災害時の対応の重要性を考慮して，風圧荷重の値を強化している．

## 3.2.7　電気鉄道等★

　鉄道営業法，軌道法などの適用を受ける電気設備のうち，鉄軌道の専用敷地内に施設するもの等については，電技の規定の一部が適用除外とされており，鉄道営業法等の相当規定によるものとされている（電技第3条）．電気鉄道等の詳細は，解釈の第6章で規定されている．以下には，保安原則の概要を説明する．

❶**保安原則**　電気鉄道等に対する保安原則は，一般の電線路の規定に準じるほか，以下のように定められている．

①**電車線路の施設制限**　直流の電車線路の使用電圧は，低圧又は高圧としなければならない．

2　交流の電車線路の使用電圧は，25000V以下としなければならない．

[注]　三相交流では低圧であること（解釈第211条）．

3　電車線路は，原則として，電気鉄道の専用敷地内に施設しなければならない．

4　前項の専用敷地は，電車線路がサードレール方式である場合等人がその敷地内に立ち入った場合に感電のおそれがあるものである場合には，高架鉄道等人が容易に立ち入らないものでなければならない（電技第52条）．

②**電食障害の防止**　直流帰線は，漏れ電流によって生じる電食作用による障害の生じるおそれがないようにしなければならない（電技第54条）．

　ここで**帰線**とは，電気鉄道レール及びそのレールに接続する電線をいう（解釈第201条第6号）．直流帰線と地中管路とは，原則として電気的に接続しないこと（解釈第210条）．**直接排流法**を禁止しているので，**選択排流法**又は**強制排流法**によることになる（原理は，本書の姉妹編『電験三種合格一直線 機械』P.211 参照のこと）．

③**電圧不平衡の防止**　交流式電気鉄道は，その単相負荷による電圧不平衡により，交流式電気鉄道の変電所の変圧器に接続する電気事業の用に供する発電機，調相設備，変圧器その他の電気機械器具に障害を及ぼさないように施設しなければならない（電技第55条）．

　電圧不平衡率は，交流式電気鉄道変電所の受電点において，所定の計算式による計算値が3%以下であること（解釈第212条）．

④**電波障害の防止**　電車線路は，無線設備の機能に継続的，かつ，重大な障害を及ぼす電波を発生するおそれがある場合には，これを防止するように施設すること．

　電車線路から発生する電波の許容限度は，電車線の直下から電車線と直角の方向に10m離れた地点において，300kHzから3000kHzまでの周波数帯において準せん頭値で36.5dB以下であること（解釈第202条）．

## 3.2節　その他の電線路等

【演習問題 3.6】　高圧屋側・屋上電線路
　高圧の屋側又は屋上電線路に関する解釈の規定に適合しないものは，次のうちどれとどれか（誤りは二つ）．
(1) 高圧屋側電線路の電線に特別高圧絶縁電線を用いる．
(2) 屋外に施設された複数の電線路から送受電するために，屋上電線路を施設する．
(3) 1構内だけの電線路の一部として，高圧屋側電線路を施設する．
(4) 高圧屋上電線路の電線と他の工作物との離隔距離を 0.9m とする．
(5) 高圧屋側電線路を保安強化のため，ひさしの天井内部にいんぺいで施設した．

[解]　(1) 高圧の屋側・屋上電線路の電線は，ケーブルに限られる．
(4) 高圧屋上電線路の電線と他の工作物との離隔距離は 0.6m 以上あればよい．
(5) 高圧屋側電線路は，展開した場所に施設すること．
　　　　　　　　　　　　　　　　[答]　(1), (5)

[解き方の手順]
　本文 3.2.2 項の❶及び❷参照．

【演習問題 3.7】　地中電線路
　低圧地中電線が高圧地中電線と接近し，又は交差する場合において，(ア) 以外の箇所で相互間の距離が (イ) cm 以下のときは，地中電線相互間に堅ろうな (ウ) の隔壁を設けるか，(エ) の地中電線に自消性のある難燃性の被覆を有するものを使用する場合等に限り施設することができる．
　上記の記述中の空白箇所(ア)，(イ)，(ウ)及び(エ)に記入する字句，数値を次の語群から選べ．
　接続箇所，　地中箱内，　15，　30，　不燃性，　耐火性，　難燃性，　いずれか，　それぞれ

[解]　解釈第125条からの出題である．本問の場合，堅ろうな難燃性の管に収納(両方の電線)，不燃性の被覆あり(いずれかの電線)，堅ろうな不燃性の管に収納(いずれかの電線)でもよい．問題文の(エ)の場合の処置は両方の電線に必要である．
　　　[答]　(ア)地中箱内，(イ)15，(ウ)耐火性，(エ)それぞれ

[解き方の手順]
　本文 3.2.4 項参照．不燃の処置などは，両方の電線に要求される場合と片方のみでよい場合とがある．

【演習問題 3.8】　がけの電線路
　次の記述は，電技に基づく電線路のがけへの施設の禁止に関する記述である．
　電線路は，がけに施設してはならない．ただし，その電線が (ア) の上に施設する場合，道路，鉄道，軌道，索道，架空弱電流電線等，架空電線又は (イ) と交差して施設する場合及び (ウ) でこれらのもの(道路を除く)と (エ) して施設する場合以外の場合であって，特別な事情のある場合は，この限りでない．
　上記の記述中の空白箇所(ア)，(イ)，(ウ)及び(エ)に記入する字句を次の語群から選べ．
　建造物，造営材，通信線，電車線，水平距離，垂直距離，隔離，接近

[解]　電技第39条からの出題である．
　　　[答]　(ア)建造物，(イ)電車線，(ウ)水平距離，(エ)接近

[解き方の手順]
　本文 3.2.1 項及び 3.2.5 項の❻参照．

# 練 習 問 題  (解答 p.188〜189)

**問1** 第一次接近状態は，電気設備技術基準の解釈で，次のように定義されている．

架空電線が，他の工作物と接近する場合において，当該架空線が他の工作物の上方又は側方において，水平距離で (ア) [m] 以上，かつ，架空電線路の支持物の地表上の高さに相当する距離以内に施設されることにより，架空電線路の電線の (イ) ，支持物の (ウ) の際に，当該電線が他の工作物 (エ) おそれがある状態．

上記の記述中の空白箇所 (ア)〜(エ) に記入する数値又は語句として，正しいものを組み合わせたのは次のうちどれか．

(1) (ア) 3 (イ) 揺 動 (ウ) 傾 斜 (エ) を損壊させる
(2) (ア) 2 (イ) 揺 動 (ウ) 倒 壊 (エ) を損壊させる
(3) (ア) 2 (イ) 切 断 (ウ) 傾 斜 (エ) を損壊させる
(4) (ア) 3 (イ) 切 断 (ウ) 倒 壊 (エ) に接触する
(5) (ア) 2 (イ) 切 断 (ウ) 傾 斜 (エ) に接触する

**問2** 電線路は，電気設備技術基準で，次のように定義されている．

発電所，変電所，開閉所及びこれらに類する場所並びに (ア) 相互間の電線 ( (イ) を除く) 並びにこれを (ウ) し，又は保蔵する工作物をいう

上記の記述中の空白箇所 (ア)〜(ウ) に記入する語句として，正しいものを組み合わせたのは次のうちどれか．

(1) (ア) 需要場所　　(イ) 弱電流電線路　(ウ) 支　持
(2) (ア) 需要設備　　(イ) 小勢力回路　　(ウ) 保　護
(3) (ア) 需要設備　　(イ) 電車線　　　　(ウ) 保　護
(4) (ア) 電気使用場所 (イ) 電車線　　　　(ウ) 支　持
(4) (ア) 電気使用場所 (イ) 小勢力回路　　(ウ) 分　岐

**問3** 架空電線路の支持物に，取扱者が昇降に使用する足場金具等を地表上 1.8m 未満に施設することができる場合として，不適切なものは次のうちどれか．

(1) 足場金具等を内部に格納できる構造を有する支持物を施設する場合
(2) 支持物に昇塔防止のための装置を施設する場合
(3) 架空電線にケーブルを使用する場合
(4) 支持物を山地等であって人が容易に立ち入るおそれがない場所に施設する場合
(5) 支持物の周囲に取扱者以外の者が容易に立ち入らないように，さく，へい等を施設する場合

**問4** 次の文章は，電気設備技術基準に基づく架空電線等の高さに関する記述である．

架空電線，架空電力保安通信線及び架空電車線は，接触又は (ア) 作用による (イ) のおそれがなく，かつ，(ウ) に支障のない高さに施設しなければならない．支線は，(ウ) に支障を及ぼすおそれがない高さに施設しなければならない．

上記の記述中の空白箇所 (ア)〜(ウ) に記入する語句として，正しいものを組み合わせたのは次のうちどれか．

(1) (ア) 誘導 (イ) 感電　　(ウ) 交通　　(2) (ア) 静電 (イ) 電波障害 (ウ) 造営物
(3) (ア) 誘導 (イ) 電波障害 (ウ) 交通　　(4) (ア) 通電 (イ) 感電　　(ウ) 建造物
(5) (ア) 電磁 (イ) 感電　　(ウ) 建造物

**問5** 市街地に施設する高圧の架空電線として，使用できないものは次のうちどれか．
 (1) 特別高圧絶縁電線
 (2) 高圧用の屋外用ポリエチレン絶縁電線
 (3) 高圧用の屋外用架橋ポリエチレン絶縁電線
 (4) 高圧引下用架橋ポリエチレン絶縁電線
 (5) 半導電性外装ちょう架用高圧ケーブル

**問6** 電線支持点に高低差のない径間が150mの高圧架空電線路において，電線に硬銅線を使用した場合の架空電線の弛度[m]は，電気設備技術基準及び同解釈によれば，いくら以上としなければならないか．正しい値を次のうちから選べ．ただし，電線の引張荷重は38kN，電線の重量と風圧荷重とを加えた合成荷重は21.56N/mとする．
 (1) 2.12　　(2) 2.43　　(3) 3.20　　(4) 3.51　　(5) 4.04

**問7** 高圧絶縁電線を使用した高圧架空電線が建造物と接近する場合，高圧架空電線と建造物の上部造営材との離隔距離は，上部造営材の上方においては (ア) [m]，上部造営材の側方又は下方においては (イ) [m] (電線に人が容易に触れるおそれがないように施設する場合は (ウ) [m])以上とすること．

上記の記述中の空白箇所(ア)～(ウ)に記入する数値として，正しいものを組み合わせたのは次のうちどれか．

 (1) (ア) 2　 (イ) 1.2　 (ウ) 0.3　　(2) (ア) 2　 (イ) 1.2　 (ウ) 0.8
 (3) (ア) 3　 (イ) 1.2　 (ウ) 0.4　　(4) (ア) 3　 (イ) 1.8　 (ウ) 0.8
 (5) (ア) 3　 (イ) 1.8　 (ウ) 0.3

**問8** 次の文章は，電気設備技術基準に基づく電線の混触の防止に関する記述である．

電線路の電線，電力保安通信線又は (ア) 等は，他の電線又は (イ) と接近し，もしくは交差する場合又は同一支持物に (ウ) する場合には，他の電線又は (イ) を損傷するおそれがなく，かつ， (エ) ，断線等によって生じる混触による感電又は火災のおそれがないように施設しなければならない．

上記の記述中の空白箇所(ア)～(エ)に記入する語句として，正しいものを組み合わせたのは次のうちどれか．

 (1) (ア) 電車線　　(イ) 弱電流電線等　(ウ) 施設　(エ) 接触
 (2) (ア) 架空地線　(イ) き電線　　　　(ウ) 添架　(エ) 短絡
 (3) (ア) 架空地線　(イ) 電話線　　　　(ウ) 共架　(エ) 振動
 (4) (ア) き電線　　(イ) 弱電流電線等　(ウ) 施設　(エ) 接触
 (5) (ア) 電車線　　(イ) き電線　　　　(ウ) 添架　(エ) 振動

**問9** 次の文章は，電気設備技術基準に基づく支持物の倒壊防止に関する記述である．

架空電線路又は (ア) の支持物の材料及び構造(支線を施設する場合は，当該支線に係るものを含む)は，その支持物が支持する電線等による引張荷重，風速 (イ) [m/秒]の風圧荷重及び当該設置場所において通常想定される気象の変化，振動，衝撃その他の外部環境の影響を考慮し，倒壊のおそれがないよう，安全なものでなければならない．ただし，人家が多く連なっている場所に施設する架空電線路にあっては，その施設場所を考慮して施設する場合は，風速 (イ) [m/秒]の風圧荷重の (ウ) の風圧荷重を考慮して施設することができる．

上記の記述中の空白箇所 (ア) ～ (ウ) に記入する語句又は数値として，正しいものを組み合わせたのは次のうちどれか．

(1) (ア) 架空弱電流電線路　(イ) 30　(ウ) 2分の1
(2) (ア) 架空電車線路　　　(イ) 40　(ウ) 2分の1
(3) (ア) 架空電車線路　　　(イ) 40　(ウ) 3分の1
(4) (ア) 架空弱電流電線路　(イ) 50　(ウ) 3分の1
(5) (ア) 架空電車線路　　　(イ) 50　(ウ) 4分の1

**問 10**　次の文章は，電気設備技術基準の解釈に基づく高圧保安工事に関する記述である．

1. 電線はケーブルである場合を除き，引張強さ 8.01kN 以上のもの又は直径 (ア) [mm] 以上の硬銅線であること．
2. 木柱の風圧荷重に対する安全率は， (イ) 以上であること．
3. 支持物に，木柱，A種鉄筋コンクリート柱，A種鉄柱を使用する場合の径間は， (ウ) [m] 以下であること．

上記の記述中の空白箇所 (ア) ～ (ウ) に記入する数値として，正しいものを組み合わせたのは次のうちどれか．

(1) (ア) 5　　(イ) 1.5　(ウ) 100　　(2) (ア) 5　　(イ) 1.5　(ウ) 150
(3) (ア) 5　　(イ) 2.0　(ウ) 100　　(4) (ア) 4.5　(イ) 2.0　(ウ) 100
(5) (ア) 4.5　(イ) 1.2　(ウ) 150

**問 11**　氷雪の多い地方のうち，海岸地その他の低温季に最大風圧を生ずる地方以外の地方において，電線に断面積 $150mm^2$ (19 本/3.2mm) の硬銅より線を使用する特別高圧架空電線路がある．この電線1条，長さ1m当たりに加わる水平風圧荷重について，電気設備技術基準の解釈に基づき，次の (a) 及び (b) に答えよ．ただし，電線は，**図問 11** のようなより線構成とする．

(a) 高温季における風圧荷重 [N] の値として，最も近いのは次のうちどれか．

(1) 6.8　(2) 7.8　(3) 9.4　(4) 10.6　(5) 15.7

(b) 低温季における風圧荷重 [N] の値として，最も近いのは次のうちどれか．

(1) 12.6　(2) 13.7　(3) 18.5　(4) 21.6　(5) 27.4

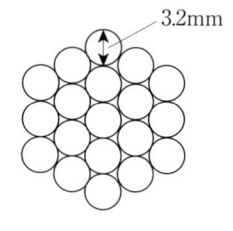

図問 11

**問 12**　**図問 12** のように，高圧架空電線路中で水平角度が 60 度の電線路となる部分の支持物 (A 種鉄筋コンクリート柱) に下記 (ア) ～ (ウ) の条件で，電気設備技術基準の解釈に適合する支線を設けるものとする．このとき，次の (a) 及び (b) に答えよ．

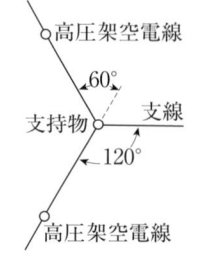

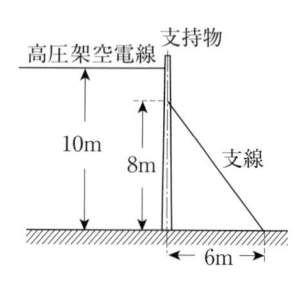

図問 12

(ア) 高圧架空電線の取り付け高さを 10m，支線の支持物への取り付け高さを 8m，この支持物の地表面の中心点と支線の地表面までの距離を 6m とする．
(イ) 高圧架空電線と支線の水平角度を 120 度，高圧架空電線の想定最大水平張力を 9.8kN と

する．
(ウ) 支線には亜鉛めっき鋼より線を用いる．その素線は，直径 2.6mm，引張強さ 1.23kN/mm² である．素線のより合わせによる引張荷重の減少係数を 0.92 とし，支線の安全率を 1.5 とする．
(a) 支線に働く想定最大荷重 [kN] の値として，最も近いのは次のうちどれか．
　(1) 10.2　(2) 12.3　(3) 20.4　(4) 24.5　(5) 40.1
(b) 支線の素線の最小の条数として，正しいのは次のうちどれか．
　(1) 3　(2) 7　(3) 9　(4) 13　(5) 19

**問 13** 高圧屋側電線路の施設に関する次の記述のうち，誤っているのはどれか．
(1) 高圧屋側電線路の電線は，ケーブル又は高圧絶縁電線であること．
(2) 高圧屋側電線路は，屋外に施設された電線路から π 引込みとなるように施設する場合には施設することができる．
(3) 高圧屋側電線路は，展開した場所に限り施設することができる．
(4) 高圧屋側電線路は，1 構内だけに施設する電線路の全部又は一部として施設する場合には施設することができる．
(5) 高圧屋側電線路の電線と，その高圧屋側電線路を施設する造営物に施設する低圧屋側電線との離隔距離は，15cm 以上とする．

**問 14** 低圧屋側電線路を施設する場合に施工してよい工事の種類として，誤っているのは次のうちどれか．
(1) がいし引き工事 ( 展開した場所に限る )
(2) 合成樹脂管工事
(3) 金属管工事 ( 木造以外の造営物に施設する場合に限る )
(4) 可とう金属管工事 ( 木造以外の造営物に施設する場合に限る )
(5) バスダクト工事 ( 木造以外の造営物 ( 点検できない隠ぺい箇所を除く ) に施設する場合に限る )

**問 15** 次の文章は，電気設備技術基準の解釈に基づく低圧架空引込線に関する記述である．
低圧架空引込線は，電線にケーブルを使用する場合を除き，引張強さ 2.30kN 以上のもの又は直径 (ア) [mm] 以上の硬銅線を使用すること．ただし，径間が (イ) [m] 以下の場合に限り，引張強さ 1.38kN 以上のもの又は直径 (ウ) [mm] 以上の硬銅線を使用することができる．
上記の記述中の空白箇所 ( ア )～( ウ ) に記入する数値として，正しいものを組み合わせたのは次のうちどれか．
(1) (ア) 2.6　(イ) 15　(ウ) 1.6　(2) (ア) 2.6　(イ) 15　(ウ) 2.0
(3) (ア) 3.2　(イ) 20　(ウ) 2.6　(4) (ア) 4.0　(イ) 50　(ウ) 3.2
(5) (ア) 5.0　(イ) 50　(ウ) 4.0

**問 16** 次の文章は，電気設備技術基準に基づく地中電線等に関する記述である．
1. 地中電線，屋側電線及びトンネル内電線その他の工作物に固定して施設する電線は，(ア)，弱電流電線等又は管( (ア) 等という，以下同じ)と接近し，又は交差する場合には，故障時の (イ) により他の電線等を損傷するおそれがないように施設しなければならない．ただし，感電又は火災のおそれがない場合であって，他の電線等の管理者の承諾を得た場合は，この限りでない．

2. 地中電線路は，車両その他の重量物による圧力に耐え，かつ，当該地中電線路を埋設している旨の表示等により (ウ) からの影響を受けないようにしなければならない．
3. 地中電線路のうちその内部で作業が可能なものには， (エ) を講じなければならない．

上記の記述中の空白箇所(ア)〜(エ)に記入する語句として，正しいものを組み合わせたのは次のうちどれか．

(1) (ア)他の電線　　　　(イ)アーク放電　(ウ)舗装工事　(エ)防水措置
(2) (ア)他の電線　　　　(イ)短絡電流　　(ウ)掘削工事　(エ)防火措置
(3) (ア)他の絶縁電線　　(イ)短絡電流　　(ウ)舗装工事　(エ)防水措置
(4) (ア)他の絶縁電線　　(イ)アーク放電　(ウ)建設工事　(エ)防水措置
(5) (ア)他の電線　　　　(イ)アーク放電　(ウ)掘削工事　(エ)防火措置

**問 17** 地中電線路を直接埋設式により施設する場合は，土冠を車両その他の重量物の圧力を受けるおそれがある場所では (ア) [m] 以上，その他の場所では (イ) [m] 以上とし，かつ，地中電線を堅ろうなトラフその他の防護物に収めて施設すること．

上記の記述中の空白箇所(ア)，(イ)に記入する数値として，正しいものを組み合わせたのは次のうちどれか．

(1) (ア) 1.0　(イ) 0.3　　(2) (ア) 1.0　(イ) 0.5　　(3) (ア) 1.2　(イ) 0.5
(4) (ア) 1.2　(イ) 0.6　　(5) (ア) 1.5　(イ) 0.6

**問 18** 次の文章は，電気設備技術基準の解釈に基づく，架空電線路に使用する支持物の強度計算における風圧荷重の適用についての記述である．

1. 氷雪の多い地方以外の地方では，高温季においては甲種風圧荷重，低温季においては (ア) 風圧荷重．
2. 氷雪の多い地方(次項に掲げる地方を除く)では，高温季においては甲種風圧荷重，低温季においては (イ) 風圧荷重．
3. 氷雪の多い地方のうち，海岸地その他の低温季に最大風圧を生ずる地方では，高温季においては甲種風圧荷重，低温季においては (ウ) 風圧荷重又は (エ) 風圧荷重のいずれか大きいもの．

上記の記述中の空白箇所(ア)〜(エ)に記入する語句として，正しいものを組み合わせたのは次のうちどれか．

(1) (ア)乙種　(イ)丙種　(ウ)甲種　(エ)乙種
(2) (ア)乙種　(イ)丙種　(ウ)甲種　(エ)丙種
(3) (ア)乙種　(イ)丙種　(ウ)乙種　(エ)丙種
(4) (ア)丙種　(イ)乙種　(ウ)甲種　(エ)乙種
(5) (ア)丙種　(イ)乙種　(ウ)乙種　(エ)丙種

# 第4章　電気設備技術基準・解釈Ⅲ(電気使用場所)

―――――――――――――本章の必須項目―――――――――――――

□　**対地電圧の制限**　下記は原則150V以下
- **住宅の屋内電路**，家庭用機械器具の屋内電路(住宅以外)，白熱電灯・放電灯の屋内電路
- ただし，定格2kW以上の機器等で，接触防護措置等により対地電圧300Vまで可能

□　**屋内配線の規制**　直径1.6mmφ以上の軟銅線
- 引込口開閉器，メタルラス張り部との絶縁措置
- 電動機(0.2kW超過)の過負荷保護

□　**低圧幹線の施設**　$I_m$:電動機負荷，$I_l$:電熱・照明負荷 [A]

| 幹線の許容電流 $I_w$ | | |
|---|---|---|
| $I_m \leq I_l$ | | $I_w \geq I_l + I_m$ |
| $I_m > I_l$ | $I_m \leq 50$ | $I_w \geq I_l + 1.25 I_m$ |
| | $I_m > 50$ | $I_w \geq I_l + 1.1 I_m$ |
| 過電流遮断器の定格電流 $I_b$ | $I_m = 0$ | $I_b \leq I_w$ |
| | $I_m > 0$ | $I_b \leq I_l + 3 I_m$ かつ $I_b \leq 2.5 I_w$ |

□　**幹線の過電流遮断器(CB)の省略**
- 当該幹線の許容電流が電源側CBの定格電流の55%(幹線長8m以下は35%)以上ある場合
- 他の幹線を接続しない3m以下の幹線

□　**分岐回路の施設**　幹線の規定に準ずる
- 幹線分岐点から3m以内に，開閉器，CBを施設
- <u>50A超負荷分岐回路</u>　他の負荷を接続しない，CB定格電流≦当該負荷の1.3倍
- <u>電動機分岐回路</u>　CB定格電流≦接続電線の許容電流の2.5倍

□　**配線工事の施設制限**
- 合成樹脂管，金属管，可とう電線管，ケーブルは制限なし．その他の工事は下表のとおり．

| 施設場所 | | 使用電圧300V以下 | 同左300V超過 |
|---|---|---|---|
| 展開場所 | 乾燥した場所 | がいし引き，金属線ぴ，金属ダクト，バスダクト，ライティングダクト(※) | がいし引き，金属ダクト，バスダクト |
| | その他 | がいし引き，バスダクト | がいし引き |
| 点検できる隠ぺい場所 | 乾燥した場所 | (※)記載のほか，セルラダクト，平形保護層 | がいし引き，金属ダクト，バスダクト |
| | その他 | がいし引き | がいし引き |
| 点検できない隠ぺい場所(乾燥した場所) | | フロアダクト，セルラダクト | ― |

□　**施設方法の原則**
- ケーブル以外では絶縁電線(OW, DV除く)使用
- 金属保護部は，C種又はD種接地工事
- 管，ダクト内では電線を接続しない

□　**配線工事方法の概要**　＊垂直専用区間は6m以下

| 合成樹脂管 | 管の厚さ：2mm以上，支持間隔1.5m以下 |
|---|---|
| 金属管 | 管の厚さ：コンクリート埋込みは1.2mm以上，その他は1mm以上 |
| 金属ダクト | ダクト内電線断面積総和はダクト内部断面積の20%以下，支持間隔3m以下* |
| バスダクト | 支持間隔3m以下*，湿気場所は屋外用を用い内部に水がたまらないこと |
| 平形保護層 | 対地電圧150V以下，30A以下のCBで保護，漏電CBを設ける．学校教室，ホテル客室，病室等では禁止 |
| ケーブル | 支持間隔2m以下*，外力を受けるおそれのある箇所は防護措置 |

―――――――電験三種のポイント―――――――

　本章は，解釈第5章の電気使用場所の施設を中心に記述している．併せて，第7章の国際規格の取り入れ，第8章の分散型電源の系統連系設備についても要点を解説している．学習の重点は，電気使用場所の施設であるが，屋内配線工事の方法，幹線及び分岐回路の施設が特に重要である(簡単な計算もある)．

# 4.1節　電気使用場所の施設

## 4.1.1　電気使用場所の通則

電気使用場所は，2.1.1項で述べたように，「電気を使用するための電気設備を施設した，1の建物又は1の単位をなす場所」をいう(解釈第1条第4号)．なお，図2.2も参照のこと．

❶**重要な用語**　電気使用場所の施設全般に関連する重要な用語について述べる．

・**配線**　電気使用場所において施設する電線(電気機械器具内及び電線路の電線を除く)(電技第1条第17号)．

・**屋内配線**　屋内の**電気使用場所**において，固定して施設する**電線**(電気機械器具内，**管灯回路**等の電線を除く)(解釈第1条第11号)．

・**低圧幹線**　引込口開閉器又は変電所に準ずる場所に施設した低圧開閉器を起点とする，電気使用場所に施設する低圧の電路であって，当該電路に，電気機械器具(配線器具を除く)に至る低圧電路であって過電流遮断器を施設するものを接続するもの(解釈第142条第1号)(**図4.1**)．

・**低圧分岐回路**　低圧幹線から分岐して電気機械器具に至る低圧電路(解釈第142条第2号)．

・**低圧配線**　低圧の屋内配線，屋側配線及び屋外配線(解釈第142条第3号)．

・**屋内電線**　屋内に施設する電線路の電線及び屋内配線(解釈第142条第4号)．

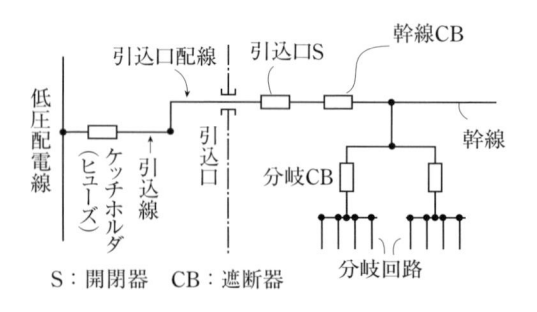

図4.1　低圧幹線と分岐回路

❷**保安原則**　電気使用場所の施設については，感電，火災等の防止の観点から，電技では次のような総括的な規定がある．

①**感電・火災の防止**　配線は，施設場所の状況及び電圧に応じ，感電又は火災のおそれがないように施設しなければならない(電技第56条第1項)．

②**使用電線の性能**　配線の使用電線(裸電線及び特別高圧で使用する接触電線を除く)には，感電又は火災のおそれがないよう，施設場所の状況及び電圧に応じ，使用上十分な強度及び絶縁性能を有するものでなければならない(電技第57条第1項)．

③**裸電線の禁止**　配線には，裸電線を使用してはならない．ただし，施設場所の状況及び電圧に応じ，使用上十分な強度を有し，かつ，絶縁性がないことを考慮して，配線が感電又は火災のおそれがないように施設する場合は，この限りでない(電技第57条第2項)．

[ **裸電線の使用可能箇所** ]　解釈第144条で以下のように規定している．

イ．展開した場所にがいし引き工事で施設する低圧電線で次のもの：電気炉用電線，電線の被覆絶縁物が腐食する場所に施設するもの，取扱者以外が出入りできないように措置した場所に施設するもの．

ロ．バスダクト工事による低圧電線

ハ．ライティングダクト工事による低圧電線

ニ．接触電線(解釈第173，第174，第189条)

ホ．特別低電圧照明回路(解釈第183条，後述)

ヘ．電気さくの電線(解釈第192条，後述)

④**非常用予備電源**　常用電源の停電時に使用する非常用予備電源(需要場所に施設されるものに限る)は，需要場所以外の場所に施設する電路であって，常用電源側のものと電気的に接続しないように施設しなければならない(電技第61条)．

配電線の停電時に，非常用予備電源から配電線に逆充電されると，配電線の停電復旧の作業者が感電するおそれがある．これを防止するための規定である．

❸**対地電圧の制限**　解釈第143条では，住宅の屋内電路の対地電圧は，原則として150V以下としている[注]．対地電圧150V以下の電気方式は，単相2線式100V，同200V（単相3線式の外側，対地電圧は100V），単相3線式100/200Vのいずれかになる．ただし，以下に述べる(1)～(3)のように施設する場合は，上記の制限が適用されない．

**(1)住宅の屋内電路**（電気機械器具内の電路を除く）

下記のa～dの場合，記載のように施設すれば，対地電圧を300V以下とすることができる（太陽電池モジュールでは直流450V以下）．

a．定格消費電力が2kW以上の電気機械器具及びこれのみに電気を供給する屋内配線（図4.2）

　イ．屋内配線には，簡易接触防護措置を施す．
　ロ．電気機械器具には，原則として簡易接触防護措置を施す．ただし，電気機械器具のうち簡易接触防護措置を施さない部分が絶縁性のある材料で堅ろうに作られている場合，又は乾燥した木製の床その他これに類する絶縁性のものの上でのみ取り扱うように施設する場合は，この限りでない．
　ハ．電気機械器具は，屋内配線と直接接続する．
　ニ．電気を供給する電路には，専用の開閉器及び過電流遮断器を設ける．
　ホ．電路には原則として，地絡時の自動遮断装置を設ける．ただし，電気機械器具の

---

[注]　管灯回路の使用電圧が1 000V以下の放電灯（蛍光灯や水銀灯などを指す）についても，供給電路の対地電圧は，原則として150V以下としている．放電灯の施設については，解釈第185条で一括して規定している．4.3.5項の5（P.134）の記述参照．

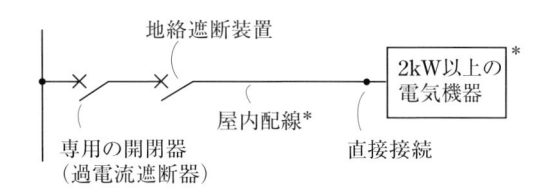

図4.2　対地電圧150V超の住宅屋内電路

＊簡易接触防護措置

電源側に簡易接触防護措置を施した絶縁変圧器（容量3kVA以下，一次電圧は低圧，二次電圧は300V以下）を設け，負荷側の電路を非接地とした場合は，この限りでない．

上記の規定は，住宅用の大型のエアコンなどで三相200Vの機器を使う例が増えていることによる措置である．

b．当該住宅以外の場所に電気を供給するための屋内配線

人が触れるおそれがない隠ぺい場所に合成樹脂管工事，金属管工事又はケーブル工事により施設する．

c．太陽電池モジュールに接続する負荷側の屋内配線

　イ．屋内配線の対地電圧は直流450V以下．
　ロ．電路には原則として，地絡時の自動遮断装置を設ける．ただし，太陽電池モジュールの出力が20kW未満（屋内電路の対地電圧が300Vを超える場合は10kW以下とし，かつ，直流電路に機械器具を施設しない）の場合に，非接地の直流電路に接続する逆変換装置の交流側に絶縁変圧器を設ける場合は，この限りでない．
　ハ．人が触れるおそれがない隠ぺい場所に合成樹脂管工事，金属管工事又はケーブル工事により施設する．又はケーブル工事により施設し，電線に接触防護措置を施す．

d．住宅の屋内に施設する電線路（解釈第132条第3項参照）

人が触れるおそれがない隠ぺい場所に合成

樹脂管工事，金属管工事又はケーブル工事により施設する．

**(2) 家庭用電気機械器具に電気を供給する屋内電路**(住宅以外の場所の屋内に施設するもの)

家庭用電気機械器具並びにこれに電気を供給する屋内配線及びこれに接続する配線器具を次のいずれかにより施設する場合は，<u>300V以下とすることができる</u>．

　イ．(1) a のイからハまでに準じて施設する．
　ロ．簡易接触防護措置を施す．ただし，取扱者以外の者が立ち入らない場所では，この限りでない．

**(3) 白熱電灯の屋内電路**(特別低電圧照明回路の白熱電灯を除く)　住宅以外の場所において，下記では，<u>300V以下とすることができる</u>．

　イ．白熱電灯及びその付属電線には，簡易接触防護措置を施す．
　ロ．白熱電灯は，屋内配線と直接接続する．
　ハ．白熱電灯の電球受口は，キーその他の点滅機構がないこと．

**❹ メタルラス張り等の木造造営物の絶縁措置**

<u>メタルラス張り，ワイヤラス張り又は金属板張りの木造造営物に，屋内配線を行う場合は，屋内配線との絶縁措置を確実に行うこと</u>を解釈第145条で規定している．

漏電が起こった場合に，変圧器のB種接地工事の抵抗を通じて地絡電流が流れ，メタルラス等の金属部分が過熱して建物の火災を起こす事例が過去に多数ある．本条項はその防止措置である．また，この規定は低圧回路のみならず高圧，特別高圧にも適用される．

### 4.1.2　低圧配線の電線

低圧配線に使用する電線については，解釈第146条に規定している．

**❶ 配線の太さ**　低圧配線は，<u>直径1.6mm以上の軟銅線</u>もしくはこれと同等以上の強さ及び太さのもの又は<u>断面積が1mm$^2$以上のMIケーブル</u>であること．ただし，配線の使用電圧が300V以下の場合において，下記の場合はこの限りでない．

① 電光サイン装置，出退表示灯，制御回路等の配線に直径1.2mm以上の軟銅線を使用し，合成樹脂管工事，金属管工事，金属線ぴ工事，金属ダクト工事，フロアダクト工事，セルラダクト工事により施設する場合．

② 電光サイン装置，出退表示灯，制御回路等の配線に断面積0.75mm$^2$以上の多心ケーブル又は多心キャブタイヤケーブルを使用し，かつ，過電流を生じた場合に電路を自動遮断する場合．

③ ショウウィンドー又はショウケース内の低圧配線(解釈第172条第1項参照)に断面積0.75mm$^2$以上のコード又はキャブタイヤケーブルを使用する場合．

④ エレベータ用ケーブルを使用する場合(解釈第172条第3項参照)．

**❷ 許容電流**　低圧配線に使用する600Vビニル絶縁電線，600Vポリエチレン絶縁電線，600Vふっ素絶縁電線，600Vゴム絶縁電線の許容電流 $I$ は，次式で計算した値による(ケーブルの許容電流はP.107のコラム参照)．ただし，短時間の許容電流(P.108のコラム参照)については，この限りでない．

$$I = I_w \times K_1 \times K_2 \text{ [A]} \tag{4.1}$$

式の記号は，下記による．

$I_w$：電線自体の許容電流 [A]．単線は**表 4.1**，成形単線又はより線は**表 4.2**による．
$K_1$：周囲温度による補正係数．**表 4.3**による．
$K_2$：絶縁電線を合成樹脂管，金属管，金属可とう管，金属線ぴに収納時の電流減少係数．**表 4.4**による．

$K_1$ の許容電流補正係数式の考え方は，電線からの発熱と絶縁物からの放熱の熱量バランスに基づいている(詳細は本書の姉妹編『電験三種合格一直線 電力』P.184を参照されたい)．周囲温度の基準は30℃である．絶縁体の最高許容温度は，ビニルが60℃，耐熱ビニルが75℃，エチ

レンプロピレンゴムが 80℃, 架橋ポリエチレンが 90℃, ふっ素樹脂が 200℃, けい素ゴムが 180℃である. よって, 架橋ポリエチレンでは, 周囲温度 30℃で使用の場合, 表 4.3 の式から, ビニルの $\sqrt{2}=1.414$ 倍の許容電流になる.

$K_2$ の電流減少係数は, 電線を管などに収納

表 4.1 単線の許容電流

| 導体直径 [mm] | 許容電流 [A] | | |
|---|---|---|---|
| | 軟銅線又は硬銅線 | 硬・半硬・軟銅アルミ線 | イ号又は高力アルミ線 |
| 1.0 以上 1.2 未満 | 16 | 12 | 12 |
| 1.2 以上 1.6 未満 | 19 | 15 | 14 |
| 1.6 以上 2.0 未満 | 27 | 21 | 19 |
| 2.0 以上 2.6 未満 | 35 | 27 | 25 |
| 2.6 以上 3.2 未満 | 48 | 37 | 35 |
| 3.2 以上 4.0 未満 | 62 | 48 | 45 |
| 4.0 以上 5.0 未満 | 81 | 63 | 58 |
| 5.0 | 107 | 83 | 77 |

表 4.2 より線の許容電流

| 導体公称断面積 [mm²] | 許容電流 [A] | | |
|---|---|---|---|
| | 軟銅線又は硬銅線 | 硬・半硬・軟銅アルミ線 | イ号又は高力アルミ線 |
| 0.9 以上 1.25 未満 | 17 | 13 | 12 |
| 1.25 以上 2 未満 | 19 | 15 | 14 |
| 2 以上 3.5 未満 | 27 | 21 | 19 |
| 3.5 以上 5.5 未満 | 37 | 29 | 27 |
| 5.5 以上 8 未満 | 49 | 38 | 35 |
| 8 以上 14 未満 | 61 | 48 | 44 |
| 14 以上 22 未満 | 88 | 69 | 63 |
| 22 以上 30 未満 | 115 | 90 | 83 |
| 30 以上 38 未満 | 139 | 108 | 100 |
| 38 以上 50 未満 | 162 | 126 | 117 |
| 50 以上 60 未満 | 190 | 148 | 137 |
| 60 以上 80 未満 | 217 | 169 | 156 |
| 80 以上 100 未満 | 257 | 200 | 185 |
| 100 以上 125 未満 | 298 | 232 | 215 |
| 125 以上 150 未満 | 344 | 268 | 248 |
| 150 以上 200 未満 | 395 | 308 | 284 |
| 200 以上 250 未満 | 469 | 366 | 338 |
| 250 以上 325 未満 | 556 | 434 | 400 |
| 325 以上 400 未満 | 650 | 507 | 468 |
| 400 以上 500 未満 | 745 | 581 | 536 |
| 500 以上 600 未満 | 842 | 657 | 606 |
| 600 以上 800 未満 | 930 | 745 | 690 |
| 800 以上 1 000 未満 | 1 080 | 875 | 820 |
| 1 000 | 1 260 | 1 040 | 980 |

表 4.3 許容電流補正係数

| 絶縁体材料及び施設場所 | | 許容電流補正係数計算式 |
|---|---|---|
| ビニル混合物及び天然ゴム混合物 | | $\sqrt{\dfrac{60-\theta}{30}}$ |
| 耐熱ビニル混合物, 一般ポリエチレン混合物及びスチレンブタジエンゴム混合物 | | $\sqrt{\dfrac{75-\theta}{30}}$ |
| エチレンプロピレンゴム混合物 | | $\sqrt{\dfrac{80-\theta}{30}}$ |
| 架橋ポリエチレン混合物 | | $\sqrt{\dfrac{90-\theta}{30}}$ |
| ふっ素樹脂混合物 | 温度上昇可能場所* | $0.9\sqrt{\dfrac{200-\theta}{30}}$ |
| | その他の場合 | $0.9\sqrt{\dfrac{90-\theta}{30}}$ |
| けい素ゴム混合物 | 温度上昇可能場所* | $\sqrt{\dfrac{180-\theta}{30}}$ |
| | その他の場合 | $\sqrt{\dfrac{90-\theta}{30}}$ |

(備考) $\theta$ は, 周囲温度 [℃], ただし, 30℃以下は 30 とする.
\* 電線又はこれを収める電線管, ダクト等を, 通電による温度の上昇により他の造営材に障害を及ぼすおそれがない場所に施設し, かつ, 電線に接触防護措置を施す場合.

表 4.4 同一管の電流減少係数

| 同一管内電線数 | 電流減少係数 |
|---|---|
| 3 以下 | 0.70 |
| 4 | 0.63 |
| 5 又は 6 | 0.56 |
| 7 以上 15 以下 | 0.49 |
| 16 以上 40 以下 | 0.43 |
| 41 以上 60 以下 | 0.39 |
| 61 以上 | 0.34 |

> **コラム** ケーブルの許容電流
>
> ケーブルは外装(シース)があるので熱放散が悪く, 許容電流は絶縁電線よりも少なくなる. また, 布設条件で許容電流が異なる. 解釈ではケーブルの許容電流は規定されていない. これらについては, 民間規程である**内線規程**などに従うとよい.
>
> ケーブルの許容電流の概略値は, 絶縁電線での電線管内 3 本以下の場合と考えて大差はない. すなわち, 絶縁電線単体の約 70%以下になる.

する場合は，がいし引きなど空中に施設する場合よりも熱がこもることを考慮したものである．

### 例題 4.1　絶縁電線の許容電流

公称断面積 8mm² のビニル絶縁電線（軟銅線）4 本を金属管に収納し，周囲温度 40°C で使用した場合の許容電流はいくらか．

[解]　電線自体の許容電流 $I_w$ は，表 4.2 から 61[A]．電流補正係数 $K_1$ は，$\theta$ = 40°C で表 4.3 の式から求める．電流減少係数 $K_2$ は，表 4.4 から 0.63 である．許容電流 $I$ は，(4.1) 式から，

$$I = I_w \times K_1 \times K_2$$

$$= 61 \times \sqrt{\frac{60-40}{30}} \times 0.63 = 31.3 \text{ [A]}$$

[答]　31[A]

---

#### コラム　短時間許容電流の考え方

短絡時や電動機起動時の短時間大電流については，大電流が流れている間，導体からのジュール熱は絶縁物から放散されずに，導体内に蓄積し導体の温度を上昇させるものと考える．そして，大電流の通電時間中に導体温度が絶縁物の短時間許容温度を超えないものとする．

導体の密度を $\sigma$，比熱を $c$，抵抗率を $\rho$，断面積を $S$，絶縁物の短時間許容温度を $T_i$，基準温度を $T_b$，通電時間を $t$，電流を $I_s$ とすると，導体の単位長当たりでは，次式の熱バランスが成り立つ（左辺が発熱，右辺が導体温度上昇）．

$$I_s^2 \frac{\rho}{S} t = c \sigma S (T_i - T_b) \quad (4.2)$$

よって，短時間許容電流 $I_s$ は，

$$I_s = S \sqrt{\frac{c \sigma (T_i - T_b)}{\rho t}} \quad (4.3)$$

$T_i$ は，ビニルで 120°C，架橋ポリエチレンで 230°C である．$T_b$ は当該絶縁物の通常の最高許容温度にとれば安全側である．

---

本問の $K_1$ = 0.816 である．答は電線自体の許容電流の約半分になっている．

### 4.1.3　開閉器，幹線，分岐回路

❶**保安原則**　低圧の幹線，低圧の幹線から分岐して電気機械器具に至る低圧の電路及び引込口から低圧の幹線を経ないで電気機械器具に至る低圧の電路（本項で「**幹線等**」という）には，適切な箇所に開閉器を施設するとともに，過電流が生じた場合に当該幹線等を保護できるよう，過電流遮断器を施設しなければならない．ただし，当該幹線等における短絡事故により過電流の生じるおそれがない場合は，この限りでない（電技第 63 条第 1 項）．

❷**引込口開閉器**　低圧屋内電路（火薬庫に施設するものを除く）には，引込口に近い箇所であって，容易に開閉できる箇所に開閉器を施設すること．ただし，下記の場合は，この限りでない（**図 4.3**，解釈第 147 条）．

① 使用電圧 300V 以下の屋内電路で，他の屋内電路（定格電流 15A 以下の過電流遮断器又は 15A を越え 20A 以下の配線用遮断器で保護されているものに限る）に接続する長さ 15m 以下の電路から電気の供給を受けるも場合．

② 低圧屋内電路に接続する電源側の電路（当該電路に架空又は屋上部分がある場合は，その部分より負荷側に限る）に当該低圧屋内電路の専用の開閉器をこれと同一構内であって容易に開閉できる箇所に設ける場合．

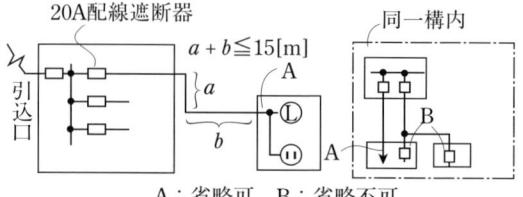

(a) ①の場合　　　(b) ②の場合

図 4.3　引込口開閉器の省略

❸**幹線の施設**　低圧幹線の施設は，解釈第第148条で，下記のように規定されている．

**(1)幹線の電線**　幹線は損傷を受けるおそれがない場所に施設するほか，次の値以上の許容電流 $I_w$ を有する電線を使用すること．ただし，需要率，力率等が明らかな場合は，これらによって適当に修正した負荷電流値以上の許容電流のある電線でよい(**表 4.5**)．以下の式で，$I_l$ は電灯負荷等電動機負荷以外の合計電流，$I_m$ は電動機負荷の合計電流を表す．

① 電動機等の負荷が 50% 以下の場合，電気使用機械器具の定格電流の合計値

$$I_w \geq I_l + I_m \quad (I_l \geq I_m) \quad (4.4)$$

② 電動機等の負荷が 50% 超過の場合，他の電気機械器具の定格電流の合計値に次の値を加えた値

a. 電動機等の定格電流の合計値が 50A 以下の場合は，その定格電流の合計の 1.25 倍

$$I_w \geq I_l + 1.25 I_m \quad (I_l < I_m, I_m \leq 50A) \quad (4.5)$$

b. 電動機等の定格電流の合計値が 50A 超過の場合は，その定格電流の合計値の 1.1 倍

$$I_w \geq I_l + 1.1 I_m \quad (I_l < I_m, I_m > 50A) \quad (4.6)$$

電動機負荷の割合が大きくなると，電圧変動や過負荷により，電流が定格よりも大きくなる可能性があるので上記のように規定している．電動機電流 50A は，三相 200V 級でいうと 15kW に相当するが，これよりも大きい場合は電圧変動のみを考慮して 10% 増し，小さい場合は過負荷使用も加味して 25% 増しとしている．

**(2)過電流遮断器の施設**　幹線の電源側には，当該幹線を保護する過電流遮断器を各極(多線式電路の中性極を除く)に設ける．

過電流遮断器の定格電流 $I_b$ は，次によること(表 4.5)．

① 幹線に電動機等が接続されない場合，屋内幹線の許容電流以下．

$$I_b \leq I_w \quad (I_m = 0) \quad (4.7)$$

② 幹線に電動機等が接続される場合，電動機等の定格電流の合計の 3 倍に他の電気使用機械器具の定格電流の合計を加えた値以下．ただし，幹線の許容電流の 2.5 倍を超えないこと．

$$I_b \leq I_l + 3I_m \text{ かつ } I_b \leq 2.5 I_w \quad (I_m > 0) \quad (4.8)$$

③ 当該低圧幹線の許容電流が 100A を超過する場合であって，①又は②の規定による値が過電流遮断器の標準定格に該当しないときは，①又は②の規定による値の直近上位の標準定格であること．

②の条件は，電動機の始動電流を考慮したものである．この場合の幹線の許容電流は，(4.1)式の電流減少係数を考慮しなくてもよい．

③の条件は，100A 以上の過電流遮断器の定格は一般に 50～100A 間隔になることを考慮し，かつ，電動機の始動時間(≒2～10 秒)程度の短時間では 100A 以上の電線の短時間耐量に若干の余裕があることから，定めたものである．例えば，(4.8)式での計算結果が 140A となった場合には，150A の遮断器を選定できる．

**(3)過電流遮断器の省略**　次のいずれかに該当する場合は，過電流遮断器の施設を省略できる(**図 4.4**)．

① 低圧幹線の許容電流が，当該幹線の電源側に接続する他の低圧幹線を保護する過電流遮断器の定格電流の 55% 以上である場合．

② 過電流遮断器に直接接続する低圧幹線又は①に掲げる低圧幹線に接続する長さ 8m 以下の低圧幹線であって，当該幹線の許容電流が，当該幹線の電源側に接続する他の低圧幹線を保護する過電流遮断器の定格電流の 35% 以上である場合．

表 4.5　低圧幹線の施設　　　　単位 [A]

| 幹線の許容電流 $I_w$ | | $I_m \leq I_l$ | $I_w \geq I_l + I_m$ |
|---|---|---|---|
| | $I_m > I_l$ | $I_m \leq 50$ | $I_w \geq I_l + 1.25 I_m$ |
| | | $I_m > 50$ | $I_w \geq I_l + 1.1 I_m$ |
| 過電流遮断器の定格電流 $I_b$ | $I_m = 0$ | | $I_b \leq I_w$ |
| | $I_m > 0$ | | $I_b \leq I_l + 3 I_m$ ただし $I_b \leq 2.5 I_w$ |

$I_m$：電動機等の定格電流合計，$I_l$：電熱・照明負荷等の定格電流合計

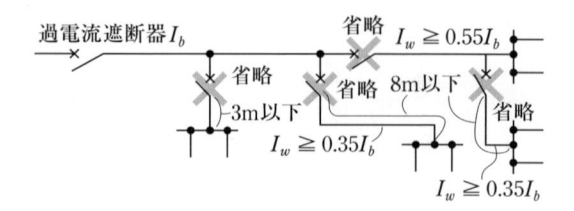

図 4.4 過電流遮断器の省略

③ 負荷側に他の幹線を接続しない長さ 3m 以下の幹線．
④ 供給電源が太陽電池のみの低圧幹線の許容電流が，当該幹線を通過する最大短絡電流以上である場合．太陽電池は定電流電源であり，短絡電流は定格電流の 1.1〜1.3 倍程度である．

**例題 4.2** 低圧幹線の許容電流

電動機及び照明器具に電気を供給する低圧屋内幹線であって，電動機の定格電流の合計が 40A，照明器具の定格電流の合計が 30A である場合に，この幹線に使用すべき電線の許容電流を求めよ．

[解] 幹線の許容電流 $I_w$ は，電動機の定格電流の合計を $I_m$，照明器具の定格電流の合計を $I_l$ とすると，本問の場合，$I_m > I_l$ であり，$I_m \leq 50$ なので，(4.5)式から，

$$I_w \geq I_l + 1.25 I_m = 30 + 1.25 \times 40 = 80 [A]$$

[答] 80 [A]

❹**分岐回路の施設** 低圧分岐回路の施設は，解釈第 149 条で，下記のように規定されている．

**(1)開閉器及び過電流遮断器** 幹線との分岐点から 3m 以下の箇所に開閉器及び過電流遮断器を原則として各極(多線式電路の中性極を除く)に設ける．ただし，分岐点から開閉器及び過電流遮断器までの電線の許容電流 $I_w$ が次に該当するときは，この限りでない．
① $I_w \geq 0.55 I_b$：制限なし
② $I_w \geq 0.35 I_b$：8m 以下の箇所に設ける

ここに $I_b$ は，電線に接続する低圧幹線を保護する過電流遮断器の定格電流である．上記の考え方は，図 4.4 と同じである．

なお，施設する過電流遮断器が，電線を容易に取り外すことができる機能を有する場合は，当該過電流遮断器と別に開閉器を施設することを要しない．これはプラグヒューズなどを分電盤に設ける場合を想定している．

**(2)分岐回路の種類とその施設**

①**定格電流 50A 以下の分岐回路** 分岐回路の種類に応じて，**表 4.6** のように施設する．

②**電動機のみに至る分岐回路**

イ．過電流遮断器の定格電流は，これに接続する負荷側の電線の許容電流の 2.5 倍(解釈第 33 条第 4 項の過負荷保護装置と短絡保護専用遮断器又は同専用ヒューズを組み合わせた場合は 1 倍)以下であること．

ロ．イにおいて，電線の許容電流が 100A を超える場合で，その値が過電流遮断器の

表 4.6 定格電流 50A 以下の分岐回路

| 低圧屋内電路の過電流遮断器の種類 | 低圧配線の太さ（直径又は断面積） | コンセント等から分岐点までの配線太さ（3m 以下に限る） | コンセントの定格 |
|---|---|---|---|
| ①15A 以下の過電流遮断器 | 1.6mm$\phi$ 以上（1mm$^2$ 以上） | — | 15A 以下のもの |
| ②15A 超 20A 以下の配線用遮断器 | | | 20A 以下のもの |
| ③15A 超 20A 以下のヒューズ | 2.0mm$\phi$ 以上（1.5mm$^2$ 以上） | 1.6mm$\phi$ 以上（1mm$^2$ 以上） | 20A のもの |
| ④20A 超 30A 以下の過電流遮断器 | 2.6mm$\phi$ 以上（2.5mm$^2$ 以上） | | 20A 以上 30A 以下のもの |
| ⑤30A 超 40A 以下の過電流遮断器 | 8mm$^2$ 以上（6mm$^2$ 以上） | 2.0mm$\phi$ 以上（1.5mm$^2$ 以上） | 30A 以上 40A 以下のもの |
| ⑥40A 超 50A 以下の過電流遮断器 | 14mm$^2$ 以上（10mm$^2$ 以上） | | 40A 以上 50A 以下のもの |

(注) 1．接続するねじ込接続器又はソケットは下記による．
　　イ．①，②では公称直径 39mm 以下のもの．
　　ロ．③〜⑥では公称直径 39mm のもの．
2．電線は表に示す太さの軟銅線又はこれと同等以上の許容電流のものを使用すること．
3．配線太さの（ ）は MI ケーブルの場合を示す．

標準定格に該当しないときは，直近上位とする．

ハ．電線の許容電流は，電動機等の定格電流の合計の 1.25 倍（電動機等の定格電流が 50A 超過の場合は 1.1 倍）以上であること（この考え方は幹線で述べたのと同じである）．ただし，間欠使用その他の特殊な方法による場合を除く．

イ～ハの考え方は，電動機負荷を含む幹線の場合と同様である．なお，イの（ ）書きは，2.2.2 項の 1 の(4)で述べた**電動機用過電流遮断器**である．電動機用分岐回路には，このタイプが多く使われる（図 2.20 参照）．

③**定格電流 50A 超の分岐回路**（電動機等を除く 1 の電気使用機械器具に至るもの）

イ．過電流遮断器の定格電流は，当該機械器具の定格電流値の 1.3 倍した値（その値が過電流遮断器の標準定格に該当しないときは，その値の直近上位の標準定格以下のこと）．

ロ．当該機械器具以外を接続させない．

ハ．電線の許容電流は，当該機械器具および当該過電流遮断器の定格電流以上のこと．

**(3) 中性線を有する低圧分岐回路** 住宅の屋内電路には，以下の場合を除き，中性線を有する低圧分岐回路を施設しないこと．

① 1 の電気機械器具（配線器具を除く，以下本項で同じ）に至る専用の低圧配線．

② 中性線が欠損した場合において，中性線に接続される電気機械器具に異常電圧が加わらないように施設する場合．

③ 中性線が欠損した場合において，当該電路を自動的に，かつ，確実に遮断する場合．

本規定は，単相 3 線式配線において，中性線の断線が起こると，最高で 2 倍の異常電圧が発生するので，これを防止する措置である．

❺**中性線，接地側線の開閉器等の省略** 幹線及び分岐回路において，過電流遮断器及び開閉器は各極（多線式電路の中性極を除く）に設けるのが原則であるが，中性線，接地側電線の極について，以下の場合はこれらを省略することができる（解釈第 148 条，第 149 条）．理解しやすいように，幹線及び分岐回路について省略できる場合をまとめて述べる（**図 4.5**）．

①**低圧幹線の過電流遮断器の省略** 対地電圧 150V 以下の低圧屋内電路の接地側電線以外の電線に施設した過電流遮断器が動作した場合において，各極が同時に遮断されるときの当該電路の接地側電線（解釈第 148 条第 1 項第 6 号）．

これは，**2 極 1 素子**などの配線用遮断器（接地側は動作素子を省略しているが，遮断器の動作は各極同時のもの）を想定している．

②**低圧幹線の開閉器の省略** 以下のイ～ハに適合する場合，中性線又は接地側電線の極に施設しないことができる（解釈第 148 条第 2 項）．

イ．解釈第 147 条の引込口開閉器でないこと．

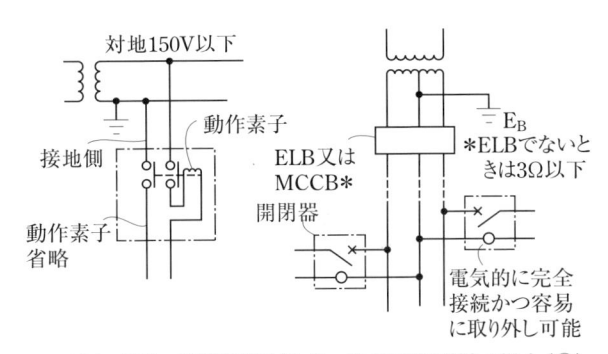

(a) 2極1素子の遮断器（①,③イ）　(b) 開閉器単独の場合（②）

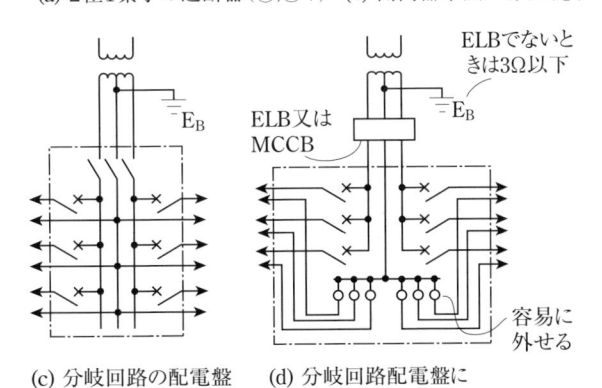

(c) 分岐回路の配電盤に主開閉器施設の場合　（④イ,③ロ）
(d) 分岐回路配電盤に主開閉器なしの場合　（④ロ,③ロ）

ELB：漏電遮断器，MCCB：配線用遮断器

図 4.5　中性線，接地側電線の開閉器等の省略

ロ．B種接地工事を施した低圧電路であって，電路に地絡を生じたときに自動的に電路を遮断するか，又はB種接地工事の接地抵抗値が3Ω以下であること．

ハ．中性線又は接地側電線の極の電線は，開閉器の施設箇所において，電気的に完全に接続され，かつ，容易に取り外すことができること．

ハの規定は，絶縁測定のために容易に取り外すことができるようにする趣旨である．

**③低圧分岐回路の過電流遮断器の省略**　以下のいずれかに適合する場合，接地側電線の極に施設しないことができる(解釈第149条第1項第2号)．

イ．①に該当する場合(2極1素子の場合)．

ロ．④のイ，ロに規定する電路の接地側電線．

**④低圧分岐回路の開閉器の省略**　以下のいずれかに適合する場合，中性線又は接地側電線の極に施設しないことができる(解釈第149条第1項第3号)．

イ．B種接地工事等を施設した低圧電路に接続する分岐回路であって，当該分岐回路が分岐する低圧幹線の各極に開閉器を施設するとき．

ロ．②のロに適合する低圧電路に接続する分岐回路であって，開閉器の施設箇所において，中性線又は接地側電線を，電気的に完全に接続し，かつ，容易に取り外すことができるもの．

**例題 4.3**　分岐回路の施設

分岐回路の施設方法として，誤っているのは次のうちどれとどれか(誤りは二つ)．

(1) 過電流遮断器の定格電流が100Aの幹線から，60Aの許容電流の電線で分岐して，分岐点から20mの位置に開閉器を設けた．

(2) 過電流遮断器の定格電流が150Aの幹線から，55Aの許容電流の電線で分岐して，分岐点から10mの位置に開閉器を設けた．

(3) 20Aの配線用遮断器の分岐回路に公称断面積2mm²の軟銅線の絶縁電線を接続した．

(4) 電動機専用回路の負荷合計が40Aである．電線の許容電流は50Aとし，過電流遮断器は150Aとした．

(5) 40Aの過電流遮断器の分岐回路に，公称断面積14mm²の軟銅線を接続した．

**[解]**　(2)過電流遮断器の定格電流の35%以上(55%未満)の許容電流の電線では，8m以内に開閉器を設ける．(4)電動機専用回路の過電流遮断器は，電線の許容電流の2.5倍以下である．本例では，50×2.5 = 125[A] 以下とすること．

**[答]　(2), (4)**

### 4.1.4　電気使用場所の電気機械器具

**❶保安原則**　電気使用場所に施設する電気機械器具等については，次のような保安原則がある．

**①感電・火災の防止**　電気使用場所に施設する電気機械器具は，充電部の露出がなく，かつ人体に危害を及ぼし，又は火災が発生するおそれがある発熱がないように施設しなければならない．ただし，電気機械器具を使用するために充電部の露出又は発熱体の施設が必要不可欠である場合であって，感電その他人体に危害を及ぼし，又は火災が発生するおそれがないように施設する場合は，この限りでない．(電技第59条第1項)

**②電気的・磁気的障害の防止**　電気使用場所に施設する電気機械器具又は接触電線は，電波，高調波電流等が発生することにより，無線設備の機能に継続的，かつ重大な障害を及ぼすおそれがないように施設しなければならない(電技第67条)．

**❷配線器具の施設**　解釈第150条で以下のように規定している．

**(1) 低圧用の配線器具**

**①充電部分の露出禁止**　充電部分が露出しないように施設する．ただし，取扱者以外が出入

りできないように措置した場所に施設する場合はこの限りでない．

②**防湿措置**　湿気の多い場所又は水気のある場所に施設する場合は，防湿措置を施す．

③**電線の接続**　配線器具に電線を接続する場合は，ねじ止めその他これと同等以上の効力のある方法により，堅ろうに，かつ，電気的に完全に接続するとともに，接続点に張力が加わらないようにする．

④**屋外の措置**　屋外において電気機械器具に施設する開閉器，接続器，点滅器その他の器具は，損傷を受けるおそれのある場合には，これに堅ろうな防護措置を施す．

(2)**低圧用非包装ヒューズ**　<u>不燃性のもので製作した箱又は内面すべてに不燃性のものを張った箱の内部に施設すること</u>．ただし，使用電圧が300V以下の低圧配線において，電気用品安全法の適用を受ける器具等に収めて施設する場合はこの限りでない．

❸**電気機械器具の施設**　解釈第151条で以下のように規定している．

①**充電部露出の禁止**　電気機械器具(配線器具を除く，本項で同じ)は，<u>その充電部分が露出しないように施設すること</u>．

[**例外規定**]　以下に該当するものについてはこの限りでない．

　イ．解釈第183条特別低電圧照明回路の白熱電灯
　ロ．管灯回路の配線
　ハ．電気コンロ等その充電部分を露出して電気を使用することがやむを得ない電熱器であって，その露出部分の対地電圧が150V以下のもののその露出部分．
　ニ．電気炉，電気溶接機，電動機，電解槽又は電撃殺虫器であって，その充電部分の一部を露出して電気を使用することがやむを得ないもののその露出部分．
　ホ．白熱電灯，放電灯，家庭用電気機械器具以外の電気機械器具であって，取扱者以外が出入りできないように措置した場所に施設するもの．

②**通電部分の措置**　通電部分に人が立ち入る電気機械器具は，施設しないこと．ただし，解釈第198条の電気浴器等はこの限りでない．

③**屋外の器具内配線**　屋外に施設する電気機械器具(管灯回路の配線を除く)内の配線のうち，人が接触するおそれ又は損傷を受けるおそれがある部分は，ケーブル工事により施設すること．ケーブルは，金属管などに収める．

④**電線の接続**　電気機械器具に電線を接続する場合は，ねじ止めその他これと同等以上の効力のある方法により，堅ろうに，かつ，電気的に完全に接続するとともに，接続点に張力が加わらないようにすること．

❹**電熱装置の施設**　解釈第152条で以下のように規定している．

①**発熱体の構造**　電熱装置は，発熱体を機械器具の内部に安全に施設できる構造のものであること．ただし，以下のいずれかに該当する場合は，この限りでない．

　イ．フロアヒーティング(解釈第195条)，電気温床(解釈第196条)，パイプラインの電熱装置(解釈第197条)の規定により施設する場合．
　ロ．転てつ装置等の積雪又は氷結を防止するために鉄道専用敷地内に施設する場合．
　ハ．発電用のダム，水路等の屋外施設の積雪又は氷結を防止するために，ダム，水路等の維持及び運用に携わる者以外が容易に立ち入るおそれのない場所に施設する場合．

②**接続電線**　電熱装置に接続する電線は，熱のため電線の被覆を損傷しないように施設すること．

❺**電動機の過負荷保護**　屋内に施設する電動機(<u>定格出力0.2kW以下のものを除く</u>)には，過電流による当該電動機の焼損により火災が発生するおそれがないよう，過電流遮断器の施設そ

の他の適切な措置を講じなければならない．ただし，電動機の構造上又は負荷の性質上電動機を焼損するおそれがある過電流が生じるおそれがない場合は，この限りでない(電技第65条)．

屋内に施設する<u>定格出力 0.2kW 超過</u>の電動機には，電動機が<u>焼損するおそれのある過電流が生じた</u>場合に自動的にこれを阻止し，又はこれを<u>警報する</u>装置を設けること．ただし，下記の場合はこの限りでない(解釈第153条)．
① 電動機を運転中常時取扱者が監視できる位置に施設する場合．
② 電動機の構造上や負荷の性質上，電動機を焼損する過電流の生じるおそれがない場合．
③ 単相電動機で，電源が 15A 以下のヒューズ又は 20A 以下の配線用遮断器の場合．

❻ **蓄電池の保護**　蓄電池(非常用予備電源用を除く)には，解釈第44条に規定する場合(発電所等に施設する蓄電池の保護，2.3.3項の6 (P.53)参照)に，自動的に電路から遮断する装置を施設すること(解釈第154条)．

❼ **無線への障害の防止**　電気使用場所に施設する電気機械器具又は接触電線は，電波，高調波電流等が発生することにより，無線設備の機能に継続的，かつ<u>重大な障害を及ぼす</u>おそれがないように施設しなければならない(電技第67条)．

電気機械器具は，無線設備の機能に継続的，かつ，重大な障害を及ぼす高周波電流を発生する場合には，これを防止するための措置を行うことを解釈第155条で規定している．対象となる電気機械器具は，蛍光放電灯，小型交流直巻電動機などであり，適切な容量のコンデンサを設けることなどを定めている．

**例題 4.4**　**電気使用場所の電気機械器具**

電気使用場所に施設する電気機械器具は，(イ)の露出がなく，かつ，(ロ)に危害を及ぼし，又は(ハ)が発生するおそれがある(ニ)がないように施設しなければならない．ただし，電気機械器具を使用するために(イ)の露出又は(ニ)体の施設が必要不可欠である場合であって，感電その他(ロ)に危害を及ぼし，又は(ハ)が発生するおそれがないように施設する場合は，この限りでない．

上記の記述中の空白箇所(イ)〜(ニ)を答えよ．

**[解]**　電技第59条第1項からの出題である．「人体に危害を及ぼし，又は火災が発生するおそれ…」の表現は，電技の条文の決まり文句である．

**[答]**　(イ)**充電部**，(ロ)**人体**，(ハ)**火災**，(ニ)**発熱**

## 4.1節 電気使用場所の施設

**【演習問題 4.1】 電動機分岐回路の配線太さ**

定格出力55kW，電圧200V，力率78%，効率86%の三相誘導電動機がある．この電動機用の分岐回路の配線を架橋ポリエチレン絶縁ビニルシースケーブル(CV)で行いたい．この場合のCVの導体断面積を決定せよ．ただし，周囲温度は40℃とし，許容電流補正係数 $K_1$ は，周囲温度を $\theta$ として次式で表されるものとする．$K_1 = \sqrt{(90-\theta)/30}$

また，導体の許容電流に対するケーブルの電流減少係数 $K_2 = 0.7$ とする．電動機の端子電圧は200Vとし，配線の電圧降下及び電動機の始動電流は考慮しないものとする．導体の公称断面積に対する軟銅線の許容電流は，次表で表される．

| 断面積 [mm²] | 38 | 50 | 60 | 80 | 100 | 125 | 150 |
|---|---|---|---|---|---|---|---|
| 許容電流 [A] | 162 | 190 | 217 | 257 | 298 | 344 | 395 |

**[解]** 出力 $P$，電圧 $V$，力率 $\cos\theta$，効率 $\eta$ とすると，誘導電動機の入力電流 $I$ は，

$$I = \frac{P}{\sqrt{3}V\eta\cos\theta} = \frac{55 \times 10^3}{\sqrt{3} \times 200 \times 0.86 \times 0.78} \fallingdotseq 237 \text{ [A]}$$

許容電流補正係数 $K_1$ は，$\theta = 40$℃として，題意の式から，

$$K_1 = \sqrt{\frac{90-\theta}{30}} = \sqrt{\frac{90-40}{30}} = \sqrt{\frac{5}{3}} \fallingdotseq 1.29$$

よって，電線の最低許容電流 $I_w$ は，

$$I_w = \frac{I}{K_1 K_2} = \frac{237}{1.29 \times 0.7} \fallingdotseq 263 \text{ [A]}$$

許容電流の表から，100 mm² の断面積を選定する．

**[答] 100 mm²**

**[ 解き方の手順 ]**

本文の4.1.2項の❷の記述参照．

① 与えられた数値から，電動機(配線)に流れる電流を求める．
② 許容電流補正係数及び電流減少係数により，電線の最低許容電流を求める．
③ 許容電流の表から適切なサイズを選定する．

**[ 重要事項の解説 ]** 実際の電線サイズの決定に当たっては，回路の通常時の電圧降下(2〜3%程度)や電動機始動時の電圧降下も検討しなければならない．特に後者は，中型以上の電動機には非常に重要である．その際，始動電流の大きさや始動時力率の値が必要になる．汎用型の電動機で直入れ始動であれば，始動電流6〜7倍，始動時力率0.3程度で検討することになる．この検討により，始動時に電動機端子で定格の80%以上の電圧を確保する．

また，CVのケーブルサイズは，市場性も考慮して汎用品を選定する．問題の表の中では，50，80，125 mm² の各サイズが汎用品ではない(IVは存在する)．

**【演習問題 4.2】 低圧幹線の施設**

三相3線式200Vの低圧幹線の設計をしたい．負荷はいずれも三相平衡で，電動機負荷は40kW(力率0.83)，電灯負荷は20kW(力率0.9)である．この低圧幹線に施設すべき電線の許容電流及び過電流遮断器の定格を，電気設備技術基準の解釈の規定により決定せよ．ただし，電線の許容電流の減少係数は，考慮しなくてもよいものとする．

答は，電線の許容電流は計算値の直近上位の10A単位の数値，過電流遮断器の定格は計算最大値の直近下位の50A単位の数値とせよ．

[解] (1)幹線の電線の許容電流　電動機負荷の電流 $I_m$，電灯負荷の電流 $I_l$ を求める．負荷電力を $P$，電圧を $V$，力率を $\cos\theta$ とすると，

$$I_m = \frac{P_m}{\sqrt{3}\,V\cos\theta_m} = \frac{40\times 10^3}{\sqrt{3}\times 200\times 0.83} \fallingdotseq 139\,[\text{A}]$$

$$I_l = \frac{P_l}{\sqrt{3}\,V\cos\theta_l} = \frac{20\times 10^3}{\sqrt{3}\times 200\times 0.9} \fallingdotseq 64\,[\text{A}]$$

$I_m > I_l$ であり，かつ，$I_m > 50\text{A}$ である．よって，低圧幹線の電線の許容電流 $I_w$ は，

$$I_w = 1.1 I_m + I_l = 1.1\times 139 + 64 \fallingdotseq 217\,[\text{A}]$$

これより，幹線の電線の許容電流は 220A とする．

(2)過電流遮断器の定格　過電流遮断器の定格電流の最大値 $I_b$ を計算する．幹線に電動機負荷が接続されているので，

$$I_b = 3I_m + I_l = 3\times 139 + 64 = 481\,[\text{A}]$$

幹線の許容電流 $I_w$ の 2.5 倍は，$2.5\times 220 = 550\,[\text{A}]$ である．すなわち，$2.5 I_w > I_b$ を満足するので，481A を最大値と考えればよい．これより，過電流遮断器の定格は 450A とする．

[答]　電線の許容電流 220A，過電流遮断器の定格 450A

[解き方の手順]

本文の 4.1.3 項の❸の記述参照．

① 与えられた数値から，電動機負荷電流 $I_m$ 及び電灯負荷電流 $I_l$ を求める．

② $I_m$ と $I_l$ を比較し，表 4.5 の計算式で，電線の許容電流 $I_w$ を算出する．

③ 過電流遮断器の定格 $I_b$ は，$I_m$ と $I_l$ の式及び $I_w$ の式を検討して決める．

【演習問題 4.3】　低圧用の機械器具

低圧用の電気機械器具又は配線器具の施設方法として，誤っているのは次のうちどれか．
(1) 配線器具を，その充電部分が露出しないように施設した．
(2) 屋内の湿気の多い場所又は水気のある場所に施設する配線器具に防湿装置を施した．
(3) 金属板張りの木造造営物の金属板と電気機械器具の金属製部分とを電気的に完全に接続した．
(4) 電気使用機械器具に電線を接続する場合に，ねじ止めなどと同等以上の効力のある方法により電気的に完全に接続するとともに，接続点に張力が加わらないようにした．
(5) 屋外に施設する電気機械器具用の開閉器に，堅ろうな防護設備を取り付けた．

[解]　(1)は解釈第 150 条第 1 項第 1 号，(2)は解釈同左 2 号，(4)は解釈第 151 条第 4 項，(5)は解釈第 150 条第 1 項第 4 号に則った何れも正しい施設方法である．(3)の木造建築物の金属板と電気機械器具の金属製部分とは，解釈第 145 条第 3 項の規定により<u>絶縁しなければならない</u>．

[答]　(3)

[解き方の手順]

木造建築物のメタルラスなどの金属部分は漏電により過熱し，火災発生の原因になる．

# 4.2節 配線等の施設

## 4.2.1 低圧屋内配線工事の種類

**❶施設場所による工事の種類** 配線工事の種類は，一般に施設場所及び使用電圧により限定され，解釈第156条で規定している．このうち，合成樹脂管工事，金属管工事，金属可とう電線管工事もしくはケーブル工事は，危険性のある場所等を除くと，特に限定なく施設できる．その他の工事については，**表4.7**に示す施設場所，電圧の区分に応じて判断することになる．

ここで，**水気のある場所**には，用語の定義からも明らかなように，**雨露にさらされる場所**も含まれるが，これは**図4.6**により判断する．

金属線ぴ，フロアダクト，セルラダクト，ライティングダクト，平形保護層の各工事は，使用電圧300V以下に限られる．

表4.7 低圧屋内配線工事の適用

| 施設場所 | | 使用電圧 300V以下 | 使用電圧 300V超過 |
|---|---|---|---|
| 展開した場所 | 乾燥した場所 | がいし引き，金属線ぴ，金属ダクト，バスダクト，ライティングダクト | がいし引き，金属ダクト，バスダクト |
| | その他の場所 | がいし引き，バスダクト | がいし引き |
| 点検できる隠ぺい場所 | 乾燥した場所 | がいし引き，金属線ぴ，金属ダクト，バスダクト，セルラダクト，ライティングダクト，平形保護層 | がいし引き，金属ダクト，バスダクト |
| | その他の場所 | がいし引き | がいし引き |
| 点検できない隠ぺい場所（乾燥した場所） | | フロアダクト，セルラダクト | ― |

（注）1．表では"工事"の呼称を省略している．
　　　（例）がいし引き→がいし引き工事を意味する．
　　2．その他の場所は，湿気の多い場所又は水気のある場所を指す．

### 例題 4.5　点検できない隠ぺい場所の工事

使用電圧が300V以下の低圧屋内配線として，点検できない隠ぺい場所であって，乾燥した場

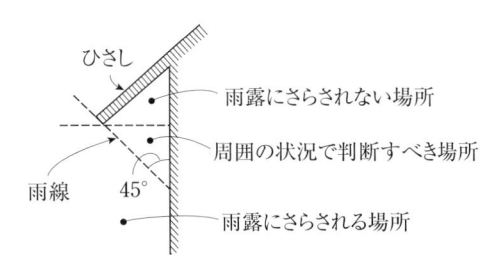

図4.6 雨露にさらされる場所

所以外の場所に施設してもよい工事は次のうちどれか．

(1) フロアダクト工事　　(2) 金属管工事
(3) 金属線ぴ工事　　　(4) セルラダクト工事
(5) 金属ダクト工事

**[解]** 点検できない隠ぺい場所で，(1)，(4)は乾燥場所のみで可能である．よって，上記の中では，金属管工事のみが可能である．

**[答] (2)**

**❷配線工事の概要** 各種配線工事の工事方法の概略を記すと以下のようになる．各工事の規制の一部を図の中で表示しているので，後述の表4.8とともに参考にされたい．

**(1) がいし引き工事** 解釈第157条で規定．電線をがいしで支持して施設する（**図4.7**）．電線間隔を広く取るから，スペースが必要である．また，電線が露出した工法なので，保安面で他

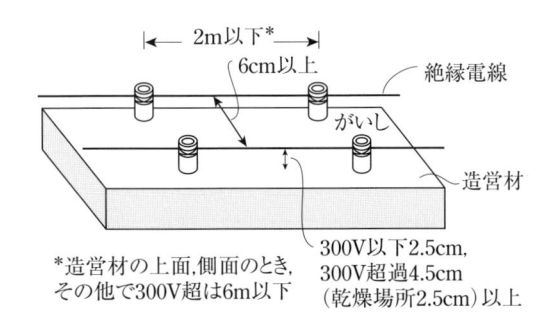

図4.7 がいし引き工事

の工事方法に比べて劣る．特別な場合を除くと，近年は行われることが非常に少ない．

**(2) 合成樹脂管工事**　解釈第158条で規定．合成樹脂管の中に絶縁電線を引き入れる．金属管工事より安価で，絶縁性，耐薬品性に優れるが，外力や熱に弱い．合成樹脂管は，原則として，金属管用の付属品の使用が認められていない．これは，合成樹脂管の絶縁性に優れた点を活かすためである．

合成樹脂管には，難燃性の硬質ビニル製の普通の合成樹脂管(**図4.8**)と，可燃性で軽量可とう性のポリエチレン製のCD管(Combine Ductの略)とがある(CDケーブルと混同しないこと)．

CD管は，コンクリートに埋設するか，不燃性又は自消性のある難燃性の管又はダクトに収める場合に限り使用できる．軽量であることから，コンクリート埋込み工事では，金属管よりもよく使われるようになった．

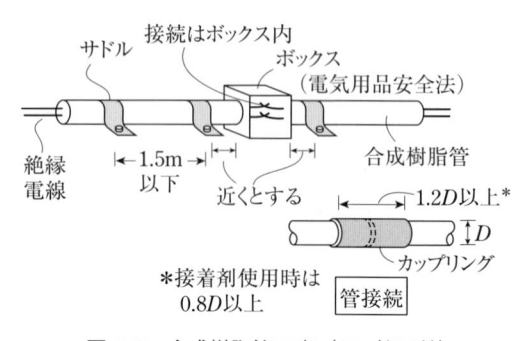

図4.8　合成樹脂管工事（CD管以外）

**(3) 金属管工事**　解釈第159条で規定．金属管の中に絶縁電線を引き入れる(**図4.9**)．外力に強く，広く用いられている万能の工事方法である．ケーブル工事とともに，特に場所の制約なく工事が可能である．

市販の金属電線管には，ねじなし電線管(E)，薄鋼電線管(C)，厚鋼電線管(G)の3種類がある．解釈では規定されていないが，屋外，危険場所，プラント施設などの用途では，耐久性のある厚鋼電線管を使うことが多い．なお，コンクリートの強度を低下させないために，過大な外径の電

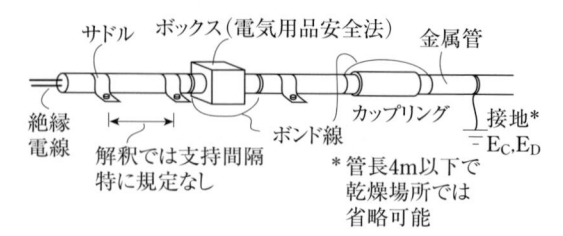

図4.9　金属管工事

線管の埋込みを避ける．

**(4) 金属可とう電線管工事**　解釈第160条で規定．金属製の可とう電線管の中に絶縁電線を引入れる．屈曲箇所，振動部や機械接続部などによく用いられる．

金属可とう電線管には，**1種金属製可とう電線管**(フレキシブルコンジット)と**2種金属製可とう電線管**(プリカチューブ)(**図4.10**)がある．1種管は亜鉛めっきした軟鋼片をらせん状に巻いたものである．2種管は鉛めっき鋼とファイバを3重に巻いたものであり機械的強度が優れる．1種管は施設場所の制約があり，もっぱら2種管が使われる．

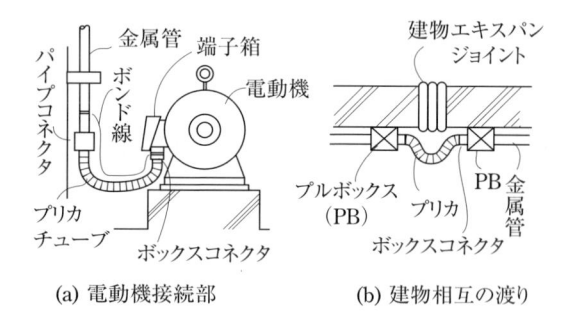

(a) 電動機接続部　　(b) 建物相互の渡り

図4.10　2種可とう電線管工事

**(5) 金属線ぴ工事**　解釈第161条で規定．金属線ぴ内に電線を入れる露出配線である(**図4.11**)．1種線ぴと2種線ぴがある．

**1種線ぴはメタルモール**ともいい，屋内で美観を重視しない後施工の場合などに用いられる．線ぴ内での電線の接続はできない．

**2種線ぴはレースウェイ**ともいい，比較的高天井の照明器具の配線用等に使われる．内断面積が大きいので，線ぴ内で電線接続ができる．

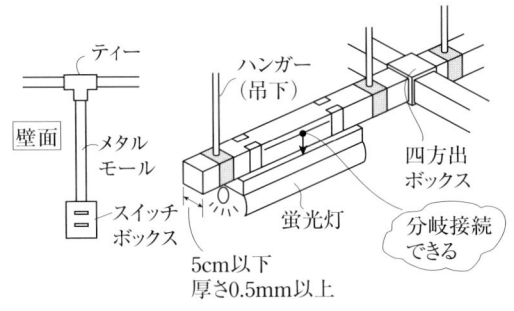

(a) 1種金属線ぴ（メタルモール）　　(b) 2種金属線ぴ（レースウェイ）

図4.11　金属線ぴ工事

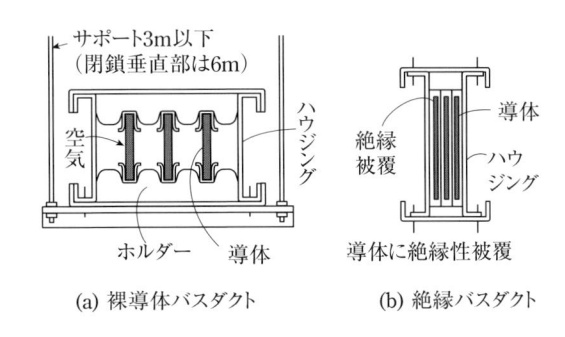

(a) 裸導体バスダクト　　(b) 絶縁バスダクト

図4.13　バスダクト工事

**(6) 金属ダクト工事**　解釈第162条で規定.
鉄板製ダクト内に多数の電線をまとめて配線する工法である(**図4.12**).工場や電気室などでよく使われ,増設や変更が容易である.

金属ダクト相互は,電気的に完全に接続する.ダクトを垂直に施設する場合は,電線をクリート等で堅固に支持する.

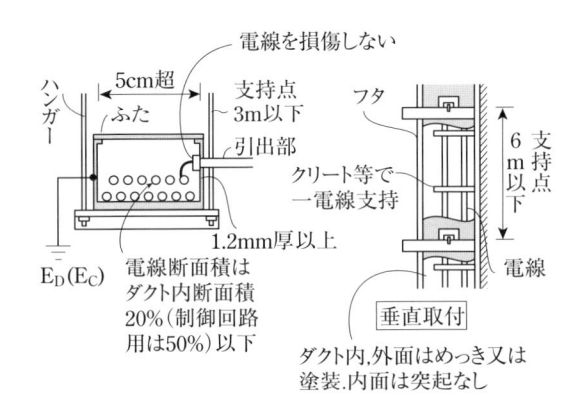

図4.12　金属ダクト工事

**(7) バスダクト工事**　解釈第163条で規定.
帯状の導体(銅又はアルミ)を金属製のダクト(鉄又はアルミ製で,ハウジングともいう)の中に収めたものである(**図4.13**).大容量の幹線などに用いられるが,高価である.導体は,裸導体を用いる場合と絶縁被覆を施したコンパクトなタイプがある.

**(8) ケーブル工事**　解釈第164条で規定.
ケーブル又はキャブタイヤケーブルを用いた配線方法である.ケーブル工事は,万能の工事方法であり占有スペースも小さい.金属管工事とともに最もよく採用される.なお,一般には,ケーブルを管やダクトで保護することも多いが,この場合でも解釈の規定ではケーブル工事の扱いになる.

ケーブル工事の使用できる電線として,一般ケーブルの場合は,電圧や施設場所の制約はないが,キャブタイヤケーブルの場合は制約を受ける.2種キャブタイヤケーブルの使用は,使用電圧が300V以下のものを展開した場所又は点検できる隠ぺい場所に施設する場合に限られる.ビニルキャブタイヤは2種相当である.その他の場所では,3種以上のものを用いる.

電気配線用のパイプシャフト内に垂直に吊り下げて施設する場合は,支持間隔の制約は受けないが,**図4.14**のように,電線や支持線の安全率を4以上とし,分岐部分では振れ止めを設

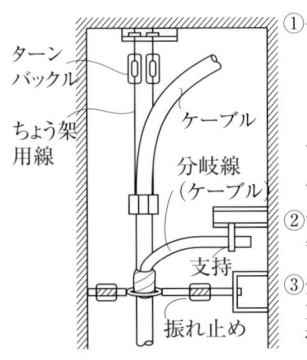

図4.14　パイプシャフト内のケーブル工事

ける．

**(9) フロアダクト工事**　解釈第165条第1項で規定．ビルなどの乾燥したコンクリート床内に薄手の金属ダクト(配線取出口付)を図4.15のように埋込み，電線を引き入れる．ダクトは電気用品安全法の適用を受けるもの又は厚さ2mm以上の鋼板製で亜鉛めっきなどを施したものを用いる．部屋や機器の模様替えの多い居室に適する．ただし，工事費の関係から，最近はセルラダクト工事や平形保護層工事に取って代わられる傾向にある．

**(10) セルラダクト工事**　解釈第165条第2項で規定．図4.15に示すように，床コンクリートの構造材である**デッキプレート**(波形鋼板)の溝を利用したものであり，フロアダクトなどと組み合わせて工事を行うことが多い．

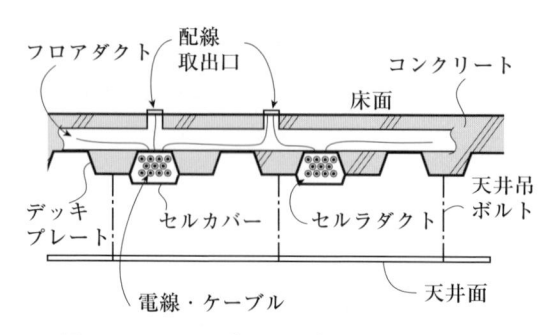

図4.15　フロアダクト及びセルラダクト工事

**(11) ライティングダクト工事**　解釈第165条第3項で規定．バスダクトの変形である．下面又は側面が開放されており，任意の箇所に照明器具，小型機器の取り付けができ，その移動が

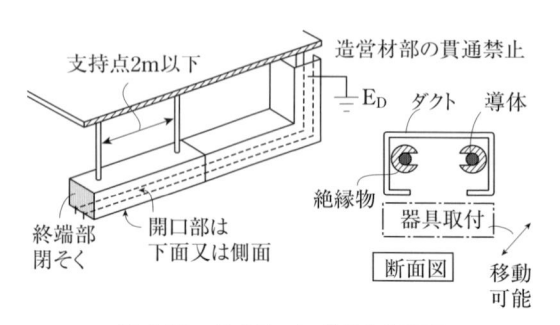

図4.16　ライティングダクト工事

可能である(図4.16)．ショーウィンドウなど器具配置の変更が要求される箇所に適している．

**(12) 平形保護層工事**　解釈第165条第4項で規定．平形導体絶縁電線を平形保護層で覆ったものを，事務所ビルの床カーペットの下部などに施設する(図4.17)．配線工事が簡単で工期が短かい．ただし，ホテルの客室，病室などに施設できないなどの制約がある．従来禁止されていた住宅については，JESC E 6004 (2001)「コンクリート直天井面における平形保護層工事」又は JESC E 6005 (2003)「石膏ボード等の天井面・壁面における平形保護層工事」による場合は施工が可能になった．

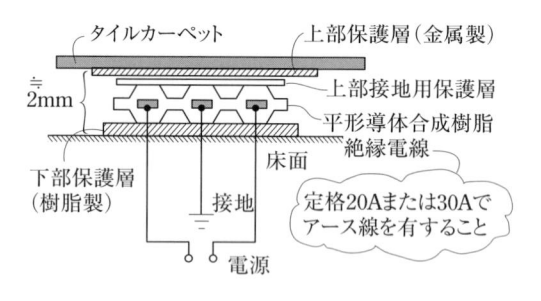

図4.17　平形保護層工事

**(13) 合成樹脂線ぴ工事**　合成樹脂線ぴ内に電線を入れる露出配線である．コンクリート製プレハブ住宅の回りぶち，さおぶち等に採用される．メタルモールの合成樹脂製と考えればよい．平成23年7月の解釈の改正で規定が削除された．従来の解釈の規定に準じて施工すればよい．

### 4.2.2　屋内配線工事の施設方法

低圧屋内配線工事の施設方法は，工事種別ごとに，解釈第157条～第165条で規定されている．

各種工事の施設方法は多岐にわたるが，これらの中で複数の工事に共通する事項を列挙すると，概略は以下のようになる．

① 電線(ケーブルを除く)には，一般にOW(屋外用ビニル絶縁電線)，DV(引込用ビニル絶縁

電線）以外の**絶縁電線**を用いる．また，直径3.2mm（アルミ線では4mm)を超えるものでは一般に**より線**を用いる．通常，単線は 2.0mm 以下の使用が多い．

② 管，ダクト，ボックスなどの**金属保護部**には，使用電圧 300V 以下は D 種接地工事，300V 超過は C 種接地工事を施す．ただし，C 種接地の場合で，接触防護措置(金属製のもので，被保護物と電気的に接続するおそれある防護方法を除く)を施す場合は，D 種接地にできる．

[**例外規定**]　管，線ぴの使用電圧 300V 以下で，次の場合は D 種接地を省略可能．

　a. 長さ 4m 以下を乾燥場所に施設．
　b. 使用電圧が直流 300V，交流対地 150V 以下で，長さ 8m 以下に，簡易接触防護措置又は乾燥場所に施設．

③ 管内，ダクト内，線ぴ(2 種線ぴを除く)内などでは，電線は接続しない．

④ 管，線ぴやそれらの付属品は，電気用品安全法や解釈の規格に適合したものを用いる．

⑤ 管やダクトの端口及び内面は，電線被覆を傷付けないように滑らかにする．ダクトの端部は閉そくする．

⑥ 湿気の多い場所，水気のある場所では防湿措置を施す．

⑦ 同一の管，ダクト内には，弱電流電線を収納しない．

各種工事ごとの工事方法の概要は，**表 4.8** に示すとおりである．4.2.1 項の記述も参照のこと．

### 例題 4.6　ケーブル工事

ケーブル工事による低圧屋内配線の記述として，誤っているのは次のうちどれとどれか．

(1) ケーブルを造営材の下面に沿って，1.8m の間隔で支持した．
(2) 乾燥場所に施設する使用電圧 200V のケーブルの防護管の長さが 6m なので，D 種接地工事を省略した．
(3) 直接コンクリートに埋め込むケーブルに，

表 4.8　屋内配線工事方法の概要

| 工事種別※ | 工事方法の概要 |
|---|---|
| 合成樹脂管 158 | ・管の厚さは2mm以上，管の支持点間隔は1.5m以下 |
| 金属管 159 | ・管の厚さはコンクリート埋込1.2mm以上，その他は原則1mm以上． |
| 金属可とう電線管 160 | ・第一種金属製可とう電線管は，展開場所又は点検可の隠ぺい場所で乾燥場所に使用（300V超過は電動機接続用に限る）<br>・第二種金属製可とう電線管（プリカチューブ）は施設場所の制限なし |
| 金属ダクト 162 | ・ダクト内電線断面積の総和は，ダクト内部断面積の20%（制御回路の配線のみは50%）以下<br>・幅5cmを超え，厚さ1.2mm以上の鉄板に，メッキ又は塗装を施す<br>・ダクトの支持点間隔は3m（専用区間の垂直部は6m）以下 |
| バスダクト 163 | ・ダクトの支持点間隔は3m（専用区画の垂直部は6m）以下<br>・湿気のある場所には屋外用を用い，内部に水がたまらないこと |
| 平形保護層 165 | ・30A以下の過電流遮断器回路で保護<br>・電路の対地電圧は150V以下<br>・供給電路には地絡自動遮断装置<br>・ホテル等の客室，小中学校等の教室，病室，発熱線のある床，危険場所は施設禁止 |
| ライティングダクト 165 | ・ダクト支持点間隔2m以下<br>・造営材を貫通して施設しない |
| ケーブル 164 | ・支持点間隔は2m(触れるおそれのない垂直部は6m，キャブタイヤは1m)以下<br>・外力を受けるおそれのある箇所は防護措置<br>・コンクリート直接埋込は，MIケーブル，コンクリート直埋ケーブルなど<br>・電気シャフト内の垂直吊下工法は図4.14による |

※工事種別の数字は，解釈の条番号を表す．

MI ケーブルを用いた．
(4) 電気配線用パイプシャフト内で，電線及びその支持部分の安全率を 5 として，シャフトの上部から，30m 垂直に吊り下げて支持した．
(5) 点検口のない天井ふところの部分が含まれる使用電圧 200V の配線に，ビニルキャブタイヤケーブルを用いた．

[**解**]　(1) 2m 以下なのでよい．(2) 4m 以下が省略できる条件．(4) 安全率が 4 以上なのでよい．(5) ビニルキャブタイヤケーブルは使用電

圧300V以下の展開場所又は点検可能な隠ぺい場所に限られる．

[答] (2)，(5)

### 例題 4.7　平形保護層工事

平形保護層工事による低圧屋内配線をしてもよい場所は次のうちどれか．
(1)床に電熱線のある居室　(2)中学校の教室
(3)ホテルの事務室　　　　(4)病院の病室
(5)腐食性のガス又は溶液の発散する場所

[解]　平形保護層工事は解釈第165条第4項で規定されており，表4.8に示したような場所では施設できない．

[答] (3)

### 4.2.3　低圧屋外・屋側配線工事

解釈第166条で規定されている．

❶ **工事の種類**　屋外配線又は屋側配線の工事方法は，がいし引き工事，合成樹脂管工事，金属管工事，金属可とう電線管工事，バスダクト工事，ケーブル工事のいずれかにより行う．この内，がいし引き及びバスダクトでは，**表4.9**のように施設制限がある．

表4.9　屋外・屋側工事の施設制限

| 施設場所 | 300V以下 | 300V超過 |
|---|---|---|
| 展開した場所 | がいし引き工事<br>バスダクト工事 | がいし引き工事<br>バスダクト工事 |
| 点検できる<br>隠ぺい場所 | がいし引き工事<br>バスダクト工事 | バスダクト工事 |

（注）両工事とも，その他の場所では施設不可．

❷ **施設方法**　低圧屋内配線工事に準じて施設するほか，下記による．
① バスダクトは屋外用を使用し，内部に水がたまらないこと．
② キャブタイヤケーブルの使用は，低圧屋内配線の場合(4.2.2項の(8))と同様に制約を受ける．使用電圧が300V以下のものを展開した場所又は点検できる隠ぺい場所に施設する場合以外では，3種以上のものに限る．ビニルキャブタイヤケーブルは2種相当である．
③ 低圧屋外・屋側配線の開閉器及び過電流遮断器は屋内電路用のものと兼用しないこと．ただし，当該配線の長さが屋内電路の分岐点から8m以下の場合で，屋内電路用の過電流遮断器の定格電流が15A（配線用遮断器では20A）以下のときは兼用してよい．
④ 屋外に施設する白熱電灯の引下げ線のうち，地表上の高さ2.5m未満の部分は，ケーブル工事によるか，又は直径1.6mmの軟銅線と同等以上の強さ及び太さの絶縁電線(OWを除く)を用いて，電線に簡易接触防護措置を施すこと(要するに金属管工事を行えばよい)．

### 例題 4.8　屋外・屋側配線工事

屋外又は屋側配線の施設方法として，誤っているのは次のうちどれか．
(1)バスダクト工事は，点検できない隠ぺい場所には施設できない．
(2)ケーブル工事は，特に場所の限定なく施設できる．
(3)屋側配線の長さが6mなので，屋内電路用の20Aの配線用遮断器から分岐した．
(4)使用電圧200Vの展開した場所の屋側配線に，ビニルキャブタイヤケーブルを用いた．
(5)使用電圧400Vの点検できる隠ぺい場所の屋側配線を，がいし引き工事で行った．

[解]　(3)配線長が8m以下なので問題ない．
(4) 300V以下の展開場所なので，ビニルキャブタイヤケーブルが使用できる．(5) 300V超過のがいし引き工事は，展開した場所に限られる．

[答] (5)

### 4.2.4　低圧配線と他物との接近・交差

❶ **保安原則**　配線は，他の配線，弱電流電線等と接近し，又は交差する場合は，混触による感電又は火災のおそれがないように施設しなければならない(電技第62条第1項)．

配線は，水道管，ガス管又はこれらに類する

ものと接近し，又は交差する場合は，放電によりこれらの工作物を損傷するおそれがなく，かつ，漏電又は放電によりこれらの工作物を介して感電又は火災のおそれがないように施設しなければならない(電技第62条第2項)．

❷**施設方法**　低圧配線と弱電流電線等又は水管，ガス管もしくはこれらに類するもの(以下本項で，「水管等」という)との接近又は交差について，解釈第167条で以下のように規定している．

**(1) がいし引き工事**　次のいずれかによる．

① 低圧配線と弱電流電線等又は水管等との離隔距離は，10cm（電線が裸線では30cm)以上であること．

② 低圧配線の使用電圧が300V以下の場合において，低圧配線と弱電流電線等又は水管等との間に絶縁性の隔壁を設ける．

③ 低圧配線の使用電圧が300V以下の場合において，低圧配線を十分な難燃性及び耐水性のある堅ろうな絶縁管に収めて施設する．

**(2) その他の工事**　次の規定によること．

① 低圧配線が，弱電流電線又は水管等と接近し又は交差する場合は，原則として低圧配線が弱電流電線又は水管等と接触しないようにする．

② 低圧配線の電線と弱電流電線とは，原則として，同一の管，線ぴもしくはダクトもしくはこれらのボックスその他の付属品又はプルボックスの中に施設しないこと．

### 4.2.5　高圧・特高配線

❶**高圧屋内配線**　解釈第168条で以下のように規定されている．

①**工事の種類**　がいし引き工事(乾燥した場所で展開した場所に限る)又はケーブル工事

②**がいし引き工事**　概略は以下による．

　イ．接触防護措置を施す．
　ロ．電線は直径2.6mmの軟銅線と同等以上の強さ及び太さの，高圧絶縁電線，特別高圧絶縁電線又は引下用高圧絶縁電線．
　ハ．電線の支持点間の距離は6m以下．ただし，電線を造営材の面に沿って取り付ける場合は2m以下とする．
　ニ．電線相互の間隔は8cm以上，電線と造営材との離隔距離は5cm以上．
　ホ．高圧屋内配線は，低圧屋内配線と容易に区別できるように施設する．
　ヘ．電線が造営材を貫通する場合は，貫通部分の電線を電線ごとにそれぞれ別個の難燃性及び耐水性のある堅ろうな物で絶縁する．

③**ケーブル工事**　概略は以下による．

　イ．ケーブル工事の規定に準じて施設する．
　ロ．ケーブルの防護措置の金属部分には，原則としてA種接地工事を施す．

④**他物との接近・交差**　他の低高圧屋内電線，弱電流電線，水管・ガス管等(以下「屋内電線等」という)と接近又は交差する場合は，次のいずれかによる．

　イ．高圧屋内配線と他の屋内電線等との離隔距離は，15cm（がいし引き工事で施設する低圧屋内電線が裸線では30cm)以上．
　ロ．高圧屋内配線がケーブル工事の場合は，ケーブルと他の屋内電線等との間に耐火性のある堅ろうな隔壁を設けるか，ケーブルを耐火性のある堅ろうな管に収める，又は他の高圧屋内配線の電線がケーブルであること．

⑤**高圧屋側配線**　高圧屋側電線路(解釈第111条)に準じて施設する．

⑥**高圧屋外電線**　地中電線路等の規定(解釈第120～125，127～130条)に準じて施設する．

❷**特別高圧屋内配線**　解釈第169条で，概略以下のように規定されている．

① 使用電圧は100kV以下．
② 電線はケーブルであること．
③ ケーブルは，鉄製又は鉄筋コンクリート製の管，ダクトその他の堅ろうな防護装置に収めること．

④ ケーブルの防護装置の金属製部分には，原則として A 種接地工事を施す．
⑤ 他の屋内電線等と接近又は交差する場合は，以下による．
　イ．特別高圧屋内配線と低圧屋内電線，管灯回路の配線又は高圧屋内電線との離隔距離は，60cm 以上であること．ただし，相互間に堅ろうな耐火性の隔壁を設ける場合は，この限りでない．
　ロ．特高屋内配線と弱電流電線等又は水管，ガス管等とは，接触しないように施設する．
⑥ 使用電圧 <u>35kV 以下の特別高圧屋側配線</u>は，屋側電線路の規定(解釈第 111 条)に準じて施設する．
⑦ 使用電圧 <u>35kV 以下の特高屋外配線</u>は，地中電線路等の規定(解釈第 120〜125，127〜130 条)に準じて施設する．
⑧ 使用電圧 <u>35kV 超過の特別高圧屋側又は屋外配線は，電気集塵装置等の場合を除いて施設しないこと</u>．

### 例題 4.9　高圧屋内配線

高圧屋内配線の施設方法に関する次の記述のうち，正しいのはどれとどれか(正しいもの二つ)．
(1) がいし引き工事は，乾燥した場所であれば点検できる隠ぺい場所にも施設できる．
(2) がいし引き工事で，電線を造営材の面に沿って取り付ける場合は，電線の支持点間の距離は，3m 以下とする．
(3) ケーブル工事は，特に場所の限定なく施設できる．
(4) がいし引き工事で，電線相互の間隔は 8cm 以上とする．
(5) ケーブルを収める防護装置の金属部分には，原則として D 種接地工事を施す．

[解]　(1)展開した場所に限る．(2) 2m 以下とする．(5)原則として A 種接地工事である．ただし，接触防護措置を施す場合は D 種でよい．

[答]　(3)　(4)

## 4.2.6　特殊な配線の施設

❶ 電球線　　電球線は，電気使用場所に施設する電線のうち，造営物に固定しない白熱電灯に至るものであって，造営物に固定しないものをいう(電気機械器具内の電線を除く，解釈第 142 条第 5 号)．要するに，造営材に取り付けたローゼットやシーリング以降のコード類を用いた白熱灯に至る配線である．

解釈第 170 条の規定を以下に示す．
① 使用電圧は 300V 以下．
② 電線の断面積は，0.75mm² 以上．
③ 電線には防湿コード，キャブタイヤケーブルなどを用いる．
④ 簡易接触防護措置を施す場合は，600V ゴム絶縁電線，600V ビニル絶縁電線が使用できる．
⑤ 電球線と屋内・屋側配線との接続は，その接続点において電球・器具の重量を配線に支持させないこと．

❷ その他の特殊な配線★　　解釈第 172 条では，特殊な配線等の施設方法を規定している．
① ショウウィンドー・ショーケース内の低圧屋内配線(第 1 項)：使用電圧は 300V 以下で，電線は断面積 0.75mm² 以上のコード又はキャブタイヤケーブルを用いる．
② 常設劇場・映画館の低圧電気設備(第 2 項)：使用電圧は原則として 300V 以下．
③ エレベータ等の昇降路内の低圧屋内配線等(第 3 項)：使用電圧 300V 以下では JIS 規格のエレベータ用ケーブルを使用することができる．
④ 水上・水中作業船の低圧屋内配線等(第 4 項)：低圧ケーブル工事には，JIS 規格の公称電圧 0.6kV 以下の船用ケーブルを使用することができる．

### 4.2.7 移動電線，接触電線

**❶保安原則** 移動電線及び接触電線については，以下のような保安原則が定められている．

**①移動電線の接続** 移動電線を機械器具と接続する場合は，接続不良による感電又は火災のおそれがないように施設しなければならない（電技第56条第2項）．

**②特高移動電線の禁止** 特別高圧の移動電線は，施設してはならない．ただし，充電部分に人が触れた場合に人体に危害を及ぼすおそれがなく，移動電線と接続することが必要不可欠な電気機械器具に接続するものは，この限りでない（電技第56条第3項）．

**③特高接触電線の禁止** 特別高圧の配線には接触電線を使用してはならない（電技第57条第3項）．解釈第174条第6項で電車線に限られている．

**④過電流保護** 高圧の移動電線又は接触電線（電車線を除く）に電気を供給する電路には，過電流が生じた場合に，当該高圧の移動電線又は接触電線を保護できるよう，過電流遮断器を施設しなければならない（電技第66条第1項）．

**⑤地絡保護** ④の電路には，地絡が生じた場合に，感電又は火災のおそれがないよう，地絡遮断器の施設その他の適切な措置を講じなければならない（電技第66条第2項）．

**⑥接触電線の施設禁止** 粉じんの多い危険場所等では，接触電線を原則として施設してはならない（電技第73条第1～3項）．

**❷移動電線** 移動電線は，電気使用場所に施設する電線のうち，造営物に固定しないものをいい，電球線及び電気機械器具内の電線を除く（解釈第142条第6号）．

解釈第171条で，移動電線の施設方法が，概略，以下のように規定されている．

**(1)低圧の移動電線**
① 電線の断面積は，0.75mm² 以上．防湿コード，キャブタイヤケーブルなどを用いる．ビニルコード，ビニルキャブタイヤケーブルは，屋内の使用電圧300V以下の扇風機，電気スタンドなど電気を熱として利用しない電気機械器具に使用できる．

② 使用電圧300V以下で，電気ひげそり用などの長さ2.5m以下の**金糸コード**（極細線を多数より合わせて心線とした可とう性の高いコードで，許容電流は0.5A程度），電気用品安全法の適用を受ける装飾用電灯器具に付属する移動電線，エレベータ用ケーブルなどでは，①によらないことができる．

③ 移動電線と屋内配線等及び電気機械器具との接続には，原則として差込み接続器を用いる．

④ 移動電線に接続する電気機械器具の金属製外箱の接地を施す場合に，多心コード等の線心のうち1つを接地線として使用する場合は，原則として差込接続器の1極を用いて接続する．

⑤ 上記の接地線に接続する1極は，他の極と明確に区別できる構造であること．

**(2)高圧の移動電線**
① 電線は，高圧用の3種クロロプレンキャブタイヤケーブル又は3種クロロスルホン化ポリエチレンキャブタイヤケーブルであること．

② 移動電線と電気機械器具とは，ボルト締めその他の方法により堅ろうに接続する．

③ 移動電線に電気を供給する電路には，専用の開閉器及び過電流遮断器を各極に設け，また，電路に地絡を生じたときには自動的に電路を遮断する装置を設けること．

**(3)特高の移動電線** 特別高圧の移動電線は，屋内の電気集じん応用装置に用いるもの（解釈第191条第1項）を除き，施設しないこと．

### 例題 4.10　移動電線

移動電線を電気機械器具と接続する場合は，（イ）による（ロ）又は（ハ）のおそれがないように施設しなければならない．

（ニ）の移動電線は，前項の規定に関わらず，

施設してはならない．ただし，(ホ)に人が触れた場合に人体に危害を及ぼすおそれがなく，移動電線と接続することが必要不可欠な電気機械器具に接続するものは，この限りでない．

上記の記述中の空白箇所(イ)～(ホ)に記入する字句を答えよ．

[解] 電技第56条第2項及び第3項からの出題である．1番目の文章が第2項である．特別高圧の移動電線は，原則禁止である．

[答] (イ)接続不良，(ロ)感電，(ハ)火災，(ニ)特別高圧，(ホ)充電部分

❸接触電線★　接触電線は，当該電線に接触してしゅう動する集電装置を介して，移動起重機，オートクリーナその他の移動して使用する電気機械器具に電気の供給を行うための電線をいう(解釈第142条第7号)．なお，解釈に接触電線の規定はあるが，これは使わずに，給電ケーブル方式による方法が保安面からは望ましい．

**(1)危険場所での禁止**　以下のように，危険性のある場所での施設は禁止されている．

可燃性ガス等により爆発する危険のある場所(電技第69条)には，接触電線を施設してはならない(電技第73条第1項)．

粉じんの多い場所(電技第68条)では，原則として接触電線を施設してはならない(電技第73条第2項)．

腐食性ガス等により絶縁性能の劣化のおそれがある場所(電技第70条)には，高圧接触電線を施設してはならない(電技第73条第3項)．

**(2)低圧接触電線**　解釈第173条で施設方法が規定されている．低圧接触電線の原則は以下によること(同条第1項)．

① 展開した場所又は点検できる隠ぺい場所に施設すること．
② がいし引き工事，バスダクト工事又は絶縁トロリー工事により施設すること．
③ 低圧接触電線を，ダクト又はピット等の内部に施設する場合は，当該低圧接触電線を施設する場所に水がたまらないようにすること．

各工事の詳細な施設方法は，第2項から第11項で規定されている．

**(3)高圧接触電線**　解釈第174条で施設方法が規定されている．高圧接触電線の原則は以下によること(同条第1項)．

① 展開した場所又は点検できる隠ぺい場所に，がいし引き工事により施設すること．
② 電線は，人が触れるおそれのないように施設すること．
③ 電線は，引張強さが2.78kN以上のもの又は直径10mm以上の硬銅線であって，断面積が70mm$^2$以上のたわみ難いものであること．
④ 電線は，各支持点において堅ろうに固定し，かつ，集電装置の移動により揺動しないこと．
⑤ 電線の支持点間隔は，6m以下であること．
⑥ 電線相互の間隔並びに集電装置の充電部分相互及び集電装置の充電部分と極性の異なる電線との離隔距離は，原則として30cm以上であること．
⑦ 電線と造営材(がいしを支持するものを除く，以下本項で同じ)との離隔距離及び当該電線に接触する集電装置の充電部分と造営材の離隔距離は，原則として20cm以上であること．
⑧ がいしは，絶縁性，難燃性及び耐水性のあるものであること．
⑨ 高圧接触電線に接触する集電装置の移動により無線設備の機能に継続的，かつ，重大な障害を及ぼすおそれがないように施設すること．

各工事の詳細な施設方法は，第2項から第5項で規定されている．

## 4.2節　配線等の施設

**【演習問題 4.4】　屋内配線工事の規制**
　使用電圧 300V 以下の低圧屋内配線を点検できない隠ぺい場所で乾燥した場所に施設する場合に施工してよい工事の種類として，正しいものを組み合わせたのは次のうちどれか．
　(1) 金属管工事，ライティングダクト工事　　(2) 可とう電線管工事，金属ダクト工事
　(3) セルラダクト工事，バスダクト工事　　(4) ケーブル工事，金属線ぴ工事
　(5) 合成樹脂管工事，フロアダクト工事

[解]　金属管，合成樹脂管，可とう電線管，ケーブルの各工事には施設場所の制限がない．その他では，フロアダクトとセルラダクトが題意の場所での施工が可能である．
[答] (5)

[解き方の手順]
4.2.1項の❶(特に表 4.7)の記述参照．

**【演習問題 4.5】　合成樹脂管工事**
　人が容易に触れるおそれがある場所に，使用電圧が 300V を超える低圧屋内配線を合成樹脂管工事により施設する場合の工事方法として，不適切なものは次のうちどれか．
(1) 電線は，絶縁電線(屋外用ビニル絶縁電線を除く)であること．
(2) 合成樹脂管内では，電線に接続点を設けないこと．
(3) CD 管は，直接コンクリート埋め込みの場合以外，専用の不燃性又は自消性のある難燃性の管又はダクトに収めて施設すること．
(4) 湿気の多い場所又は水気のある場所に施設する場合は，防湿装置を施すこと．
(5) 合成樹脂管を金属製のボックスに接続して施設する場合は，そのボックスに D 種接地工事を施すこと．

[解]　解釈第 158 条からの出題である．(5)の接地工事は題意の場合，300V を超えるので C 種でなければならない(ただし，人が触れるおそれがなければ D 種接地工事でもよい)．
[答] (5)

[解き方の手順]
金属製保護部の接地区分をよく考える．

　CD 管の CD は，"Combine Duct" の略である．普通の合成樹脂管が難燃性の硬質ビニル製に対し，CD 管は可燃性のポリエチレン製である．よって，本問(3)のような処置が必要になる．

**【演習問題 4.6】　金属管工事**
　低圧屋内配線を金属管工事で施設する場合の記述として，誤っているのは次のうちどれか．
(1) 導体に直径 2.0mm 軟銅線を使用した 600V ビニル絶縁電線を使用した．
(2) 使用電圧が 200V であり，かつ，施設場所が乾燥しており金属管の長さが 3m であるため，管に施す D 種接地工事を省略した．
(3) 管内で，電線を圧縮スリーブを使用して接続した．
(4) 使用電圧が 300V を超える場合は，管に C 種接地工事を施さなければならない．
(5) 電線には絶縁電線(屋外ビニル絶縁電線を除く)を使用しなければならない．

【解】 解釈第159条からの出題である．(1)直径3.2mm（アルミ線は4.0mm）以下は単線の使用可能．(2)使用電圧300V以下で，管全長4m以下を乾燥した場所に施設するときは，接地が省略できる．（交流対地電圧150V以下は同条件で8m以下まで可能）

[解き方の手順]
4.2.2項参照．管内では電線の接続ができない．

[答] (3)

### 【演習問題 4.7】 高圧屋内配線

高圧屋内配線をケーブル工事により施設する場合は，電線の支持点間の距離は，ケーブルを造営材の下面又は側面に沿って取り付ける場合は (ア) m（人が触れるおそれのない場所で垂直に取り付ける場合は (イ) m）以下とすること．又，ケーブルを金属管に収めて施設する場合は，その管に (ウ) 接地工事を施すこと．ただし，人が触れるおそれがないように施設する場合は， (エ) 接地工事によることができる．

上記の記述中の空白箇所(ア)〜(エ)に記入する数値又は字句を次の語群の中から選べ．
　1，2，3，4，5，6，A種，B種，C種，D種

【解】 高圧屋内配線工事は，解釈第168条に規定されており，がいし引き工事（乾燥した展開場所に限る）又はケーブル工事により行う．ケーブルの支持点間隔は，解釈第164条の低圧ケーブル工事に準ずる．高圧ケーブルと他の高低圧線，弱電流電線，水管，ガス管等との離隔距離は15cm以上とするか，耐火性の堅ろうな隔壁を設置又はケーブルを耐火性の堅ろうな管に収める．

[解き方の手順]
高圧屋内配線のケーブル工事は，低圧ケーブルに準じて行う．ケーブルを収める金属管の接地は，原則としてA種である．

[答] (ア) 2，(イ) 6，(ウ) A種，(エ) D種

### 【演習問題 4.8】 フロアダクト工事

フロアダクト工事による低圧屋内配線の施設方法として，正しいのは次のうちどれか．
(1) 電線は，絶縁電線であれば種別を問わない．
(2) 使用電圧は，300V超過が可能である．
(3) 接続点が容易に点検できるときは，ダクト内で電線を接続できる．
(4) 防湿措置を施せば，湿気の多い場所に施設できる．
(5) ダクトは電気用品安全法の適用を受けるものに限られる．

【解】 解釈第156条，第165条第1項からの出題である．(1) フロアダクト工事に限らず，屋内配線には屋外用ビニル絶縁電線(OW)は使用できない．(2) 使用電圧は300V以下である．(3) 正しい．(4) 乾燥した場所に限られる．(5) 厚さ2mm以上の鋼板で堅ろうに製作し，亜鉛めっきを施すかエナメルで被覆したものも使用できる．

[解き方の手順]
本文4.2.1項，本文4.2.2項の記述参照．

[答] (3)

# 4.3節　特殊場所，特殊機器の施設

## 4.3.1　特殊場所の施設制限

特殊場所については，電技第68条から第73条で，以下のように施設制限が規定されている．なお，電技第73条は接触電線の施設制限に関する規定であり，4.2.7項参照のこと．

❶**粉じんの多い場所**　粉じんによる当該電気設備の絶縁性能又は導電性能が劣化することに伴う感電又は火災のおそれがないように施設しなければならない(電技第68条)．

❷**可燃性ガス等のある場所**　下記場所の電気設備は，通常の使用状態において，当該電気設備が点火源となる爆発又は火災のおそれがないように施設しなければならない(電技第69条)．

① 可燃性ガス又は引火性物質の蒸気が存在し，点火源の存在により爆発するおそれがある場所
② 粉じんが存在し，点火源の存在により爆発するおそれがある場所
③ 火薬類が存在する場所
④ セルロイド，マッチ，石油類その他の燃えやすい危険な物質を製造又は貯蔵する場所

❸**腐食性ガス等のある場所**　腐食性のガス又は溶液の発散する場所(酸・アルカリ等の製造工場，銅・亜鉛等の精錬所，電気分銅所，電気めっき工場，開放形蓄電池の設置室，又はこれらに類する場所)に施設する電気設備には，腐食性ガス又は溶液による当該電気設備の<u>絶縁性能又は導電性能が劣化</u>することに伴う感電又は火災のおそれがないよう，予防措置を講じなければならない(電技第70条)．

❹**火薬庫**　照明のための電気設備(開閉器及び過電流遮断器を除く)<u>以外の電気設備は，原則として火薬庫内には設置してはならない</u>(電技第71条)．

❺**特高電気設備の施設禁止**　上記の❶及び❷に規定する場所には，原則として特別高圧の電気設備を施設してはならない(電技第72条)．

## 4.3.2　危険場所の施設方法★

粉じんなど電気設備に対して危険な物質の存在する場所の配線等の施設方法については，解釈第175条～第178条で規定されている．これらの施設方法の概要を**表4.10**に示す．

表4.10　危険場所の施設方法

| 危険場所の種別 | | 工事方法*1 | 電気機械器具 | 特高設備 |
|---|---|---|---|---|
| 粉じんの多い場所 | 爆燃性 | | 粉じん防爆特殊防塵構造 | 不可 |
| | 可燃性 | 合成樹脂管 | 粉じん防爆普通防塵構造 | 不可 |
| | その他 | 合成樹脂管 がいし引き 金属可とう管 金属ダクト バスダクト*2 | 状況により，防じん装置を施す． | 不可 |
| 可燃性ガス等 | | | 防爆構造規格による | 35kV以下*3又は電気集じん装置 |
| 危険物 | 消防法 | 合成樹脂管 | 危険物に着火するおそれなきよう施設 | 不可 |
| | 火薬類 | 合成樹脂管 | 全閉型(電熱器以外) | 不可 |
| 火薬庫 | | 照明関係のみ施設可能 対地150V以下 | 全閉型 | 不可 |

*1　電線管(薄鋼電線管以上が原則)，ケーブルは全て工事可能につき記載せず．よって，特記なきは金属管，ケーブル工事のみ可能．
*2　換気型を除く．
*3　特高の電動機，発電機及びこれらに特高の電気を供給するものに限る．

❶**粉じんの多い場所**　粉じんの多い場所に施設する低高圧の電気設備の施設方法は，解釈第175条で規定されている．

**(1) 爆燃性粉じん**　爆燃性粉じん(マグネシウム・アルミニウム等の粉じんであって，空気中に浮遊した状態又は集積した状態において着火したときに爆

発するおそれがあるもの)又は**火薬類の粉末**が存在し，電気設備が点火源となり爆発するおそれのある場所の電気設備は，概略以下による(解釈第175条第1項第1号)．

① 屋内・屋側・屋外配線等は，金属管工事又はケーブル工事による．
② 金属管工事では，**薄鋼電線管**以上の強度があるものを用い，ボックス類は粉じんが内部に侵入しないようパッキン等を用いる．また，金属管相互又はボックスとの接続は，5山以上ねじ合わせる方法その他これと同等の堅ろうな接続とする．電動機との接続部分で可とう性を必要とする部分は，**粉じん防爆形フレキシブルフィッチング**を用いる．
③ ケーブル工事では，キャブタイヤ以外のケーブルを用い，がい装ケーブル・MIケーブル以外は，管その他の防護装置に収める．電線を電気機械器具内に引き込むときは，パッキン又は充てん材を用いる．
④ 電気機械器具は，**粉じん防爆特殊防じん構造**のものを用いる．
⑤ 白熱灯・放電灯は，造営材に直接又はつり管等で堅ろうに取り付ける．
⑥ 電動機は，過電流が生じたときに爆燃性粉じんに着火するおそれがないように施設する．

**(2) 可燃性粉じん**　　可燃性粉じん(小麦粉，でんぷんその他の可燃性の粉じんであって，空気中に浮遊した状態において着火したときに爆発するおそれがあるものをいい，爆燃性粉じんを除く)が存在し，電気設備が点火源となり爆発するおそれのある場所の電気設備は，概略以下による(解釈第175条第1項第2号)．

① 屋内配線等は，合成樹脂管工事，金属管工事又はケーブル工事による．
② 合成樹脂管工事では，厚さ2mm以上のもの(CD管を除く)を用い，ボックス類には粉じんが内部に侵入しないようパッキン等を用いるものを用い，ボックス類には粉じんが内部に侵入しないようパッキン等を用いる．また，金属管相互又はボックスとの接続は，5山以上ねじ合わせる方法その他これと同等の堅ろうな接続とする．
③ 金属管工事では，**薄鋼電線管**以上の強度があるものを用い，ボックス類には粉じんが内部に侵入しないようパッキン等を用いる．また，金属管相互又はボックスとの接続は，5山以上ねじ合わせる方法その他これと同等の堅ろうな接続とする．
④ ケーブル工事では，キャブタイヤケーブル以外のものを用い，がい装ケーブル・MIケーブル以外は，管その他の防護装置に収める．電線を電気機械器具内に引き込むときは，引込口より粉じんが内部に侵入し難いようにする．
⑤ 管と電動機との接続部分で可とう性を必要とする部分は，**粉じん防爆形フレキシブルフィッチング**を用いる．
⑥ 電気機械器具は，**粉じん防爆普通防じん構造**のものを用いる．
⑦ 白熱灯・放電灯は，造営材に直接又はつり管等で堅ろうに取り付ける．
⑧ 電動機は，過電流が生じたときに爆燃性粉じんに着火するおそれがないように施設する．

**(3) その他粉じんの多い場所**　　(1)及び(2)に規定する以外の場所であって，粉じんの多い場所では，有効な除じん装置を施設することにより，規制が緩和されている．

**(4) IEC規格の適用**　　(1)～(3)の場合において，IEC 61241-14 (2004)の規定により施設することができる．IEC規格では，粉じんの存在する場所について，区域(zone)を設定し，それぞれの区域ごとに使用できる機器及び工事方法を規定している．

### 例題 4.11　　粉じんの多い場所

爆燃性粉じんが存在し，電気設備が点火源となり爆発するおそれのある場所の低圧屋内配線は，(ア)工事又は(イ)工事により施設する．(ア)工事による場合は，管相互及び管とボックスその他の付属品，プルボックス又は電気機械器具とは，(ウ)山以上ねじ合わせて接続する方法その他これと同等以上の効力のあ

る方法により，堅ろうに接続し，かつ，内部に粉じんが侵入しないように接続する．

電動機に接続する部分で可とう性を必要とする部分の配線には，(エ)を使用する．

上記の記述中の空白箇所(ア)〜(エ)に記入する字句又は数値を答えよ．

[解] 解釈第175条第1項第1号からの出題である．爆燃性粉じんが存在する場所の屋内配線は，金属管工事又はケーブル工事に限られる．

[答] (ア)金属管，(イ)ケーブル，(ウ) 5，(エ)粉じん防爆型フレキシブルフィッチング

❷ **可燃性ガスのある場所**　**可燃性ガス**(常温において気体であり，空気とある割合の混合状態において点火源がある場合に爆発を起すもの)又は**引火性物質**(着火しやすい可燃性の物質であって，その蒸気と空気とがある割合の混合状態において点下限がある場合に爆発を起すもの)の蒸気のある場所に施設する低高圧の電気設備の施設方法は，解釈第176条で規定されている．

施設方法は，同条第1項第1号又は第2号のいずれかによる．第1号は，❶の(1)の爆燃性粉じんのある場所の場合とほぼ同様である．なお，管と電動機との接続部分で可とう性を必要とする部分は，**耐圧防爆形フレキシブルフィッチング**又は**安全増防爆形フレキシブルフィッチング**を用いる．

第2号は，JIS C 60079-14 (2008)「爆発性雰囲気で使用する電気機械器具−第14部：危険区域内の電気設備(鉱山以外)」により施設することを規定している．

❸ **危険物等の存在する場所**　消防法で規定する危険物の存在する場所及び火薬類の製造・貯蔵場所に施設する低高圧の電気設備は，解釈第177条で規定している．

施設方法は，❶の(2)の可燃性粉じんのある場所の場合とほぼ同様である．ただし，金属管工事での5山以上ねじ合わせる方法その他これと同等の堅ろうな接続や，粉じん防爆形フレキシブルフィッチング等の施設義務はない．

❹ **火薬庫の電気設備**　火薬庫内には，以下により施設する照明器具及びこれに電気を供給する電気設備以外の電気設備を設置しないこと(解釈第178条)．

① 電路の対地電圧は150V以下であること．
② 金属管工事又はケーブル工事による．ケーブルは，キャブタイヤ以外とし，がい装ケーブル・MIケーブル以外は管等に収める．
③ 電気機械器具は全閉形であること．
④ 白熱灯・放電灯は，造営材に直接又はつり管等で堅ろうに取り付ける．
⑤ 火薬庫内に電気を供給する電路は，次によること．
　イ．火薬庫以外の場所に，専用の開閉器及び過電流遮断器を，取扱者以外が容易に操作できないように施設する．
　ロ．地絡時の電路の自動遮断装置又は警報

> **コラム** ── 防じん・防爆構造
>
> 　危険な場所に施設する電気機械器具は，解釈の規格に適合する防じん・防爆構造等のものを適切に用いるが，これらは，労働安全衛生規則に基づく「**電気機械器具防爆構造規格**」により，耐圧防爆構造，内圧防爆構造(通風式，封入式，密封式)，安全増防爆構造，油入防爆構造，本質安全増防爆構造，樹脂充てん防爆構造，非点火防爆構造，特殊防爆構造，粉じん防爆普通防じん構造，同特殊防じん構造の規格が詳細に定められている．この規格では，粉じんや可燃性蒸気のある危険箇所などを，「特別危険箇所」，「第1類危険箇所」，「第2類危険箇所」などに区分し，それぞれの危険箇所において，使用できる防じん・防爆構造の種類を定めている．危険箇所の解釈の規定は，上記の防爆構造規格の内容と合致している．

装置を設ける．
ハ．イの開閉器又は過電流遮断器から火薬庫に至る配線は，地中ケーブル工事とする．

### 4.3.3 その他の特殊場所等
**❶トンネル等の電気設備**
**(1) 人が常時通行するトンネル** 解釈第179条第1項による概略を以下に示す．
① 使用電圧は低圧であること．
② がいし引き工事(電線の高さは路面上2.5m以上)，合成樹脂管工事，金属管工事，金属可とう電線管工事又はケーブル工事によること．
③ トンネルの引込口に近い箇所に専用の開閉器を設けること．

**(2) 鉱山その他の坑道内の配線** 解釈第179条第2項による．概略は以下のとおり．
① 使用電圧は，低圧又は高圧であること．
② 低圧配線は，次のいずれかによること．
　イ．ケーブル工事による．
　ロ．使用電圧300V以下のものを，電線相互間を適当に離し，かつ，岩石・木材と接触しないように絶縁性・難燃性・耐水性のがいしで電線を支持する．
③ 高圧配線は，ケーブル工事によること．
④ 抗口に近い箇所に専用の開閉器を設ける．

**❷臨時配線** 解釈第180条で，使用電圧300V以下のもので，下記のものの施設方法の緩和の特例を規定している．
① がいし引き工事で工事完了日から4月以内に限り使用する屋内・屋側・屋外配線．
② コンクリートに直接ケーブルを埋設するもので，1年以内に限り使用するもの．

### 4.3.4 特殊機器の施設制限
特殊機器については，電技第74条から第78条で，以下のように施設制限が規定されている．
**❶電気さくの施設禁止** 電気さくは，原則として施設してはならない(電技第74条)．
**❷電撃殺虫器，X線発生装置の施設禁止** 粉じんの多い場所，可燃性ガス・腐食性ガス等の存在する場所に施設してはならない(電技第75条)．
**❸パイプライン電熱装置の施設禁止** 粉じんの多い場所，可燃性ガス・腐食性ガス等の存在する場所に，原則として施設してはならない(電技第76条)．
**❹電気浴器等の施設** 電気浴器又は銀イオン殺菌装置は，感電による人体への危害又は火災のおそれがない場合に限り，施設することができる(電技第77条)．
**❺電気防食施設** 電気防食施設は，他の工作物に電食作用による障害を及ぼすおそれがないように施設しなければならない(電技第78条)．

### 4.3.5 特殊機器等の施設方法
特殊機器の施設方法に関する電技の保安原則は以下のように規定されている．
**①特別高圧の電気集塵応用装置等の施設禁止**
電気集じん応用装置及びこれに特別高圧の電気を供給するための電気設備は，原則として，屋側又は屋外に施設してはならない(電技第60条)．
**②交通信号灯・出退表示灯** 交通信号灯，出退表示灯その他，その損傷により公共の安全の確保に支障を及ぼすおそれのあるものに電気を供給する電路には，過電流による過熱焼損からそれらの電線及び電気機械器具を保護できるよう，過電流遮断器を施設しなければならない(電技第63条第2項)．
**③地絡保護** ロードヒーティング等の電熱装置，プール用照明灯その他の一般公衆の立ち入るおそれがある場所又は絶縁体に損傷を与えるおそれがある場所に施設するものに電気を供給する電路には，地絡が生じた場合に，感電又は火災のおそれがないよう，地絡遮断器その他の適切な措置を講じなければならない(電技第64条)．

特殊機器等の施設方法については，解釈第181条〜第199条で規定している．**表4.11**に

## 4.3節　特殊場所，特殊機器の施設

表 4.11　特殊機器等の施設方法

| 機器等の名称 | 解釈条 | 最大電圧 [V]*0 一次 | 最大電圧 [V]*0 二次 | 絶縁TR | 施設方法等 |
|---|---|---|---|---|---|
| 小勢力回路 | 181 | 対地 300 | 60 | 要 | ケーブル，直径 0.8mm 以上の軟銅線 |
| 出退表示灯 | 182 | 対地 300 | 60 | 要 | ケーブル，直径 0.8mm 以上の軟銅線 |
| 低電圧照明回路 | 183 | 対地 300 | 24 | 要 | 屋内の乾燥場所 |
| 交通信号灯 | 184 | 150 | — | | ケーブル，直径 1.6mm 以上の軟銅線 |
| 放電灯*1 | 185 | 対地 150 | — | 要*2 | 住宅以外は，対地 300V 以下可能 |
| ネオン放電灯*1 | 186 | 対地 150*3 | — | 要 | |
| 水中照明灯 | 187 | 300 | 150 | 要 | 二次 30V 以下は混触防止巻線<br>二次 30V 超過は地絡時自動遮断 |
| 滑走路灯等 | 188 | | | | 滑走路では地中配線 |
| 遊戯用電車 | 189 | 300 | DC60<br>AC40 | | 接触電線はサードレール式<br>レール漏れ電流 100mA/km 未満 |
| アーク溶接装置 | 190 | 対地 300 | | 要 | 溶接用変圧器 |
| 電気集じん装置 | 191 | | | | 原則屋内設置，残留電荷放電装置 |
| 電気さく | 192 | | | | 電源 30V 以上では漏電遮断器 |
| 電撃殺虫器 | 193 | | | | 電気用品安全法の適合品使用 |
| X 線発生装置 | 194 | | | | |
| フロアヒーティング | 195 | 対地 300<br>対地 150 | | | 発熱線，表皮電流加熱<br>電熱ボード，電熱シート |
| 電気温床 | 196 | | | | |
| 配管発熱線<br>直接加熱<br>表皮電流加熱<br>水管発熱線 | 197 | 低圧<br>AC 低圧<br>AC 低圧<br>300 | | 要<br>要 | 負荷側非接地，配管絶縁措置<br>負荷側非接地，配管絶縁措置 |
| 電気浴器<br>銀イオン殺菌器<br>昇温器 | 198 | 300 | 10 | 要 | 電源装置は電気用品安全法適用 |
| 電気防食装置 | 199 | 低圧 | DC60 | 要 | ケーブル，直径 2mm 以上の銅線 |

*0　特記なきは使用電圧．　*1　危険場所では施設禁止．　*2　管灯回路使用電圧 300V 超過の場合．　*3　屋内に設置の場合．

施設方法の概要を示す．ここで注意を要するのは，最大電圧の使用電圧と対地電圧の相違である．対地電圧 300V であれば，線間電圧 400V 級の使用は可能(三相 4 線式 230/400V など)であるが，使用電圧 300V では線間電圧 300V 以下が条件になる．多くは対地電圧で示されているが，適用に当たっては個々に注意を要する．

❶**小勢力回路**　小勢力回路は，電磁開閉器の操作回路又は呼鈴もしくは警報ベル等に接続する電路であって，最大使用電圧が 60V 以下のものをいう(解釈第 181 条)．危険性が低いので弱電流電線路に近い工事が認められている(**図 4.18**)．

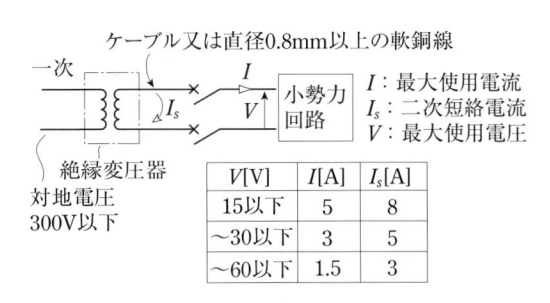

小勢力回路に電気を供給する電路には，一次側の対地電圧 300V 以下の絶縁変圧器を用いる．

絶縁変圧器の二次短絡電流は，電圧 15V 以下では 8A 以下，30V 以下では 5A，60V 以下では 3A 以下とされている．

電線は，ケーブル(通信用ケーブルを含む)である場合を除き，直径 0.8mm 以上の軟銅線又はこれと同等以上の強さ及び太さのものであるこ

$I$：最大使用電流
$I_s$：二次短絡電流
$V$：最大使用電圧

| $V$[V] | $I$[A] | $I_s$[A] |
|---|---|---|
| 15以下 | 5 | 8 |
| ～30以下 | 3 | 5 |
| ～60以下 | 1.5 | 3 |

図 4.18　小勢力回路

### 例題 4.12　小勢力回路

小勢力回路の最大使用電圧は (ア) [V] 以下であること．小勢力回路の供給電路には，(イ) 変圧器を用い，その一次側の対地電圧は，(ウ) [V] 以下であること．

上記の記述中の空白箇所 (ア) ～ (ウ) に記入する数値又は字句を答えよ．

[解]　解釈第 181 条第 1 項からの出題である．なお，解釈第 182 条の出退表示灯も小勢力回路とほぼ同様な規制が行われている．

[答]　(ア) **60**，(イ) **絶縁**，(ウ) **300**

❷ **出退表示灯**★　出退表示灯の最大使用電圧は 60V 以下とし，定格電流が 5A 以下の過電流遮断器で保護すること．電気を供給する電路には，一次側対地電圧 300V 以下の絶縁変圧器を用い，二次電圧は 60V 以下であること．その他，小勢力回路に準じて施設すること(解釈第 182 条)．

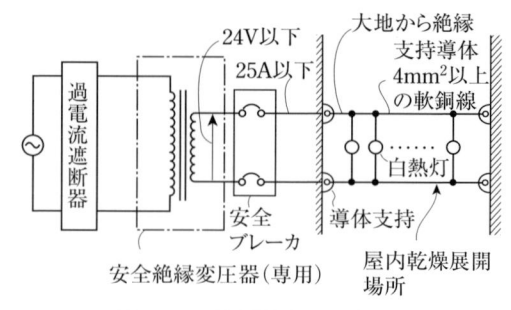

❸ **特別低電圧照明回路**★　特別低電圧照明回路は，両端を固定した導体又は一端を造営材の下面に固定し吊り下げた導体により支持された白熱電灯に電気を供給する回路であって，専用の電源装置に接続されるものをいう．屋内の乾燥した場所に施設する(解釈第 183 条)．

一般には，「白熱電球用特別低電圧照明システム」と称されていて，造営材等に施設された裸線又は被覆線に白熱電灯を支持して使用する照明設備である．用途に合わせて白熱灯の位置を変更できることから，ヨーロッパでは，住宅などで広く使われている．本規定は，平成 20 年 10 月の改正で，IEC 規格を取り入れて規定したものである．

一般の単相 100V 回路に接続された専用の安全絶縁変圧器により，使用電圧 24V 以下(非接地)で白熱灯に電気を供給する．IEC 60598-2-23 規格に基づく JIS C 8105-2-23 に詳細が規定されている(**図 4.19**)．

図 4.19　特別低電圧照明回路

❹ **交通信号灯**★　交通信号灯回路の使用電圧は，150V 以下とすること．交通信号灯の制御装置の電源側には，専用の開閉器及び過電流遮断器を設ける．制御装置の金属製外箱には，D 種接地工事を施す．電線は，ケーブル又は直径 1.6mm 以上の軟銅線と同等のものを用い，高さ等は低圧架空線の規定に準じる(解釈第 181 条)．

❺ **放電灯**　蛍光灯や水銀灯などの放電灯の施設については，解釈第 185 条で施設方法を規定している．ここでの放電灯には，ネオン放電管は含まない．また，**管灯回路**とは放電灯の安定器～放電ランプ間の回路をいい，最高電圧は一次側の電圧よりも高いことが多い(**図 4.20**)．なお，管灯回路の使用電圧が 300V を超える放電灯は，4.3.2 項で述べた危険場所には施設しないこと(ネオン放電灯も同様である)．

**(1) 管灯回路の使用電圧が 1000V 以下の施設**
概略は解釈第 185 条第 1 項で以下のように規定している．

① **対地電圧制限**　放電灯に電気を供給する電

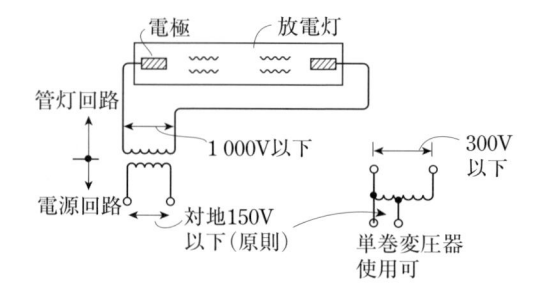

図 4.20　管灯回路（1 000V 以下）

路の対地電圧は，150V以下であること．ただし，住宅以外の場所において，次による場合は，300V以下とすることができる．

  イ．放電灯及びその付属電線に，接触防護措置を施す．
  ロ．放電灯用安定器は，配線と直接接続する．

**②別置の安定器** 器具とは別置の放電灯用安定器は，堅ろうな耐火性の外箱に収めるものとし，外箱を造営材から1cm以上離して堅ろうに取り付け，かつ，容易に点検できるようにする．

**③放電灯用変圧器** 管灯回路の使用電圧が300Vを超えるときは，**放電灯用変圧器**(原則として**絶縁変圧器**とする)を用いる．

**④外箱の接地** 安定器及び電灯器具の金属製外箱には，原則として使用電圧に見合ったA種，C種，D種の接地工事を施すこと．

**⑤防湿装置** 湿気の多い場所又は水気のある場所の放電灯には，防湿装置を施すこと．

**(2)管灯回路の配線★** 管灯回路の配線を電灯器具の外部で行う場合，使用電圧300V以下の場合は解釈第185条第2項で，同300V超過1000V以下の場合は解釈第185条第3項で，それぞれ配線の施設方法を規定している．

**(3)管灯回路の使用電圧が1000V超過の施設★**
解釈第185条第4項で，施設方法を規定している．

**(4)ネオン放電灯の施設★** ネオン放電管を用いる放電灯の施設は，解釈第186条で施設方法を規定している．いわゆるネオンサインのことである．

#### 例題 4.13 放電灯の施設

管灯回路の使用電圧が1000V以下の放電灯は，以下により施設する．

放電灯に電気を供給する電路の対地電圧は，原則として (ア) [V] 以下であること．器具とは別置形の放電灯用安定器は，堅ろうな耐火性の外箱に収め，外箱を造営材から (イ) [cm] 以上離して取り付けること．

管灯回路の使用電圧が (ウ) [V] を超える場合は，放電灯用変圧器を使用すること．この変圧器は，原則として (エ) 変圧器であること．

上記記述中の空白箇所(ア)～(エ)に記入する数値又は字句を答えよ．

**[解]** 解釈第185条第1項からの出題である．第1項では，管灯回路の電圧が1 000V以下の場合について規定している．

**[答]** (ア) 150，(イ) 1，(ウ) 300，(エ) 絶縁

**❻水中照明灯** 解釈第187条で施設方法を規定している．照明灯に電気を供給する電路は，次によること(図4.21)．

**①絶縁変圧器** 一次側の使用電圧300V以下，二次側の使用電圧150V以下の絶縁変圧器を用いること．

**②混触防止板** 絶縁変圧器の二次側電路の使用電圧が30V以下の場合は，一次巻線と二次巻線との間に金属製の混触防止板を設け，かつ，これにA種接地工事を施す．

**③二次側非接地** 絶縁変圧器の二次側電路は非接地とし，開閉器及び過電流遮断器を各極に施設する．使用電圧が30Vを超える場合は，

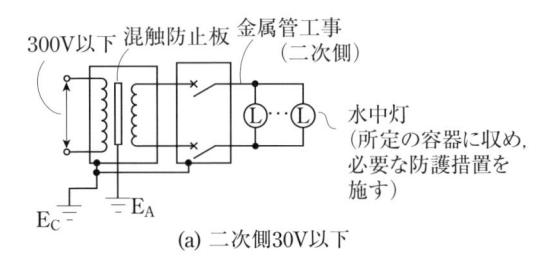

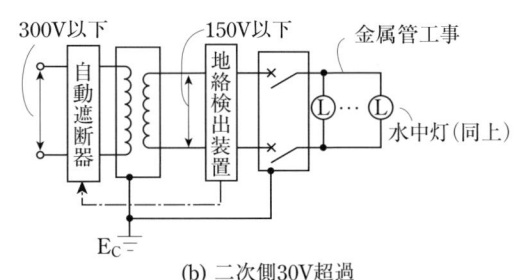

(a) 二次側30V以下

(b) 二次側30V超過

図 4.21 水中照明灯

地絡時の自動遮断装置を設ける(図の(b)). これらの装置は堅ろうな金属製の外箱に収める.

**④金属管工事**　二次側電路の配線は, 金属管工事とする.

**⑤金属部分の接地**　照明灯, 防護装置等の関連する金属部分は, 相互に電気的に完全に接続し, これにC種接地工事を施す.

**❼滑走路灯★**　飛行場構内の滑走路灯, 誘導灯その他の標識灯について, 解釈第188条で施設方法を規定している. 多くは, 地中電線路の規定に準じて施設する.

**❽遊戯用電車★**　解釈第189条で施設方法を概略は以下のように規定している.

①遊戯用電車内の電路は, 次による.
　イ. 取扱者以外の者が容易に触れるおそれがないように施設する.
　ロ. 遊戯用電車内に昇圧用変圧器を施設する場合(交流方式の場合)は, 絶縁変圧器とし, 二次側の使用電圧は150V以下とする.
　ハ. 遊戯用電車内の電路と大地の間の絶縁抵抗は, 使用電圧に対する漏えい電流が, 機器の定格電流合計値の1/5 000を越えないようにする.

②遊戯用電車に電気を供給する電路(電車線)は, 次による.
　イ. 使用電圧は, 直流60V以下, 交流40V以下とする.
　ロ. 前項の使用電圧に電気を変成する変圧器は, 絶縁変圧器とし, 一次側の使用電圧は300V以下とする.
　ハ. 電路には専用の開閉器を設ける.
　ニ. 遊戯用用電車に電気を供給する接触電線は, **サードレール式**とし, 大地との間の絶縁抵抗は, 使用電圧に対する<u>漏えい電流がレールの延長1kmにつき100mAを超えないようにする</u>.

③接触電線及びレールは, 人が容易に立ち入らないように設備した場所の施設する.

④電路の一部として使用する<u>レール</u>は, 原則として, 適当なボンドで電気的に接続する.

**❾アーク溶接装置**　解釈第190条で可搬型のアーク溶接装置の施設方法を, 概略以下のように規定している(**図4.22**).

①**絶縁変圧器**　溶接変圧器は, 絶縁変圧器とし, 一次側の対地電圧は300V以下とする.

②**溶接電極への電路**　溶接変圧器から溶接電極に至る部分の電路は, 規格に適合する溶接用ケーブルを用いる.

③**被溶接部への電路**　溶接変圧器から被溶接材に至る部分の電路は, 規格に適合する溶接用ケーブル等又は電気的に完全に, かつ, 堅ろうに接続された鉄骨等を用いる.

④**安全措置**　②及び③の電路は, 溶接時に流れる電流を安全に通じることができること. また, 機械的衝撃等を受けるおそれのある箇所では, 適当な防護装置を設ける.

⑤**金属部の接地**　被溶接材又はこれと電気的に接続される持具, 定盤等の金属体には, D種接地工事を施す.

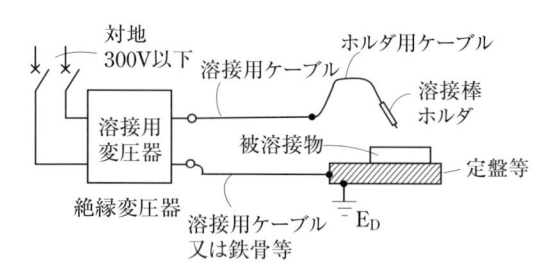

図4.22　アーク溶接装置

**❿電気集じん装置**　使用電圧が特別高圧の電気集じん装置, 静電塗装装置, 電気脱水装置, 電気選別装置その他の電気集じん応用装置(特別高圧の充電部分が装置の外箱に出ないものを除く)については, 解釈第191条で施設方法を概略, 以下のように規定している(**図4.23**).

①**開閉器の設置**　電気集じん応用装置に電気を供給するための変圧器の一次側電路には, 当該変圧器に近い箇所であって, 容易に開閉できる箇所に開閉器を設ける.

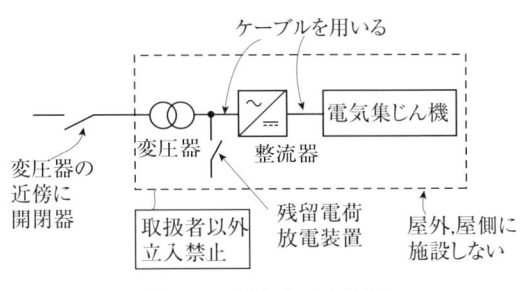

図 4.23　電気集じん装置

②**設置場所**　①の変圧器，整流器及びこれらの付属設備は，原則として，取扱者以外の者が立ち入ることができないよう措置した場所に設置する．

③**ケーブル工事**　変圧器～整流器，整流器～集塵装置の電線は，ケーブルを用いる．損傷を受けるおそれのある箇所では防護装置を施す．ケーブルを収める金属部分にはA種接地工事を施す．

④**放電装置**　残留電荷により人に危険を及ぼすおそれのある場合は，変圧器の二次側電路に**残留電荷**の放電装置を設ける．

⑤**屋内設置**　電気集じん応用装置及びこれに特別高圧の電気を供給するための電気設備は，原則として，屋内に施設する．

⓫**電気さく★**　解釈第192条で施設方法を概略，以下のように規定している（**図4.24**）．

①**用途**　用途は，田畑，牧場等で**野獣の侵入又は家畜の脱出を防止する**ものであること．

②**漏電遮断器**　電気さく用電源装置が使用電圧30V以上の電源から電気の供給を受ける場合において，人が容易に立ち入る場所に電気さくを施設するときは，当該電気さくに電気を供給する電路には，定格感度電流15mA以下，動作時間0.1秒以下の電流動作型漏電遮断器を設けること．

③**専用開閉器**　電気さくに電気を供給する電路には，容易に開閉できる箇所に専用の開閉器を設ける．

⓬**電撃殺虫器★**　概略は解釈第193条で施設方法を以下のように規定している．

① 電撃殺虫器は，電気用品安全法の適用を受けるものを用い，施設場所には危険表示をする．

② 電撃殺虫器の電撃格子は，原則として，地表上又は床面上3.5m以上の高さに施設する．

③ 電撃殺虫器の電撃格子と他の工作物又は植物との離隔距離は，0.3m以上とする．

⓭**エックス線発生装置★**　解釈第194条で施設方法を規定している．

⓮**フロアヒーティング★**　解釈第195条で施設方法を規定している．発熱線に電気を供給する電路の対地電圧は，300V以下とする．電熱ボード又は電熱シートは，対地電圧150V以下とする．

⓯**電気温床★**　解釈第196条で施設方法を規定している．電気温床に電気を供給する電路の対地電圧は，300V以下とする．

⓰**パイプラインの電熱装置★**　パイプライン等の発熱線，直接加熱装置，表皮電流加熱装置，水管等の発熱線の4種類について，解釈第197条で施設方法を規定している．

⓱**電気浴器等★**　電気浴器，銀イオン殺菌装置，温泉水用の電極式温水器（昇温器）については，解釈第198条で施設方法を規定している．

(1)**電気浴器**　概略は以下による．

① 電気用品安全法の適用を受ける**電気浴器用電源装置**（二次側電路電圧は10V以下）を用い，同装置は浴室以外の乾燥場所で，取扱者以外の者が容易に触れない箇所に設置する．

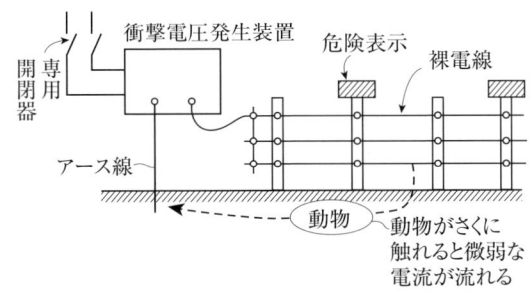

図 4.24　電気さく

② 浴槽内の電極間隔は 1m 以上とし，電極は人が容易に触れるおそれがないように施設する．

③ 電源装置から浴槽内の電極までの電線相互間及び電線と大地間の絶縁抵抗は 0.1MΩ 以上とする．

**(2) 銀イオン殺菌装置**　銀イオン殺菌装置の電源は，電気用品安全法の適用を受ける電気浴器用電源装置であること．その他，電極間隔以外は，(1)に準じて施設する．

**(3) 昇温器**　概略以下による(**図 4.25**)．

① 昇温器の使用電圧は，300V 以下とする．

② 昇温器又はこれに付属の給水ポンプ用電動機に電気を供給する電路には，使用電圧 300V 以下の**絶縁変圧器**を施設する．

③ 絶縁変圧器の鉄心及び金属製外箱には，D種接地工事を施す．

④ 絶縁変圧器の一次側電路には，開閉器及び過電流遮断器を設ける．

⑤ 絶縁変圧器の二次側電路には，昇温器及び付属の給水ポンプ以外の負荷を接続しない．

⑥ 昇温器の水の流入口及び流出口には，遮へい装置を設ける．遮へい装置の電極には，単独で A 種接地工事を施す．

⑦ 昇温器及び遮へい装置の外箱は，絶縁性・耐水性のある堅ろうなものとする．

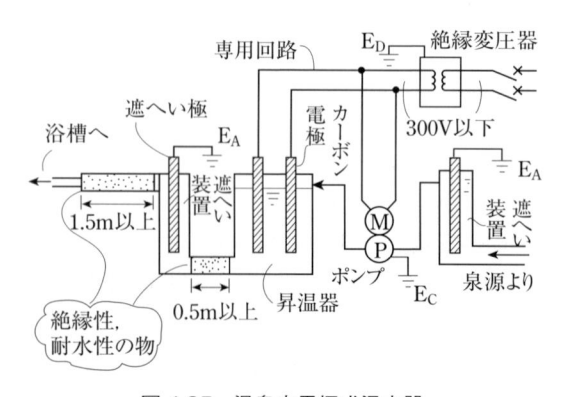

**⓲ 電気防食施設★**　解釈第199条で**外部電源方式**の電気防食装置について施設方法を規

図 4.25　温泉水電極式温水器

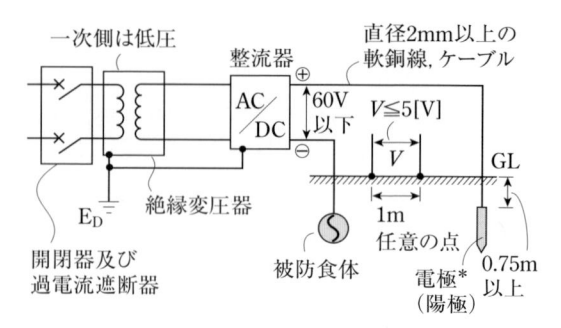

＊水中の場合は，人が容易に触れない場所とし，周囲に適当なさくを設けるか，又は陽極と1m以内の任意の点の電位差を10V以下とする．

図 4.26　電気防食装置

定している(**図 4.26**)．流電陽極方式及び選択排流方式は，危険性が少ないので解釈では特に規定していない．なお直接排流方式は禁止されている．

① 電気防食回路の使用電圧は，直流 60V 以下とする．

② 陽極の地中埋設深さは，0.75m 以上とする．

③ 地表又は水中における 1m の間隔を有する任意の 2 点間の電位差は，5V を超えないこと．

④ 電気防食用電源装置は堅ろうな金属製の外箱に収め，かつ，これに D 種接地工事を施す．変圧器は絶縁変圧器とし，一次側の電圧は低圧とする．

⑤ 一次側電路には，開閉器及び過電流遮断器を設ける．

⑥ 電気防食装置の使用により，他の工作物に電食作用による障害を及ぼすおそれのある場合には，これを防止するため，その工作物と被防食体とを電気的に完全に接続する等の防止方法を施すこと．

**⓳ 電気自動車の電気供給・充電**　平成24年6月の解釈の改正で，電気自動車用の給電・充電設備(電力変換装置，保護装置，開閉器等の電気供給・充電に必要な設備を一括して収めたものをいう)を介して，一般用電気工作物に電気を供給，又はこれから電気自動車に充電する場合の施設が，解釈第199条の2として規定された(**図**

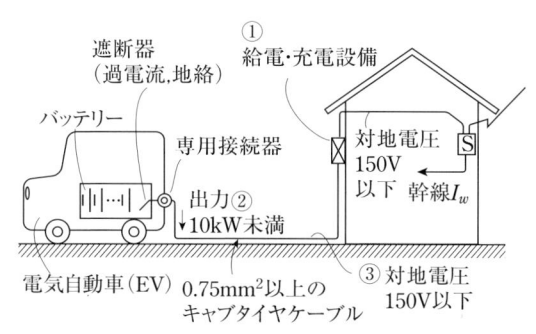

① 電力変換装置, 保護装置, 開閉器等の電気供給・充電に必要な設備を一括して収めた筐体
② 幹線の許容電流$I_w$以下のこと
③ 直流対地電圧450V以下の例外規定あり

**図 4.27　電気自動車の給電・充電設備**

4.27).

**(1) 供給設備**　概要は以下のとおりである.

① 電気自動車の出力は10kW未満であるとともに, 低圧幹線の許容電流以下であること.

② 電路に地絡を生じたときに自動的に電路を遮断する装置を施設すること(従来の規定で地絡遮断器が省略できる場合はこの限りでない).

③ 電路に過電流を生じたときに自動的に電路を遮断する装置を施設すること.

④ 電気自動車と供給設備を接続する電路の対地電圧は, 原則として150V以下であること(直流側を非接地とし, 電力変換装置の交流側に絶縁変圧器を設けたときに, 直流対地電圧450V以下の例外規定があり, 急速充電を想定している).

⑤ 供給用電線(電気自動車～供給設備間の電線)は, 原則として断面積0.75mm²以上の二種以上のキャブタイヤケーブルを用い, かつ, 電気自動車との接続には専用の接続器を用いること.

⑥ 電気自動車の蓄電池(非常用予備電源用を除く)は, 発電所等に設ける蓄電池と同様に, 過電圧, 過電流等の場合に自動的に電路から遮断する装置を設けること(2.3.3項の❻ P.53参照).

**(2) 充電設備**　一般電気工作物の需要場所で電気自動車を充電する場合の電路は, 原則として対地電圧150V以下とし, 充電部が露出しないようにすること. また, 電路に地絡を生じたときに自動的に電路を遮断する装置を設けること(解釈同条第2項).

### 4.3.6　小出力発電設備

**❶燃料電池発電設備**　燃料電池発電設備が一般用電気工作物である場合には, 運転状態を表示する装置を施設しなければならない(電技第59条第2項).

小出力発電設備である燃料電池設備は, 発電所に設けるものに準じて施設すること(解釈第200条第1項第1号). 2.3.3項の❺(解釈第45条)の記述を参照のこと.

また, 燃料電池設備に接続する電路に地絡を生じたときに, 電路を遮断し, 燃料電池への燃料ガスの供給を自動的に遮断する装置を施設すること(解釈第200条第1項第2号).

**❷太陽電池発電設備**　小出力発電設備である太陽電池発電設備は次によること(解釈第200条第2項).

①**充電部の防護**　充電部分が露出しないように施設すること.

②**負荷開閉器**　太陽電池モジュールに接続する負荷側の電路には, 負荷電流の開閉器を施設すること.

③**過電流遮断器**　太陽電池モジュールを並列に接続する電路には, その電路に短絡を生じた場合に電路を保護する過電流遮断器を原則として施設すること.

④**配線工事**　電線は直径1.6mmの軟銅線と同等以上のものを用いて, 合成樹脂管, 金属管, 金属可とう電線管, ケーブル工事により施設すること.

⑤**可とう接続**　太陽電池モジュールその他の器具の電線の接続では, 堅ろうに接続するとともに, 接続点に張力が加わらないようにする.

⑥**支持物**　太陽電池モジュールの支持物は, JIS規格, 建築基準法に適合すること.

## 【演習問題 4.9】 危険場所の施設

電気設備技術基準では「次に掲げる場所に施設する電気設備は，通常の使用状態において，当該電気設備が点火源となる爆発又は火災のおそれがないように施設しなければならない」と規定している．

1. 可燃性のガス又は引火性物質の (ア) が存在し，点火源の存在により爆発するおそれがある場所
2. (イ) が存在し，点火源の存在により爆発するおそれがある場所
3. (ウ) が存在する場所
4. セルロイド，マッチ，石油類その他の燃えやすい危険な物質を製造し，又は (エ) する場所

上記の記述中の空白箇所(ア)～(エ)に記入する字句を 次の語群の中から選べ．

酸，アルカリ，粉じん，油，蒸気，火薬類，危険物，保管，取扱，貯蔵

**[解]** 電技第 69 条の規定で，爆発又は火災のおそれがある危険な場所は，可燃性のガス，引火性物質の蒸気，粉じん，火薬類の各存在する場所や可燃性物質の製造又は貯蔵場所である．

**[解き方の手順]** 4.3.1 項及び電技第 69 条参照．

**[答]** (ア)**蒸気**，(イ)**粉じん**，(ウ)**火薬類**，(エ)**貯蔵**

## 【演習問題 4.10】 特殊機器の施設

次の文章は，電気設備技術基準の「特殊機器の施設」に関する記述である．

1. 電気さくは，施設してはならない．ただし，田畑，牧場，その他これに類する場所において，野獣の侵入又は (ア) の脱出を防止するために施設する場合であって， (イ) 性がないことを考慮し，感電又は火災のおそれがないように施設するときは，この限りでない．
2. 電撃殺虫器又は (ウ) 装置は，粉じんの多い場所等には，施設してはならない．
3. 電気防食装置は，他の工作物に (エ) 作用による障害を及ぼすおそれがないように施設しなければならない．

上記の記述中の空白箇所(ア)～(エ)に記入する語句を次の語群の中から選べ．

牛馬，家畜，動物，導電，絶縁，衝撃，エックス線発生，銀イオン殺菌，静電塗装，誘導，電食，酸化，爆発

**[解]** 1 は電技第 74 条からの出題である．2 は電技第 75 条からの出題である．3 は電技第 78 条からの出題である．条文は付録 1 参照．

**[解き方の手順]** 4.3.3 項及び電技第 74，75，78 条参照．

**[答]** (ア)**家畜** (イ)**絶縁** (ウ)**エックス線発生** (エ)**電食**

# 4.4節　国際規格，分散電源の連系

## 4.4.1　国際規格の取り入れ★

**❶ IEC規格取り入れの概要**　電気設備技術基準の国際化を図るために，1999年（平成11年）10月の電技の改正で，**国際電気標準会議**が定めた**IEC規格**が，解釈第7章（「国際規格の取り入れ」第218条）として取り入れられた．解釈に取り入れられたのは，その内の「IEC規格60364建築電気設備」である．この改正により，わが国の電気設備にもIEC規格の適用が可能となった．

さらに，2010年（平成22年）1月の改正では，電圧AC1kVを超える設備に係る「IEC規格61936-1」が解釈219条として取り入れられた．

なお，IEC規格は，解釈第7章以外の条項でも取り入れられている（次頁のコラム参照）．

**(1) IEC 60364規格**　公称電圧交流1 000V又は直流1 500V以下の電圧で供給される住宅施設，商業施設及び工業施設に適用されるもので，電力会社の発変電所や送配電線には適用されない．解釈では，第5章の電気使用場所の低圧設備にこの規格が適用されることになる．

IEC 60364規格の構成は，以下の通りである．

　第1部（IEC 60364-1）通則
　第2部（IEC 60364-2）用語の定義
　第3部（IEC 60364-3）一般特性の評価
　第4部（IEC 60364-4）安全保護
　第5部（IEC 60364-5）電気機器の選定と施工
　第6部（IEC 60364-6）検査
　第7部（IEC 60364-7）特殊場所

第1部，第2部が総則的なもので，第3部～第6部で，具体的な内容が定められている．第7部は，シャワーやプール等の特殊な設備に対する基準で，一般的な安全基準は第3部～第6部の基準が準用されている．

これらの規格の内で，解釈に採用されているのは，第1部，第4部，第5部，第7部それぞれの一部と第6部である（**図4.28**）．

IEC 60364規格を翻訳して，日本工業規格JIS C 60364が定められている．解釈では，このJIS規格を採用することとしている．

**(2) IEC 61936-1規格**　この規格は，発変電所等の一般公衆が立ち入らない**閉鎖運転区域**に施設される設備の技術的基準であり，**送配電線の規定は含まれていない**．

**❷ IEC60364規格の適用**　解釈第218条で以下のように定められている．

**① IEC規格の適用**　需要場所に施設する低圧

---

第1部：基本的原則，一般特性の評価及び用語の定義

第4部 安全保護
　第41章 感電保護
　第42章 熱的影響
　第43章 過電流保護
　第44章 妨害電圧，電磁妨害の保護　△

第5部 電気機器の選定施工
　第51章 共通規定
　第52章 配電設備
　第53章 断路，開閉，制御　△
　第54章 接地，保護導体，ボンディング導体
　第55章 その他機器　△
　第56章 安全供給　×

第6部 検証
　第61章 竣工検査

（凡例）
△一部が解釈に採用
×解釈に採用されず

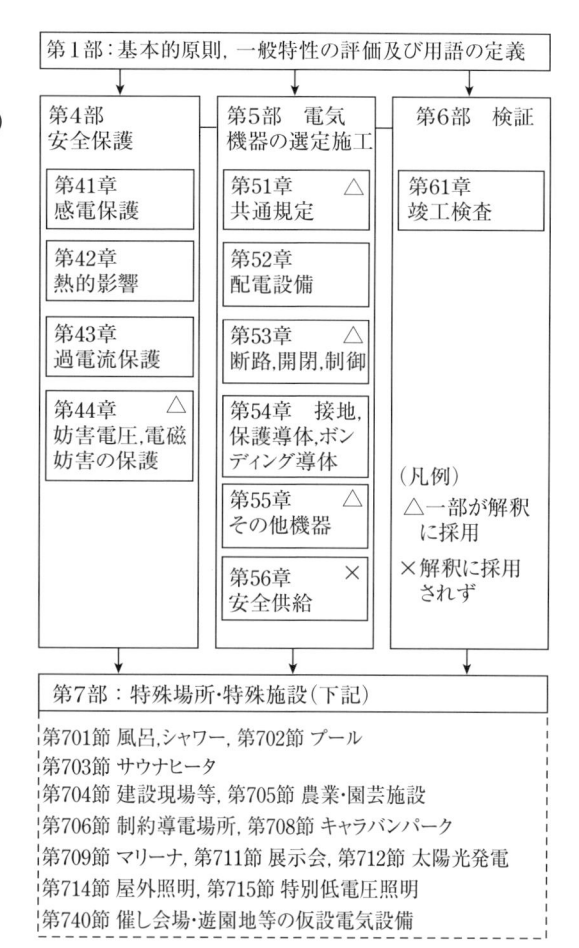

第7部：特殊場所・特殊施設（下記）
　第701節 風呂，シャワー，第702節 プール
　第703節 サウナヒータ
　第704節 建設現場等，第705節 農業・園芸施設
　第706節 制約導電場所，第708節 キャラバンパーク
　第709節 マリーナ，第711節 展示会，第712節 太陽光発電
　第714節 屋外照明，第715節 特別低圧照明
　第740節 催し会場・遊園地等の仮設電気設備

図4.28　IEC60364規格建築電気設備の概要

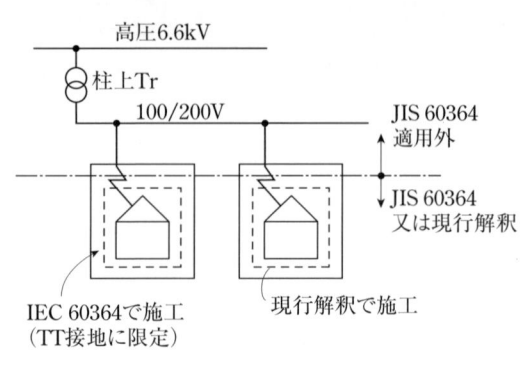

図4.29 低圧需要家のJIS60364の適用

の電気設備は，日本工業規格 JIS C 60364 の規定(解釈の218-1表)により施設することができる．ただし，一般又は特定電気事業者と直接に接続する場合は，これらの事業者の低圧の電気の供給に係る設備の接地工事の施設と整合をとること．すなわち TT 接地系に限定される(図4.29)．

②混用の禁止　同一の電気使用場所においては，IEC 規格の規定と解釈の規定とを混用して低圧の電気設備を施設しないこと．

③電線及び電気機械器具の特例　次に記すものは，IEC規格に適合しないものを使用することができる．いずれも電気用品安全法又はJIS規格に適合すること．

- a. CV ケーブル(架橋ポリエチレン絶縁ビニルシースケーブル)：CV ケーブルの公称断面積は，同様のケーブルである IEC 規格の XLPE ケーブルの公称断面積の値以上であること(解釈の218-2表)．これは，CV の短絡時許容電流値が，同一断面積の XLPE の同電流値よりも小さいことによる．
- b. 配線用遮断器
- c. 漏電遮断器

❸ IEC 61936-1 規格の適用　解釈第219条で以下のように定められている．

① IEC 規格の適用　高圧又は特別高圧の電気設備(電線路を除く)は，IEC 規格 61936-1 (2010)の一部の規定(解釈の219-1表)により施設することができる．ただし，IEC 規格に定めのない事項又は定めが具体的でない事項については，解釈の対応する規定により施設すること．

②混用の禁止　同一の閉鎖運転区域(高圧又は特高の機械器具を施設する，取扱者以外の者が立ち入らないように措置した部屋又はさく等により囲まれた場所)では，IEC 規格の規定と解釈の規定とを混用して施設しないこと．

③低圧側過電圧の保護　IEC 規格により施設する高圧又は特高の電気設備に低圧の電気設備を接続する場合は，事故時に発生する過電圧により，低圧の電気設備において危険のおそれがないように施設すること．

❹ IEC 規格の接地方式　IEC 規格の施設方法のうちで，現行の電技・解釈と大きく異なるのは接地方式(特に低圧の接地方式)である．これについて要点を解説する．

(1) 接地方式の分類　低圧電気設備の接地は，電源接地(系統接地)と保護接地(機器接地)に大別できる．TT 系統接地方式，TN 系統接地方式等の呼称は，これらの相互の関係を示しており，IEC60364 規格の「建築電気設備」で定められている．わが国の解釈にも取り入れられたのは前記の通りである．なお，IEC 規格では，このほかに IT 系統接地方式がある．

接地方式の略号は，1番目の文字は電源と大地の関係を示し，T (Terre, 仏語で大地の意味)

> **コラム　解釈に採用の IEC 規格**
>
> 解釈第218，第219条のほか，下記の条項にIEC規格が採用されている．
> ① 解釈第18条第1項：構造体を共用の接地極として利用(IEC60364-5-54)
> ② 解釈第175条第1項第4号：粉じんの多い場所の施設(IEC61241-14)
> ③ 解釈第183条：特別低電圧照明回路の施設(IEC60598-2-23及びIEC60364-7-715)
>
> そのほか，2.2.1項の❷の標準電圧(表2.2参照)も400V級をはじめとして，IEC規格との整合性が図られている．

が大地と接続，I (Insulation)が非接地(絶縁)を意味する．2番目の文字は露出導電性部分と大地の関係を示しており，Tが独立の接地極，N (Neutral)が電源接地と接続を意味する．

**(2) TT接地方式**　電源系統の接地(B種接地)の接地極と，露出導電性部分(機器側など)の接地(C, D種接地)の接地極とが各々独立している方式である．わが国の低圧接地系は，一般にこの方式である．この方式は，基本的に電源接地の接地極と保護接地の接地極とが電気的に分離できる場合に適している．

機器側で地絡が起こると，地絡物から大地を経由して電源接地に地絡電流が流れる．この場合，地絡時に人が当該機器に接触した状態では，人体抵抗と保護接地の接地抵抗の逆比により，人体にも電流が流れる．感電保護は，保護接地のみでは完全ではなく，漏電遮断器が原則として必要になる．また，異なる変圧器の電源接地を共通の接地極とした場合において，低圧回路のケーブルが長くて対地静電容量が大きいと，他系統の地絡発生時に健全系統の地絡遮断器が誤動作(不要動作)を起こす可能性がある．

**(3) TN接地方式**　機器の金属製外箱(露出導電性部分)が保護接地導体(PE)を介してPEN導体(保護接地導体と中性線兼用の導体，PE+N)に接続され，それにより電源側の中性点に接続されている．この方式は，基本的に電源接地の接地極と保護接地の接地極とが電気的に分離できない場合に適している．後述の**等電位ボンディング**とともに，欧米ではこの方式が普及している(図4.30)．

金属製外箱で地絡が発生すると地絡電流は，大地を経由しないでPENに流れるので，短絡電流に相当する大きな電流が流れる．よって，漏電遮断器によらずに地絡保護が可能である．また，低インピーダンスによるバイパス効果もあり，感電保護上も有効である．なお，この方式では，「等電位ボンディング」として，人体が接触可能な**系統外導電性部分**(水道管，ガス管，空調設備，建築鉄骨等)も接地極に電気的に接続され，等電位を形成している．これにより，いわゆる**ケージ効果**(P.31参照)が生じ，感電保護のうえで極めて有効である．また最近のパソコンなど電子機器を多く用いる環境下では，ノイズや電圧の脅威が軽減される．

ただし，TN接地方式には下記の欠点もあり，大規模ビル等には適しているが，工場やプラント装置では，必ずしも有利ではないと考えられる．

① 等電位ボンディングの施工費用が高い．
② 等電位ボンディングの施工が不完全であるとかえって高い接触電圧が発生するおそれがある．
③ 迷走電流が流れて，制御装置などの誤動作を招くおそれがある．
④ 構造体の接地工事が複雑であり，また，接地抵抗値の測定が厄介である．

**(4) IT接地方式**　これは，電源側が非接地(I)，露出導電性部分が大地への接地(T)である．現行の解釈の施設でいうと，水中照明灯のように，絶縁変圧器の二次側を非接地にしているものが，この方式に該当する．感電防止のうえでは，一般に有効であるが，二次側配線の老朽化などに伴う絶縁劣化に対しては，漏れ電流の検出を行うことが必要である．

### 4.4.2　分散型電源の系統連系

近時，新エネルギーなどを利用した分散型電源の電力系統への連系が増加している．分散型電源の系統連系については，以前は，資源エネ

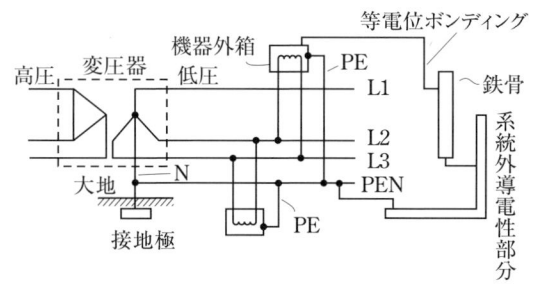

図4.30　TN接地方式

ルギー庁が定めた「系統連系技術要件ガイドライン」に規定されていた．これが，2004年（平成16年）10月の解釈の改正で，上記ガイドラインの内の保安に関する部分が，解釈第8章として取り入れられた．なお，電圧変動，力率，周波数などの電力品質に係る部分については，新たに「電力品質確保に係る系統連系技術要件ガイドライン」として制定され，従来のガイドラインは廃止された．

**❶用語の定義**　解釈第220条で関連する用語を定義している（付録2参照）．特に，次の単独運転と自立運転が紛らわしいので注意が必要である．基本的に，単独運転は好ましくない状態である．

・**単独運転**　分散型電源を連系している電力系統が事故等によって系統電源と切り離された状態において，当該分散型電源が発電を継続し，線路負荷に有効電力を供給している状態．

・**自立運転**　分散型電源が，連系している電力系統から解列された状態において，当該分散型電源設置者の構内負荷にのみ電力を供給している状態．

**❷系統連系の基本的要件**　系統連系全般の基本的要件は，解釈第221条～第225条で規定されており，表4.12に示す．概略は以下のとおりである．表でSNWはスポットネットワーク方式の略称である．

①**直流流出防止変圧器の施設**　逆変換装置を用いて分散型電源を電力系統に連系する場合は，逆変換装置から直流が電力系統へ流出することを防止するために，原則として，受電点と逆変換装置との間に変圧器（単巻変圧器を除く）を施設すること（解釈第221条）．

②**限流リアクトル等の施設**　分散型電源の連系により，一般電気事業者が運用する電力系統の短絡容量が，当該分散型電源設置者以外の者が設置する遮断器の遮断容量又は電線の瞬時許容電流等を上回るおそれがあるときは，分散型電源設置者において，限流リアクトルその他の短絡電流を制限する装置を設置すること．ただし，低圧の電力系統に逆変換装置を用いて分散型電源を連系する場合は，この限りでない（解釈第222条）．

これは，図4.31のように，他の需要家の短絡時に，分散型電源からも短絡電流が供給されるために，他の需要家の遮断容量の不足が生じる可能性が出てくる場合である．この場合には，限流リアクトルの検討の他，発電機のインピーダンスを大きくすることも対策の一つである．

③**自動負荷制限**　高圧又は特高の電力系統に分散型電源を連系する場合（スポットネットワーク受電方式での連系を含む）において，分散型電源の脱落時等に連系された電線路が過負荷になるおそれがあるときは，分散型電源設置者において，自動的に自身の構内負荷を制限する対策を行うこと（解釈第223条）．

表4.12　系統連系の基本的要件

| 要件項目 | 低圧 | 高圧 | 特高 一般 | 特高 SNW | 記事 |
|---|---|---|---|---|---|
| 直流流出防止変圧器 | ○ | ○ | ○ | ○ | 逆変換装置連系に限る |
| 限流リアクトル等 | ○*1 | ○ | ○ | ○ | |
| 自動負荷制限 | | ○ | ○ | ○ | |
| 再閉路時事故防止 | | ○ | ○ | ○ | |
| 連絡用電話設備 | | ○ | ○ | ○ | |
| 逆潮流 | ○*2 | ○*4 | | | |
| 過電流引き外し | ○*3 | | | | |
| 連系用保護装置 | ○ | ○ | ○ | ○ | 表4.13～4.15による |
| 出力抑制等*5 | | | ○ | ○ | 電気事業者が必要な場合 |
| 低位電圧基準での連系 | | ○ | ○ | | |

*1　逆変換装置連系では不要
*2　逆変換装置連系以外は不可
*3　単相3線式で負荷が不平衡な場合
*4　配電用変圧器上位へは禁止
*5　事故時の出力抑制，系統安定化のための運転制御，単独運転時に異常電圧回避のための変圧器中性点接地等の措置

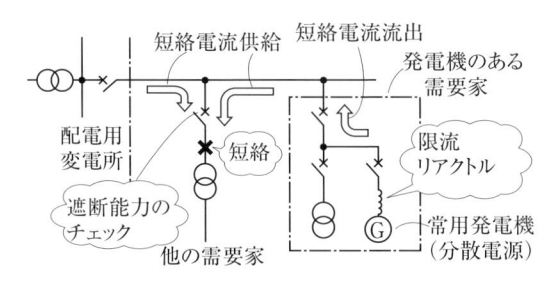

図 4.31 分散型電源による短絡電流の供給

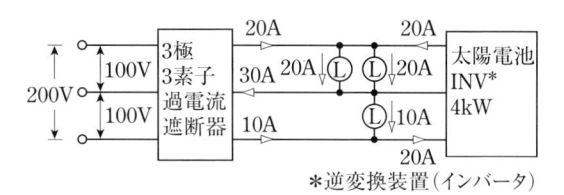

図 4.32 単相 3 線式での不平衡連系

④ **再閉路時の事故防止** 高圧又は特高の電力系統に分散型電源を連系する場合(スポットネットワーク受電方式での連系を除く)は，再閉路時の事故防止のために，原則として，分散型電源を連系する変電所の引出口に**線路無電圧確認装置**を設置すること(解釈第 224 条)．

ただし，逆潮流がない場合に保護装置，遮断器，制御電源などを二重化した場合，高圧連系で転送遮断装置をつけるなどの場合は，この限りでない．

⑤ **電話設備の施設** 高圧又は特高の電力系統に分散型電源を連系する場合(スポットネットワーク受電方式での連系を含む)は，分散型電源設置者の技術員駐在所と電力系統を運用する一般電気事業者の営業所等との間に，電力保安通信用電話設備等の電話設備を設置すること(解釈第 225 条)．

❸ **低圧連系時の要件**

(1) **施設要件** 解釈第 226 条による．

① 単相 3 線式の低圧電力系統に分散型電源を連系する場合において，負荷の不平衡により中性線に最大電流が生じるおそれのあるときは，分散型電源を施設した構内の電路であって，負荷及び分散型電源の並列点よりも系統側に，3 極に過電流引き外し素子を有する遮断器を施設すること．これは図 4.32 のように，不平衡な負荷に太陽電池が連系したような場合である．

② 低圧の電力系統に，逆変換装置を用いずに連系する場合は，逆潮流を生じさせないこと．

(2) **系統連系保護装置** 解釈第 227 条による．

① **分散型電源の自動解列**

イ．**表 4.13**(Ryはリレー)に示す保護装置を受電点その他異常の検出が可能な場所に設置し，分散型電源の自動解列を行う．

ロ．一般電気事業者の電力系統において再閉路が行われる場合は，当該再閉路時に，分散型電源が当該電力系統から解列されていること．

表 4.13 低圧連系時の保護装置

| 保護リレー等 | | 逆変換有 | | 逆変換無 |
|---|---|---|---|---|
| 検出対象 | 種類 | 逆潮流有 | 逆潮流無 | 逆潮流無 |
| 発電装置 | 過電圧 Ry | ○*1 | ○*1 | ○*1 |
| | 不足電圧 Ry | ○*1 | ○*1 | ○*1 |
| 系統短絡 | 不足電圧 Ry | ○*2 | ○*2 | ○*5 |
| | 短絡方向 Ry | | | ○*6 |
| 系統地絡 | 単独運転検出 | ○*3 | | ○*7 |
| 単独運転又は逆充電 | 単独運転検出 | | ○*4 | |
| | 逆充電検出 | | | |
| | 周波数上昇 Ry | ○ | | |
| | 周波数低下 Ry | ○ | ○ | ○ |
| | 逆電力 Ry | | ○ | ○*8 |
| | 不足電力 Ry | | | ○*9 |

*1：分散電源自体の保護リレーで保護できる場合は不要
*2：発電装置の不足電圧リレーで保護できる場合は不要
*3：受動的方式及び能動的方式それぞれ 1 方式以上を含む
*4：逆潮流有の分散電源と混在する場合は，単独運転検出装置が必要
*5：誘導発電機の場合は原則設置
*6：同期発電機の場合は原則設置
*7：高速で単独運転検出の受動的方式に限る
*8：*7 の装置で保護できる場合は不要
*9：分散電源出力が構内負荷より常に小さく，*7 及び *8 で保護できる場合は不要

低圧配電線

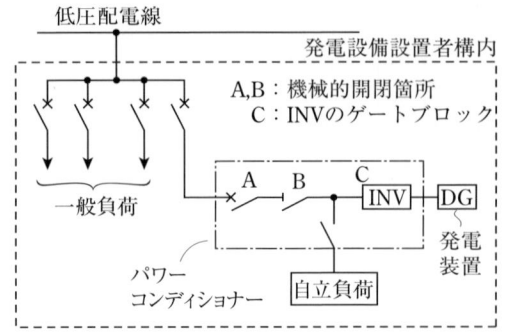

発電設備設置者構内
A,B：機械的開閉箇所
C：INVのゲートブロック

一般負荷

パワーコンディショナー

自立負荷

発電装置

(1) 一般の解列：A＋Bか（A又はB）＋Cを開放
(2) 自立運転時：A＋Bを開放

図4.33　低圧連系の解列箇所

② **分散型電源の解列方法**（図4.33）

イ．**解列箇所**は，受電用遮断器，分散型電源の出力端の遮断器（又は同等機能の装置），分散型電源の連絡用遮断器のいずれかとする．

ロ．**解列用遮断装置**は，系統の停電中及び復電後，確実に復電したとみなされるまでの間は投入を阻止し，分散型電源が系統へ連系できないこと．

ハ．逆変換装置を用いて連系する場合は，原則として，次のいずれかによる．
　a．2箇所の機械的開閉箇所を開放する．
　b．1箇所の機械的開閉箇所を開放し，かつ，逆変換装置のゲートブロックを行う．

ニ．逆変換装置を用いずに連系する場合は，2箇所の遮断器を開放する．

③ **自立運転**　一般用電気工作物において自立運転を行う場合は，原則として，2箇所の機械的開閉箇所を開放することにより，分散型電源を解列した状態で行うこと．

**例題 4.14**　**分散型電源の低圧連系**

分散型電源の低圧連系に関する次の記述で，誤っているのはどれか．

(1) 分散型電源の異常時には解列する．
(2) 逆変換装置を用いない場合は，逆潮流を生じさせることができない．
(3) 自立運転は，1箇所の機械的開閉箇所を開放することにより行う．
(4) 解列用遮断装置は，確実に復電したとみなされるまでの間は投入を阻止する．
(5) 低圧連系では，一般電気事業者との間の電話設備は特に不要である．

[ 解 ]　(3) 2箇所の機械的開閉箇所の開放か，1箇所の機械的開閉箇所の開放＋逆変換装置のゲートブロックが必要．(5) 低圧連系では電話設備は不要である．

[ 答 ]　(3)

表4.14　高圧連系時の保護装置

| 保護リレー等 | | 逆変換有 | | 逆変換無 | |
|---|---|---|---|---|---|
| 検出対象 | 種類 | 逆潮流有 | 逆潮流無 | 逆潮流有 | 逆潮流無 |
| 発電装置 | 過電圧Ry | ○*1 | ○*1 | ○*1 | ○*1 |
| | 不足電圧Ry | ○*1 | ○*1 | ○*1 | ○*1 |
| 系統短絡 | 不足電圧Ry | ○*2 | ○*2 | ○*8 | ○*8 |
| | 短絡方向Ry | | | ○*9 | ○*9 |
| 系統地絡 | 地絡過電圧 | ○*3 | ○*3 | ○*10 | ○*10 |
| 単独運転 | 周波数上昇 | ○*4 | | ○*4 | |
| | 周波数低下 | ○ | ○*7 | ○ | ○*7 |
| | 逆電力Ry | | ○*3 | | ○ |
| | 転送遮断又は単独検出 | ○ *5*6 | | ○*5 *6*11 | |

*1 分散電源自体の保護リレーで保護できる場合は不要
*2 発電装置の不足電圧リレーで保護できる場合は不要
*3 構内低圧線連系で，分散電源出力が極少時は省略の可能性あり
*4 専用線連系では不要
*5 転送遮断装置の要件あり
*6 単独運転検出装置は，能動的方式を1方式以上含むこと
*7 専用線連系で逆電力リレーにより高速で保護できる場合は不要
*8 誘導発電機の場合は原則設置
*9 同期発電機の場合は設置
*10 発電機引出口設置の地絡過電圧リレー等により検出できる場合は不要
*11 誘導発電機を用いる風力発電で，周波数リレーにより保護できる場合は不要

4.4節　国際規格，分散電源の連系

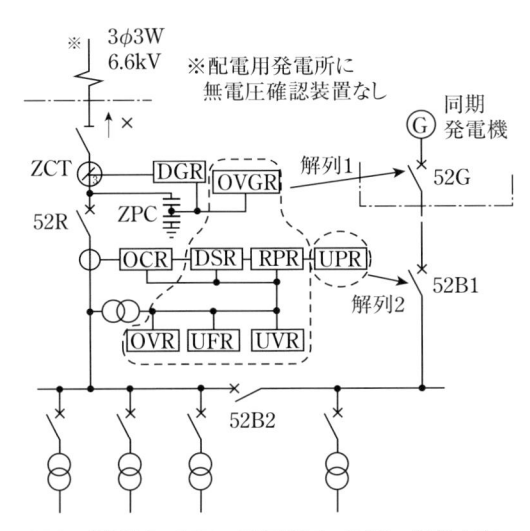

```
       3φ3W
       6.6kV    ※配電用発電所に
                 無電圧確認装置なし    同期
                                      発電機
   ZCT    DGR   OVGR  解列1
   52R    ZPC                    52G
          OCR  DSR  RPR  UPR
                                52B1
          OVR  UFR  UVR   解列2
                    52B2
```

OVR：過電圧，UVR：不足電圧，DSR：短絡方向
OVGR：地絡過電圧，UFR：周波数低下
RPR：逆電力，DGR：地絡方向，OCR：過電流
UPR：不足電力

- 解列1　表4.14に示すリレーにより，系統側の停電・事故時等に発電機CB(52G)を開放
- 解列2　解列1が失敗したときに，UPRにより連系用CB(52B1)を開放（単独運転の防止）

図4.34　高圧連系の保護（逆潮流なし，同期機連系）

### ❹高圧連系時の要件

**(1)施設要件**　分散型電源を連系する配電用変電所の配電用変圧器において，常に逆向きの潮流を生じさせないこと(解釈第228条)．

**(2)系統連系保護装置**　解釈第229条による．

①分散型電源の自動解列

　イ．表4.14 (Ryはリレー)に示す保護装置を受電点その他故障の検出が可能な場所に設置し，分散型電源の自動解列を行う．

　ロ．一般電気事業者の電力系統において再閉路が行われる場合は，当該再閉路時に，分散型電源が当該電力系統から解列されていること．

　図4.34は，同期発電機による高圧連系で逆潮流のない場合の保護の一例である．単独運転防止のために，1系列目(解列1)に加えて，不足電力リレー(UPR)による2系列目(解列2)の保護をしている．

②分散型電源の解列箇所　受電用遮断器，分散型電源の出力端の遮断器(又は同等機能の装置)，分散型電源の連絡用遮断器，母線連絡用遮断器のいずれかとする．

### ❺特高連系時の要件

**(1)一般方式の施設要件**　スポットネットワーク(SNW)受電方式を除く特高での系統連系は，次による(解釈第230条)．

①分散型電源出力の抑制　一般電気事業者が運用する電線路等の事故時等に，他の電線路等が過負荷になるおそれのあるときは，系統の変電所の電線路の引出口等に**過負荷検出装置**を施設し，電線路等が過負荷になったときは，同装置からの情報に基づき，分散型電源の設置者において，分散型電源の出力を適切に抑制する．

②運転制御装置　系統安定化又は潮流制御等の理由により運転制御が必要な場合は，必要な運転制御装置を分散型電源に施設する．

③変圧器の中性点接地　単独運転時において電線路の地絡事故により異常電圧が発生するおそれ等があるときは，分散型電源の設置者において，変圧器の中性点に接地工事を施す(解釈第19条第5項)．左記の中性点接地工事により，一般電気事業者の電力系統内において電磁誘導障害防止対策や地中ケーブルの防護対策の強化等が必要となった場合は，適切な対策を施す．

　上記の①〜③の要件は，いずれも高位電圧系統の特別高圧に，かなりの大容量の分散型電源を連系する場合である．66kV級以下の連系では，該当しない場合が多い．

**(2) 一般方式の系統連系保護装置**　解釈第231条第1項による．

①分散型電源の自動解列

　イ．表4.15の「一般特別高圧」に示す保護装置を受電点その他故障の検出が可能な場所に設置し，分散型電源の自動解列を行う．

　低高圧又は特高SNWでの連系と異なり，一

表 4.15　特高連系時の保護装置

| 保護リレー等 | | 一般特別高圧 | | SNW方式 |
| 検出対象 | 種類 | 逆変換有 | 逆変換無 | |
|---|---|---|---|---|
| 発電装置 | 過電圧 Ry | ○*1 | ○*1 | ○*1 |
| | 不足電圧 Ry | ○*1 | ○*1 | ○*1 |
| 系統短絡 | 不足電圧 Ry | ○*2 | ○*5 | |
| | 短絡方向 Ry | | ○*6 | |
| 系統地絡 | 電流作動 Ry | ○*3 | ○*3 | |
| | 地絡過電圧 | ○*4 | ○*4 | |
| 単独運転 | 不足電圧 Ry | | | ○ |
| | 周波数低下 | | | ○ |
| | 逆電力 Ry | | | ○*7 |

*1：分散電源自体の保護リレーで保護できる場合は不要
*2：発電装置の不足電圧リレーで保護できる場合は不要
*3：連系系統が，中性点直接接地方式の場合に設置
*4：連系系統が，中性点直接接地方式以外の場合原則設置
*5：誘導発電機の場合は原則設置
*6：同期発電機の場合は原則設置
*7：ネットワークリレーで検出できる場合は不要

般の特高連系では，単独運転が認められている．ただし，この場合でも電圧や周波数は適正に保持する必要があり，そうでない場合は解列しなければならない．

　ロ．一般電気事業者の電力系統において再閉路が行われる場合は，当該再閉路時に，分散型電源が当該電力系統から解列されていること．

②**分散型電源の解列箇所**　受電用遮断器，分散型電源の出力端の遮断器(又は同等機能の装置)，分散型電源の連絡用遮断器，母線連絡用遮断器のいずれかとする．

**(2) SNW 受電方式の系統連系保護装置**　解釈第 231 条第 2 項による．

①**分散型電源の自動解列**　表 4.15 の「SNW方式」に示す保護装置を NW 母線又は NW 変圧器の二次側で故障の検出が可能な場所に設置し，分散型電源の自動解列を行う．

②**分散型電源の解列**

　イ．解列箇所は，分散型電源の出力端の遮断器(又は同等機能の装置)，母線連絡用遮断器，プロテクタ遮断器のいずれかとする．

　ロ．逆電力リレー（NW リレーの逆電力リレー機能で代用する場合を含む）で，全回線において逆電力を検出した場合は，時限をもって分散型電源を解列する．

　SNW 方式は，元来，SNW 継電器による逆電力遮断特性を有する．よって，SNW 系統に分散型電源を連系する場合は，逆潮流がないことが条件になる．

　ハ．分散型電源を連系する電力系統において事故が発生した場合は，系統側変電所の遮断器解放後に，逆潮流を逆電力リレー（NW リレーの逆電力リレー機能で代用する場合を含む）で検出することにより事故回線のプロテクタ遮断器を開放し，健全回線との連系は原則として保持して，分散型電源は解列しないこと．

❻**高圧・特高連系の特例**　高圧又は特高での分散型電源の連系において，分散型電源の出力が受電電力に比べて極めて小さいとき(おおむね 5% 以下)は，受電点の電圧よりも低位の電圧の連系基準により，施設することができる(解釈第 232 条)．高圧連系では低圧連系の規定が，一般の特高連系では低圧又は高圧連系の規定が，SNW 連系では高圧連系の規定が，それぞれ適用できることになる．

　これは，上記のような小規模の分散型電源の連系では，通常，受電電圧よりも下位の電圧母線に接続して連系することになり，上位系統に対する逆潮流も一般に生じないことによる．

# 練 習 問 題　　（解答 p.190～191）

**問1** 次の配線のうち，屋内配線に該当するものはどれか．
(1) 電気機械器具内の配線　(2) 管灯回路の配線　(3) エックス線管回路の配線
(4) 映画館内の一般配線　(5) 小勢力回路の配線

**問2** 住宅の屋内電路 (電気機械器具内の電路を除く) の対地電圧は，150V 以下とすることが，電気技術基準の解釈で規定されているが，定格消費電力 2kW 以上の電気機械器具及びこれのみに電気を供給するための屋内配線を次の記述等により施設する場合は，この限りでない．

1. 電気機械器具の使用電圧及びこれに電気を供給する屋内配線の対地電圧は， (ア) [V] 以下であること．
2. 電気機械器具に電気を供給する電路には，専用の (イ) 及び過電流遮断器を施設すること．
3. 電気機械器具に電気を供給する電路には，原則として，電路に (ウ) が生じたときに自動的に電路を遮断する装置を施設すること．

上記の記述中の空白箇所 (ア)～(ウ) に記入する数値又は語句として，正しいものを組み合わせたのは次のうちどれか．
(1) (ア) 300　(イ) 電圧計　(ウ) 過電圧　(2) (ア) 300　(イ) 開閉器　(ウ) 地　絡
(3) (ア) 300　(イ) 電圧計　(ウ) 地　絡　(4) (ア) 600　(イ) 開閉器　(ウ) 過電圧
(5) (ア) 600　(イ) 電圧計　(ウ) 過電圧

**問3** 電気設備技術基準では，電動機の過負荷保護に関して次のように規定している．

屋内に施設する電動機 (定格出力 (ア) [kW] 以下のものを除く) には， (イ) による当該電動機の焼損により火災が発生するおそれがないよう， (ウ) の施設その他の適切な措置を講じなければならない．ただし，電動機の構造上又は負荷の性質上電動機を焼損するおそれがある (イ) が生じるおそれがない場合は，この限りでない．

上記の記述中の空白箇所 (ア)～(ウ) に記入する数値又は語句として，正しいものを組み合わせたのは次のうちどれか．
(1) (ア) 0.1　(イ) 短絡電流　(ウ) 短絡遮断器
(2) (ア) 0.1　(イ) 過電流　(ウ) 過電流遮断器
(3) (ア) 0.2　(イ) 漏　電　(ウ) 漏電遮断器
(4) (ア) 0.2　(イ) 過電流　(ウ) 過電流遮断器
(5) (ア) 0.4　(イ) 漏　電　(ウ) 漏電遮断器

**問4** 電気設備技術基準では，電気使用場所に施設する電気機械器具等に関して次のように規定している．

電気使用場所に施設する電気機械器具又は接触電線は，電波， (ア) 等が発生することにより， (イ) の機能に (ウ) かつ重大な障害を及ぼすおそれがないように施設しなければならない．

上記の記述中の空白箇所 (ア)～(ウ) に記入する語句として，正しいものを組み合わせたのは次のうちどれか．
(1) (ア) 高周波電流　(イ) 弱電流設備　(ウ) 突発的
(2) (ア) 高周波電流　(イ) 無線設備　(ウ) 継続的
(3) (ア) 第3調波電流　(イ) 弱電流設備　(ウ) 間欠的
(4) (ア) 第3調波電流　(イ) 無線設備　(ウ) 突発的

(5) （ア）高調波電圧　　（イ）通信設備　　（ウ）継続的

**問5**　電気設備技術基準では，電気使用場所における低圧幹線等の保護措置に関して次のように規定している．

低圧の幹線，低圧の幹線から分岐して電気機械器具に至る低圧の電路及び引込口から低圧の幹線を経ないで電気機械器具に至る電路(以下本条で「幹線等」という)には，適切な箇所に　(ア)　を施設するとともに，　(イ)　が生じた場合に当該幹線等を保護できるよう，　(イ)　遮断器を施設しなければならない．ただし，当該幹線等における　(ウ)　により　(イ)　が生じるおそれがない場合は，この限りでない．

上記の記述中の空白箇所(ア)～(ウ)に記入する語句として，正しいものを組み合わせたのは次のうちどれか．

(1) （ア）開閉器　　　　（イ）過電流　　（ウ）短絡事故
(2) （ア）漏電遮断器　　（イ）過電流　　（ウ）短絡事故
(3) （ア）開閉器　　　　（イ）漏　電　　（ウ）過負荷
(4) （ア）漏電遮断器　　（イ）過電流　　（ウ）過負荷
(5) （ア）開閉器　　　　（イ）漏　電　　（ウ）地絡事故

**問6**　電気設備技術基準では，非常用予備電源の施設に関して次のように規定している．

常用電源の　(ア)　に使用する非常用予備電源(　(イ)　に施設されるものに限る)は，　(イ)　以外の場所に施設する電路であって，常用電源側のものと　(ウ)　に接続しないようにしなければならない．

上記の記述中の空白箇所(ア)～(ウ)に記入する語句として，正しいものを組み合わせたのは次のうちどれか．

(1)（ア）停電時　（イ）発電所　（ウ）電気的　　(2)（ア）過負荷時　（イ）発電所　（ウ）機械的
(3)（ア）停電時　（イ）需要場所　（ウ）電気的　(4)（ア）過負荷時　（イ）発電所　（ウ）電気的
(5)（ア）遮断時　（イ）需要場所　（ウ）機械的

**問7**　電気設備技術基準では，配線の感電又は火災の防止に関して次のように規定している．

1. 配線は，施設場所の状況及び　(ア)　に応じ，感電又は火災のおそれがないように施設しなければならない

2. 移動電線を機械器具と接続する場合は，　(イ)　による感電又は火災のおそれがないように施設しなければならない．

3. 　(ウ)　の移動電線は，上記1及び2の規定にかかわらず，施設してはならない．ただし，　(エ)　に人が触れた場合に人体に危害を及ぼすおそれがなく，移動電線と接続することが必要不可欠な電気機械器具に接続するものは，この限りでない．

上記の記述中の空白箇所(ア)～(エ)に記入する語句として，正しいものを組み合わせたのは次のうちどれか．

(1) （ア）環　境　（イ）漏　電　　　（ウ）高圧又は特別高圧　（エ）露出部分
(2) （ア）電　流　（イ）漏　電　　　（ウ）特別高圧　　　　　（エ）充電部分
(3) （ア）電　圧　（イ）接続不良　　（ウ）特別高圧　　　　　（エ）充電部分
(4) （ア）電　圧　（イ）漏　電　　　（ウ）高圧又は特別高圧　（エ）充電部分
(5) （ア）環　境　（イ）接続不良　　（ウ）特別高圧　　　　　（エ）露出部分

**問8** 三相3線式200Vの低圧幹線があり，いずれも三相平衡負荷で，電動機負荷が22kW（力率0.8），照明負荷が15kW（力率0.9）である．この低圧幹線に施設すべき電線の許容電流 [A] は，電気設備技術基準の解釈の規定ではいくらになるか．直近上位の値を次のうちから選べ．
    (1) 120    (2) 130    (3) 140    (4) 150    (5) 160

**問9** 電気設備技術基準の解釈の規定により，低圧幹線の過電流遮断器の設置を省略できないのは，次のうちどれか．
    (1) 300Aの過電流遮断器で保護されている幹線から，許容電流30Aで分岐した長さ2.5mの幹線の場合．
    (2) 100Aの過電流遮断器で保護されている幹線から，許容電流40Aで分岐した長さ10mの幹線の場合．
    (3) 太陽電池を電源とする幹線であって，その幹線の許容電流が通過する最大短絡電流以上である場合．
    (4) 200Aの過電流遮断器で保護されている幹線から，許容電流120Aで分岐した長さ20mの幹線の場合．
    (5) 400Aの過電流遮断器で保護されている幹線から，許容電流250Aで分岐した長さ30mの幹線の末端に，許容電流150Aで長さ6mの幹線を接続した場合．

**問10** 使用電圧が300V以下の低圧屋側配線をバスダクト工事（バスダクトは換気型のものを除く）により施設する場合の工事方法として，不適切なものは次のうちどれか．
    (1) ダクト相互は，堅ろうに，かつ，電気的に完全に接続すること．
    (2) ダクトを，点検できない隠ぺい場所に施設する場合は，導体の接続箇所が容易に点検できる構造とすること．
    (3) ダクトの終端部は，閉そくすること．
    (4) ダクトは，内部に水が浸入してたまらないようなものであること．
    (5) ダクトには，D種接地工事を施すこと．

**問11** 電気設備技術基準の解釈の定義では，「管灯回路」は，「 (ア) 又は (イ) から (ウ) までの電路」をいう．

上記の記述中の空白箇所 (ア) ～ (ウ) に記入する語句として，正しいものを組み合わせたのは次のうちどれか．
    (1) (ア) 放電灯用開閉器　　（イ）放電灯用遮断器　　（ウ）放電灯用安定器
    (2) (ア) 放電灯用安定器　　（イ）放電灯用遮断器　　（ウ）グローランプ
    (3) (ア) 放電灯用開閉器　　（イ）放電灯用安定器　　（ウ）放電管
    (4) (ア) 放電灯用安定器　　（イ）放電灯用変圧器　　（ウ）放電管
    (5) (ア) 放電灯用開閉器　　（イ）放電灯用安定器　　（ウ）グローランプ

**問12** 電気設備技術基準では，電気使用場所の配線による他の配線等への危険の防止に関して次のように規定している．

1. 配線は，他の配線，弱電流電線等と接近し，又は交差する場合は， (ア) による感電又は火災のおそれがないように施設しなければならない．
2. 配線は，水道管，ガス管又はこれらに類するものと接近し，又は交差する場合は， (イ) によりこれらの工作物を損傷するおそれがなく，かつ， (ウ) 又は (イ) によりこれらの工作物を介し

て感電又は火災のおそれがないように施設しなければならない．

上記の記述中の空白箇所（ア）〜（ウ）に記入する語句として，正しいものを組み合わせたのは次のうちどれか．

(1) （ア）混触　（イ）誘導　（ウ）短絡　(2) （ア）混触　（イ）放電　（ウ）漏電
(3) （ア）放電　（イ）混触　（ウ）短絡　(4) （ア）誘導　（イ）放電　（ウ）漏電
(5) （ア）誘導　（イ）混触　（ウ）地絡

**問13** 低圧屋内配線を金属管工事で施設する場合の記述として，誤っているのは次のうちどれか．
(1) 電線には600Vビニル絶縁電線を用い，単線の使用は直径3.2mmまでとした．
(2) 対地電圧が交流100Vであり，かつ，施設場所が乾燥しており金属管の長さが5mであるため，管に施すD種接地工事を省略した．
(3) 管相互及び管とボックスその他の付属品は，堅ろうに，かつ，電気的に完全に接続した．
(4) コンクリート埋め込みで，床面の荷重が低い箇所には，厚さ1.0mmの電線管を使用した．
(5) 水気のある場所に施設する部分の電線管には，防湿措置を施した．

**問14** 周囲温度が40℃の場所において，単相2線式の定格電流が30Aの抵抗負荷に電気を供給する低圧屋内配線がある．金属管工事により絶縁電線を同一管内に収めて施設する場合に使用する絶縁電線の許容電流 [A] は，いくら以上としなければならないか．最も近い値を次のうちから選べ．

ただし，使用する絶縁電線の絶縁物は，耐熱性を有するビニル混合物とし，この絶縁電線の許容電流補正係数 $K_1$ は，周囲温度を $\theta$ [℃] として，次式で表される．

$$K_1 = \sqrt{\frac{75-\theta}{30}}$$

また，同一管内に収める電線本数 $n$ による電流減少係数 $K_2$ は，以下のとおりである．
$n \leq 3$ では，$K_2 = 0.7$．$n = 4$ では，$K_2 = 0.63$．$n = 5$ 又は 6 では，$K_2 = 0.56$．

(1) 27.8　(2) 33.6　(3) 39.7　(4) 42.8　(5) 48.6

**問15** 次の文章は，電気設備技術基準の解釈に基づく高圧屋内配線等の施設に関する記述の一部である．

1. がいし引き工事における支持点間の距離は，（ア）[m] 以下であること．ただし，電線を造営材の下面に沿って取り付ける場合は，（イ）[m] 以下とすること．
2. ケーブル工事においては，管その他のケーブルを収める防護装置の金属製部分，金属製の電線接続箱及びケーブルの被覆に使用する金属体には，（ウ）接地工事を施すこと．ただし，接触防護措置（金属製のものであって，防護措置を施す設備と電気的に接続するおそれがあるもので防護する方法を除く）を施す場合は，（エ）接地工事によることができる．

上記の記述中の空白箇所（ア）〜（エ）に記入する数値又は語句として，正しいものを組み合わせたのは次のうちどれか．

(1) （ア）3　（イ）1　（ウ）A種　（エ）C種　(2) （ア）3　（イ）1　（ウ）A種　（エ）D種
(3) （ア）3　（イ）2　（ウ）B種　（エ）D種　(4) （ア）6　（イ）2　（ウ）A種　（エ）D種
(5) （ア）6　（イ）2　（ウ）B種　（エ）C種

**問16** 電気設備技術基準では，電気使用場所の施設の異常時の保護対策に関連して次のように規定している．

ロードヒーティング等の電熱装置，プール用照明灯その他の（ア）おそれがある場所又は（イ）

を与えるおそれがある場所に施設するものに電気を供給する電路には，（ウ）が生じた場合に，感電又は火災のおそれがないよう，（ウ）遮断器の施設その他の適切な措置を講じなければならない．

上記の記述中の空白箇所（ア）〜（ウ）に記入する語句として，正しいものを組み合わせたのは次のうちどれか．

(1)　（ア）短絡する　　　　　　（イ）人体に危害　　（ウ）短　絡
(2)　（ア）地絡する　　　　　　（イ）絶縁体に損傷　（ウ）地　絡
(3)　（ア）一般公衆の立ち入る　（イ）人体に危害　　（ウ）地　絡
(4)　（ア）地絡する　　　　　　（イ）人体に危害　　（ウ）短　絡
(5)　（ア）一般公衆の立ち入る　（イ）絶縁体に損傷　（ウ）地　絡

**問 17**　次の文章は，一般電気事業者及び卸電気事業者以外の者が，構内に発電設備等(以下，「分散型電源」という)を設置し，発電設備等を一般電気事業者が運用する電力系統に連系する場合等に用いられる，電気設備技術基準の解釈で定められた用語の定義の一部である．誤っているものは，次のうちどれか．

(1)「逆潮流」とは，分散型電源設置者の構内から，一般電気事業者が運用する電力系統側へ向かう無効電力の流れをいう．
(2)「転送遮断装置」とは，遮断器の動作信号を通信回線で伝送し，別の構内に設置された遮断器を動作させる装置をいう．
(3)「自立運転」とは，分散型電源が，連系している電力系統から解列された状態において，当該分散型電源設置者の構内負荷にのみ電力を供給している状態をいう．
(4)「単独運転」とは，分散型電源を連系している電力系統が事故等によって系統電源と切り離された状態において，当該分散型電源が発電を継続し，線路負荷に有効電力を供給している状態をいう．
(5)「逆充電」とは，分散型電源を連系している電力系統が事故等によって系統電源と切り離された状態において，分散型電源のみが，連系している電力系統を加圧し，かつ，当該電力系統へ有効電力を供給していない状態をいう．

**問 18**　次の文章は，電気設備技術基準の解釈の「国際規格の取り入れ」に関する記述である．誤っているものは次のうちどれか．

(1) 需要場所に施設する低圧の電気設備は，IEC 60364 規格により施設することができる．
(2) 一般電気事業者等と直接接続する低圧の電気設備において，低圧関係の接地工事は IEC 60364 規格によることができる．
(3) 同一の電気使用場所においては，IEC 60364 規格の規定と一般の解釈の規定とを混用して低圧の電気設備を施設しないこと．
(4) IEC 60364 規格の規定にかかわらず，CV ケーブル，配線用遮断器又は漏電遮断器は，解釈で定めた条件を満たせば使用することができる．
(5) 高圧又は特別高圧の電気設備(電線路を除く)は，IEC 61936-1 規格のうち，解釈で定める規定により施工することができる．

> **コラム** — 電気事業の概要

### 1. 電気事業の種類

電気事業には，一般電気事業，卸電気事業，特定電気事業及び特定規模電気事業がある．

**一般電気事業**は，一般の需要に応じ電気を供給する事業であり，全国10社の電力会社がこれに相当する．**卸電気事業**は，一般電気事業者に電気を供給する事業であって，発電用の電気工作物の合計が200万kWを越えるものである．電源開発(株)や日本原子力発電(株)等が該当する．**特定電気事業**は，特定の供給点における需要に応じて電気を供給する事業(熱電供給事業者が多い)である．**特定規模電気事業**は，一定規模の需要家(高圧受電50kW以上)に，一般電気事業者の電線路を用いて電気を供給する，**託送送電**を行う電気事業である．これは，電気事業の自由化の目玉として，平成12年3月21日から実施されている．

一般電気事業は，公益性の強い事業であり，電気料金の認可等各種の規制があるが，卸電気事業，特定電気事業及び特定規模電気事業は，一般電気事業に比べて規制が緩和されている．

### 2. 電気事業の規制

① **事業の許可** 電気事業(特定規模電気事業を除く)を営もうとする者は，経済産業大臣(以下「大臣」という)の許可を受けなければならない．特定電気事業の場合は，その供給地点が一般電気事業者の供給区域内の電気の使用者の利益を阻害しないことなどの基準がある．

② **事業開始の義務** 許可を受けた日から10年(特定電気事業者は3年)以内で，大臣が指定する期間内に事業を開始しなければならない．

③ **供給区域等の変更等** 供給区域，供給地点を変更するときは，大臣の許可を受けなければならない．電気事業の全部又は一部を廃止しようとするときは，大臣の許可が必要である．

④ **特定規模電気事業の届出** 一般電気事業者以外の者が，特定規模電気事業を営もうとするときは，大臣に届出なければならない．特定規模電気事業者が自ら維持・運用する電線路についても大臣への届出が必要である．

### 3. 業務の規制

① **供給義務** 一般電気事業者は，正当な理由がなければその供給区域内の一般の需要に対し，電気の供給を拒めない．特定電気事業者の場合も同様である．

② **供給約款** 一般電気事業者は，電気供給に係る料金その他の供給条件について供給約款を定め，大臣の許可を受けなければならない．

③ **託送供給** 託送供給は，振替供給と接続供給の2つがある．一般電気事業者は託送供給に係る料金等の供給条件について，託送供給約款を定め，大臣に届出なければならない．接続供給は，一般電気事業者が供給区域内において特定規模電気事業者から受電した電気を**同時同量**に特定規模電気事業者の需要家に電気を供給し，また供給力が不足する場合に不足する電気を供給する電気の託送を指す．

④ **広域運営** 電気事業者(特定及び特定規模の各電器事業者を除く)は，電源開発の実施，電気の供給，電気工作物の運用等その事業の遂行に当たり，広域的運営による電気事業の総合的かつ合理的な発達に資するように，卸供給事業者の能力を適切に活用しつつ，相互に協調しなければならない．その実施のため，当該電気事業者は，供給計画を作成し，大臣に届出なければならない．

⑤ **その他** 業務の方法の改善命令，災害その他の非常時の電気の供給命令，電気工作物の貸借命令等大臣の監督上の規定がある．

### 4. 会計及び財務

電気事業の会計及び財務については，「電気事業会計規則」，「渇水引当金に関する省令」等に，詳細が規定されている．

# 第5章　電気施設管理

## 本章の必須項目

### □ 配電計画

- 需要率 = $\dfrac{\text{最大需要電力}}{\text{設備容量}} \times 100\,[\%]$

- 不等率 = $\dfrac{\text{最大電力の総和}}{\text{合成最大電力}} > 1$

- 負荷率 = $\dfrac{\text{期間中の平均電力}}{\text{期間中の最大電力}} \times 100\,[\%]$

### □ 力率改善
負荷電力 $P$ が一定，力率 $\cos\theta_1 \to \cos\theta_2$ に改善
コンデンサ容量 $Q_C = P(\tan\theta_1 - \tan\theta_2)$

- 皮相電力 $K$ が一定，力率 $\cos\theta_1 \to \cos\theta_2$ に改善
コンデンサ容量 $Q_C = (P_1 + P_2)(\tan\theta_1 - \tan\theta_2)$
供給電力増加　$P_2 = K(\cos\theta_1 - \cos\theta_2)$ (最初 $P_1$)

### □ 変圧器の効率

- 全日効率　$\eta_d = \dfrac{W_o}{W_o + 24P_i + \Sigma(\alpha^2 P_{c0} \times \text{時間})}$

$W_0$：供給電力量 = $\Sigma$(出力×時間)[kW·h]
$p_i$：鉄損 [kW]，$\alpha$：出力比，$p_{c0}$：全負荷銅損 [kW]

### □ 自家用受変電設備

- キュービクル　CB形，PF·S形(300kV·A以下)
- 過電流保護協調　時限差協調をとる

### □ 高調波回路　定電流源で考える

- 実効値　$I_e = \sqrt{I_0^2 + I_1^2 + I_3^2 + \cdots + I_n^2}$
  $I_0$：直流分，$I_1$：基本波，$I_n$：第 $n$ 調波
- ひずみ率　$k = \sqrt{I_2^2 + I_3^2 + \cdots + I_n^2}\,/\,I_1$
- リアクタンス　$X_{Ln} = jn\omega L$, $X_{Cn} = 1/jn\omega C$

### □ 調整池式水力発電所の運用

調整池の有効貯水量 $V$ は，
$$V = (Q_2 - Q_0)T \times 3600$$
$$= (Q_0 - Q_1)(24 - T) \times 3600\,[\text{m}^3]$$

$Q_1$：最低使用流量[m³/s]
$Q_2$：最大使用流量[m³/s]
$Q_0$：平均流量[m³/s]，$T$：ピーク負荷時間[h]

### □ 流込式水力発電所の発電電力量

与えられた流況曲線(右図)から，発電所の最大使用水量 $Q$ 以下の斜線部の$\Sigma$流量×日数を求めて発電電力量を算出する．

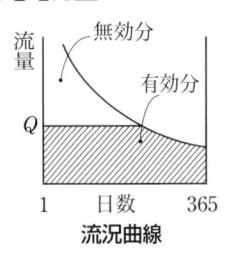

流況曲線

### □ 周波数の調整

- 負荷変動に応じて発電電力を調整
- 給電調整(10分以上)，負荷周波数制御(数分〜10分)，調速機フリー(数分以下)により実施

### □ 電圧調整　電圧変化は無効電力に支配される

- 電圧降下　$\Delta V \fallingdotseq QX/V$
  $Q$：系統無効電力，$X$：リアクタンス
- 電圧上昇：遅れ $Q$ 発生(コンデンサ，G励磁増)
- 電圧降下：遅れ $Q$ 消費(リアクトル，G励磁減)

---

### 電験三種のポイント

発変電，送配電等の電気施設に関する応用問題が出題される．B問題のうち70%以上はこの分野から出題されるので，十分な問題演習が必要である．最近では，A問題として自家用受電設備関係の単線結線図や作業手順など実際的な出題も多い．これらは電気主任技術者として実務のうえで大切であり，知っておかなくてはならない．

# 5.1節　配電施設の管理

本節では，配電施設及び自家用受変電設備を中心にして記述する．発電施設の維持及び運用については，5.2節で述べる．

## 5.1.1　配電施設の計画

需要設備の使用状況は，時間的又は季節的に変動するのが普通である．変圧器や配電線の容量を算定する際には，これらを考慮して，以下に述べる需要率，不等率，負荷率などの係数が使用される．<u>これらの係数は，非常に大切なので，定義をよく理解するようにしよう</u>．

**❶需要率**　図5.1は，負荷変動の状況を時間的に表した**負荷曲線**の例である．需要家の最大電力は，すべての設備が同時に使用されることはないので，設備容量より小さいのが普通である．両者の比の百分率が需要率である．

$$需要率 = \frac{最大電力[kW]}{設備容量[kW]} \times 100[\%] \quad (5.1)$$

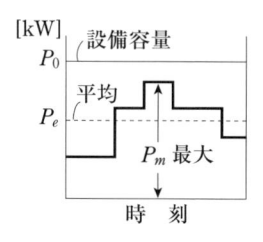

図5.1　負荷曲線

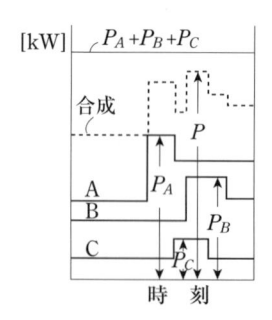

図5.2　不等率

**❷不等率**　図5.2はA，B及びCの3需要家の負荷曲線である．各需要家の最大電力は同時刻に発生するとは限らないので，破線で示した合成電力の最大値$P$は，個々の需要家の最大電力の和$(P_A + P_B + P_C)$より小さいのが普通である．最大電力の総和と合成最大電力の比を不等率といい，<u>1より大きな値になる</u>．

$$不等率 = \frac{最大電力の総和}{合成最大電力} > 1 \quad (5.2)$$

すなわち，合成最大電力は，次式で求められる．

$$合成最大電力 = \frac{\Sigma(設備容量 \times 需要率)}{不等率} \quad (5.3)$$

**❸負荷率**　図5.1の負荷曲線で囲まれた面積は，その期間の消費電力量に他ならないが，その平均値$P_e$は平均電力を示している．ある期間の平均電力とその期間の最大電力の比が負荷率である．

$$負荷率 = \frac{期間中の平均電力}{期間中の最大電力} \times 100[\%] \quad (5.4)$$

負荷率は期間の取り方により，**日負荷率**，**月負荷率**，**年負荷率**になる．一般に，<u>期間が長くなるほど負荷率の値は低くなる</u>．

また，負荷率は，(5.1)～(5.4)式から，次式でも示せる．

$$負荷率 = \frac{平均電力 \times 不等率}{\Sigma(設備容量 \times 需要率)} \quad (5.5)$$

**❹供給設備容量の算定**　需要率や不等率の数値を用いて，供給設備の容量を算定することができる．図5.3の配電系統において，記号を以下のように定める．

　　各需要家設備容量：$P_1, P_2, \cdots P_n$
　　各需要家需要率：$D_{m1}, D_{m2}, \cdots D_{mn}$
　　需要家間の不等率：$D_{ic}$
　　柱上変圧器間の不等率：$D_{it}$
　　高圧配電線間の不等率：$D_{if}$

これらから，1番目の柱上変圧器の負荷$L_{t1}$，1番目の高圧配電線の負荷$L_{f1}$，変電所の負荷

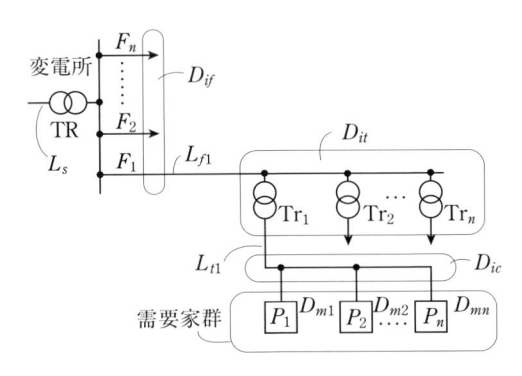

図5.3 供給設備容量の算定

$L_s$ は，以下の式で示せる．

$$L_{t1} = \frac{P_1 D_{m1} + P_2 D_{m2} + \cdots + P_n D_{mn}}{D_{ic}} \quad (5.6)$$

$$L_{f1} = \frac{L_{t1} + L_{t2} + \cdots + L_{tn}}{D_{it}} \quad (5.7)$$

$$L_s = \frac{L_{f1} + L_{f2} + \cdots + L_{fn}}{D_{if}} \quad (5.8)$$

**例題 5.1  高圧配電線の負荷率**

変圧器 $T_1$ 及び $T_2$ からなる高圧配電線がある．$T_1$ の設備容量は 30kW，需要率は 70%，負荷率は 50% であり，$T_2$ の設備容量は 50kW，需要率は 65%，負荷率は 70% である．また，変圧器間の不等率は 1.15 である．この場合，高圧配電線の負荷率はいくらか．

**[解]** 各変圧器の最大電力 $P_{m1}$, $P_{m2}$ は，設備容量に需要率を乗じて，

$P_{m1} = 30 \times 0.7 = 21$ [kW]

$P_{m2} = 50 \times 0.65 = 32.5$ [kW]

合成の最大電力 $P_{m0}$ は，変圧器間の不等率が 1.15 であるから，

$$P_{m0} = \frac{P_{m1} + P_{m2}}{1.15} = \frac{21 + 32.5}{1.15} = 46.52 \text{ [kW]}$$

各変圧器の平均電力 $P_{a1}$, $P_{a2}$ は，最大電力に負荷率を乗じて，

$P_{a1} = P_{m1} \times 0.5 = 21 \times 0.5 = 10.5$ [kW]

$P_{a2} = P_{m2} \times 0.7 = 32.5 \times 0.7 = 22.75$ [kW]

よって，高圧配電線の負荷率 $K_f$ は，平均電力を合成最大電力で割って，

$$K_f = \frac{P_{a1} + P_{a2}}{P_{m0}} = \frac{10.5 + 22.75}{46.52} \fallingdotseq 0.715$$

**[答] 71.5%**

### 5.1.2 力率改善

**❶交流電力と力率**  図 5.4(a) の $R$ と $L$ からなる交流負荷に電圧 $V$（角周波数 $\omega$）を加えると，交流理論で学んだように，次式のような電流 $I$ が流れ，$I$ の位相は $V$ よりも $\theta$ だけ遅れる．

$$I = \frac{V}{\sqrt{R^2 + (\omega L)^2}} \quad (5.9)$$

$$\theta = \cos^{-1} \frac{R}{\sqrt{R^2 + (\omega L)^2}} \quad (5.10)$$

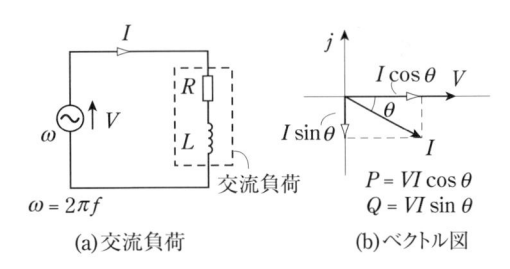

図 5.4 交流電力

図 5.4(b) のベクトル図のように，電流 $I$ は，$V$ と同相分の $I\cos\theta$ と 90 度遅れの $I\sin\theta$ に分解できる．このとき，電圧 $V$ と同相分の電流 $I\cos\theta$ の積を**有効電力** $P$，90 度遅れの電流 $I\sin\theta$ と $V$ の積を**無効電力** $Q$ という．$Q$ には，進みと遅れがあり，図 5.4 の回路で，$L$ が $C$ であれば進みの無効電力になる．通常の交流負荷は，遅れの無効電力である．また，単に電力という場合は，有効電力を指す．

$$P = VI\cos\theta, \quad Q = VI\sin\theta \quad (5.11)$$

また，$V$ と $I$ の積を**皮相電力** $K$ という．

$$K = VI \quad (5.12)$$

(5.11), (5.12) 式から，有効電力と無効電力は，**図 5.5** の**電力ベクトル**で示せる．

**力率** $p_f$ は $P$ と $K$ の比であり，(5.10) 式のインピーダンス角の cos に他ならない．

$$pf = \cos\theta = \frac{P}{K} = \frac{P}{\sqrt{P^2+Q^2}} \qquad (5.13)$$

三相電力では，$V$ を線間電圧とすると，$P$，$Q$，$K$ のいずれもが (5.11)，(5.12) 式の $\sqrt{3}$ 倍になる．また，ある期間の平均力率 $pf_a$ を示す場合は，電力量 ([W·h]，[var·h]) を用いて次式で表す．電力会社との取引用の力率は，この式に基づいて行われる ( 普通は 1 ヶ月間 )．

$$pf_a = \frac{有効電力量}{\sqrt{(有効電力量)^2+(無効電力量)^2}} \qquad (5.14)$$

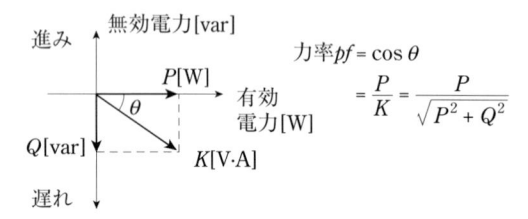

図 5.5　電力ベクトル

❷ **力率改善**　図 5.6 のように，交流負荷と並列に電力用コンデンサを取り付けて遅れ無効電力を補償することが行われる ( 図で遅れの $Q$ を負とする)．これを**力率改善**という．

有効電力 $P$ [kW] が一定で，力率を $\cos\theta_1 \to \cos\theta_2$ に改善するのに必要なコンデンサの容量 $Q_C$ は，ベクトル図から次式で示せる．

$$Q_C = P(\tan\theta_1 - \tan\theta_2) \text{ [kvar]} \qquad (5.15)$$

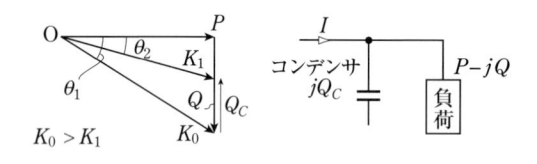

図 5.6　力率改善

❸ **力率改善の効果**　皮相容量 $K$ や線路電流 $I$ が減少するので，次のような効果が現れる．
① **電力損失の軽減**　$I \propto K$ なので，電力損失 $I^2R$ は $K$ の 2 乗に比例して減少する．また，力率 $\cos\theta$ に着目すると，$I = P/\sqrt{3}V\cos\theta$ なので，電力損失は力率の 2 乗に反比例する．

$$損失比 = \left(\frac{\cos\theta_1}{\cos\theta_2}\right)^2 \qquad (5.16)$$

② **電圧降下の減少**　線路の電圧降下は，1 線当たりの抵抗を $R$，リアクタンスを $X$ とすると，$I(R\cos\theta + X\sin\theta)$ で示せるから，力率の改善により，$I$ が減少するので，電圧降下は減少する．特に，$R \ll X$ の場合 ( 送電線路などで当てはまる ) には，電圧降下は $\sin\theta$ に支配されるので，減少効果は顕著である．
③ **設備の余裕**　一般に電気設備容量は皮相電力 [kV·A] により決定されるが，力率改善により，図 5.6 のように皮相電力が小さくなるので，変圧器，発電機，電線などに容量の余裕が生じる．
④ **基本料金の節減**　高圧以上の需要家では，基本料金は力率 85% を基準として，力率が良くなれば割引，悪くなれば割り増しされるので，力率改善によって基本料金の節減ができる．

❹ **供給電力増加の場合**　図 5.7 のように，$K_1$ [kV·A] の変圧器で $\cos\theta_1$ の負荷 $P_1$ [kW] に供給しているときに，新たに $\cos\theta_1$ の負荷 $P_2$ [kW] が増加する場合，変圧器を過負荷にしないために必要なコンデンサ容量 $Q_C$ [kvar] を求める．$Q_C$ により力率を改善し，$\cos\theta_2$ になったとすると，

$$Q_C = (P_1+P_2)(\tan\theta_1 - \tan\theta_2) \text{ [kvar]} \qquad (5.17)$$

よって，増加し得る電力 $P_2$ は，図から，

$$P_2 = K_1(\cos\theta_2 - \cos\theta_1) \qquad (5.18)$$

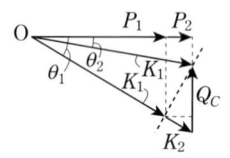

図 5.7　供給電力の増加

**例題 5.2**　**力率改善**

6.6 kV で受電している 1 000 kW，力率 0.8 の三相負荷がある．受電力率を 0.9 に改善するために必要なコンデンサ容量はいくらか．

**[ 解 ]**　(5.15) 式で，$P = 1\,000$，$\cos\theta_1 = 0.8$，

$\cos\theta_2 = 0.9$ であるから，コンデンサ容量 $Q_C$ は，

$$Q_C = P(\tan\theta_1 - \tan\theta_2) = P\left(\frac{\sin\theta_1}{\cos\theta_1} - \frac{\sin\theta_2}{\cos\theta_2}\right)$$

$$= 1\,000\left(\frac{\sqrt{1-0.8^2}}{0.8} - \frac{\sqrt{1-0.9^2}}{0.9}\right) \fallingdotseq 266[\text{kvar}]$$

[答] 266[kvar]

### 5.1.3 変圧器の効率

**❶変圧器の損失** 変圧器の損失は，**無負荷損（鉄損）** と**負荷損（銅損）** に大別される．前者は，電圧及び周波数が一定であれば，負荷の大きさに関係なく一定である．後者は，負荷（電流）の2乗に比例する．

**(1) 鉄損** 鉄損は，変圧器の鉄心中の磁束が変化することにより生じ，**ヒステリシス損**と**渦電流損**に区分できる．ヒステリシス損 $p_h$ は，鉄心のヒステリシスループによりもたらされるものである．また，渦電流損 $p_e$ は，磁束変化により鉄心内に生じる渦電流のジュール損である．周波数を $f$，電圧を $V$，鉄心の最大磁束密度を $B_m$，鉄板厚さを $t$ とすると，$p_h$ 及び $p_e$ は，次式で示せる．

$$p_h = K_1 f B_m^2 = K_1' \frac{V^2}{f} \tag{5.19}$$

$$p_e = K_2 t^2 f^2 B_m^2 = K_2' t^2 V^2 \tag{5.20}$$

上式で，$K_1$，$K_2$ などは定数であり，また，$B_m \propto V/f$ の関係を用いた．いずれも $V$ の2乗に比例する．$p_h$ と $p_e$ の割合は，4:1 程度である．

**(2) 負荷損** 負荷損は**銅損**ともいい，主に変圧器の一次，二次巻線の抵抗によるジュール損である．そのほかに，負荷電流により生じる漏れ磁束が変圧器の外箱を通過し，ここに渦電流を生じて発生する**漂遊負荷損**がある．この損失は，計測することが難しいので，規約により算定することが多い．

いずれにしろ，負荷損 $\propto$ (負荷)$^2$ の関係になる．なお，電圧の変化があれば，同一容量では電流が変化するので，負荷損も当然変化する．

**❷変圧器の効率** 変圧器の効率 $\eta$ は，変圧器容量を $P[\text{kV·A}]$，利用率を $\alpha$（負荷 kV·A / 変圧器容量），全負荷損を $P_{c0}$，鉄損を $P_i$，負荷の力率を $\cos\theta$ とすると，銅損 $P_c = \alpha^2 P_{c0}$ であるから，次式で示せる．

$$\eta = \frac{\text{出力}}{\text{出力} + \text{損失}} \times 100$$

$$= \frac{\text{出力}}{\text{出力} + \text{鉄損} + \text{銅損}} \times 100$$

$$= \frac{\alpha P \cos\theta}{\alpha P \cos\theta + P_i + \alpha^2 P_{c0}} \times 100$$

$$= \frac{P\cos\theta}{P\cos\theta + \dfrac{P_i}{\alpha} + \alpha P_{c0}} \times 100\,[\%] \tag{5.21}$$

$\eta$ が最大になるのは，上式の分母で $(P_i/\alpha) + \alpha P_{c0}$ が最小になるときである．この2項の積は，$P_i \cdot P_{c0}$ で一定値である．よって，代数定理から，2項が等しいとき，すなわち，

$$\frac{P_i}{\alpha} = \alpha P_{c0} \rightarrow P_i = \alpha^2 P_{c0} = P_c \tag{5.22}$$

のとき分母は最小になり，$\eta$ は最大になる．すなわち，鉄損＝負荷損（銅損）となる利用率のとき，変圧器は最高効率を示す（図5.8）．

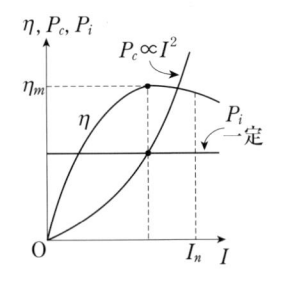

図5.8 変圧器の効率

**[全日効率]** 柱上変圧器の負荷は，一般に時間とともに変動し，高負荷率の時間が比較的短い．よって，1日間の出力電力量と入力電力量の比率である次式の**全日効率** $\eta_d$ で，変圧器の効率を評価することが多い．

$$\eta_d = \frac{W_o}{W_o + 24 P_i + \Sigma(\alpha^2 P_{c0} \times \text{時間})} \times 100[\%] \tag{5.23}$$

ここで，$W_o$：供給電力量 = Σ(出力 × 時間) [kW·h]，$P_i$：鉄損 [kW]，$α$：利用率，$P_{c0}$：全負荷銅損 [kW] である．

**❸ 変圧器の並行運転と単独運転**　変圧器の並行運転を行っているとき，軽負荷時に単独運転にすべきかどうかを検討する必要がある．

％インピーダンスの等しい $K_1$，$K_2$ [kVA] の2台の変圧器が並行運転している場合を考えよう．軽負荷時に $K_1$ の単独運転としたほうが効率のよい限界電力 $P$ を求める(式中の記号は (5.23) 式に従う)．

限界電力時に，2台運転時の損失 $W_{l2}$ は，

$$W_{l2} = P_{i1} + P_{i2} + \left(\frac{P}{K_1+K_2}\right)^2 (P_{c01}+P_{c02}) \quad (5.24)$$

同様に1台運転時の損失 $W_{l1}$ では，

$$W_{l1} = P_{i1} + \left(\frac{P}{K_1}\right)^2 P_{c01} \quad (5.25)$$

となるから，$W_{l1} \leq W_{l2}$ となる $P$ を求めればよい．

**例題 5.3　変圧器の損失**

6 600V/210V，50Hz，50kVA の単相変圧器があり，全負荷銅損は 650W，鉄損は 160W である．負荷の力率を 1.0 としたとき，全負荷時の効率及び最高効率を求めよ．

**[解]**　全負荷時効率 $η_0$ は，定格容量を $P_0$，鉄損を $P_i$，全負荷銅損を $P_{c0}$ とすると，力率 1.0 であるから，

$$η_0 = \frac{P_0}{P_0+P_i+P_c} = \frac{50}{50+0.16+0.65} ≒ 0.984$$

変圧器の最高効率 $η_m$ のとき，利用率を $α$ とすると，$P_i = α^2 P_{c0}$ であるから，

$$160 = α^2 \cdot 650 \quad \therefore α = \sqrt{\frac{160}{650}} ≒ 0.496$$

よって，$η_m$ は，

$$η_m = \frac{αP_0}{αP_0+P_i+α^2 P_{c0}}$$

$$= \frac{0.496 \times 50}{0.496 \times 50 + 0.16 + 0.496^2 \times 0.65} ≒ 0.987$$

**[答]　全負荷時効率 98.4%，最高効率 98.7%**

**❹ 変圧器損失の測定**　変圧器の損失は，無負荷試験及び短絡試験により測定する(**図 5.9**)．

鉄損 $P_i$ は，**無負荷試験**の入力 $P_0$ から一次抵抗損失 $I_0^2 r_1$ を差し引いて求める．

$$P_i = P_0 - I_0^2 r_1 \text{ [W]} \quad (5.26)$$

全負荷損 $P_{c0}$ は，**短絡試験**(インピーダンス試験)により求める．変圧器の二次巻線を短絡して，一次巻線に定格電流が流れるように低い電圧を加える．このときの入力 $W_s$ が全負荷損に相当する．ただし，負荷損は温度により変化する(巻線抵抗が変化する)ので，巻線抵抗を計測して75℃に換算した値をとる．このとき，一次側に印加した電圧が**インピーダンス電圧**である．

$$P_{c0} = W_s \text{ [W] (75℃換算)} \quad (5.27)$$

$P_i = P_0 - I_0^2 r_1$

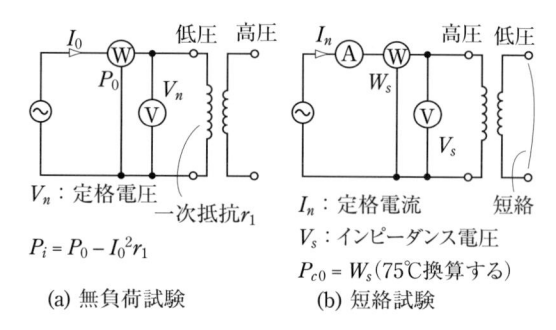

$V_n$：定格電圧　　一次抵抗 $r_1$
$I_n$：定格電流　　短絡
$V_s$：インピーダンス電圧
$P_{c0} = W_s$ (75℃換算する)

(a) 無負荷試験　　(b) 短絡試験

図 5.9　変圧器の損失測定

**❺ △結線とV結線**　単相変圧器3台による三相の△結線は，1台の変圧器を取り除けば，V結線として三相負荷に電力を供給できる．そのため，故障時又は将来増設の予定がある場合に，V結線とすることがある．△結線の出力 $P_Δ$ に対して，V結線での出力 $P_V$ の比率(**出力比**)は，変圧器の電圧及び電流を $V$，$I$ とすると，

$$\frac{P_V}{P_Δ} = \frac{\sqrt{3}VI}{3VI} ≒ 0.577 \quad (5.28)$$

となり，△結線の約 58% になる．V結線の場合，変圧器の容量に対する**利用率**は，

$$\frac{\text{出力}}{\text{変圧器容量}} = \frac{\sqrt{3}VI}{2VI} ≒ 0.866 \quad (5.29)$$

これらの式は，V結線を実施するときに重要である．

## 5.1.4 自家用受変電設備

**❶キュービクル式受電設備** 高圧受電設備には，フレームパイプなどによる現地組み立て式の**開放形**とキュービクルを用いた**閉鎖形**がある．最近では，ほとんどの高圧需要家でキュービクルが使われている．キュービクル式受電設備の単線結線図の例を図5.10に示す．

キュービクル式受電設備は，JIS C 4620で受電設備容量4 000 kV·A以下について規格が定められている．具体的には，以下に説明するCB形とPF·S形がある(図5.11)．

**CB形**は，主遮断装置として過電流継電器(OC)と遮断器(CB)を組み合わせている．**PF·S形**は，主遮断装置は電力ヒューズ(PF)とし，高圧負荷開閉器(LBS)を組み合わせる．ただし，PF·S型は300 kV·A以下に限定された小規模用である．

**❷短絡電流** 遮断器の定格を決めるためには，受電点を初めとして，遮断器の設置箇所の短絡電流を算出する必要がある．

**(1) %インピーダンス** 短絡電流は，一般に%インピーダンスを用いて計算する．$Z[\Omega]$の%インピーダンス$\%Z$は，基準容量を$P_n[V·A]$，基準電圧を$V_n[V]$，定格電流を$I_n[A]$とすると，$Z$の電圧降下の比として，次式で計算できる．

$$\%Z = \frac{ZI_n}{V_n/\sqrt{3}} \times 100 = \frac{ZP_n}{V_n^2} \times 100\ [\%] \quad (5.30)$$

ここで，$P_n = \sqrt{3}V_n I_n$である．(5.30)式からわかるように，%Zは必ず基準容量の値を確認しなければならない．

**(2) 短絡電流の計算** 電源から短絡点までの合成の$\%Z$を求める．まず基準容量を決定し，基準容量に合わないものは，基準容量に変換する．$\%Z \propto P_n$である．$\%Z$の合成は，一般回路の場合と同じやり方で直並列を計算すればよい．電源が2箇所ある場合は，短絡点から見て，2系統が並列と考える．合成の$\%Z$が決まれば，次式で短絡電流$I_s$を求める．

$$I_s = \frac{100}{\%Z}I_n\ [A] \quad (5.31)$$

$\%Z = 100\%$の場合には定格電流が流れ，100%よりも低くなれば電流は大きくなる．

**❸保護装置** 電技第18条(電気設備による供給支障の防止)第1項により，高圧又は特別高圧の電気設備は，その損壊により一般電気事業の電気の供給に著しい支障を生じないように施設しなければならない．高圧需要家の構内事故が発生した場合，必ず自家用側の遮断器が先に動作し，供給配電用変電所の遮断器が動作することがあってはならない．このために，配電用変電所の保護装置との間で，**保護協調**をとる必要がある．自家用側で発生する事故は，主に短絡・

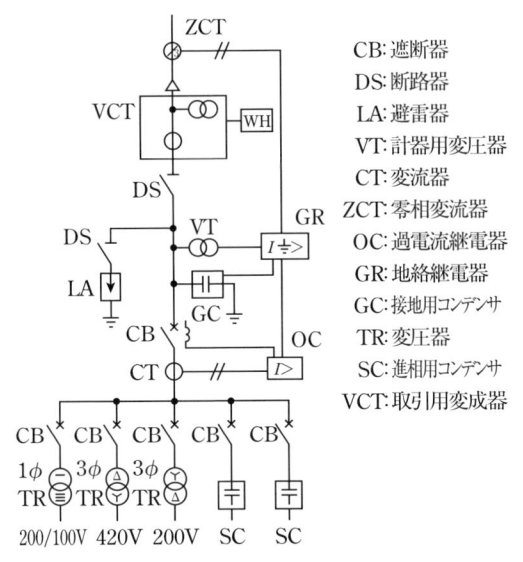

図5.10 受変電設備単線結線図

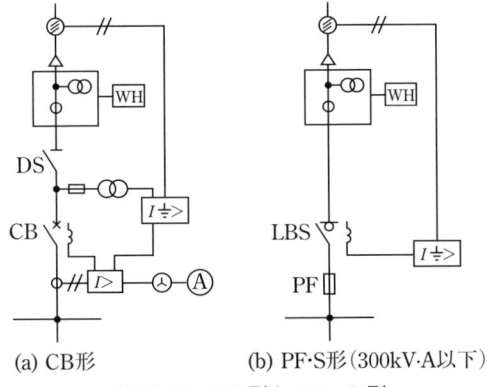

図5.11 CB形とPF·S形
(a) CB形　(b) PF·S形(300 kV·A以下)

過電流事故及び地絡事故である．遮断器(電力ヒューズ)の選定に当たっては，受電点の短絡電流によるが，一般的には遮断容量150MVAのCBが推奨されている．

**(1) 過電流保護**　CB形では，過電流継電器と遮断器を組み合わせて保護を行うが，遮断器のトリップ方式により，**直流トリップ方式**と**CTトリップ方式**などがある(図5.12)．前者は，バッテリーによる直流制御回路により，CBの引き外し動作を行う(バッテリーの代わりにコンデンサの充電を利用するものもあるが，これを**コンデンサトリップ方式**という)．後者は，直流電源を持たず，過電流検出用のCT二次電流によりCBを引き外すもので，小規模な施設に多く用いられる．なお，中規模以上の施設では，短絡電流などの過大電流に対応するために，**瞬時要素**を持つ過電流継電器を施設する例が多い．一般の過負荷に対しては，**反限時特性**により動作時間が定まる．

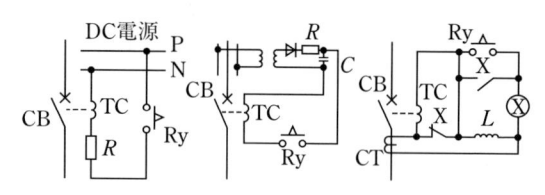

動作時限協調の考え方を図5.13に示す．受電用遮断器CB1については，次式の動作時間の協調が必要である．

$$kT_2 > T_1 + T_{CB1} \tag{5.32}$$

ここに，$k$は上位側リレーの**慣性特性係数**(0.85〜0.9程度)，$T_1$はリレーの動作時間，$T_{CB1}$はCB1の遮断時間(3〜5Hz程度)である．

**(2) 地絡保護**　構内の地絡事故についても，動作時限の考え方は過電流・短絡の場合と同様であるが，注意しなければならないのは，構外事故における地絡継電器の不必要動作である．この場合，**方向性地絡継電器**を設備して対処することが望ましい．

地絡電流の検出には，**零相変流器**(ZCT)を用いる．これは，図5.14のように二次巻線を巻いた環状鉄心の中に三相の各線を貫通させるものであり，常時は各電流の和は零なので，二次側には電流が流れない．地絡故障が発生すると**零相電流**(単相電流)が流れて故障を検出する．

方向性地絡継電器では，地絡電流のほかに，**零相電圧**の検出により，方向を判断する必要がある．検出方法には，**接地型計器用変圧器**(EVT)による方法と，図5.15の**接地用コンデンサ**(ZPC)がある．EVTは配電用変電所で使

図5.12　CBの引き外し方式
(a) DCトリップ　(b) コンデンサトリップ　(c) CTトリップ

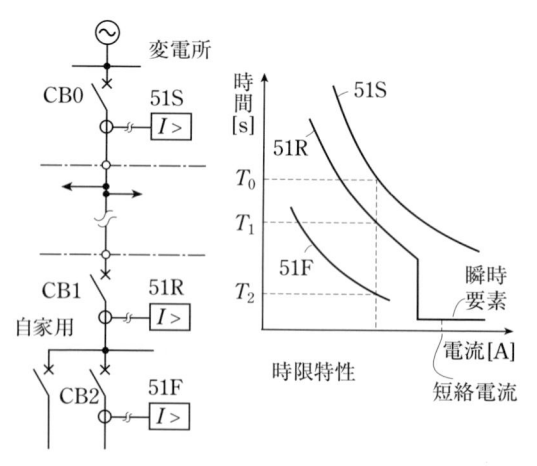

図5.13　過電流遮断器の協調

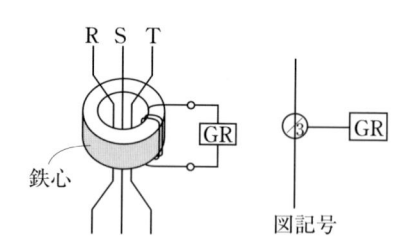

図5.14　零相変流器(ZCT)

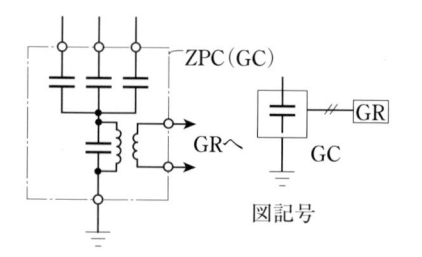

図5.15　接地用コンデンサ(ZPC)

用される.同一配電系統でのEVTの複数使用は,地絡の検出感度が低下するので一般需要家では使用できない.高圧需要家では後者のZPCを使う.EVTについては,本書の姉妹編『電験三種合格一直線 電力』P.166を参照のこと.

**図5.16**は,構外地絡事故における不要動作の説明である.構外事故時には,構内の対地静電容量 $C_2$ に見合う充電電流が流れる.構内のケーブルが長く,$C_2$ の値が大きいと不要動作を招くことになる.方向性地絡継電器では,零相電圧を検出して,地絡電流の方向判断をして不要動作を避ける.

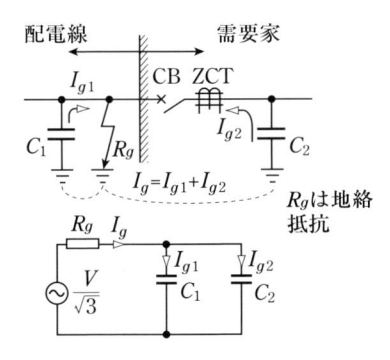

図5.16 構外の地絡故障

### 例題5.4　地絡リレーの誤動作

6.6kV,50Hz,三相3線式で受電している高圧需要家があり,受電点の近くに設けた地絡過電流継電器(OCG)により地絡保護を行っている.OCGが部外地絡事故で誤動作しないためには,構内ケーブルの3線一括の静電容量 $C_0$ は,いくら以下でなければならないか.ただし,OCGの整定値は200mAとし,部外事故でOCGに流れる電流は,余裕を見て整定値の70%以下とする.部外事故は,完全地絡を想定せよ.

**[解]** 部外事故でOCGに流れる電流 $I_0$ は,零相電圧を $V_0$,周波数を $f$ とすると,

$$I_0 = 2\pi f C_0 V_0$$

であるが,題意より地絡は完全地絡なので,$V_0$ は $V_0 = 6\,600/\sqrt{3} = 3\,810$[V]になり,また,$I_0$ は,$200 \times 0.7 = 140$[mA]以下でなければならない.よって,$C_0$ は,

$$C_0 = \frac{I_0}{2\pi f V_0} = \frac{140 \times 10^{-3}}{2\pi \times 50 \times 3\,810}$$

$$\fallingdotseq 0.117 \times 10^{-6}\,[\text{F}] \fallingdotseq 0.11\,[\mu\text{F}]$$

**[答]　0.11μF以下**

上記の $C_0$ は,3線一括の静電容量であるから,仮にケーブル1線の静電容量を0.2[μF/km]とすると,$0.11 \div 0.2 \div 3 \fallingdotseq 0.183$[km]となる.1線約180m以下が誤動作回避の条件になる.少し大きい規模の需要家では,地絡電流のみにより誤動作を避けることは難しいとわかる.

### 5.1.5 電気設備の保守・点検

電気設備の安全性の確保及び機能維持のために,日常あるいは定期の保守,点検,検査等が極めて大切である.

これらについては,**保安規程**並びに関係諸法令に基づいて,**電気主任技術者**の指揮命令の下に確実に実施する必要がある.

●**保守,点検,検査**　日常(巡視)点検,定期点検,精密点検,臨時点検に区分できる.

定期点検は,通常,1年に1回程度行うものであり,精密点検は,3年程度の長周期で行う.臨時点検は,異常が発生したときに行う.

点検記録は確実に保管し,経年変化などについてよく分析を行う.記録のチェックにより,絶縁劣化の進行や接地抵抗の変化などを知ることができ,事故の未然防止が可能になる.

❷**現場試験**　電気設備の機能を確認するた

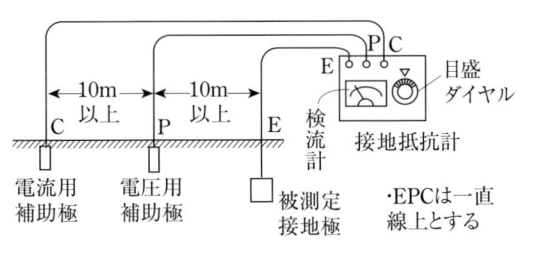

図5.17 接地抵抗の測定

めに，以下の試験を現場にて行う．

**(1) 接地抵抗測定**　　図 5.17 のように**接地抵抗計**(アーステスタ)を用いて，検流計の指針が零の位置になる目盛ダイヤルの値により接地抵抗を計測する．なお，図の E，P，C が 1 直線に並べられない場合は，P を中心として，広がり 100 度以上の角度で E，C を扇形に配置すれば問題ない．接地抵抗は季節により変化する(一般に夏は低く，冬は高い)ので，測定時期や経年変化に注意する．

**(2) 絶縁抵抗測定**　　図 5.18 のように**絶縁抵抗計**(メガー)を用いて測定する．一般の低圧回路では線間の測定は困難であり，通常は一括大地間で測定することが多い．絶縁抵抗は，経年変化による絶縁劣化に注意する．低圧回路では絶縁抵抗値で良否を判断するが，高圧回路の場合は，絶縁耐力試験の予備試験として行う．

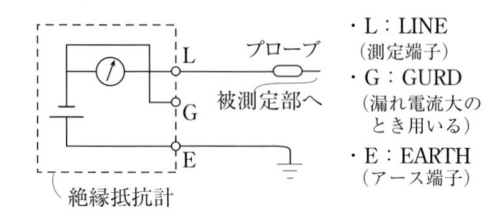

図 5.18　絶縁抵抗の測定

**(3) 絶縁耐力試験**　　交流の絶縁耐力試験は，図 5.19 のような回路で行う．充電電流が大きい場合は，補償用リアクトルを接続して，試験変圧器の容量を低減する．試験電圧値は解釈の規定値により決定し，試験時間は 10 分間とする．危険を伴う試験なので，加圧範囲や安全対策など事前に綿密な計画を立案する．試験は指揮者の指示の下に作業内容を周知徹底する．

**(4) 継電器試験**　　高圧受電設備に用いられている保護継電器について，動作特性試験を行う．図 5.20 に過電流継電器試験，図 5.21 に地絡継電器試験を示す．試験はリレー単独の動作特性試験と，リレーの整定値による遮断器を組み合わせた **CB 連動試験**がある．CB 連動試験の結果は，配電用変電所との時間協調を決定するのに重要である．

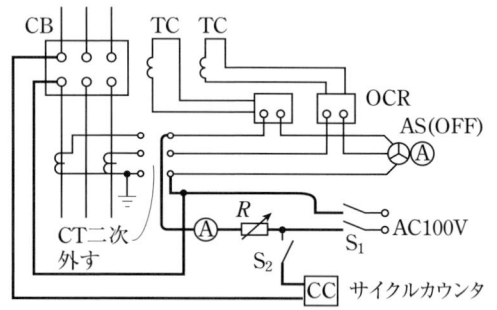

$R$：調整用抵抗（水抵抗など）
① OCR の円板をロックし，$S_1$ 投入し $R$ で試験電流調整
② $S_1$ を開いて OCR のロックをとる
③ CC の指針を 0 に合わせ，$S_2$ を閉じる
④ $S_1$ を投入し，CC の指示値（動作時間）を読む

図 5.20　過電流継電器試験（CB 連動）

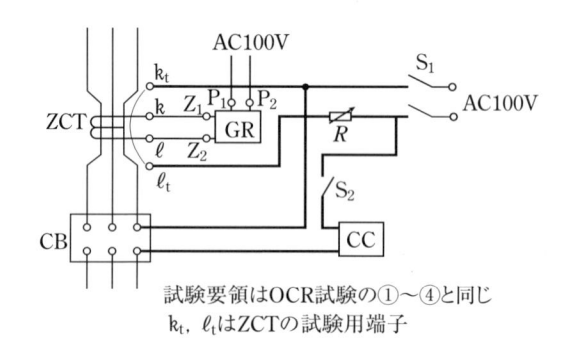

試験要領は OCR 試験の①〜④と同じ
$k_t$，$\ell_t$ は ZCT の試験用端子

図 5.21　地絡継電器試験（CB 連動）

**(5) その他の試験・測定**　　清掃，目視点検，接続部の増し締め，開閉器・遮断器の機能点検，インターロック試験，保護連動試験，非常用発電機の機能確認，絶縁油の耐圧試験及び**酸価**

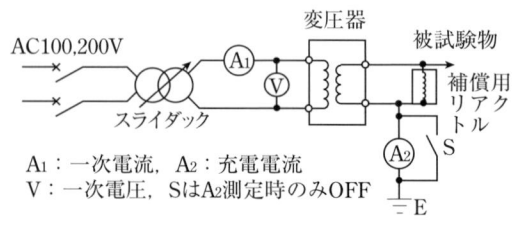

図 5.19　絶縁耐力試験（交流法）

測定などを行う．

**インターロック試験**や**保護連動試験**では，定められたシーケンス並びにロジックに従い，動作の可能性のある項目について，確認を行う．

絶縁油は**油入式変圧器**の生命線なので，試験結果により，油のろ過や取り替えを行う．

❸ **停電作業**　　停電作業時には，下記事項に注意し，感電事故などを起こさないようにする．
① 事前に作業計画を立案し，これを作業前に打ち合わせし，全員に周知徹底する．
② 安全区画や作業表示を確実に行う．特に，停電部分と充電部分の範囲を明確にする．
③ 電路の検電及び接地を確実に行う．検電は開閉器の負荷側で行う．接地は誤送電による作業者の保護のために行うので，電源側に近い箇所でとる．
④ 断路器は無負荷を確認して操作する．
⑤ 残留電荷の放電を確実に行う．
⑥ 関係箇所の相互連絡の徹底．
⑦ 作業は，すべて指揮命令系統を明確にして，実施する．
⑧ 作業の最終確認（接地・短絡は外れているか，工具・材料の忘れはないか，人が残っていないかなど）を確実に行い，関係者に問題がないことを確認して，復電する．

### 5.1.6　高調波及びフリッカ

❶ **高調波対策**　　高調波は，インバータなどの電力用半導体，アーク炉や変圧器の鉄心飽和などにより発生する．高調波により，容量性のリアクタンスは低下するので，電力用コンデンサに過電流が流れ，コンデンサの焼損や異常音発生のおそれがある．直列リアクトルにより，これを防止する．また，過電流継電器の誤動作のおそれもある．

最近の一般的な電力用半導体使用の汎用品は，「**高調波抑制対策ガイドライン**」に準拠して製作されている．特に注意しなければならないのは，大形電動機のインバータ制御などに用いる装置である．これらについては，変換器の多パルス化や系統分割，能動形・受動形のフィルタ設置により対処する必要がある．

### 例題 5.5　　高調波の発生源

高調波の発生源として，一般に考えなくてもよいのは，次のうちどれか．
(1) 高圧放電灯　(2) アーク炉　(3) 整流装置
(4) インバータ　(5) 磁気飽和

**［解］** (1) 放電灯は，点灯後は，アーク炉などと異なり，安定した放電になる．その他は，いずれも高調波の発生源となり得る．

**［答］　(1)**

❷ **高調波回路の基本式**　　高調波（**ひずみ波**）回路の計算を行うために必要な式を以下に記す．詳細は，本書の姉妹編『電験三種合格―直線理論』P.145 を参照のこと．

ひずみ波電流の実効値 $I_e$ は，直流分 $I_0$，基本波実効値 $I_1$，$n$ 次波実効値 $I_n$ とすると，

$$I_e = \sqrt{I_0^2 + I_1^2 + I_3^2 + \cdots + I_n^2} \quad (5.33)$$

正弦波の基本波に対するひずみの度合いを表すものとして，次式の**ひずみ率** $k$ を定義する．

$$k = \frac{\sqrt{I_2^2 + I_3^2 + \cdots + I_n^2}}{I_1} \quad (5.34)$$

以上の式は電流で表したが，電圧も同様の式で示せる．

ひずみ波回路の計算は，各次数の正弦波が個別にあるものとして，おのおの独立して行い，その結果求めた実効値により，(5.33) 式により全体の実効値を算出する．この際，インダクタンス $L$，静電容量 $C$ のリアクタンス $X_{Ln}$，$X_{Cn}$ については，次数 $n$ に対して次式で求める．

$$X_{Ln} = jn\omega L, \quad X_{Cn} = \frac{1}{jn\omega C} \quad (5.35)$$

❸ **高調波電流の流出**　　高圧需要家の高調波発生機器から電力系統へ流出する高調波電流は，**図 5.22** の**電流源等価回路**により求めることができる．図の記号は以下のとおりである．

$n$：高調波次数，$I_n$：機器から発生する高調波電流，$X_l$，$X_c$，$X_t$：配電線，コンデンサ，変圧器の基本波のリアクタンス，$I_{nl}$，$I_{nc}$：配電線，コンデンサへ分流する $n$ 次高調波電流

高調波電流回路の計算のポイントは，以下の3点である．

① 高調波流出源を定電流源と考える．
② 第 $n$ 調波の誘導性リアクタンスは基本波の $n$ 倍，容量性リアクタンスは $1/n$ 倍とする．
③ 分流計算により，各機器に流れる高調波を算出する．

さて図 5.22 で $I_n$ を電流源として，$I_{nl}$，$I_{nc}$ が以下のように求められる．

$$I_{nl} = \frac{X_c/n}{X_c/n - nX_l} I_n \tag{5.36}$$

$$I_{nc} = \frac{nX_l}{X_c/n - nX_l} I_n \tag{5.37}$$

$$I_{nl} + I_{nc} = \frac{X_c/n + nX_l}{X_c/n - nX_l} I_n > I_n \tag{5.38}$$

(5.38) 式に示すように，系統にコンデンサが接続されていると，発生高調波電流よりも，系統とコンデンサへ分流する電流の和が大きくなる．これを<u>コンデンサによる高調波電流の増幅作用</u>という．この作用は，高調波の次数が高いほど著しい．共振作用のおそれもある．

これを防止するために，コンデンサにコンデンサ容量の 6% あるいは 13% の直列リアクトル

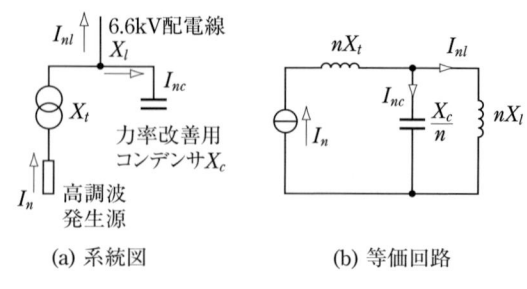

(a) 系統図　　(b) 等価回路

図 5.22　高調波電流の流出

を挿入して，ある次数以上の高調波に対しては，誘導性となるようにする．6% では第 5 高調波以上で，13% では第 3 高調波以上で誘導性となる．

**❹ フリッカ対策**　負荷の急変が繰返されると，電圧降下値が変化して，電圧が変化する．これらが頻繁に繰り返されると，蛍光灯の明るさが変化し，その程度と繰り返しの周波数によっては，人の眼にチラツキを感じさせる．これを**フリッカ**という．チラツキを感じる程度は，5～10Hz 程度の繰り返し変動では，1% 以下の電圧変動でも影響があるとされる．普通，10Hz の電圧変動である評価尺度 $\Delta V_{10}$[V] を用いる．

大容量のアーク炉，溶接機，破砕機，製材機など出力変動の激しい負荷でフリッカが生じやすい．フリッカの防止は，基本的には電圧降下の抑制策と同じである．特にアーク炉では直列リアクトルを挿入して，変動を緩和することが行われる．

---

**【演習問題 5.1】　配電施設の計画**

ある地域の電灯需要家の総設備容量は 50kW で，各需要家の需要率はいずれも 0.5 である．この需要家を，設備容量 30kW の A 群と同 20kW の B 群とに分けて，それぞれ変圧器 $T_A$ 及び $T_B$ で供給するとき，各変圧器ごとの総合最大需要電力および平均需要電力，高圧幹線にかかる最大負荷並びに総合負荷率をそれぞれ求めよ．ただし，電力損失は無視するものとし，下記の条件による．

・各変圧器ごとの需要家相互間の不等率　$T_A$：1.1，$T_B$：1.2
・各変圧器ごとの総合負荷率　$T_A$：0.6，$T_B$：0.4　・各変圧器負荷相互間の不等率　1.3

[解] 最大需要電力＝設備容量×需要率なので，

$T_A$ 変圧器の最大需要電力＝ 30×0.5 ＝ 15[kW]
$T_B$ 変圧器の最大需要電力＝ 20×0.5 ＝ 10[kW]

総合(合成)最大需要電力＝最大電力の和÷不等率なので，

$T_A$ 変圧器の総合最大需要電力＝ 15÷1.1 ＝ **13.64[kW]**（答）
$T_B$ 変圧器の総合最大需要電力＝ 10÷1.2 ＝ **8.33[kW]**（答）
高圧幹線にかかる最大負荷＝ (13.64+8.33)÷1.3＝**16.9[kW]**（答）

平均需要電力＝最大需要電力×負荷率なので，

$T_A$ 変圧器の平均需要電力＝ 13.64×0.6 ＝ 8.18[kW]
$T_B$ 変圧器の平均需要電力＝ 8.33×0.4 ＝ 3.33[kW]

総合負荷率＝平均需要電力÷最大需要電力なので，

$$総合負荷率 = \frac{8.18 + 3.33}{16.9} = 0.681 \rightarrow \mathbf{68.1[\%]} \quad（答）$$

[解き方の手順]
① 問題を図示すると図 **5.23** である．

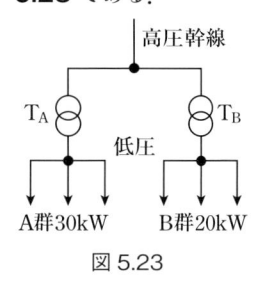

図 5.23

② 問題の中で，総合最大需要電力は合成最大電力を意味する．また，高圧幹線にかかる最大負荷は，この系統の最大需要電力である．

---

【演習問題 5.2】 コンデンサ設置による供給電力の増加

定格容量 500kV·A の三相変圧器に三相負荷 400kW(遅れ力率 0.8)が接続されている．この負荷へ新たに三相負荷 60kW(遅れ力率 0.7)を追加する場合，この変圧器が過負荷運転とならないために電力用コンデンサを設置するとすれば，その必要最小容量はいくらか．

[解] 負荷追加後の有効電力，無効電力の合計を，それぞれ $P_0$ 及び $Q_0$ とすると，図 5.24 の記号を参照して，

$P_0 = P_1 + P_2 = 400 + 60 = 460$ [kW]

$Q_0 = Q_1 + Q_2 = P_1 \tan \theta_1 + P_2 \tan \theta_2$

$$= 400 \times \frac{\sqrt{1-0.8^2}}{0.8} + 60 \times \frac{\sqrt{1-0.7^2}}{0.7} \fallingdotseq 361 \text{ [kvar]}$$

この場合，その皮相電力は変圧器の容量 $K$ [kV·A] を超えてはならないので，電力用コンデンサ $Q_C$ [kvar] により，$Q_0$ を補償するものとすると，図 5.24 から，

$K = \sqrt{P_0^2 + (Q_0 - Q_C)^2} \rightarrow 500^2 = 460^2 + (361 - Q_C)^2$

$361 - Q_C = \sqrt{500^2 - 460^2} \fallingdotseq 196$

$\therefore Q_C = 361 - 196 = 165$ [kvar]

[答] **165 [kvar]**

[解き方の手順]
① 図 **5.24** のベクトル図によって考えればよい．

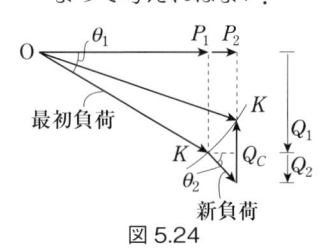

図 5.24

② 負荷追加後において，電力用コンデンサ $Q_C$ で無効電力を補償し，変圧器の定格容量以内に合成皮相電力を抑える．

### 【演習問題 5.3】 コンデンサ設置による電圧降下の低減

変電所から高圧三相3線式1回線の専用配電線路で受電している負荷容量2 000kW，遅れ力率0.8の需要家がある．配電線路の電線1条当たりの抵抗及びリアクタンスは，それぞれ0.5Ωおよび1Ωである．変電所の引出口の電圧が6 900Vのとき，需要家の引込口の電圧を6 600V以上とするために，この需要家に設置しなければならないコンデンサの容量はいくらか．

[解] 送電端電圧を$V_s$[V]，受電端電圧を$V_r$[V]，線路電流を$I$[A]，線路の抵抗及びリアクタンスをそれぞれ$R$[Ω]及び$X$[Ω]，負荷端の有効電力$P$[W]，同無効電力$Q$[var]，力率$\cos\theta$とすると，電圧降下$v = \sqrt{3}I(R\cos\theta + X\sin\theta)$なので，

$$\therefore v = \frac{\sqrt{3}V_r}{V_r}(IR\cos\theta + IX\sin\theta) = \frac{PR + QX}{V_r} = V_s - V_r$$

上式で，$P = \sqrt{3}V_r I\cos\theta$ [W]，$Q = \sqrt{3}V_r I\sin\theta$ [var]である．

$$\therefore 6\,900 - 6\,600 = 300 \geqq \frac{2\,000 \times 10^3 \times 0.5 + Q \times 1}{6\,600}$$

$$\therefore Q \leqq 300 \times 6\,600 - 2\,000 \times 10^3 \times 0.5 = 980\,000\ [\text{var}] = 980\ [\text{kvar}]$$

一方，負荷の力率（遅れ）は0.8なので，その無効電力$Q_L$は，

$$Q_L = P\tan\theta = 2\,000 \times \frac{0.6}{0.8} = 1\,500\ [\text{kvar}]$$

よって，設置すべきコンデンサ容量$Q_C$は，
　　$Q = Q_L - Q_C \leqq 980$ から，

$$\therefore Q_C \geqq Q_L - 980 = 1\,500 - 980 = 520\ [\text{kvar}]$$

[答] **520 [kvar] 以上**

[解き方の手順]
① 電圧降下$\sqrt{3}I(R\cos\theta + X\sin\theta)$を，負荷端の有効電力$P$，同無効電力$Q$で表す工夫をする．
② $P = \sqrt{3}V_r I\cos\theta$，$Q = \sqrt{3}V_r I\sin\theta$ である．
③ $V_r$を一定とするための$Q$が求まれば，負荷の無効電力$Q_L$との差が必要な調相容量になる．

[注] $Q_C$設置後の力率$\cos\theta'$は，

$$\cos\theta' = \frac{P}{\sqrt{P^2 + Q^2}}$$

$$= \frac{2}{\sqrt{2^2 + 0.98^2}}$$

$$= 0.898$$

に改善され，線路損失も約79% $[(0.8/0.898)^2]$ に減少する．

### 【演習問題 5.4】 変圧器の全日効率

容量100kV·A，一次電圧6 600V，二次電圧210/105Vの配電用変圧器がある．この変圧器の鉄損$p_i = 1$[kW]，全負荷銅損$p_{c0} = 1.25$[kW]である．この変圧器の効率が最高時の負荷，及びこの変圧器が無負荷で10時間，3/4負荷で6時間，全負荷で8時間運転された場合の全日効率を，それぞれ求めよ．ただし，負荷電圧は一定とし，負荷力率は1.0とする．

[解] (1)効率が最高となる負荷　効率は，鉄損$p_i$と銅損$p_c$が等しいときに最高となる．求める負荷を$P$[kVA]とすると，

$$p_i = p_c = \left(\frac{P}{100}\right)^2 p_{c0} \quad \therefore 1 = \left(\frac{P}{100}\right)^2 \times 1.25 \quad (\because p_c \propto (\text{負荷電流})^2)$$

$$\therefore P = \sqrt{100^2 / 1.25} \fallingdotseq 89.4\ [\text{kV·A}] = \mathbf{89.4\ [kW]} \quad (\because \text{力率} = 1.0)$$

[解き方の手順]
① 鉄損と銅損が等しいとき，変圧器は最高効率となる．
② 銅損は，負荷電流の2乗に比例する．

## (2) 全日効率 $\eta_d$

1日中の出力電力量 $W_0 = 100 \times (0 \times 10 + 0.75 \times 6 + 1 \times 8) \times \cos\theta(1.0)$
  $= 1\,250$ [kW·h]

損失電力量 $W_l = 24p_i + p_{c0}(0.75^2 \times 6 + 1^2 \times 8)$
  $= 24 \times 1 + 1.25 \times 11.375 = 38.2$ [kW·h]

$\therefore \eta_d = \dfrac{W_0}{W_0 + W_l} = \dfrac{1\,250}{1\,250 + 38.2} = 0.970 \to 97.0$ [%]

③ 鉄損は一定である．
④ 全日効率は，1日中の出力電力量と入力電力量の比である．
⑤ 入力電力量は，出力電力量に損失電力量を加えたものである．

[答] 最高効率時負荷 **89.4kW**，全日効率 **97.0%**

---

### 【演習問題 5.5】 受電設備の停電作業

次の記述は，図に示す高圧受電設備の全停電作業開始時の操作手順を述べたものである．

1. 低圧配電盤の開閉器を開放する．
2. 受電用遮断器を開放後，その (ア) を検電して無電圧を確認する．
3. 断路器を開放する．
4. 柱上区分開閉器を開放後，断路器の (イ) を検電して無電圧を確認する．
5. 受電用ケーブルと電力用コンデンサの残留電荷を放電後，断路器の (ウ) を短絡して接地する．

上記の記述中の空白箇所(ア)，(イ)，(ウ)に記入する字句は，「電源側」，「負荷側」のどれか．

[解] 停電操作は，負荷側から電源側へ至るのが原則である．遮断器や開閉器の開放後は，その負荷側を検電する．接地は電源側に近い箇所に施す．

[答] (ア)**負荷側**，(イ)**電源側**，(ウ)**電源側**

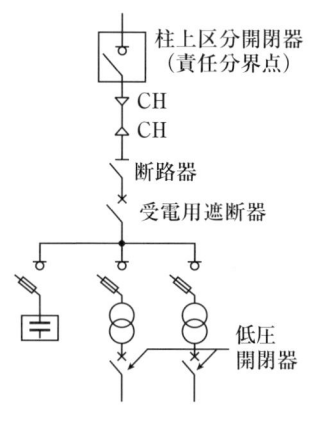

[解き方の手順]
5.1.5項の記述参照．接地は停電作業中の誤送電から作業者を保護する．

### 【演習問題 5.6】 高調波電流の流出

三相 3 線式配電線路から 6 600V で受電している需要家がある．この需要家から配電系統へ流出する第 5 調波電流について，次の値を求めよ．

(a) 高調波発生機器から発生する第 5 調波電流の受電点に換算した電流値
(b) 受電点から配電系統に流出する第 5 調波電流値

計算は，以下の条件にて行うものとする．

1. 需要家の負荷設備は定格容量 500kV·A の三相機器 ( 高調波発生機器 ) のみで，この高調波発生機器から発生する第 5 調波電流は，負荷設備の定格電流に対し 15% とする．
2. 力率改善用として 6% の直列リアクトル付きコンデンサ設備が設置されており，高調波発生機器と並列に接続されている．
3. 高調波発生機器は，定電流源とみなせるものとし，図のような等価回路で表される．
4. 受電点より見た配電線路側の第 $n$ 調波に対するインピーダンスは 10MV·A 基準で $j6 \times n$[%]．
5. コンデンサ設備のインピーダンスは 10MV·A 基準で，図中の式で表される．

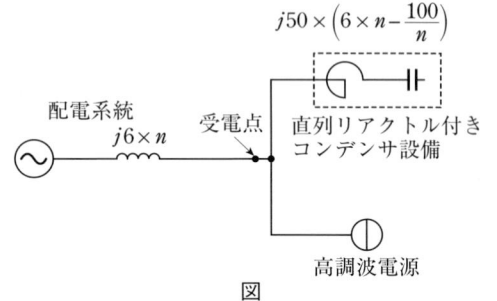

図

【解】 (a) 500kV·A の定格電流 $I_n$ は，容量を $P_n$，電圧を $V_n$ とすると，

$$I_n = \frac{P_n}{\sqrt{3}\, V_n} = \frac{500 \times 10^3}{\sqrt{3} \times 6\,600} \fallingdotseq 43.74\,[\text{A}]$$

第 5 調波電流 $I_5$ は，題意から定格電流 $I_n$ の 15% であるから，

$$I_5 = 0.15 I_n = 0.15 \times 43.74 \fallingdotseq 6.56\,[\text{A}]$$

(b) 第 5 調波 ($n=5$) に対する直列リアクトル付きコンデンサ設備のインピーダンス $jZ_{5C}$ 及び配電系統のインピーダンス $jZ_{5S}$ は，題意から，

$$jZ_{5C} = j50 \times \left(6 \times n - \frac{100}{n}\right) = j50 \times \left(6 \times 5 - \frac{100}{5}\right) = j500\,[\%]$$

$$jZ_{5S} = j6 \times n = j6 \times 5 = j30\,[\%]$$

よって，$I_5 = 6.56$[A] は，$jZ_{5C}$ と $jZ_{5S}$ に分流するから，配電系統に流出する第 5 調波電流 $I_{5S}$ は，

$$I_{5S} = I_5 \cdot \frac{jZ_{5C}}{jZ_{5C} + jZ_{5S}} = 6.56 \times \frac{j500}{j500 + j30} \fallingdotseq 6.2\,[\text{A}]$$

【答】 (a) 6.56A (b) 6.2A

【注】 一般に高調波発生機器は，定電流源として扱う．本問の場合，コンデンサのインピーダンスが配電系統よりも大きいので，ほとんどが系統側へ流れることになる．

[ 解き方の手順 ]

① 負荷の定格電流 $I_n$ を求める．
② その 15% が発生する第 5 調波電流 $I_5$ である．
③ 題意の条件で，コンデンサ及び配電系統の第 5 調波に対するインピーダンスを求める．
④ $I_5$ は，コンデンサと配電系統に流出するが，③ で求めたインピーダンスにより分流計算をすればよい．

# 5.2節　発電施設の管理

## 5.2.1　負荷曲線と電源設備

電力需要は，図5.25に示すような**負荷曲線**により変動する．負荷は，**ベース負荷**，**中間負荷**，**ピーク負荷**に分類できるが，電源設備もこれに対応して，**ベース供給力**，**中間（ミドル）供給力**，**ピーク供給力**に区分され，**表5.1**のようにそれぞれ技術的，経済的な要件が定まる．

これらの供給力の構成比率は，日負荷曲線の状況や技術的・経済的制約から決まる．我が国では，ピーク供給力10~20%程度，ミドル供給力20~30%程度，ベース供給力50~60%程度が望ましいとされている．

東日本大震災による福島原発の事故以来，停止する原子力発電所が増えている．このため，一般火力がベース及び中間の両者を担うような状況である．

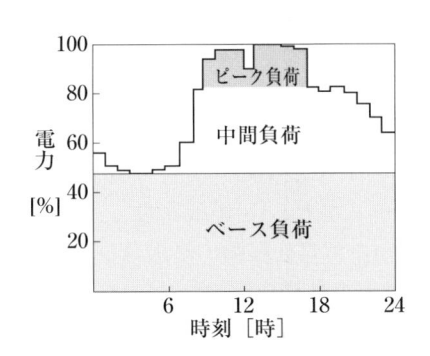

図5.25　日負荷曲線

表5.1　供給力の要件と対応する電源設備

| 供給力 | 要　　件 | 電源設備 |
|---|---|---|
| ベース | 長時間の安定した継続運転，建設費は多少高くとも運転費安く，高利用率で経済性の高いもの | 原子力，石炭火力，流込式水力 |
| 中間 | 日間始動・停止可能，負荷調整に対応，建設費低減 | 石油火力，LNG火力 |
| ピーク | 急激な出力変化，頻繁な始動・停止．運転費は多少高くとも建設費安く，低利用率で高経済性 | 調整池および貯水池式水力，揚水式水力 |

## 5.2.2　各種発電方式の特徴

**❶一般水力発電**　**流込式水力**は，発電出力は河川流量により左右され，出力を調整することはできない．また，出力も小規模である．

一方，**調整池式水力**，**貯水池式水力**は，夜間や軽負荷時に貯水ができるため，河川流量に左右されることなく，負荷調整やピーク運転が可能であり，大型の水力は重要な周波数調整用電源でもある．

**運用面**では，他の発電方式に対して，出力応答速度が速く，周波数調整能力に優れている．また，全負荷に達する時間も数分程度と極めて短い．発電そのものでは，二酸化炭素の排出がなく，地球温暖化防止の面でも優れている．

**経済性**は，何よりも燃料費が不要なことである．建設費は高いが，耐用年数も長く，故障も比較的少ないために，発電原価は非常に安い．ただし，我が国では，ほとんどの水力地点が開発済みであるため，今後の伸びは期待できない．

**❷揚水式水力発電**　揚水式水力発電は，唯一の実用規模の電力貯蔵装置であり，ピーク供給力である．夜間や休日にベース供給力である原子力，大規模火力の余剰電力を利用して，上池に貯水する．同じ量の水を上下させるので，立地条件の制約も比較的少なく，大容量の発電所の建設が可能である．

ただし，発電原理からもわかるように，<u>揚水式発電所は単独で成り立つものではない</u>．運用上は，<u>一種の火力発電所と考えられるが</u>，その総合熱効率は30%程度と著しく低い（揚水発電所総合効率×火力発電所効率≒$0.7 \times 0.4 = 0.28$）．最近では，揚水運転時の周波数調整能力も求められるようになり，一部の揚水式では，揚水ポンプの**可変速運転**が行われている．

**❸火力発電**　火力発電は，使用する燃料及び原動機の種類により，様々なものがある．大

規模なものとしては，汽力発電では，**重油火力**，**LNG 火力**，**石炭火力**があり，熱効率は 43% 程度である．最近の新設火力では，ガスタービンを用いた**コンバインドサイクル**が主流であり，高温ガスタービンの採用により，熱効率は 59% に達している．一方，燃料の燃焼により，二酸化炭素が発生するので，その対策が必要である．

火力発電は，運用特性の上で比較的融通が利き，ベース，ミドル，ピークのいずれの供給力にもなり得る．2011 年の福島原発事故前までは，主としてミドルないしはピーク部分を受持ち，毎日起動停止 (DSS) 運用される発電所が多かったが，現状では，ベース電源の役割を多く果たしている．原子力発電の先行が不透明なため，今後もこの傾向は続くものと考えられる．

**運用面**では，負荷変動特性，起動停止特性ともに，高温部材料の熱応力や燃料系統，蒸気給水系統の速応性や安定性から制約を受ける．また，ボイラの燃焼安定性の面などから，最低負荷の制約も受ける．これらの制約の緩和のために，DSS 運用の中間火力では，起動時や軽負荷時に**ボイラの変圧運転**を行って，最低負荷を 15% 程度としている．

変圧運転は，タービン入口弁を全開とし，軽負荷時においては，蒸気圧力を定格より下げる (変圧する) ものである．これにより，タービン入口での絞り損失の回避や，最低負荷の減少を可能にしている．また，部分負荷で圧力を下げるので材料の寿命が長くなる．部分負荷でもタービン温度が低下しないので，ケーシング温度を高く保持したまま停止でき，始動時間を短縮できる．

**経済性**では，従来から大容量火力の建設により，建設単価の低減と発電効率の向上により，発電原価の低減を図っている．しかし，最近では，負荷曲線や季節変動に機動的に対応し得るように，中規模の電源開発も進められている．

一方，火力発電は，発電原価に占める燃料費の割合が大きいが，ほとんどすべての燃料を輸入する我が国では，為替相場の変動も原価を左右する大きな要素であり，燃料の調達方法も非常に重要である．

❹**原子力発電**　原子力発電は，ベース電源として運用され，原子炉の特性並びに経済性から，一般に出力調整運転は行わない．建設費は同規模の火力の 2 倍程度と高いが，燃料費が安いので，現状の発電原価は主要な電源の中では最も安価である．発電そのものでは，水力と同じく，二酸化炭素を発生しないので，地球温暖化防止の面でも優れている．

しかし，火力発電などとは異質の危険性があり，安全性の確保は最優先条件である．使用済み燃料の処理・処分や，廃炉技術の確立の必要性など，顕在化しつつある諸課題を考慮すると，今後とも発電原価の面で優位性を保持できるかは不透明である．また，2011 年の福島原子力発電所の事故以来，停止する原子力発電が多くなり，利用率の低下も著しい．

> **例題 5.6**　ピーク供給力
> 日負荷曲線中のピーク部分に適する発電設備は，次のうちどれか．
> (1)原子力　(2)流込式水力　(3) LNG 火力
> (4)揚水式水力　(5)重油火力
> **[解]**　揚水式は，起動・停止及び出力変化に素早く対応できることから，ピーク供給力に適している．(1)，(2)はベース供給力，(3)，(5)は中間供給力である．
> **[答] (4)**

### 5.2.3　発電原価★

発電所の発電原価は，発電端又は送電端 1 kW·h 当たりの経費で表される．経費は，金利，減価償却費，租税公課，修繕費，諸費，人件費，燃料費などで構成される．これらの経費のうち，燃料費以外は，一般に固定費であり，建設費に対する年経費率で表すことが多い．発電原価の算出は，以下の式で示すことができる．減価

償却は，**定額法**で示している．減価償却の他の方法として，**定率法**があり，これは期首の未償却残高に一定の比率を乗じて毎期の償却額を算定するものである．収益力の大きい固定資産に対して，当初に大きな償却額を設定するので，費用収益対応が合理的である．ただし，計算がやや複雑である．

$$発電原価 = \frac{固定費 + 燃料費}{発生電力量} \, [円/kW \cdot h] \quad (5.39)$$

$$固定費 = 建設費 \times 年経費率 \quad (5.40)$$

年経費率 = 減価償却率 + 金利 + その他

$$年間減価償却額 = \frac{取得価格 - 残存価格}{耐用年数} \, [円] \quad (5.41)$$

上記のうち，燃料費は，原子力では核燃料になり，水力ではゼロである．また，法定耐用年数は，水力35年，火力15年，原子力16年である．残存価格は10%とすることが多い．

年経費率は，金利により大きく変わり，建設年次により数値が変わる．低金利の現状では，水力では7～9%程度，火力では12～15%程度，原子力では13～17%程度である．

**発電端原価**は発電機の発電電力量により算定し，**送電端原価**は送電電力量により算定する．送電電力量は，発電電力量に(1−所内比率)を乗じて求める．

### 5.2.4 水力発電所の運用

**❶水力発電所の出力，流量**　水力発電所の出力は，次式で求まる．

$$P = 9.8QH\eta_w\eta_g \, [kW] \quad (5.42)$$

ここに，$Q$：流量 [m³/s]，$H$：有効落差 [m]，$\eta_w$：水車効率，$\eta_g$：発電機効率である．

河川流量は季節的に大きく変動するため，発電所出力の決定に当たっては，設備利用率や建設費などを考慮して使用水量を決定する．一般に，流量を小さくとると利用率や建設費は有利になるが，豊水期において無効放流が大きくなる．一般には最大流量をおおむね次のようにして決めている．

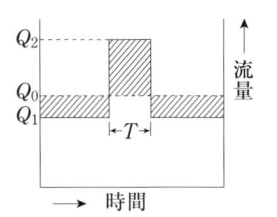

図 5.26 調整池貯水量

**(1) 流込式**　渇水量(1年の内355日以上発生する流量)の3～4倍程度の流量とする．

**(2) 調整池式**　最大流量は，調整池により毎日4～6時間程度の運転が継続できる値とする．

**(3) 貯水池式**　最大流量は，最大出力換算で年間2000時間程度の運転ができる値とする．

**❷水力発電所の運用**　水力発電所の運用では，調整池の調整能力，流込式の発電電力量の算定などが重要である．

**(1) 調整池式の調整能力**　図 5.26 のように，河川の平均流量を $Q_0$[m³/s]，最低使用流量を $Q_1$[m³/s]，最大使用流量を $Q_2$[m³/s]，ピーク負荷時間を $T$[h] とすると，調整池の**必要有効貯水量** $V$ は，

$$\begin{aligned}V &= (Q_2 - Q_0)T \times 3\,600 \\ &= (Q_0 - Q_1)(24 - T) \times 3\,600 \, [m^3] \quad (5.43)\end{aligned}$$

となる．$(Q_2 - Q_0)$ の流量に相当する出力，つまり最大電力と平均電力の差が，この発電所の調整能力である．

**(2) 流込式の発電電力量**　その発電所の**流況曲線**(横軸に1年をとり，流量の大きいものから順番に配列した曲線)が**図 5.27** のように与えられると，発電所の最大使用水量 $Q$ 以下の斜線部の Σ (流量 × 日数) を求めて発電電力量を算出する．$Q$

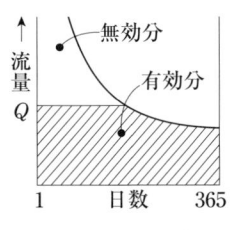

図 5.27 流況曲線

より上の部分は無効放流分になる．

**例題 5.7** 調整池式のピーク時間

有効落差 130m の調整池式水力発電所があり，河川流量が 12m³/s で安定している時期に，オフピーク時に発電せずに貯水し，ピーク時に 50 000kW の発電を行いたい．この場合，ピーク時に何時間の発電が可能か．発電所の総合効率は 85% とする．なお，調整池の容量は，十分あるものとする．

**[解]** 発電出力 $P = 50\ 000$ kW を運転するのに必要な流量 $Q$ は，有効落差を $H$，総合効率を $\eta$ とすると，

$$Q = \frac{P}{9.8H\eta} = \frac{50\ 000}{9.8 \times 130 \times 0.85} = 46.17\ [\text{m}^3/\text{s}]$$

河川流量が 12m³/s であるため，調整池からの使用流量 $Q_s$ は，

$$Q_s = Q - 12 = 46.17 - 12 = 34.17\ [\text{m}^3/\text{s}]$$

オフピーク時の貯水量とピーク時の使用水量は等しいから，ピーク時間を $T$[h] とすると，

$$(24 - T) \times 12 = T \times Q_s = 34.17T$$

$$\therefore T = \frac{24 \times 12}{34.17 + 12} = 6.24\ [\text{h}]$$

**[答] 6.24[h]**

本問の場合，調整池の必要有効容量 $V$ は，

$$V = Q_s T \times 3\ 600 = 34.17 \times 6.24 \times 3\ 600$$
$$\fallingdotseq 768\ 000\ [\text{m}^3]$$

### 5.2.5 負荷周波数制御

電力系統の周波数は，発電電力と需要家側の負荷電力とのバランスにより定まる．したがって，負荷変動に応じて発電電力の調整が必要となる．わが国では，0.1〜0.2Hz を基準周波数変動の目標値として運用されている．

発電電力の調整は，**図 5.28** に示す負荷の変動特性に応じて次のような方法がとられる．

**❶給電調整 (EDC)** 10数分以上の長周期の変動については，事前予測が可能なため，経済運用を中心とした**給電指令**により調整を行う．

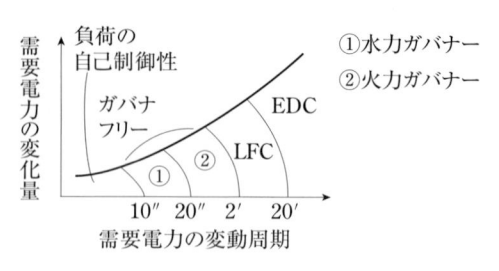

**図 5.28 発電電力の調整**

気温の変化，大規模な行事など電力需要の変化が大きいと予想されるものが対象となる．

**❷調速機フリー運転** 数分以下の短周期の変動については，各発電機の調速機のフリー運転(**ガバナフリー**)を行う．

数十秒以下では，**図 5.29** のように，**負荷の自己制御性**(周波数が上がれば負荷電力は増加し，下がれば減少する性質)と発電機の周波数特性により対処する．

**❸負荷周波数制御 (LFC)** 以上の調整分担の中間の数分〜数10分の周期の変動を分担する．負荷周波数制御は，負荷周波数制御用発電所の調速機の設定を系統周波数の変化に応じて変更することにより行う．

負荷周波数制御方式には，定周波数制御方式(FFC)，定連系線潮流制御方式(FTC)，選択周波数制御方式(SFC)，周波数バイアス連系線電力制御方式(TBC)がある．単独系統では一般に周波数だけに着目した FFC が用いられる．連系系統では，周波数だけでなく連系線の潮流制御も重要なので，自系統内に生じた負荷変化は自系統内で処理する TBC 方式が望ましい．

一般には FFC(大系統)-TBC(その他の系統)方式か TBC-TBC 方式の採用が多い．わが国

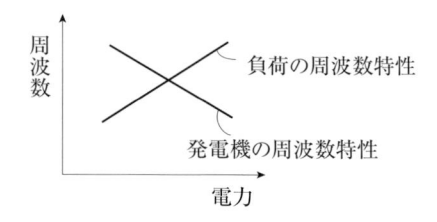

**図 5.29 負荷と発電機の周波数特性**

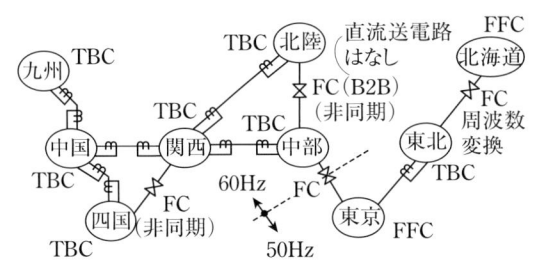

図5.30 日本の負荷周波数制御方式

では，**図5.30**に示すように，50Hz系はFFC–TBC，60Hz系はTBC–TBCである．

負荷周波数制御に必要な調整容量は，一般に系統容量の6～8%程度が望ましいとされる．

**❹系統周波数特性★** 電力系統に需給の不平衡が生じると，これに応じて周波数が変化する．その状況の基本は，図5.29に示した負荷及び発電機の特性により定まる．

**負荷周波数特性定数** $K_L$ は，右上がりの特性を表し，負荷変化量を $\Delta P_L$[MW]，周波数変化量を $\Delta F$[Hz]とすると，次式で示せる．

$$K_L = \frac{\Delta P_L}{\Delta F} \text{ [MW/Hz]} \quad (5.44)$$

$K_L$ は，通常，3～4[%MW/Hz]程度である．

**発電機周波数特性定数** $K_G$ は，右下がりの特性を表し，発電力変化量を $\Delta P_G$[MW]，周波数変化量を $\Delta F$[Hz]とすると，次式で示せる．

$$K_G = \frac{\Delta P_G}{\Delta F} \text{ [MW/Hz]} \quad (5.45)$$

$K_G$ は，ガバナフリーの発電所が多いほど，また，調速機の速度調定率が小さいほど大きくなるが，通常，7～14[%MW/Hz]程度であり，$K_L$ よりも大きな値である．なお，発電機の速度調定率 $R$ は，$R = \Delta F / \Delta P$ で示せるから，$K_G$ の逆数に相当する．発電機の周波数特性は，$K_G$ よりも $R$ で表すことが多い．

**系統周波数特性定数** $K$ は，上記の $K_L$ と $K_G$ の和として示され，この数値により系統の周波数が定まる．

$$K = K_L + K_G = \frac{\Delta P}{\Delta F} = \frac{\Delta P_L + \Delta P_G}{\Delta F} \quad (5.46)$$

$K$ は，通常，10～20程度[%MW/Hz]である．上記の考え方を次の例題で確認しよう．

### 例題5.8　系統の周波数変化★

10 000[MW]の電力系統において，1 000[MW]の負荷が脱落したとき，系統周波数及び系統電力はいくらになるか．ただし，系統の基準周波数は60[Hz]であり，発電機の70%が出力一定運転，30%がガバナフリー(GF)運転を行っている．GF発電機の速度調定率を3.5%，負荷の周波数特性を3[%MW/Hz]とする．

**[解]** 負荷の脱落により，発電力は過剰となり，系統の周波数は上昇する．過剰分電力は，GF発電所で調整される．周波数上昇後の出力バランスが等しいとして，$\Delta F$ を求める．

負荷周波数特性 $K_L$ は，3[%MW/Hz]であるから，残存負荷9 000MWに対して，$K_L = 9\,000 \times 0.03 = 270$[MW/Hz]である．

負荷電力 $P_L$ は，負荷変化量を $\Delta P_L$，周波数変化を $\Delta F$ とすると，

$$P_L = 9\,000 + \Delta P_L$$
$$= 9\,000 + K_L \Delta F = 9\,000 + 270 \Delta F \text{ [MW]} \quad (1)$$

GF発電機3 000MWの速度調定率が3.5%であるから，無負荷での周波数上昇分は60×0.035[Hz]であり，発電機周波数特性 $K_G$ は，

$$K_G = \frac{3\,000}{60 \times 0.035} = 1\,429 \text{ [MW/Hz]}$$

よって，発電出力 $P_G$ は，10 000MWから発電力変化量 $\Delta P_G$ を引いて，

$$P_G = 10\,000 - \Delta P_G = 10\,000 - K_G \Delta F$$
$$= 10\,000 - 1\,429 \Delta F \text{ [MW]} \quad (2)$$

(1)式=(2)式であるから，

$$9\,000 + 270 \Delta F = 10\,000 - 1\,429 \Delta F$$

$$\therefore \Delta F = \frac{10\,000 - 9\,000}{270 + 1\,429} = 0.589 \text{ [Hz]}$$

よって，系統周波数 $F$ は，基準周波数 $F_n$ に $\Delta F$ を加えて，

$$F = F_n + \Delta F = 60 + 0.589 = 60.589 \text{ [Hz]}$$

系統電力 $P$ は，(1)式から，

$$P = 9\,000 + 270\Delta F = 9\,000 + 270 \times 0.589$$
$$\fallingdotseq 9\,160 \text{ [MW]}$$

**[答] 60.589 [Hz]，9160 [MW]**

**[別解]** 系統周波数特性定数 $K$ は，(5.46) 式から，

$$K = K_L + K_G = 270 + 1\,429 = 1\,699 \text{ [MW/Hz]}$$

よって，系統周波数の上昇分 $\Delta F$ は，

$$\Delta F = \frac{\Delta P}{K} = \frac{1\,000}{1\,699} = 0.589 \text{ [Hz]} \quad \text{（以下略）}$$

この種の問題は，公式をやみくもに適用しようとせずに，エネルギーバランスから考える．

### 5.2.6 電圧調整

**❶概　要**　電力系統では需要や供給力の変化により絶えず電圧が変動する．一般に電力系統では定電圧送電が行われるので，送配電系統の各所において電圧調整が必要になる．系統の抵抗を $R$，リアクタンスを $X$，電流を $I$ とすると，電圧降下 $\Delta V$ は，

$$\Delta V = I(R\cos\theta + X\sin\theta) \fallingdotseq IX\sin\theta$$
$$= \frac{VIX\sin\theta}{V} = \frac{QX}{V} \tag{5.47}$$

になる．電力系統では，配電系統の一部を除くと $X \gg R$ なので上記の取扱いができる．ここで，$Q = VI\sin\theta$ は系統の無効電力であり，電圧変化が無効電力に支配されることがわかる．系統の電圧調整のために，変電所などに調相設備(電力用コンデンサ，分路リアクトル，**静止形無効電力補償装置(SVC)**など)を設ける．

電気事業法では，第 1 章の 1.1.10 項で述べたように，電気事業者が守るべき**電圧の基準**が決められている．これを守らなければならない．

**❷電圧調整の方法**　電圧調整は，**表 5.2** に示すような方法により行う．**図 5.31** のように，発電所，変電所，配電線路など系統の各所で適切に行われる．

**(1) 発電所の電圧調整★**　発電所では，発電機から供給する無効電力を調整して系統の電圧を調整する．系統電圧を高めるには，発電機を

表 5.2　電圧調整の方法

| 機 器 名 | 内　　容 |
|---|---|
| 発電機 | 励磁電流の増加により遅れ無効電力発生し電圧上昇．進相運転時は逆になる(固定子端部の発熱に注意)． |
| 変圧器 | タップ切換により電圧調整． |
| 電力用コンデンサ | 進相負荷として電圧降下を防止．調整が段階的であり，電圧低下で進相容量減少． |
| 分路リアクトル | 電力用コンデンサと逆機能．充電容量の大きい系統に設置． |
| 同期調相機 (SM)，SVC | 進み，遅れの両方で調整可能．SMは同期電動機の無負荷運転に相当し，電圧維持能力高い．SVCは静止形である． |

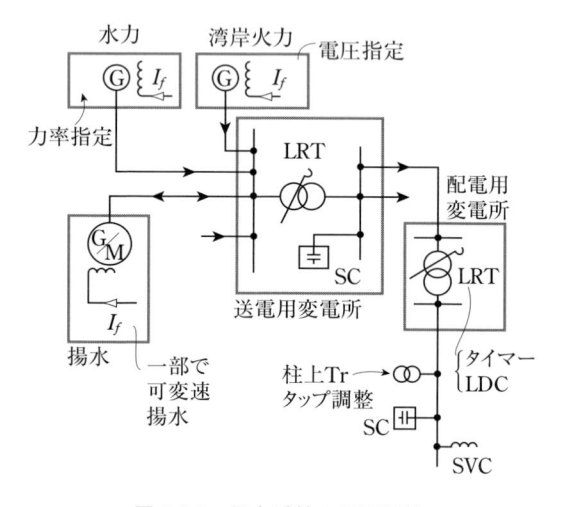

図 5.31　電力系統の電圧調整

遅相運転とする．低める場合には，低励磁，進相側運転となる．このように，発電機の電圧と力率は密接な関係にある．

上記から，発電所の電圧調整は，発電機端子又は母線電圧を一定とする**電圧指定方式**と，発電機力率を目標値に保つ**力率指定方式**がある．

電圧指定方式は，受電端に近い大容量発電所などに採用される．力率指定方式は，系統の末端にある水力発電所などで採用する．

最近の超高圧以上の系統では，大容量ケーブルの導入や，大規模電源の増加により，軽負荷時の無効電力が進みとなり，これにともなって電圧の過昇が発生している．このため，発電機の低励磁運転を行うことになるが，この際，

発電機固定子端部の過熱，系統安定度の低下，所内電圧の低下等の問題が発生するので，発電機の許容運転範囲を十分に確認する必要がある．

**(2) 変電所の電圧調整**　送電用変電所では，二次側母線の電圧を一定とするように，電圧調整を行う．重負荷時に高く，軽負荷時に低い設定とし，その差は一般に 5% 程度とする．

電圧，無効電力の分担は，調相設備による無効電力の調整や，**負荷時電圧調整装置付変圧器** (LRT) により行う．

**(3) 配電系統の電圧調整**　配電用変電所の送出電圧の調整（LRT により実施する），柱上変圧器のタップ調整，配電線路に設けた自動電圧調整器，コンデンサの入り切り，亘長の長い線路での昇圧器の設置などにより，電圧調整を実施する．

**送出電圧**は，送電用変電所と同じく，重負荷時に高く，軽負荷時に低い設定とするが，これには**タイムスケジュール方式**と **LDC 方式**及びこれらの併用方式がある．

LDC 方式は，変電所の配電線路の代表的な地点の電流及び電圧を演算で求め，この演算結果を電圧リレー回路に入力し，電圧の値により LRT タップの昇降調整を行う．

**例題 5.9　系統の電圧調整**

系統の電圧調整に関する次の記述で誤っているのはどれか．
(1) 発電機の励磁電流の増加により，電圧が上昇する．
(2) 電力用コンデンサにより，電圧低下を防止する．
(3) 同期調相機の励磁電流の減少により，電圧が上昇する．
(4) 負荷時タップ切換変圧器により，変電所の電圧調整を行う．
(5) 分路リアクトルは，電力用コンデンサと逆の働きをする．

**[解]**　(3) 同期調相機は，無負荷の同期電動機と考えればよい．励磁電流の減少により，線路から遅相電流をとり，リアクトルの働きをする．つまり，電圧の上昇を抑制することができる．励磁に関しては発電機とは逆になる．

**[答]　(3)**

---

**【演習問題 5.7】　調整池式水力発電所の運用**

有効落差 100m の日負荷調整用の調整池式水力発電所がある．河川流量が 30m³/s で一定の日に，調整池を活用して，ピーク時 3 時間に最大出力で運転し，オフピーク時に出力 15MW で運転した．このような運転が可能なためには，調整池の有効貯水量はいくら以上でなければならないか．ただし，発電所の総合効率は 85% とする．

**[解]**　水力発電所の出力 $P$ は，有効落差 $H$ [m]，使用水量 $Q$ [m³/s]，効率 $\eta$ とすると，$P = 9.8QH\eta$ [kW] なので，オフピーク時の使用水量 $Q_1$ は，

$$Q_1 = \frac{P_1}{9.8H\eta} = \frac{15 \times 10^3}{9.8 \times 100 \times 0.85} = 18.0 \text{ [m}^3\text{/s]}$$

よって，オフピーク時に貯水可能な流量 $Q_S = 30 - 18 = 12$ [m³/s] であり，ピーク時間 $T = 3$ [h] なので，調整池貯水量 $V$ は，

$$V = Q_S \times (24 - T) \times 3600 = 12 \times (24 - 3) \times 3600 = 907\,200 \text{ [m}^3\text{]}$$

**[答]　907 200 [m³]**

**[解き方の手順]**

① 図 5.32 に発電曲線を示す．

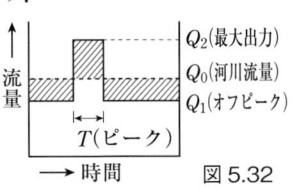

図 5.32

② オフピーク時の使用水

## 第5章 電気施設管理

**[参考] 最大出力の算定** 最大出力時の流量 $Q_2$ は，河川流量 $Q_0$ とすると，

$(Q_2-Q_0)T=(Q_0-Q_1)(24-T)$     $(Q_2-30)\times 3=(30-18)\times 21=252$

$\therefore Q_2 = (252/3)+30 = 114 \text{ [m}^3\text{/s]}$

よって，有効落差 $H$，効率 $\eta$ 一定とすると，最大出力 $P_m$ は，
$P_m = 9.8 Q_2 H \eta = 9.8 \times 114 \times 100 \times 0.85 = 94960 \text{ [kW]}$

量 $Q_1$ を水力発電の出力式より求める．

③ 河川流量 $Q_0$ と $Q_1$ の差が貯水可能流量であり，それにオフピーク時間を乗ずれば貯水量が求まる．

---

**【演習問題 5.8】 流込式水力発電所の発電電力量**

年間の流況曲線が図のように表される河川がある．ここに最大使用水量 $25\text{m}^3/\text{s}$，有効落差 $100\text{m}$，発電所の総合効率 $80\%$ の流込式水力発電所を設置した場合，年間可能発電電力量 [kW·h] はいくらか．

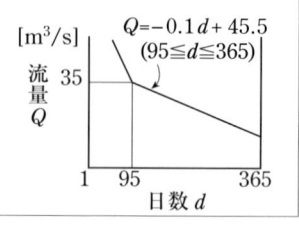

**[解]** 河川流量の最低 $Q_1$ は，与えられた式に $d=365$ を代入して，
$Q_1 = -0.1 \times 365 + 45.5 = 9 \text{ [m}^3\text{/s]}$

また，流量 $Q$ が $25\text{m}^3/\text{s}$ を下回る日 $d_{25}$ は，題意の式から，

$d_{25} = \dfrac{45.5 - Q}{0.1} = \dfrac{45.5 - 25}{0.1} = 205 \text{ [日]}$

発電に有効な流量は，図4の斜線部であるから，この部分の $\Sigma QT$ [h·m³/s] を求めると，

$\Sigma QT = \left\{ 25 \times d_{25} + \dfrac{25 + Q_1}{2} \times (365 - d_{25}) \right\} \times 24$

$= \left\{ 25 \times 205 + \dfrac{25 + 9}{2} \times (365 - 205) \right\} \times 24 = 188280 \text{ [h·m}^3\text{/s]}$

よって，発電所の年間可能発電電力量 $W$ は，有効落差 $H$ [m]，発電所効率 $\eta$ として，

$W = 9.8 H \times \Sigma QT \times \eta = 9.8 \times 100 \times 188280 \times 0.8 = 147.6 \times 10^6 \text{ [kW·h]}$

**[答] $147.6 \times 10^6$ [kW·h]**

**[解き方の手順]**

① 与えられた流量の式から，最大使用流量に相当する $d_{25}$ を求める．

② 図5.33のように，$25\text{m}^3/\text{s}$ より下部の部分が発電に有効な流量となる．

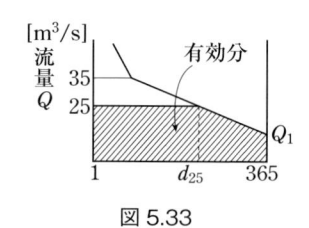

図 5.33

③ $Q_1$ は $d=365$ とすれば求まる．

---

**[解説]** この発電所の利用率 $U$ は，総合効率を一定とすると，最大使用流量 $Q_m$ で連続運転した場合に対する比率なので，

$U = \dfrac{\Sigma QT}{24 Q_m \times 365} = \dfrac{188280}{24 \times 25 \times 365} \fallingdotseq 0.860 \rightarrow 86.0 \text{ [\%]}$

となる．$Q_m$ を大きくとると，図5.33の有効分は多くなるが，$U$ は低下する．また，$Q_m$ を大きくとると，建設費は高くなるので，経済性からは両者のバランスが大切である．

# 練習問題 (解答 p.191～195)

**問1** 下記の需要家 A, B 及び C の負荷を総合した場合における (ア) 合成最大電力 [kW] 及び (イ) 日電力量 [kW·h] は，それぞれいくらか．正しい値を組み合わせたものを次のうちから選べ．ただし，需要家間の負荷の不等率は 1.3 とする．

| 需要家 | 負荷設備容量 [kV·A] | 力率 [%] | 需要率 [%] | 負荷率 [%] |
|---|---|---|---|---|
| A | 120 | 85 | 50 | 40 |
| B | 100 | 80 | 60 | 50 |
| C | 200 | 90 | 40 | 30 |

(1) (ア)122 (イ)528　(2) (ア)132 (イ)528　(3) (ア)132 (イ)1 584
(4) (ア)222 (イ)367　(5) (ア)222 (イ)1 584

**問2** 図問 2 のような負荷曲線を持つ A 工場及び B 工場があるとき，次の (a) 及び (b) に答えよ．

(a) A 及び B 両工場の需要電力の不等率の値として，正しいのは次のうちどれか．

(1) 0.9　(2) 1.0　(3) 1.1　(4) 1.2　(5) 1.3

(b) A 及び B 両工場の総合負荷率 [%] の値として，正しいのは次のうちどれか．

(1) 91　(2) 92　(3) 94　(4) 95　(5) 96

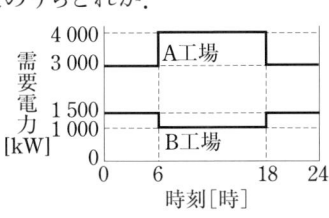

図問2

**問3** 1 000 kW，力率 75%(遅れ) の負荷 A，600 kW，力率 90%(遅れ) の負荷 B 及び 250 kW，力率 100% の負荷 C に電力を供給している変電所がある．この変電所の総合力率 [%] として，正しいのは次のうちどれか．

(1) 83.4　(2) 84.5　(3) 85.6　(4) 86.7　(5) 87.8

**問4** 変電所から三相 3 線式 1 回線の専用配電線で受電している需要家がある．この配電線路の電線 1 条当たりの抵抗及びリアクタンスは，それぞれ 3Ω 及び 5Ω である．この需要家の使用電力が 8000 kW，負荷の力率が 0.8(遅れ) であるとき，次の (a) 及び (b) に答えよ．

(a) 需要家の受電電圧が 20 kV のとき，変電所引出口の電圧 [kV] の値として，最も近いのは次のうちどれか．

(1) 21.6　(2) 22.2　(3) 22.7　(4) 22.9　(5) 23.1

(b) 需要家にコンデンサを設置して，負荷の力率を 0.95(遅れ) に改善するとき，この配電線の電圧降下の値 [V] の，コンデンサ設置前の電圧降下の値 [V] に対する比率 [%] の値として，最も近いのは次のうちどれか．ただし，この需要家の受電電圧 [kV] は，コンデンサ設置前の同一の 20 kV とする．

(1) 66.6　(2) 68.8　(3) 75.5　(4) 81.7　(5) 97.0

**問5** 定格容量 10 kV·A，定格二次電流 100 A，定格負荷時の銅損 330 W，定格電圧時の鉄損 120 W の単相変圧器がある．この変圧器の二次側の負荷を，8 kW で 6 時間，6 kW で 6 時間，4 kW で 6 時間，2 kW で 6 時間それぞれ運転した場合，1 日の損失電力量 [kW·h] の値として，正しいのは次のうちどれか．ただし，負荷の力率は 1.0 とする．

(1) 3.6　(2) 5.3　(3) 7.6　(4) 8.8　(5) 10.8

## 第5章 電気施設管理

**問6** 負荷設備の合計容量400kW，最大負荷電力250kW，遅れ力率0.8の三相平衡の動力負荷に対して，定格容量150kV・Aの単相変圧器3台を△－△結線して供給している高圧需要家がある．この需要家について，次の(a)及び(b)に答えよ．

(a) 動力負荷の需要率[%]の値として，正しいのは次のうちどれか．

(1) 50.0 (2) 55.2 (3) 62.5 (4) 78.1 (5) 83.3

(b) 3台の変圧器のうち1台が故障したため，2台の変圧器をV結線とした．負荷を抑制しないで運転した場合，最大負荷時で何%の過負荷となるか．正しい値を次のうちから選べ．

(1) 4.2 (2) 8.3 (3) 14.0 (4) 20.3 (5) 28.0

**問7** キュービクル式高圧受変電設備には，CB形とPF・S形があり，CB形は主遮断装置として(ア)が使用されているが，PF・S形は変圧器設備容量の小さなキュービクルの設備簡素化の目的から，主遮断装置は(イ)と(ウ)の組み合わせになっている．

高圧母線等の高圧側の短絡事故に対する保護は，CB形では(エ)と(ア)で行うのに対して，PF・S形は(イ)で行う仕組みになっている．

上記の記述中の空白箇所(ア)～(エ)に記入する語句として，正しいものを組み合わせたのは次のうちどれか．

|     | (ア) | (イ) | (ウ) | (エ) |
|-----|------|------|------|------|
| (1) | 限流ヒューズ | 遮断器 | 高圧交流負荷開閉器 | 過電流継電器 |
| (2) | 高圧交流負荷開閉器 | 限流ヒューズ | 遮断器 | 過電圧継電器 |
| (3) | 遮断器 | 高圧交流負荷開閉器 | 限流ヒューズ | 過電圧継電器 |
| (4) | 遮断器 | 限流ヒューズ | 高圧交流負荷開閉器 | 過電流継電器 |
| (5) | 高圧交流負荷開閉器 | 遮断器 | 限流ヒューズ | 地絡継電装置 |

**問8** 図問8の空白箇所(ア)，(イ)及び(ウ)に設置する機器又は計器として，正しいものを組み合わせたのは次のうちどれか．

(1) (ア)地絡継電器 (イ)過電圧継電器 (ウ)周波数計
(2) (ア)過電圧継電器 (イ)過電流継電器 (ウ)周波数計
(3) (ア)過電流継電器 (イ)地絡継電器 (ウ)周波数計
(4) (ア)過電流継電器 (イ)地絡継電器 (ウ)力率計
(5) (ア)地絡継電器 (イ)過電流継電器 (ウ)力率計

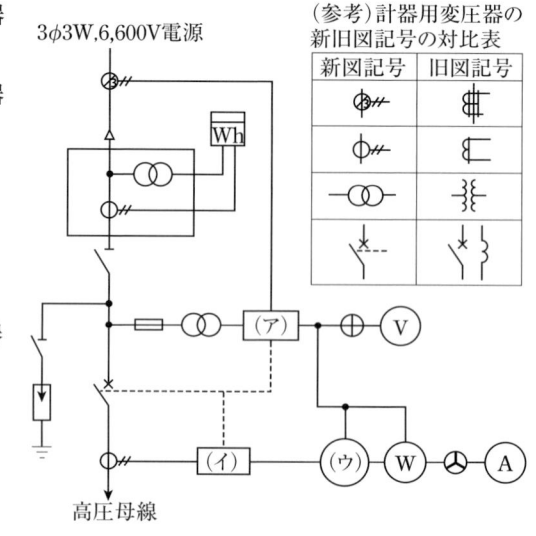

図問8

**問9** 非接地式 6.6kV 配電線路では，地絡事故を検出するため，配電用変電所に通常，EVT(接地形計器用変圧器) が**図問9**のように設置されている．この EVT の二次回路の結線図として，正しいのは次のうちどれか．ただし，$R$ は制限抵抗，Ry は地絡過電圧継電器とする．

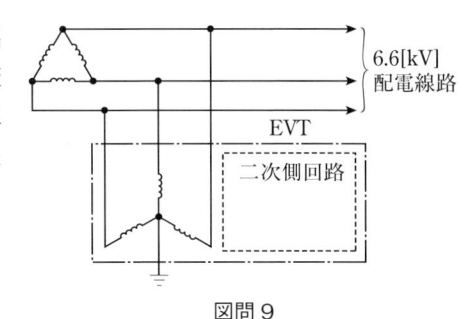

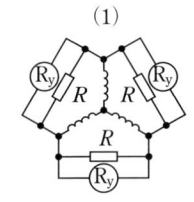

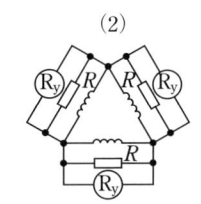

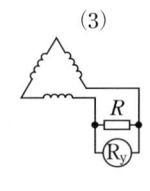

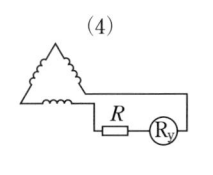

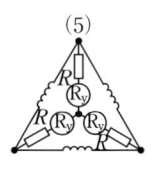

図問9

**問10** 次の文章は，高圧受電設備の保護装置及び保護協調に関する記述である．

1. 高圧の機械器具及び電線を保護し，かつ，過電流による火災及び波及事故を防止するため，必要な箇所には過電流遮断装置を施設しなければならない．その定格遮断電流は，その取付け場所を通過する (ア) を確実に遮断できるものを選定する必要がある．

2. 高圧電路の地絡電流による感電，火災及び波及事故を防止するため，必要な箇所には自動的に電路を遮断する地絡遮断装置を施設しなければならない．また，受電用遮断器から負荷側の高圧電路における対地静電容量が大きい場合の保護継電器としては，(イ) を使用する必要がある．

3. 上記1及び2のいずれの場合も，主遮断装置の動作電流，(ウ) の整定に当たっては，電気事業者の配電用変電所の保護装置との協調を図る必要がある．

上記の記述中の空白箇所 (ア)〜(ウ) に記入する語句として，正しいものを組み合わせたのは次のうちどれか．

(1) (ア) 過負荷電流  (イ) 地絡過電流継電器  (ウ) 動作電圧
(2) (ア) 過負荷電流  (イ) 地絡過電流継電器  (ウ) 動作時限
(3) (ア) 短絡電流    (イ) 地絡過電流継電器  (ウ) 動作時限
(4) (ア) 短絡電流    (イ) 地絡方向継電器    (ウ) 動作時限
(5) (ア) 過負荷電流  (イ) 地絡方向継電器    (ウ) 動作電圧

**問11** **図問11**に示すような線間電圧 200V，周波数 50Hz の対称三相3線式低圧電路があり，変圧器二次側の1端子に B 種接地工事が施されている．この電路の一相当たりの対地静電容量は 1μF，B 種接地工事の接地抵抗値は 10Ω である．この場合，B 種接地工事の接地線に常時流れる電流 [mA] はいくらか．最も近いものを次のうちから選べ．

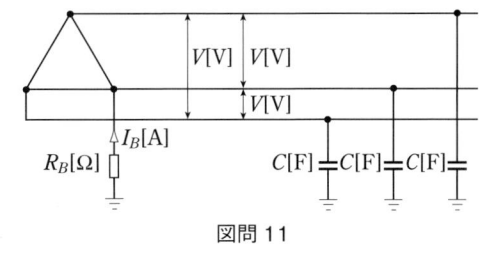

(1) 1160   (2) 188   (3) 108   (4) 65.9   (5) 38.1

図問11

**問12** 図問12は，三相210V低圧幹線の計画図の一部である．図の低圧配電盤から分電盤に至る低圧幹線に施設する配線用遮断器に関して，次の (a) 及び (b) に答えよ．

ただし，基準容量200kV·A，基準電圧210Vとして．変圧器及びケーブルの百分率インピーダンスは次の通りとし，変圧器より電源側及びその他の記載のないインピーダンスは無視するものとする．

　　変圧器の百分率抵抗降下1.4%及びリアクタンス降下2.0%

　　ケーブルの百分率抵抗降下8.8%及びリアクタンス降下2.8%

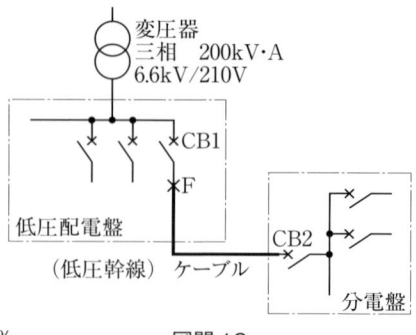

図問12

(a) F点における三相短絡電流 [kA] の値として，最も近いのは次のうちどれか．

(1) 20　　(2) 23　　(3) 26　　(4) 31　　(5) 35

(b) 配線用遮断器CB1の遮断容量の値 $I_1$[kA] 及びCB2の遮断容量の値 $I_2$ [kA] として，最も適切な組み合わせは次のうちどれか．ただし，CB1とCB2は，三相短絡電流の値の直近上位の遮断容量 [kA] の配線遮断器を選択するものとする．

(1) $I_1$ = 5, $I_2$ = 2.5　　(2) $I_1$ = 10, $I_2$ = 2.5　　(3) $I_1$ = 22, $I_2$ = 5

(4) $I_1$ = 25, $I_2$ = 5　　(5) $I_1$ = 35, $I_2$ = 10

**問13** 図問13のような自家用電気施設の供給系統において，受電室変圧器二次側(210V)で三相短絡事故が発生した場合，次の (a) 及び (b) に答えよ．

ただし，受電電圧6 600V，三相短絡事故電流 $I_S$ = 7kAとし，変流器CT-3の変流比は，75A/5Aとする．

(a) 事故時における変流器CT-3の二次電流 [A] の値として，最も近いのは次のうちどれか．

(1) 5.6　　(2) 7.5　　(3) 11.2　　(4) 14.9　　(5) 23

(b) この事故における保護協調において，施設内の過電流継電器の中で最も早い動作が求められる過電流継電器(以下，OCR-3という)の動作時間[秒]の値として，最も近いのは次のうちどれか．

ただし，OCR-3の動作時間 $T$ は，$N$ をOCR-3の電流整定値に対する入力電流の倍数，$D$ をダイヤル(時限)整定値としたとき，次の演算式で示される．

$$T = \frac{80}{N^2 - 1} \times \frac{D}{10} \ [秒]$$

また，OCR-3の整定値は，電流整定値3A，ダイヤル整定値 $D$ = 2 とする．

(1) 0.4　　(2) 0.7　　(3) 1.2　　(4) 1.7　　(5) 3.4

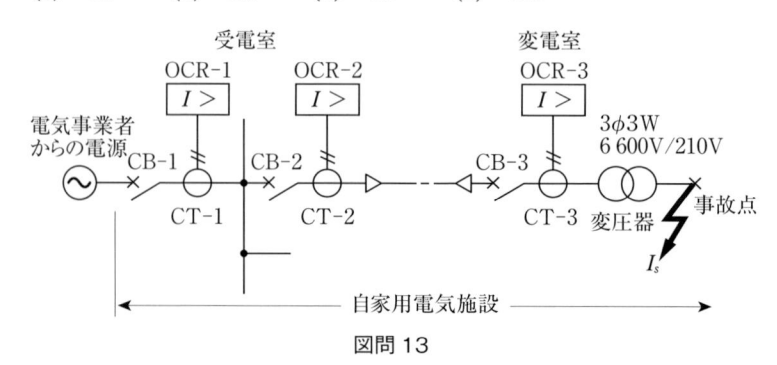

図問13

**問 14** 次の文章は，配電系統の高調波についての記述である．不適切なものは次のうちどれか．
(1) 高調波電流を多く含んだ程度に応じて電圧ひずみが大きくなる．
(2) 高調波発生器を設置していない高圧需要家であっても直列リアクトルを付けないコンデンサ設備が存在する場合，電圧ひずみを増大させることがある．
(3) 低圧側の第3次高調波は，零相(各相が同相)となるため高圧側にはあまり現れない．
(4) 高調波電流流出抑制対策のコンデンサ設備は，高調波発生器が変圧器の低圧側にある場合，高圧側に設置した方が高調波電流流出抑制の効果が大きい．
(5) 高調波電流流出抑制対策設備に，高調波電流を吸収する受動フィルタと高調波電流の逆極性の電流を発生する能動フィルタがある．

**問 15** 自家用電気工作物の竣工検査等における接地抵抗の測定において，電池内蔵式のアーステスタ(JIS C 1304「接地抵抗計」適合品)を用いて，被測定接地極と二つの補助極を一直線状に配列して測定する場合，各接地極の配列位置及び接地極間の距離として最も適切なものは，次のうちどれか．ただし，各接地極の記号は以下のとおりとする．

E：被測定接地極，C：電流用補助接地極，P：電圧用補助接地極

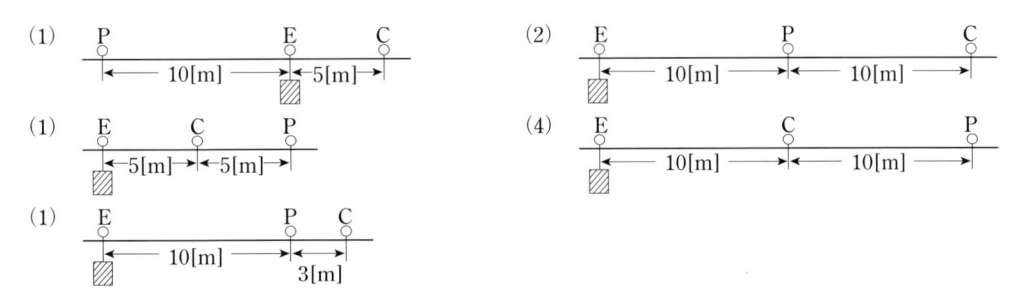

(1) P —10[m]— E —5[m]— C
(2) E —10[m]— P —10[m]— C
(1) E —5[m]— C —5[m]— P
(4) E —10[m]— C —10[m]— P
(1) E —10[m]— P —3[m]— C

**問 16** 自家用需要家が絶縁油の保守，点検のために行う試験には，絶縁耐力試験及び (ア) 試験が一般に実施されている．

絶縁油，特に変圧器油は，使用中に次第に劣化して酸価が上がり， (イ) や耐圧が下るなどの諸性能が低下し，ついには泥状のスラッジができるようになる．変圧器油の劣化の主原因は，油と接触する空気が油中に溶け込み，その中の酸素による酸化であって，この酸化反応は変圧器の運転による (ウ) の上昇によって特に促進される．

上記の記述中の空白箇所(ア)～(ウ)に記入する語句として，正しいものを組み合わせたのは次のうちどれか．

(1) (ア)酸価度　(イ)濃　度　(ウ)湿　度　(2) (ア)酸価度　(イ)抵抗率　(ウ)湿　度
(3) (ア)重合度　(イ)濃　度　(ウ)湿　度　(4) (ア)酸価度　(イ)抵抗率　(ウ)温　度
(5) (ア)重合度　(イ)抵抗率　(ウ)温　度

**問 17** 自家用水力発電所を有して一般電気事業者(電力会社)と常時系統連系している工場があり，この工場の1日の負荷持続特性(負荷を大きい順に並べた特性)は，時間を $t$[h] として次式の直線で表される．すなわち，時間 $t$ を横軸にとると，負荷 $P$ は，$t=0$ で 15 000kW，$t=24$ で 5 400kW を結ぶ線上に表れる．例えば，$t=4$ で 13 400kW であり，13 400kW 以上の負荷時間は4時間ある．

$P = 15\,000 - 400\,t$ [kW]

工場の需要電力に対し，発電電力に余剰を生ずるときは電力系統に送電している．いま，この水

力発電所のある日の発生電力が10 000[kW]で一定であったとすると，その日の電力系統への送電電力量 [kW·h] として，正しいのは次のうちどれか．

(1) 25 000　(2) 25 500　(3) 26 000　(4) 26 500　(5) 27 000

**問18** 最大出力10 000kW，最大使用水量15m³/sで，有効貯水容量220 000m³の調整池式水力発電所がある．河川流量が6m³/sで一定の日に，調整池を活用して，時間の経過の順に，5 000kWで$T$時間，8 000kWで3時間，10 000kWで4時間の運転を連続して行った．$T$の値として，最も近いのは次のうちどれか．

ただし，出力は使用水量に比例するものとする．また，調整池は，5 000kW出力の運転開始時に満水であり，10 000kW出力の運転終了時に最低水位になるものとし，調整池への貯水時において有効容量を超える分は放流するものとする．

(1) 4.7　(2) 5.0　(3) 5.3　(4) 5.6　(5) 5.9

**問19** 日負荷曲線のベース部分を分担する発電設備に必要な特性は，次のうちどれか．

(1) 建設費が安いこと　　　　　(2) 負荷調整が容易であること
(3) 始動・停止が容易であること　(4) 高い利用率で経済性が高いこと
(5) 急激な出力変化に対応できること

**問20** 次の文章は，各種発電方式の特性に関する記述である．誤っているものはどれか．
(1) 汽力発電は，燃料の燃焼など，運転の安定性から，一定負荷以下の運転は困難である．
(2) 水力発電は，水の慣性が大きいため，始動に時間を要する．
(3) 原子力発電は，燃料費が安く，固定費が高いためベース負荷部分を分担する．
(4) 流込式水力発電は，出力調整ができないため，ベース負荷部分を分担する．
(5) ガスタービン発電は，始動停止が容易で，負荷の急変に対応できるため，ピーク供給力に適している．

**問21** 重負荷時の高圧配電線の電圧降下が300Vの地点で6 450Vのタップを選定している変圧器がある．軽負荷時の変圧器直下の電圧を107Vとするには，軽負荷時の変電所送出し電圧は，何Vにしなければならないか．最も近い値を次のうちから選べ．ただし，軽負荷時の高圧配電線の電圧降下は重負荷時の1/5，変圧器の内部降下は0.4Vとし，変圧器の定格電圧は6 600/105Vとする．

(1) 6 760　(2) 6 700　(3) 6 660　(4) 6 560　(5) 6 500

# 練習問題 解答

### 第1章 電気関係法規

**問1 （答）-(3)** 電気事業法の目的は、二つあることが明確になっている。電験の出題範囲は、このうちの電気工作物の工事、維持及び運用の規制に関連する事項である。1.1.1項参照。

**問2 （答）-(5)** 電気工作物の種類に関する出題である。一般用電気工作物には、小出力発電設備も含まれる。1.1.3項参照。

**問3 （答）-(2)** 内燃力発電設備の要件は、10kW未満であるから、10kWの出力のものは小出力発電設備に該当しない。なお、小出力発電設備の合計容量は、50kW未満であるから、この条件も満たす必要がある。1.1.3項参照。

**問4 （答）-(2)** 需要設備の工事計画の事前届出は、受電電圧1万V以上がその対象となる。また、20%以上の遮断容量の変更も対象である。ただし、(5)のように、単に保護装置の取り替えの場合は、届出の必要はない。1.1.5項参照。

**問5 （答）-(4)** 電気事業法第43条では、事業用電気工作物の設置者に対し、事業用電気工作物の工事、維持及び運用に関する保安を監督させるため、主任技術者の選任を義務付けている。「工事、維持及び運用」という文言は、電気事業法によく見られる決まり文句である。1.1.6項参照。

**問6 （答）-(5)** 電気事業法第42条では、事業用電気工作物の設置者に対し、事業用電気工作物の工事、維持及び運用に関する保安を確保するために、保安規程の作成、届出義務を課している。保安規程に規定すべき事項は、法規則第50条で定められている。1.1.7項参照。

**問7 （答）-(5)** 電気事業法第40条では、経済産業大臣は事業用電気工作物が経済産業省令で定める技術基準に適合していないと認めるときは、その工作物の設置者に対し、技術基準に適合するように命令することができる。1.1.8項参照。

**問8 （答）-(4)** 以前の電気関係報告規則では、需要設備の最大電力の変更も報告事項とされていたが、現在その規定はない。(4)以外は、いずれも報告事項である。1.1.9項参照。

**問9 （答）-(5)** 電気事業法第26条及び同法施行規則第44条では、電気事業者に対し、電圧及び周波数の維持を義務付けている。1.1.10項参照。

**問10 （答）-(1)** 本問は、電気工事士法施行規則第1条の2の条文が出題されている。電気工事士法では、一般用電気工作物及び最大電力500kW未満の需要設備である自家用電気工作物を対象としている。1.2.1項参照。

**問11 （答）-(4)** 本問は、電気事業法関係及び電気工事士法からの出題である。(4)の電気事故の速報は、48時間以内である。1.1.2項、1.1.5項、1.1.6項、1.1.9項、1.2.1項参照。

**問12 （答）-(4)** 特定電気用品は、電気用品のうち、危険性の高いものであり、強制認証の対象としている。特定電気用品は、適合性の検査を受け、本文の図1.9で示すマークをつけなければならない。1.2.3項参照。

**問13 （答）-(2)** 前段の文章は、電気工事士法の目的を述べている。後段の文章は、自家用電気工作物の作業資格である。第一種電気工事士は、一般用電気工作物のほか、最大電力500kW以下の自家用電気工作物の電気工事ができる。ただし、特殊電気工事であるネオン工事及び非常用予備発電装置工事を除く。1.2.1項参照。

## 第2章 電気設備技術基準・解釈 I (総則, 発変電所)

**問1 (答)-(1)** 低圧は, 直流では750V以下, 交流では600V以下である(電技第2条). (3) の対地電圧は, 電技第58条の表で, 非接地式電路では線間電圧を指すとしている. 2.1.2 項参照.

**問2 (答)-(3)** 電技第1条第6号で「電線」が定義されている. 2.1.3 項の1 参照.

**問3 (答)-(2)** 複合ケーブルは, 電線と弱電流電線とを束ねたものであり, 解釈第1条第20号で定義されている. 2.1.3 項の3 参照.

**問4 (答)-(4)** 光ファイバーケーブル及び同線路は, 電技第1条第13号, 第14号で定義されている. 2.1.3 項の3 参照.

**問5 (答)-(1)** 電気使用場所における低圧電路の絶縁性能は, 電技第58条で定められている. 対地電圧が100Vの回路で, 絶縁抵抗が0.1MΩであれば, 漏れ電流は1mAに相当する. この程度の漏れ電流であれば, 感電や火災の危険性はない. しかし, 絶縁抵抗は時期によっても変化するので, 最低の場合でも規定値を満たす必要がある. 2.1.4 項の3 参照.

**問6 (答)-(4)** 低圧電線路の絶縁性能は, 電技第22条で定められており, 使用電圧に対する漏えい電流を, 最大供給電流の1/2 000 以下とする必要がある. 2.1.4 項の3 参照.

二次側の定格電流 $I_n$ は,

$I_n = 75 \times 10^3 / 105 = 714.3$ [A]

よって, 漏えい電流 $I_l$ は, この値の1/2 000 であるが, 題意から2線を一括して電圧を加えているのでその2倍になる.

$I_l = 2I_n / 2\,000 = 714.3 / 1\,000 = 0.714$ [A]

**問7 (答)-(4)** 交流の回転機の直流での絶縁耐力試験は, 規定値の1.6倍の電圧を印加することになる (表2.6 注参照). よって, 試験電圧 $V_t$ は, 最大使用電圧を $V_m$ とすると,

$V_t = V_m \times 1.5 \times 1.6 = 400 \times 1.5 \times 1.6 = 960$ [V]

**問8 (答) (a)-(2), (b)-(3)**

(a) 試験電圧 $V_t$ は, 最大使用電圧を $E_m$ とすると, 表2.6 から $1.5 E_m$ である.

$V_t = E_m \times 1.5 = 6\,900 \times 1.5 = 10\,350$ [V]

1km 当たりのケーブルの静電容量を $C$[F], ケーブル長さを $l$[km], 周波数を $f$(角周波数 $\omega$)とすると, 試験時の充電電流 $I_C$ は,

$I_C = \omega C l V_t = 2\pi f C l V_t = 2\pi \times 50 \times 0.45 \times 10^{-6} \times 0.8 \times 10\,350 \fallingdotseq 1.17$ [A]

(b) 問図8の試験回路は, ケーブルに流れる進相の充電電流を補償リアクトルに流れる遅れ電流で補償をし, 試験用変圧器の必要容量を小さくすることが目的である. 試験用変圧器 5kV·A の二次側定格電流 $I_{2n}$ は, 二次側定格電圧が 11 000V であるから,

$I_{2n} = \dfrac{5\,000}{11\,000} \fallingdotseq 0.455$ [A]

絶縁耐力試験時には, 変圧器の電流が, この $I_{2n}$ を超えないようにしなければならない. 補償リアクトルに流れる遅れ電流を $I_L$ とすると, $I_{2n} = I_C - I_L$ が条件となるから, $I_L$ は,

$I_L = I_C - I_{2n} = 1.17 - 0.455 = 0.715$ [A]

以上とする必要がある. よって, リアクトルの必要台数 $n$ は, $I_L$ をリアクトル1台の電流で割って,

$n = \dfrac{I_t}{0.27} = \dfrac{0.715}{0.27} \fallingdotseq 2.65 \rightarrow 3$ 台

もし $n=2$ なら変圧器の電流 $I_2$ は，$I_2 = I_C - 2 \times 0.27 = 1.17 - 0.54 = 0.63\text{A}$ となり，$I_{2n}$ を超過する．

**問9** **( 答 )-(3)**　表 2.6 から，最大使用電圧が 7 000V を超え 60 000V 以下の変圧器巻線の試験電圧は，最大使用電圧の 1.25 倍である．試験時間は 10 分間である．

　　　試験電圧 $= 23\,000 \times 1.25 = 28\,750$ [V]

**問10** **( 答 )-(3)**　本問の絶縁耐力試験では，(1) の交流耐圧試験では，6 900V の 1.5 倍で 10 350V である．(4) の直流耐圧試験では，交流の場合の 2 倍の 20 700V になる．(2) 及び (5) も正しい．

　(3) は誤りである．低圧側の端子は，外箱と接続して，ともに大地に接地しなければならない．

**問11** **( 答 )-(3)**　解釈第 17 条第 1 項第 3 号からの出題である．この条文に対しては，過去にもよく出題されている．2.1.5 項の 2 及び図 2.10 参照．

**問12** **( 答 )** **(a)-(4), (b)-(5)**　本問は，解釈第 17 条からの出題である．B 種接地抵抗値は，地絡時の自動遮断時間が短いときには，本則よりも緩和される．演習問題 2.6 参照．

(a)　1 秒以内の自動遮断であるから，表 2.8 から電位上昇は 600V まで許容される．地絡電流を $I$[A] とすると，B 種接地抵抗値 $R_B$ は，

$$R_B = \frac{600}{I} = \frac{600}{8} = 75 \,[\Omega]$$

(b)　電動機の外箱で完全地絡が発生すると，**図解 1** のように，電動機の D 種接地抵抗 $R_D$ と変圧器の B 種接地抵抗 $R_B$ で閉回路が形成され，それぞれの箇所の対地電位は $R_D$ と $R_B$ で按分される．よって，使用電圧を $V$ とすると，外箱の対地電位 $V_E$ は，

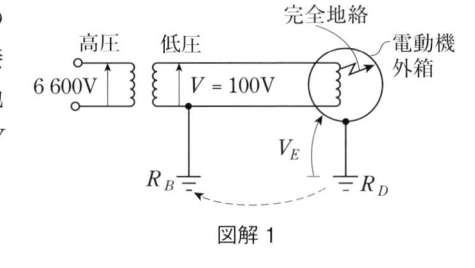

$$V_E = \frac{R_D}{R_B + R_D} V$$

で示される．これより $R_D$ は，題意の数値を代入すると，

$$R_D \leq \frac{R_B V_E}{V - V_E} = \frac{75 \times 30}{100 - 30} \fallingdotseq 32.1 \,[\Omega]$$

図解 1

**問13** **( 答 )-(3)**　解釈第 17 条からの出題である．移動用電気機器に接続する A 種，B 種接地工事の接地線 (3, 4 種のキャブタイヤケーブルなど) の最低サイズは，一般の場合 (直径 2.6mm の軟銅線) よりも大きい．表 2.9 参照．

**問14** **( 答 )-(2)**　解釈第 17 条からの出題である．C, D 種接地工事は，地絡時に 0.5 秒以内に電路を自動遮断する場合は，接地抵抗値を 500Ω まで緩和できる．表 2.8 参照．

**問15** **( 答 )-(4)**　解釈第 17 条 ( 接地工事 )，第 29 条 ( 機械器具の金属製外箱等の接地 ) からの出題である．2.1.5 項及び 2.2.1 項の 6 参照．

　(1)D 種接地工事なので 100Ω 以下でよい．(2) 直流 300V 又は交流対地 150V 以下の場合，乾燥場所では接地を省略できる．(3)C 種接地工事に該当するが，0.5 秒以下の自動遮断時は，前問のように，接地抵抗値は 500Ω まで緩和できる．(4) 水気のある場所では，動作時間 0.1 秒以下の漏電遮断器を取り付けても接地は省略できない．(5)A 種接地に該当するから，接地線には直径 2.6mm 以上の軟銅線を用いる．

**問16** **( 答 )-(2)**　解釈第 21 条からの出題である．(2) は，「絶縁した金属製の箱」でなく，「D 種接

練習問題　解答

地工事を施した金属製の箱」が正しい．2.2.1 項の 2 参照．

**問 17**　**( 答 )-(2)**　解釈第 33 条からの出題である．(2) の配線用遮断器は，定格電流の 1 倍で自動的に動作しないことが要件である．2.2.2 項の 1 参照．

**問 18**　**( 答 )-(2)**　電動機の過電流保護協調では，電動機の特性，配線用遮断器の動作特性，電線の許容電流の時間特性の順に，各曲線が交差することなしに，グラフの原点から外側に向かった特性となる必要がある．図 2.20 参照．

**問 19**　**( 答 )-(5)**　電技第 23 条第 1 項からの出題である．一般に，発変電所等には，取扱者以外の一般公衆が立ち入らないようにする必要がある．2.3.2 項参照．

**問 20**　**( 答 )-(2)**　電技第 45 条 ( 発電機等の機械的強度 ) からの出題である．2.3.3 項の 4 参照．

**問 21**　**( 答 )-(1)**　解釈第 42 条 ( 発電機等の保護装置 ) からの出題である．2.3.3 項の 2 参照．

**問 22**　**( 答 )-(2)**　解釈第 43 条第 2 項 ( 特高調相設備の保護装置 ) からの出題である．2.3.4 項の 3 及び表 2.17 参照．

**問 23**　**( 答 )-(4)**　電技第 46 条第 1 項からの出題である．電技第 46 条第 1 項では，常時監視が必要な発電所の基本原則を定め，また，同条第 2 項では，それ以外の常時監視をしない発電所は異常発生時の確実な停止を求めている．2.3.5 項の 1 参照．

### 第 3 章　電気設備技術基準・解釈 II ( 電線路 )

**問 1**　**( 答 )-(4)**　第 1 次接近状態は，解釈第 49 条第 9 号で定義している．3.1.1 項及び図 3.1 参照．

**問 2**　**( 答 )-(4)**　電線路は，電技第 1 条第 8 号で定義している．3.1.1 項参照．

**問 3**　**( 答 )-(3)**　電技第 24 条では，支持物の昇塔防止を規定している．解釈第 53 条で，1.8m 未満の足場金具の取り付けを禁止しているが，同条で例外措置も認めている．(3) のケーブルの使用は，例外規定に当てはまらない．3.1.2 項の 1 参照．

**問 4**　**( 答 )-(1)**　電技第 25 条 ( 架空電線の高さ ) からの出題である．3.1.2 項の 1 参照．

**問 5**　**( 答 )-(4)**　高圧架空電線路に使用できる電線は，解釈第 65 条で規定している．(4) の高圧引下用架橋ポリエチレン絶縁電線は，柱上用変圧器の 1 次電線に多用されているが，これは軟銅線である．よって，本線の架空電線としては使用できない．3.1.5 項の 2 参照．

**問 6**　**( 答 )-(4)**　高圧架空電線の安全率 $f$ は，硬銅線では $f = 2.2$ である ( 解釈第 66 条 )．よって，電線の許容張力 $T$ は，電線の引張荷重を $T_0$ とすると，

$T = T_0/f = 38/2.2 = 17.27$ [kN]

ゆえに求める弛度 $D$ は，合成荷重を $W$ [N/m]，径間を $S$ [m] とすると，

$$D = \frac{WS^2}{8T} = \frac{21.56 \times 150^2}{8 \times 17.27 \times 10^3} \fallingdotseq 3.51 \text{ [m]}$$

**問 7**　**( 答 )-(2)**　高圧架空電線が建造物と接近する場合の離隔距離は，解釈第 71 条で規定している．3.1.5 項の 6 及び表 3.10 参照．

**問 8**　**( 答 )-(1)**　電技第 28 条 ( 電線の混触防止 ) からの出題である．3.1.1 項の 3 参照．

**問 9**　**( 答 )-(2)**　電技第 32 条 ( 支持物の倒壊防止 ) からの出題である．3.1.2 項の 1 参照．

**問 10**　**( 答 )-(1)**　解釈第 70 条第 2 項の高圧保安工事からの出題である．3.1.5 項の 5 参照．

**問 11**　**( 答 )　(a)-(5), (b)-(2)**　本問は，風圧荷重の計算問題である．3.1.3 項の 1 参照．

(a)　高温季には甲種風圧荷重が適用される．電線に対しては 980Pa である．電線の直径 $D$ は，素

線径を $d$ とすると，問図 11 から，$D = 5d = 5 \times 3.2 = 16$ [mm] である．よって，電線の長さ 1m の垂直投影面積 $S$ は，$S = 1 \times D = 1 \times 16 \times 10^{-3} = 0.016$ [m²]．甲種風圧荷重 $F_1$ は，

$$F_1 = 980S = 980 \times 0.016 = 15.68 \fallingdotseq 15.7 \text{[N]}$$

(b) 低温季では，題意から，氷雪の多い地方のうちの冬季に最大風圧を生じない地方であるから，乙種風圧荷重が適用され，甲種の半分の 490Pa である．この場合，電線の周囲に厚さ 6mm の氷雪が付着した状態を考える．

電線の外径 $D'$ は，$D' = D + 6 \times 2 = 16 + 12 = 28$ [mm]．よって，乙種風圧荷重 $F_2$ は，垂直投影面積を $S'$ とすると，

$$F_2 = 480S' = 490 \times 1 \times 0.028 = 13.72 \fallingdotseq 13.7 \text{[N]}$$

**問12 (答) (a)-(3), (b)-(2)** 本問は，屈曲箇所の支線の計算問題である．3.1.4 項の 3 及び第 2 章の 2.1.3 項の 3 参照．

(a) 支持物で，架空電線の最大水平張力を合成した水平分力 $P_1$ は，**図解2**(a) のように，

$$P_1 = 2 \times 9.8 \cos 60° = 9.8 \text{[kN]}$$

支持物での $P_1$ と支線水平張力 $P_2$ とのモーメントのバランスは，図 (b) から，

$$P_1 h_1 = P_2 h_2 \quad \therefore P_2 = \frac{P_1 h_1}{h_2} = \frac{9.8 \times 10}{8} = 12.25 \text{ [N]}$$

よって，支線の想定荷重 $P_3$ は，

$$P_3 = \frac{P_2}{\cos \theta} = 12.25 \times \frac{\sqrt{8^2 + 6^2}}{6} \fallingdotseq 20.4 \text{ [kN]}$$

(b) 素線の引張強さ $T$ は，素線の断面積を乗じて，

$$T = 1.23 \times \pi \times \left(\frac{2.6}{2}\right)^2 \fallingdotseq 6.53 \text{ [kN]}$$

よって，素線数 $n$ は，安全率を $f$，引張荷重の減少係数を $k$ とすると，

$$n = \frac{P_3 f}{Tk} = \frac{20.4 \times 1.5}{6.53 \times 0.92} \fallingdotseq 5.09 \text{ [条]}$$

となるが，より線としては，通常 7 本よりを選定する．

**問13 (答)-(1)** 解釈第 111 条の高圧屋側電線路からの出題である．高圧屋側電線路の施設方法は，ケーブル工事に限定される．3.2.1 項の 2 参照．

**問14 (答)-(4)** 解釈第 110 条の低圧屋側電線路からの出題である．可とう電線管工事は認められていない．3.2.1 項の 2 参照．

**問15 (答)-(2)** 解釈第 116 条の低圧架空引込線からの出題である．3.2.2 項の 2 参照．

**問16 (答)-(1)** 電技第 30 条 ( 地中電線等による他物への危険防止 ) 及び電技第 47 条 ( 地中電線路の防護 )2 項からの出題である．3.2.3 項の 1 参照．

**問17 (答)-(4)** 解釈第 120 条第 4 項の直接埋設式地中電線路からの出題である．3.2.3 項の 2 参照．

**問18 (答)-(4)** 解釈第 58 条 58-2 表からの出題である．低温季の風圧荷重は，氷雪の多い地方で低温季に最大風圧がある場合は甲種又は乙種の大きいほう，そうでない場合は乙種がそれぞれ適用される．氷雪の多い地方以外の地方では，丙種が適用される．3.1.3 項の 2 参照．

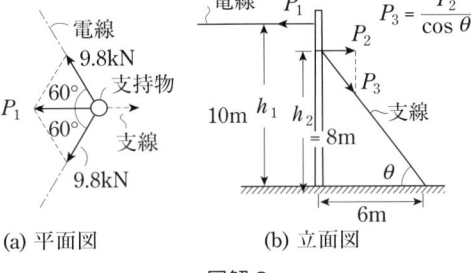

## 第4章 電気設備技術基準・解釈Ⅲ（電気使用場所）

**問1**　**( 答 )-(4)**　解釈第1条第11号の屋内配線の用語の定義からの出題である．定義では，屋内配線から除外する配線が列挙されている．付録2参照．

**問2**　**( 答 )-(2)**　解釈第143条の回路の対地電圧の制限からの出題である．4.1.1項の3参照．

**問3**　**( 答 )-(4)**　電技第65条の電動機の過負荷保護装置からの出題である．電技の条文のただし書きについては，解釈第153条で例外項目を規定している．4.1.4項の5参照．

**問4**　**( 答 )-(2)**　電技第67条の電気機械器具等による無線設備への障害の防止からの出題である．電技の条文は，継続的かつ重大な通信障害を規定しており，一時的あるいは軽微なものはこの限りでない．4.1.4項の1参照．

**問5**　**( 答 )-(1)**　電技第63条第1項の低圧幹線の保護からの出題である．4.1.3項の1参照．

**問6**　**( 答 )-(3)**　電技第61条の非常用予備電源の施設からの出題である．非常用予備電源から常用負荷への送電防止のためには，相互に機械的・電気的インターロックを取るか，非常用負荷を独立した別回路とする必要がある．4.1.1項の2参照．

**問7**　**( 答 )-(3)**　電技第56条の配線の感電又は火災の防止からの出題である．同条第1項では配線の基本保安原則，第2項では移動電線と機械器具との接続，第3項では特高移動電線の原則禁止を，それぞれ規定している．4.1.1項の2及び4.2.7項の1参照．

**問8**　**( 答 )-(3)**　電圧を$V$，負荷の電力を$P$，力率を$\cos\theta$，添字は動力負荷を$m$，照明負荷を$l$とする．動力負荷電流$I_m$及び照明負荷電流$I_l$は，

$$I_m = \frac{P_m}{\sqrt{3}V\cos\theta} = \frac{22\times 10^3}{\sqrt{3}\times 200\times 0.8} \doteqdot 79.4\,[\text{A}], \quad I_l = \frac{P_l}{\sqrt{3}V\cos\theta_l} = \frac{15\times 10^3}{\sqrt{3}\times 200\times 0.9} \doteqdot 48.1\,[\text{A}]$$

$I_m > I_l$であり，かつ，$I_m > 50\text{A}$なので，解釈第148条の規定により，幹線の電線の許容電流$I$は，次式で算出できる．

$$I = I_l + 1.1I_m = 48.1 + 1.1\times 79.4 \doteqdot 135.4\,[\text{A}]$$

よって，幹線の許容電流は，140Aを選定する．4.1.3項の3参照．

**問9**　**( 答 )-(2)**　解釈第148条第1項第4号ただし書きの低圧幹線の過電流遮断器の省略からの出題である．(2) 分岐幹線は，電源側遮断器定格の35%以上を満たしているが，55%には至らないので，過電流遮断器を省略するならば，8m以下でなければならない．

(5) 最初の分岐幹線は，400Aの過電流遮断器から55%以上の250Aで分岐されているので，この幹線の長さの制限はない．その分岐した250Aの幹線の末端に，大元の400Aの幹線の35%以上の150Aで接続した幹線の長さは，6mであり8m以下なので，この150Aの幹線にも過電流遮断器の設置を省略できる．4.1.3項の3参照．

**問10**　**( 答 )-(2)**　解釈第166条第1項の低圧屋側・屋外配線からの出題である．低圧屋側・屋外配線において，バスダクト工事は，点検できない隠ぺい場所では施設できない．4.2.3項の1参照．

**問11**　**( 答 )-(4)**　解釈第1条第14号の「管灯回路」の用語の定義からの出題である．4.3.5項の5及び付録2参照．

**問12**　**( 答 )-(2)**　電技第62条の「配線による他物への危険防止」からの出題である．配線が，他の配線や工作物と接近又は交差する場合には，離隔距離を確保する必要がある．4.2.4項の1参照．

**問13**　**( 答 )-(4)**　解釈第159条の金属管工事からの出題である．(2) 電線管の接地は，長さ4m以下を乾燥場所に施設する場合又は長さ8m以下で直流300V，交流対地150V以下のものを乾燥

場所に施設する場合は，省略できる．
(4) コンクリートに埋設する場合は，厚さ1.2mm以上が必要である．4.2.2項参照．

**問14 ( 答 )-(3)** 解釈第146条の「低圧配線に使用する電線」に関する計算問題である．4.1.2項の2参照．許容電流補正係数$K_1$は，題意の式から，$\theta = 40°C$として，

$$K_1 = \sqrt{\frac{75-\theta}{30}} = \sqrt{\frac{75-40}{30}} \fallingdotseq 1.080$$

配線は単相2線式なので，同一管内の電線本数は2であり，電流減少係数$K_2$は，題意から0.7である．負荷電流を$I$とすると，電線に要求される許容電流$I_w$は，(4.1)式から，

$$I_w = \frac{I}{K_1 K_2} = \frac{30}{1.08 \times 0.7} \fallingdotseq 39.7 \rightarrow 40 \text{ [A]}$$

**問15 ( 答 )-(4)** 解釈第168条の高圧配線の施設からの出題である．4.2.5項の1参照．

**問16 ( 答 )-(5)** 電技第64条の地絡に対する保護装置からの出題である．この条文では，ロードヒーティング，プール用照明灯が具体名称として上げられているが，その他にも，解釈第146条の電路の対地電圧の制限，解釈第165条のライティングダクト及び平形保護層，解釈第195条のフロアヒーティング，解釈第196条の電気温床，解釈第197条のパイプラインの各施設の地絡遮断装置が，この電技の条文に由来している．4.3.5項参照．

**問17 ( 答 )-(1)** 解釈第220条の分散型電源の系統連系設備に係る用語の定義からの出題である．(1)の逆潮流は，有効電力の流れである．4.4.2項の1及び付録2参照．

**問18 ( 答 )-(2)** 解釈第218条，第219条の国際規格の取り入れからの出題である．(2)の一般電気事業者と直接接続する低圧電気設備の接地は，電気事業者の設備と整合性をとる必要がある．よって，TT接地系に限定されることになる．他の記述は正しい．4.4.1項参照．

## 第5章 施設管理

**問1 ( 答 )-(3)** （ア） 各需要家の最大電力$P_m$は，負荷設備容量×力率×需要率であるから，

$P_{mA} = 120 \times 0.85 \times 0.5 = 51 \text{[kW]}$，$P_{mB} = 100 \times 0.8 \times 0.6 = 48 \text{[kW]}$，$P_{mC} = 200 \times 0.9 \times 0.4 = 72 \text{[kW]}$

合成最大需要電力$P_{m0}$は，需要家間の不等率が1.3であるから，

$$P_{m0} = \frac{P_{mA} + P_{mB} + P_{mC}}{1.3} = \frac{51 + 48 + 72}{1.3} \fallingdotseq 132 \text{ [kW]}$$

（イ） 各需要家の平均電力$P_a$は，最大電力×負荷率であるから，

$P_{aA} = P_{mA} \times 0.4 = 51 \times 0.4 = 20.4 \text{[kW]}$，$P_{aB} = 48 \times 0.5 = 24 \text{[kW]}$，$P_{aC} = 72 \times 0.3 = 21.6 \text{[kW]}$

となる．よって，日電力量$W$は，

$$W = 24 \times (P_{aA} + P_{aB} + P_{aC}) = 24 \times (20.4 + 24 + 21.6) = 24 \times 66 = 1\,584 \text{[kW·h]}$$

**問2 ( 答 ) (a)-(3), (b)-(4)**

(a) 各時間帯の合成最大電力を求める．

$0 \sim 6$時：$P_{m1} = 3\,000 + 1\,500 = 4\,500 \text{[kW]}$， $6 \sim 18$時：$P_{m2} = 4\,000 + 1\,000 = 5\,000 \text{[kW]}$，
$18 \sim 24$時：$P_{m3} = 3\,000 + 1\,500 = 4\,500 \text{[kW]}$

よって，1日の合成最大電力$P_m$は，$P_m = P_{m2} = 5\,000 \text{[kW]}$

不等率は，各負荷の最大電力の合計を合成最大電力で除したものであるから，

$$\text{不等率} = \frac{P_{mA} + P_{mB}}{P_m} = \frac{4\,000 + 1\,500}{5\,000} = 1.1$$

(b) 各工場の平均電力 $P_A$, $P_B$ を求める．

$$P_A = \frac{3\,000 \times 12 + 4\,000 \times 12}{24} = 3\,500\,[\text{kW}], \quad P_B = \frac{1\,500 \times 12 + 1\,000 \times 12}{24} = 1\,250\,[\text{kW}]$$

よって，総合負荷率は，平均電力を合成最大電力で除して，

$$\text{総合負荷率} = \frac{P_A + P_B}{P_m} = \frac{3\,500 + 1\,250}{5\,000} = 0.95 \rightarrow 95[\%]$$

**問3 (答)-(2)** 無効電力の合計 $Q$ は，有効電力を $P$，力率を $\cos\theta$ とすると，

$$Q = \frac{P_A}{\cos\theta_A}\sin\theta_A + \frac{P_B}{\cos\theta_B}\sin\theta_B + \frac{P_C}{\cos\theta_C}\sin\theta_C$$

$$= \frac{\sqrt{1-0.75^2}}{0.75} \times 1\,000 + \frac{\sqrt{1-0.9^2}}{0.9} \times 600 + 0 = 881.9 + 290.6 + 0 = 1\,172.5\,[\text{kvar}] \quad (\because \sin\theta_C = 0)$$

よって，変電所の総合力率 $pf$ は，有効電力合計 $P = 1\,000 + 600 + 250 = 1\,850[\text{kW}]$ であるから，

$$pf = \frac{P}{\sqrt{P^2 + Q^2}} = \frac{1\,850}{\sqrt{1\,850^2 + 1\,172.5^2}} = \frac{1\,850}{2\,190.3} = 0.845 \rightarrow 84.5[\%]$$

**問4 (答) (a)-(3), (b)-(2)**

(a) 線路電流 $I$ は，使用電力を $P$，負荷力率を $\cos\theta$，受電端電圧を $V_r$ とすると，

$$I = \frac{P}{\sqrt{3}V_r\cos\theta} = \frac{8\,000 \times 10^3}{\sqrt{3} \times 20\,000 \times 0.8} = 288.7\,[\text{A}]$$

変電所引出口電圧 $V_s$ は，線路の抵抗を $R$，リアクタンスを $X$ とすると，

$$V_s = V_r + \sqrt{3}I(R\cos\theta + X\sin\theta) = 20 \times 10^3 + \sqrt{3} \times 288.7 \times (3 \times 0.8 + 5 \times \sqrt{1-0.8^2})$$
$$= 20\,000 + 2\,700 = 22\,700[\text{V}] \rightarrow 22.7[\text{kV}]$$

(b) 力率 $\cos\theta' = 0.95$ の場合の線路電流 $I'$ は，題意から $V_r$ が変わらないから，

$$I' = \frac{\cos\theta}{\cos\theta'}I = \frac{0.8}{0.95} \times 288.7 = 243.1\,[\text{A}]$$

よって，電圧降下の比率 $x$ は，

$$x = \frac{I'(R\cos\theta' + X\sin\theta')}{I(R\cos\theta + X\sin\theta)} = \frac{243.1 \times (3 \times 0.95 + 5 \times \sqrt{1-0.95^2})}{288.7 \times (3 \times 0.8 + 5 \times 0.6)} = \frac{1\,072}{1\,559} = 0.688 \rightarrow 68.8\,[\%]$$

**問5 (答)-(2)** 変圧器の鉄損 $w_i$ は，負荷に関係なく一定である．銅損 $w_c$ は，負荷率の 2 乗により変化する．題意から，$w_i = 0.12[\text{kW}]$，全負荷銅損 $w_{c0} = 0.33[\text{kW}]$ であるから，1 日中の鉄損電力量 $W_i$，銅損電力量 $W_c$ は，

$$W_i = 24w_i = 24 \times 0.12 = 2.88\,[\text{kW·h}]$$

$$W_c = \left\{\left(\frac{8}{10}\right)^2 \times 6 + \left(\frac{6}{10}\right)^2 \times 6 + \left(\frac{4}{10}\right)^2 \times 6 + \left(\frac{2}{10}\right)^2 \times 6\right\} \times 0.33$$

$$= (0.64 + 0.36 + 0.16 + 0.04) \times 6 \times 0.33 = 2.376\,[\text{kW·h}]$$

よって，1 日の損失電力量 $W$ は，

$$W = W_i + W_c = 2.88 + 2.376 = 5.256 \rightarrow 5.3[\text{kW·h}]$$

**問6 (答) (a)-(3), (b)-(4)**

(a) 需要率は，最大電力と負荷合計容量の比率であるから，
  需要率 = 250/400 = 0.625 → 62.5[%]

(b) 2台の変圧器をV結線としたときの三相出力Wと変圧器の負担容量Pの関係は，負荷の力率が0.8であるから，

$$W = \sqrt{3}P = \frac{250[\text{kW}]}{0.8} \quad \therefore P = \frac{250}{0.8\sqrt{3}} \fallingdotseq 180.4 \text{ [kV·A]}$$

よって，過負荷率xは，

$$x = \frac{P - 150}{150} = \frac{180.4 - 150}{150} \fallingdotseq 0.203 \rightarrow 20.3 \text{ [%]}$$

**問7 （答）-(4)** PF·S形キュービクルは，300kVA以下の小規模用に限定される．5.1.4項の1参照．

**問8 （答）-(5)** （ア）はZCTの信号が入力されているので，地絡継電器である．（イ）はCBを動作させているので，過電流継電器である．（ウ）は電流要素と電圧要素の両者が入力されているので，力率計である．5.1.4項の1, 3参照．

**問9 （答）-(3)** EVTの二次側は，オープン△接続として制限抵抗Rを挿入する．正常時は，三相電圧が平衡しており，各相が打ち消しあうために二次開放端子には電圧は現れない．電路に地絡が生じると，EVT一次側には同方向の単相電流が流れるので，Rに現れる電圧を検出して零相電圧とする．5.1.4項の3及び本書の姉妹編『電験三種合格一直線 電力』P.166参照．

**問10 （答）-(4)** 過電流遮断は，過負荷保護と短絡保護に大別できる．地絡保護では，大規模な需要家では，方向地絡継電器が必要になることが多い．主遮断装置の動作時限は，配電用変電所との協調が必要である．5.1.4項の3参照．

**問11 （答）-(3)** 本問は$R_B$の箇所に，**図解3**のように仮想のスイッチSを取り付けて，テブナンの定理を用いて解けばよい．Sから見たインピーダンスは，$R_B$とCが3個並列との直列である．また，S開放時に現れる電圧は，線間電圧Vの相電圧に相当する．よって，B種接地に常時流れる電流$I_B$は，

$$I_B = \frac{V/\sqrt{3}}{\sqrt{R_B^2 + (1/3\omega C)^2}} = \frac{V}{\sqrt{3R_B^2 + \frac{1}{12\pi^2 f^2 C^2}}} = \frac{200}{\sqrt{3 \times 10^2 + \frac{1}{12\pi^2 \times 50^2 \times (1 \times 10^{-6})^2}}}$$

図解3

$$\fallingdotseq \frac{200}{1\,838} \fallingdotseq 0.108 \text{ [A]} = 108 \text{[ mA]}$$

**問12 （答）(a)-(2)，(b)-(4)** CB1の二次側F点及びCB2の二次側の短絡電流を求める．基準容量と基準電圧から，基準電流を先に求めて演算するほうがよい．5.1.4項の2参照．

(a) F点の短絡電流$I_{SF}$は，題意から変圧器のインピーダンスのみにより定まる．題意の基準容量と基準電圧から，基準電流$I_n$は，

$$I_n = \frac{200 \times 10^3}{\sqrt{3} \times 210} \fallingdotseq 549.9 \text{ [A]}$$

よって，$I_{SF}$は，

$$I_{SF} = \frac{100}{\%Z}I_n = \frac{100}{\sqrt{1.4^2 + 2.0^2}} \times 549.9 = \frac{100}{2.441} \times 549.9 ≒ 22\,520\,[\text{A}] \to 23\,[\text{kA}]$$

(b) CB2 の短絡電流 $I_{S2}$ は，変圧器とケーブルのインピーダンスにより定まる．

$$I_{S2} = \frac{100}{\sqrt{(1.4 + 8.8)^2 + (2.0 + 2.8)^2}} \times 549.9 = \frac{100}{11.273} \times 549.9 ≒ 4\,878\,[\text{A}] \to 4.9\,[\text{kA}]$$

$I_{SF}$ 及び $I_{S2}$ の値から，CB1 は 25kA，CB2 は 5kA を選定する．

**問 13** （答） (a)-(4)，(b)-(2)　OCR の保護協調の関連問題である．5.1.4 項の 3 参照．
(a) 変圧器一次側の短絡電流 $I_S'$ は，変圧比から，

$$I_S' = 7\,000 \times \frac{210}{6\,600} ≒ 222.7\,[\text{A}]$$

よって，CT-3 の二次電流 $I_2$ は，変流比から，

$$I_2 = I_S' \times \frac{5}{75} = 222.7 \times \frac{5}{75} ≒ 14.9\,[\text{A}]$$

(b) OCR-3 の電流整定値に対する入力電流値の倍数 $N$ は，$I_2$ を電流整定値 3A で割ればよい．
$N = 14.9/3 ≒ 5$

よって，動作時間 $T$ は，題意の式から，

$$T = \frac{80}{(N^2 - 1)} \times \frac{D}{10} = \frac{80}{5^2 - 1} \times \frac{2}{10} ≒ 0.7\,[\text{s}]$$

**[注]** 本問の短絡時には，短絡電流は，CT-1，CT-2 にも流れて，それぞれの CB を動作させる方向に働く．リレーと CB の動作時間を 0.5 秒と見て，本例の場合，OCR-2 の動作時間を 1.2 秒，OCR-1 の動作時間を 1.7 秒に整定すると，時間協調が取れることになる．ただし，受電点の OCR-1 については，受電点の短絡に備えて，瞬時要素付きとする必要がある．

**問 14** （答）-(4)　高調波発生源が低圧側にある場合，高調波電流流出抑制対策のコンデンサ設備は，低圧側に設置したほうが流出抑制効果は大きくなる．5.1.6 項の 1 及び 2 参照．

**問 15** （答）-(2)　アーステスタは，電流補助極 C に電流を流し，電圧補助極 P の電位差を測定する．被測定極 E から，EPC の順に極を配置する．5.1.5 項の 2 参照．

**問 16** （答）-(4)　絶縁油の試験は，絶縁耐力試験，酸価度測定，成分分析などがある．これらを定期的に実施して，必要に応じて油の交換などを行う．5.1.5 項の 2 参照．

**問 17** （答）-(4)　題意の式から，負荷持続特性曲線を描くと，**図解 4** のようになる．負荷電力 $P$ = 10 000 kW 以下のときに，電力系統への送電ができる．題意の式から，交点の時間 $t$ は，

$$t = \frac{15\,000 - P}{400} = \frac{15\,000 - 10\,000}{400} = 12.5\,[\text{h}]$$

よって，送電可能時間 $t_s$ は，$t_s = 24 - t = 24 - 12.5 = 11.5\,[\text{h}]$ となる．送電可能電力量 $W_S$ は，図の斜線の面積に等しいから，

$$W_S = \frac{10\,000 - 5\,400}{2} \times 11.5 = 26\,450 \to 26\,500\,[\text{kW·h}]$$

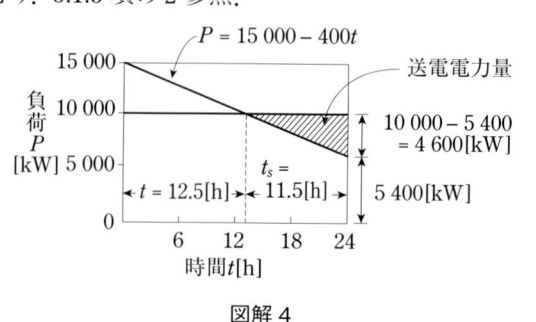

図解 4

**[注]** 負荷持続特性曲線は，負荷曲線を基にして，負荷の大きい順番に並べた曲線である．横軸の時間は，時間経過とは関係しない．水力発電の流量図と流況曲線の関係に似ている．流況曲線に対応しているといえる．

**問18 (答)-(1)** 10 000kW発電時の使用水量 $V_{10}$ 及び 8 000kW 発電時の使用水量 $V_8$ は，出力は使用水量に比例するから，

$$V_{10} = (15-6) \times 4 \times 3\,600 = 129\,600\,[\text{m}^3], \quad V_8 = (15 \times 0.8 - 6) \times 3 \times 3\,600 = 64\,800\,[\text{m}^3]$$

よって，5 000kW 発電時に使用可能水量 $V_5$ は，

$$V_5 = 220\,000 - (V_{10} + V_8) = 220\,000 - (129\,600 + 64\,800) = 25\,600\,[\text{m}^3]$$

ゆえに，5 000kW 発電の可能時間 $T$ は，

$$V_5 = (15 \times 0.5 - 6) \times T \times 3\,600 = 25\,600 \quad \therefore T = \frac{25\,600}{1.5 \times 3\,600} \fallingdotseq 4.74 \to 4.7\,[\text{h}]$$

**[注]** 発電しない時間 $T_0$ は，$T_0 = 24-(4+3+4.7) = 12.3\,[\text{h}]$ である．
この時間に貯水できる貯水量 $Q$ は，河川流量が $6\text{m}^3/\text{s}$ で安定しているから，

$$Q = T_0 \times 6 \times 3\,600 = 12.3 \times 6 \times 3\,600 = 265\,680 > 220\,000\,[\text{m}^3]$$

となり，オフピーク時間に有効貯水量を確保することができる．

**問19 (答)-(4)** ベース供給力は，技術的には長期に安定して運転できることが要求される．それにより，建設費は多少高くとも高い利用率により経済性が発揮されなければならない．(1)，(3)，(5)はピーク供給力の条件，(2)，(3)は中間供給力の条件である．5.2.1項参照．

**問20 (答)-(2)** 水力発電は，高温部分がなく機構が単純なので短時間での始動が可能である．また，負荷に対する応答速度も速い．水の慣性は関係ない．5.2.1項参照．

**問21 (答)-(3)** 本問のポイントは，変圧器の内部降下に対する考慮である．変圧器の誘起電圧は，直下電圧（端子電圧）107V に内部降下 0.4V を加えた 107.4V が条件になる．よって，必要とする変圧器の一次電圧 $V_1$ は，6 450V タップであるから，

$$V_1 = 107.4 \times \frac{6\,450}{105} \fallingdotseq 6\,597\,[\text{V}]$$

となる．軽負荷時の電圧降下 $v$ は，題意から，重負荷時 300V の 1/5 で 60V である．ゆえに，変電所の送出電圧 $V_s$ は，

$$V_s = V_1 + v \fallingdotseq 6\,597 + 60 = 6\,657 \fallingdotseq 6\,660\,[\text{V}]$$

となる．柱上変圧器では，重負荷時，軽負荷時双方の条件から，最適のタップ選定を行う．

# 付録1　電技・風技の概要ほか

　学習の参考のために，電気設備技術基準（電技）及び発電用風力設備技術基準（風技）の概要を以下に記述する．このうち，＊印は，電験三種に直接関係しない条文であるので，要点のみ記載している．また，条文の理解を確実にするために，本付録IIIの「条文の読み方」を参考にされたい．

## I．電気設備技術基準

### 第1章　総則

#### 第1節　定義

**第1条　用語の定義**　本条では，電技で現れる用語について定義している．付録2を参照．

**第2条　電圧の種別**　電圧は，低圧，高圧及び特別高圧の3種とする．

一　低圧　直流は750V以下，交流は600V以下
二　高圧　一を超え7 000V以下
三　特別高圧　7 000Vを超えるもの

2　高圧又は特別高圧の多線式電路の中性線と他の1線とに接続する電気設備については，その使用電圧又は最大使用電圧がその多線式電路の使用電圧又は最大使用電圧に等しいものとして電技を適用する．

#### 第2節　適用除外

**第3条＊　適用除外**　鉄道営業法等が適用される電気設備については，当該法令の定めるところによることが規定されている．

#### 第3節　保安原則

##### 第1款　感電，火災等の防止

**第4条　電気設備における感電，火災等の防止**　電気設備は，感電，火災その他人体に危害を及ぼし，又は物件に損傷を与えるおそれがないようにしなければならない．

**第5条　電路の絶縁**　電路は大地から絶縁しなければならない．ただし，構造上やむを得ない場合であって通常予見される使用形態を考慮し危険のおそれがない場合，又は混触による高電圧の侵入等の異常が発生した際の危険を回避するための接地その他の保安上必要な装置を講ずる場合は，この限りでない．

2　前項の場合にあっては，その絶縁性能は，第22条及び第58条の規定を除き，事故時に想定される異常電圧を考慮し，絶縁破壊による危険のおそれがないものでなければならない．

3　変成器内の巻線と当該変成器内の他の巻線との間の絶縁性能は，事故時に想定される異常電圧を考慮し，絶縁破壊による危険のおそれがないものでなければならない．

**第6条　電線等の断線防止**　電線，支線，架空地線，弱電流電線等その他の電気設備の保安のために施設する線は，通常の使用状態において断線のおそれがないように施設しなければならない．

**第7条　電線の接続**　電線を接続する場合は，接続部分において電線の電気抵抗を増加させないように施設するほか，絶縁性能の低下（裸電線を除く）及び通常の使用状態において断線のおそれがないようにしなければならない．

**第8条　電気機械器具の熱的強度**　電路に施設する電気機械器具は，通常の使用状態において，その電気機械器具に発生する熱に耐えるものでなければならない．

**第9条　高圧・特高の電気機械器具の危険防止**　高圧又は特別高圧の電気機械器具は，取扱者以外の者が容易に触れるおそれがないように施設しなければならない．ただし，接触による危険のおそれがない場合は，この限りでない．

2　高圧又は特別高圧の開閉器，遮断器，避雷器その他これらに類する器具であって，動作時にアークを生ずるものは，火災のおそれがないよう，木

製の壁又は天井その他の可燃物の物から離して施設しなければならない．ただし，耐火性の物で両者の間を離隔した場合は，この限りでない．

**第10条　電気設備の接地**　電気設備の必要な箇所には，異常時の電位上昇，高電圧の侵入等による感電，火災その他人体に危害を及ぼし，又は物件への損傷を与えるおそれがないよう，接地その他の適切な措置を講じなければならない．ただし，電路に係る部分にあっては，第5条第1項の規程に定めるところにより行わなければならない．

**第11条　電気設備の接地の方法**　電気設備に接地を施す場合は，電流が安全かつ確実に大地に通ずることができるようにしなければならない．

### 第2款　異常の予防及び保護対策

**第12条　特高電路等と結合する変圧器等の火災等の防止**　高圧又は特別高圧の電路と低圧の電路とを結合する変圧器は，高圧又は特別高圧の電圧の侵入による低圧側の電気設備の損傷，感電又は火災のおそれがないよう，当該変圧器における適切な箇所に接地を施さなければならない．ただし，施設の方法又は構造によりやむを得ない場合であって，変圧器から離れた箇所における接地その他の適切な措置を講ずることにより低圧側の電気設備の損傷，感電又は火災のおそれがない場合は，この限りでない．

2　変圧器によって特別高圧の電路に結合される高圧の電路には，特別高圧の電圧の侵入による高圧側の電気設備の損傷，感電又は火災のおそれがないよう，設置を施した放電装置の施設その他の適切な措置を講じなければならない．

**第13条　特高を直接低圧に変成する変圧器の施設制限**　特別高圧を直接低圧に変成する変圧器は，次の各号のいずれかに掲げる場合を除き，施設してはならない．

一　発電所等公衆が立ち入らない場所に施設する場合

二　混触防止措置が講じられている等危険のおそれがない場合

三　特別高圧側の巻線と低圧側の巻線とが混触した場合に自動的に電路が遮断される装置の施設その他の保安上の適切な措置が講じられている場合

**第14条　過電流からの電線及び電気機械器具の保護対策**　電路の必要な箇所には，過電流による過熱焼損から電線及び電気機械器具を保護し，かつ，火災の発生を防止できるよう，過電流遮断器を施設しなければならない．

**第15条　地絡に対する保護対策**　電路には，地絡が生じた場合に，電線若しくは電気機械器具の損傷，感電又は火災のおそれがないよう，地絡遮断器の施設その他適切な措置を講じなければならない．ただし，電気機械器具を乾燥した場所に施設する等地絡による危険のおそれがない場合は，この限りでない．

### 第3款　電気的，磁気的障害の防止

**第16条　電気設備の電気的，磁気的障害の防止**　電気設備は，他の電気設備その他の物件の機能に電気的又は磁気的な障害を与えないように施設しなければならない．

**第17条　高周波利用設備への障害の防止**　高周波利用設備(電路を高周波電流の伝送路として利用するものに限る)は，他の高周波利用設備の機能に継続的かつ重大な障害を及ぼすおそれのないように施設しなければならない．

### 第4款　供給支障の防止

**第18条　電気設備による供給支障の防止**　高圧又は特別高圧の電気設備は，その損壊により一般電気事業者の電気の供給に著しい支障を及ぼさないように施設しなければならない．

2　高圧または特別高圧の電気設備は，その電気設備が一般電気事業の用に供される場合にあっては，その電気設備の損壊によりその一般電気事業に係る電気の供給に著しい支障を生じないように施設しなければならない．

### 第4節　公害等の防止

**第19条＊　公害等の防止**　本条では，電気設備に関して，大気汚染防止法，水質汚濁防止法，騒音規制法，振動規制法等が一般的に適用され

ることを規定している．その他では，次の項が規定されている（電験三種の出題範囲）．

8　中性点直接接地式電路に接続する変圧器を設置する箇所には，絶縁油の構外への流出及び地下への浸透を防止するための措置が施されていなければならない．

12　ポリ塩化ビフェニルを含有する絶縁油を使用する電気機械器具は，電路に施設してはならない．

## 第2章　電気の供給のための電気設備の施設

### 第1節　感電，火災等の防止

**第20条　電線路等の感電又は火災の防止**　電線路又は電車線路は，施設場所の状況及び電圧に応じ，感電又は火災のおそれがないように施設しなければならない．

**第21条　架空・地中電線の感電の防止**　低圧又は高圧の架空電線には，感電のおそれがないよう，使用電圧に応じた絶縁性能を有する絶縁電線又はケーブルを使用しなければならない．ただし，通常予見される使用形態を考慮し，感電のおそれがない場合は，この限りでない．

2　地中電線（地中電線路の電線をいう）には，感電のおそれがないよう，使用電圧に応じた絶縁性能を有するケーブルを使用しなければならない．

**第22条　低圧電線路の絶縁性能**　低圧電線路中絶縁部分の電線と大地との間及び電線の線心相互間の絶縁抵抗は，使用電圧に対する漏えい電流が最大供給電流の1/2000を超えないようにしなければならない．

**第23条　発電所等への取扱以外者の立入防止**　高圧又は特別高圧の電気機械器具，母線等を施設する発電所又は変電所，開閉所若しくはこれらに順ずる場所には，取扱者以外の者に電気機械器具，母線等が危険である旨の表示をするとともに，当該者が容易に構内に立入るおそれがないように適切な措置を講じなければならない．

2　地中電線路に施設する地中箱は，取扱以外の者が容易に立ち入るおそれがないように施設しなければならない．

**第24条　架空電線路の支持物の昇塔防止**　架空電線路の支持物には，感電のおそれがないよう，取扱者以外の者が容易に昇塔できないように適切な措置を講じなければならない．

**第25条　架空電線等の高さ**　架空電線，架空電力保安通信線及び架空電車線は，接触又は誘導作用による感電のおそれがなく，かつ，交通に支障のない高さに施設しなければならない．

2　支線は，交通に支障を及ぼすおそれがない高さに施設しなければならない．

**第26条　架空電線による他人の電線等の作業者への感電防止**　架空電線路の支持物は，他人の設置した架空電線路又は架空弱電流線路若しくは架空光ファイバーケーブル線路の電線又は弱電流電線若しくは光ファイバーケーブルの間を貫通して施設してはならない．ただし，その他人の承諾を得た場合は，この限りでない．

2　架空電線は，他人の設置した架空電線路，電車線路又は架空弱電流線路若しくは架空光ファイバーケーブル線路の支持物を挟んで施設してはならない．ただし，同一支持物に施設する場合又はその他人の承諾を得た場合は，この限りでない．

**第27条　架空電線路からの静電・電磁誘導作用による感電防止**　特別高圧の架空電線路は，通常の使用状態において，静電誘導作用により人による感知のおそれがないように，地表上1mにおける電界強度が3kV/m以下になるように施設しなければならない．ただし，田畑，山林その他の人の往来が少ない場所において，人体に危害を及ぼすおそれがないように施設する場合はこの限りでない．

2　特別高圧の架空電線路は，電磁誘導作用により弱電流電線路（電力保安通信設備を除く）を通じて人体に危害を及ぼすおそれがないように施設しなければならない．

3　電力保安通信設備は，架空電線路からの静電誘導作用又は電磁誘導作用により人体に危害を

及ぼすおそれがないように施設しなければならない．

**第27条の2　電気機械器具等からの電磁誘導作用による人の健康影響の防止**　変圧器，開閉器その他これらに類するもの又は電線路を発電所，変電所，開閉所及び需要場所以外の場所に施設するに当たっては，通常の使用状態において，当該電気機械器具等からの電磁誘導作用により人の健康に影響を及ぼすおそれのないよう，当該電気機械器具等のそれぞれの付近において，人によって占められる空間に相当する空間の磁束密度の平均値が，商用周波数において200μT以下になるように施設しなければならない．ただし，田畑，山林等の人の往来が少ない場所において，人体に危害を及ぼすおそれのないように施設する場合は，この限りでない．

2　変電所又は開閉所は，通常の使用状態において，当該施設からの電磁誘導作用により人の健康に影響を及ぼすおそれのないよう，当該施設の付近において，人によって占められる空間に相当する空間の磁束密度の平均値が，商用周波数において200μT以下になるように施設しなければならない．ただし，田畑，山林等の人の往来が少ない場所において，人体に危害を及ぼすおそれのないように施設する場合は，この限りでない．

**第2節　他の電線，他の工作物等への危険の防止**

**第28条　電線の混触防止**　電線路の電線，電力保安通信線又は電車線等は，他の電線又は弱電流電線等と接近し，若しくは交差する場合又は同一支持物に施設する場合には，他の電線又は弱電流電線等を損傷するおそれがなく，かつ，接触，断線等によって生じる混触による感電または火災のおそれがないように施設しなければならない．

**第29条　電線による他の工作物への危険防止**
　電線路の電線又は電車線等は，他の工作物又は植物と接近し，又は交差する場合には，他の工作物又は植物を損傷するおそれがなく，かつ，接触，断線等によって生じる感電または火災のおそれがないように施設しなければならない．

**第30条　地中電線等による他の電線及び工作物への危険防止**　地中電線，屋側電線及びトンネル内電線その他の工作物に固定して施設する電線は，他の電線，弱電流電線等又は管と接近し，又は交さする場合には，故障時のアーク放電により他の電線等を損傷するおそれがないように施設しなければならない．ただし，感電又は火災のおそれがない場合であって，他の電線等の管理者の承諾を得た場合は，この限りでない．

**第31条　異常電圧による架空線等への障害防止**　特別高圧の架空電線と低圧又は高圧の架空電線又は電車線を同一支持物に施設する場合は，異常時の高電圧の侵入により低圧側又は高圧側の電気設備に障害を与えないよう，接地その他の適切な措置を講じなければならない．

2　特別高圧架空電線路の電線の上方において，その支持物に低圧の電気機械器具を施設する場合は，異常時の高電圧の侵入により低圧側の電気設備へ障害を与えないよう，接地その他の適切な措置を講じなければならない．

**第3節　支持物の倒壊による危険の防止**

**第32条　支持物の倒壊防止**　架空電線路又は架空電車線路の支持物の材料及び構造(支線を施設する場合は，当該支線に係る物を含む)は，その支持物が支持する電線等による引張荷重，風速40m/秒の風圧荷重及び当該設置場所において通常想定される気象の変化，振動，衝撃その他の外部環境の影響を考慮し，倒壊のおそれがないよう，安全なものでなければならない．ただし，人家が多く連なっている場所に施設する架空電線路にあっては，その施設場所を考慮して施設する場合は，風速40m/秒の風圧荷重の1/2の風圧荷重を考慮して施設することができる．

2　特別高圧架空電線路の支持物は，構造上安全なものとすること等により連鎖的に倒壊のおそれがないように施設しなければならない

**第4節　高圧ガス等による危険の防止**

**第33条＊　ガス絶縁機器等の危険防止**　本条では，発変電所等に使用するガス絶縁機器及び開

閉器・遮断器に使用する圧縮空気装置の材料及び構造等について規定している．

**第34条＊　加圧装置の施設**　本条では，圧縮ガスを使用してケーブルに圧力を加える装置について規定している．

**第35条　水素冷却式発電機等の施設**　水素冷却式の発電機若しくは調相設備又はこれに付属する水素冷却装置は，次の各号により施設しなければならない．

一　構造は，水素の漏洩又は空気の混入のおそれがないものであること．
二　発電機，調相設備，水素を通ずる管，弁等は，水素が大気圧で爆発する場合に生じる圧力に耐える強度を有するものであること．
三　発電機の軸封部から水素が漏洩したときに，漏洩を停止させ，又は漏洩した水素を安全に外部に放出できるものであること．
四　発電機内又は調相設備内への水素の導入及び発電機内又は調相設備内からの水素の外部への放出が安全にできるものであること．
五　異常を早期に検知し，警報する機能を有すること．

## 第5節　危険な施設の禁止

**第36条　油入開閉器等の施設制限**　絶縁油を使用する開閉器，断路器及び遮断器は，架空電線路の支持物に施設してはならない．

**第37条　屋内電線路等の施設禁止**　屋内を貫通して施設する電線路，屋側に施設する電線路，屋上に施設する電線路又は地上に施設する電線路は，当該電線路より電気の供給を受ける者以外の者の構内に施設してはならない．ただし，特別の事情があり，かつ，当該電線路を施設する造営物(地上に施設する電線路にあっては，その土地)の所有者又は占有者の承諾を得た場合は，この限りでない．

**第38条　連接引込線の禁止**　高圧または特別高圧の連接引込線は，施設してはならない．ただし，特別の事情があり，かつ，当該電線路を施設する造営物の所有者又は占有者の承諾を得た場合は，この限りでない．

**第39条　電線路のがけへの施設禁止**　電線路は，がけに施設してはならない．ただし，その電線が建造物の上に施設する場合，道路，鉄道，軌道，索道，架空弱電流電線等，架空電線又は電車線と交差して施設する場合及び水平距離でこれらのもの(道路を除く)と接近して施設する場合以外の場合であって，特別な事情のある場合は，この限りでない．

**第40条　特高架空線路の市街地等への施設禁止**　特別高圧の架空電線路は，その電線がケーブルである場合を除き，市街地その他人家の密集する地域に施設してはならない．ただし，断線又は倒壊による当該地域への危険のおそれがないように施設するとともに，その他の絶縁性，電線の強度等に係る保安上十分な措置を講ずる場合は，この限りでない．

**第41条＊　市街地に施設する電力保安通信線の特高電線に併架する電力保安通信線との接続禁止**(略)

## 第6節　電気的，磁気的障害の防止

**第42条　通信障害の防止**　電線路又は電車線路は，無線設備の機能に継続的かつ重大な障害を及ぼす電波を発生するおそれがないように施設しなければならない．

2　電線路又は電車線路は，弱電流電線路に対し，誘導作用により通信上の障害を及ぼさないようにしなければならない．ただし，弱電流電線路の管理者の承諾を得た場合は，この限りでない．

**第43条　地磁気観測所等に対する障害の防止**　直流の電線路，電車線路及び帰線は，地球磁気観測所又は地球電気観測所に対して観測上の障害を及ぼさないようにしなければならない．

## 第7節　供給支障の防止

**第44条　発変電設備等の損傷による供給支障の防止**　発電機，燃料電池又は常用電源として用いる蓄電池には，当該電気機械器具を著しく損傷するおそれがあり，又は一般電気事業の供給に著しい支障を及ぼすおそれがある異常が当該電気

機械器具に生じた場合(原子力発電所にあっては,非常用炉心冷却装置が作動した場合を除く)に自動的にこれを電路から遮断する装置を施設しなければならない.

2　特別高圧の変圧器又は調相設備には,当該電気機械器具を著しく損傷するおそれがあり,又は一般電気事業の供給に著しい支障を及ぼすおそれがある異常が当該電気機械器具に生じた場合に自動的にこれを電路から遮断する装置を施設しなければならない.

### 第45条　発電機等の機械的強度
発電機,変圧器,調相設備並びに母線及びこれを支持するがいしは,短絡電流により生ずる機械的衝撃に耐えるものでなければならない.

2　水車又は風車に接続する発電機の回転部分は,負荷遮断時の速度に対し,蒸気タービン,ガスタービン又は内燃機関に接続する発電機の回転部分は,非常調速装置及びその他の非常停止装置が動作して達する速度に対し,耐えるものでなければならない.

3　発電用火力設備に関する技術基準を定める省令第13条第2項の規定は,蒸気タービンに接続する発電機について準用する.

### 第46条　常時監視をしない発電所等の施設
異常が生じた場合に人体に危害を及ぼし,若しくは物件に損傷を与えるおそれがないよう,異常の状態に応じた制御が必要となる発電所,又は一般電気事業に係る電気の供給に著しい支障を及ぼすおそれがないよう,異常を早期に発見する必要のある発電所であって,発電所の運転に必要な知識及び技能を有する者が当該発電所又はこれと同一の構内において常時監視しないものは,施設してはならない.

2　前項に掲げる発電所以外の発電所又は変電所(これに順ずる場所であって,100 000Vを超える特別高圧の電気を変成するためのものを含む)であって,発電所又は変電所の運転に必要な知識及び技能を有する者が当該発電所若しくはこれと同一の構内又は変電所において常時監視しない発電所又は変電所は,非常用予備電源を除き,異常が生じた場合に安全かつ確実に停止することができるような措置を講じなければならない.

### 第47条　地中電線路の保護
地中電線路は,車両その他の重量物による圧力に耐え,かつ,当該地中電線路を埋設している旨の表示等により掘削工事からの影響を受けないようにしなければならない.

2　地中電線路のうちその内部で作業が可能なものには,防火措置を講じなければならない

### 第48条＊　特高架空電線路の供給支障の防止
本条では,使用電圧が170000V以上の特高架空電線路について,市街地での施設の原則禁止などについて規定している.

### 第49条　高圧・特高電路の避雷器等の施設
雷電圧による電路に施設する電気設備の損壊を防止できるよう,当該電路中次の各号に掲げる箇所又はこれに近接する箇所には,避雷器の施設その他の適切な措置を講じなければならない.ただし,雷電圧による当該電気設備の損壊のおそれがない場合は,この限りではない.

一　発電所又は変電所若しくはこれらに順ずる場所の架空電線引込口及び引出口

二　架空電線路に接続する配電用変圧器であって,過電流遮断器の設置等の保安上の対策が施されているものの高圧側及び特別高圧側

三　高圧又は特別高圧の架空電線路から供給を受ける需要場所の引込口

### 第50条　電力保安通信設備の施設
発電所,変電所,開閉所,給電所(電力系統の運用に関する指令を行う所をいう),技術員駐在所その他の箇所であって,一般電気事業に係る電気の供給に対する著しい支障を防ぎ,かつ,保安を確保するために必要なものの相互間には,電力保安通信用電話設備を施設しなければならない.

2　電力保安通信線は,機械的衝撃,火災等により通信の機能を損なうおそれのないように施設しなければならない.

### 第51条　災害時における通信の確保
電力

保安通信設備に使用する無線用アンテナ又は反射板を施設する支持物の材料及び構造は，風速60m/秒の風圧荷重を考慮し，倒壊により通信の機能を損なうおそれのないように施設しなければならない．ただし，電線路の周囲の状態を監視する目的で施設する無線用アンテナ等を架空電線路の支持物に施設するときは，この限りでない．

## 第8節　電気鉄道に電気を供給するための電気設備の施設

**第52条　電車線路の施設制限**　直流の電車線路の使用電圧は，低圧又は高圧としなければならない．

2　交流の電車線路の使用電圧は，25000V以下としなければならない．

3　電車線路は，電気鉄道の専用敷地内に施設しなければならない．ただし，感電のおそれがない場合は，この限りでない．

4　前項の専用敷地は，電車線路がサードレール方式である場合等人がその敷地内に立ち入った場合に感電のおそれがあるものである場合には，高架鉄道等人が容易に立ち入らないものでなければならない．

**第53条＊　架空絶縁帰線等の施設**　（略）

**第54条　電食作用による障害防止**　直流帰線は，漏れ電流によって生じる電食作用による障害の生じるおそれがないようにしなければならない．

**第55条　電圧不平衡による障害防止**　交流式電気鉄道は，その単相負荷による電圧不平衡により，交流式電気鉄道の変電所の変圧器に接続する電気事業の用に供する発電機，調相設備，変圧器その他の電気機械器具に障害を及ぼさないように施設しなければならない．

## 第3章　電気使用場所の施設

### 第1節　感電，火災等の防止

**第56条　配線の感電又は火災の防止**　配線は，施設場所の状況及び電圧に応じ，感電又は火災のおそれがないように施設しなければならない

2　移動電線を機械器具と接続する場合は，接続不良による感電又は火災のおそれがないように施設しなければならない．

3　特別高圧の移動電線は，前2項の規定にかかわらず，施設してはならない．ただし，充電部分に人が触れた場合に人体に危害を及ぼすおそれがなく，移動電線と接続することが必要不可欠な電気機械器具に接続するものは，この限りでない．

**第57条　配線の使用電線**　配線の使用電線（裸電線及び特別高圧で使用する接触電線を除く）には，感電又は火災のおそれがないよう，施設場所の状況及び電圧に応じ，使用上十分な強度及び絶縁性能を有するものでなければならない．

2　配線には，裸電線を使用してはならない．ただし，施設場所の状況及び電圧に応じ，使用上十分な強度を有し，かつ，絶縁性がないことを考慮して，配線が感電又は火災のおそれがないように施設する場合は，この限りでない．

3　特別高圧の配線には，接触電線を使用してはならない．

**第58条　低圧電路の絶縁性能**　電気使用場所における使用電圧が低圧の電路の電線相互間及び電路と大地の間の絶縁抵抗は，開閉器又は過電流遮断器で区切ることのできる電路ごとに，次表の左欄に掲げる電路の使用電圧の区分に応じ，それぞれ同表の右欄に掲げるに値以上でなければならない．

| 電路の使用電圧の区分 | | 絶縁抵抗値 |
|---|---|---|
| 300V以下 | 対地電圧 *150V以下の場合 | 0.1MW |
| | その他の場合 | 0.2MW |
| 300Vを超えるもの | | 0.4MW |

＊接地式電路においては電線と大地との間の電圧，非接地式電路においては電線間の電圧をいう．

**第59条　電気使用場所に施設する電気機械器具の感電，火災等の防止**　電気使用場所に施設する電気機械器具は，充電部の露出がなく，かつ人体に危害を及ぼし，又は火災が発生するおそれがある発熱がないように施設しなければならない．ただし，電気機械器具を使用するために充電部の

露出又は発熱体の施設が必要不可欠である場合であって，感電その他人体に危害を及ぼし，又は火災が発生するおそれがないように施設する場合は，この限りでない．

2　燃料電池発電設備が一般用電気工作物である場合には，運転状態を表示する装置を施設しなければならない．

### 第60条　特高電気集じん応用装置等の施設禁止
使用電圧が特別高圧の電気集じん装置，静電塗装装置，電気脱水装置，電気選別装置その他の電気集塵応用装置及びこれに特別高圧の電気を供給するための電気設備は，第56条及び前条の規定にかかわらず，屋側又は屋外に施設してはならない．ただし，当該電気設備の充電部の危険性を考慮して，感電又は火災のおそれがないように施設する場合は，この限りでない．

### 第61条　非常用予備電源の施設
常用電源の停電時に使用する非常用予備電源(需要場所に施設されるものに限る)は，需要場所以外の場所に施設する電路であって，常用電源側のものと電気的に接続しないようにしなければならない．

## 第2節　他の配線，他の工作物等への危険の防止

### 第62条　配線による他の配線等又は工作物等への危険の防止
配線は，他の配線，弱電流電線等と接近し，又は交さする場合は，混触による感電又は火災のおそれがないように施設しなければならない．

2　配線は，水道管，ガス管又はこれらに類するものと接近し，又は交さする場合は，放電によりこれらの工作物を損傷するおそれがなく，かつ，漏電又は放電によりこれらの工作物を介して感電又は火災のおそれがないように施設しなければならない．

## 第3節　異常時の保護対策

### 第63条　過電流からの低圧幹線等の保護装置
低圧の幹線，低圧の幹線から分岐して電気機械器具に至る低圧の電路及び引込み口から低圧の幹線を経ないで電気機械器具に至る低圧の電路(以下本条で「幹線等」という)には，適切な箇所に開閉器を施設するとともに，過電流が生じた場合に当該幹線等を保護できるよう，過電流遮断器を施設しなければならない．ただし，当該幹線等における短絡事故により過電流が生じるおそれがない場合は，この限りでない．

2　交通信号灯，出退表示灯その他のその損傷により公共の安全の確保に支障を及ぼすおそれのあるものに電気を供給する電路には，過電流による過熱損傷からそれらの電線及び電気機械器具を保護できるよう，過電流遮断器を施設しなければならない．

### 第64条　地絡に対する保護装置
ロードヒーティング等の電熱装置，プール用照明灯その他の一般公衆の立ち入るおそれがある場所又は絶縁体に損傷を与えるおそれがある場所に施設するものに電気を供給する電路には，地絡が生じた場合に，感電又は火災のおそれがないよう，地絡遮断器の施設その他の適切な措置を講じなければならない．

### 第65条　電動機の過負荷保護
屋内に施設する電動機(定格出力0.2kW以下のものを除く)には，過電流による当該電動機の焼損により火災が発生するおそれがないよう，過電流遮断器の施設その他の適切な措置を講じなければならない．ただし，電動機の構造上又は負荷の性質上電動機を焼損するおそれがある過電流が生じるおそれがない場合は，この限りでない．

### 第66条　異常時における高圧の移動及び接触電線の電路の遮断
高圧の移動電線又は接触電線(電車線を除く)に電気を供給する電路には，過電流が生じた場合に，当該高圧の移動電線又は接触電線を保護できるよう，過電流遮断器を施設しなければならない．

2　前項の電路には，地絡が生じた場合に，感電又は火災のおそれがないよう，地絡遮断器の施設その他の適切な措置を講じなければならない．

## 第4節　電気的，磁気的障害の防止

### 第67条　電気機械器具等による無線設備への障害防止
電気使用場所に施設する電気機械器具又は接触電線は，電波，高調波電流等が発生

することにより，無線設備の機能に継続的かつ重大な障害を及ぼすおそれがないように施設しなければならない．

### 第5節　特殊場所における施設制限

**第68条　粉じんの多い場所の施設**　粉じんの多い場所に施設する電気設備は，粉じんによる当該電気設備の絶縁性能又は導電性能が劣化することに伴う感電又は火災のおそれがないように施設しなければならない．

**第69条　可燃性ガス等のある場所の施設**　次の各号に掲げる場所の電気設備は，通常の使用状態において，当該電気設備が点火源となる爆発又は火災のおそれがないように施設しなければならない．

一　可燃性ガス又は引火性物質の蒸気が存在し，点火源の存在により爆発するおそれがある場所

二　粉じんが存在し，点火源の存在により爆発するおそれがある場所

三　火薬類が存在する場所

四　セルロイド，マッチ，石油類その他の燃えやすい危険な物質を製造し，又は貯蔵する場所

**第70条　腐食性ガス等のある場所の施設**　腐食性のガス又は溶液の発散する場所(酸類，アルカリ類，塩素酸カリ，さらし粉，染料若しくは人造肥料の製造工場，銅，亜鉛等の精錬所，電気分銅所，電気めっき工場，開放形蓄電池を設置した蓄電池室又はこれらに類する場所をいう)に施設する電気設備には，腐食性ガス又は溶液による当該電気設備の絶縁性能又は導電性能が劣化することに伴う感電又は火災のおそれがないよう，予防措置を講じなければならない．

**第71条　火薬庫内の電気設備の禁止**　照明のための電気設備(開閉器及び過電流遮断器を除く)以外の電気設備は，第69条の規定にかかわらず，火薬庫内には，施設してはならない．ただし，容易に着火しないような措置が講じられている火薬類を保管する場所にあって，特別の事情がある場合は，この限りでない．

**第72条　特高電気設備の施設禁止**　特別高圧の電気設備は，第68条及び第69条の規定にかかわらず，第68条及び第69条各号に規定する場所には，施設してはならない．ただし，静電塗装装置，同期電動機，誘導電動機，同期発電機，誘導発電機又は石油の精製の用に供する設備に生ずる燃料中の不純物を高電圧により帯電させ，燃料油と分離して，除去する装置及びこれらに電気を供給する電気設備(それぞれ可燃性のガス等に着火するおそれがないような措置が講じられたものに限る)を施設するときは，この限りでない．

**第73条　接触電線の危険場所への施設禁止**　接触電線は，第69条の規定にかかわらず，同条各号に規定する場所には，施設してはならない．

2　接触電線は，第68条の規定にかかわらず，同条に規定する場所には，施設してはならない．ただし，展開した場所において，低圧の接触電線及びその周囲に粉じんが集積することを防止するための措置を講じ，かつ，綿，麻，絹その他の燃えやすい繊維の粉じんが存在する場所にあっては，低圧の接触電線と当該接触電線に接触する集電装置とが使用状態において離れ難いように施設される場合は，この限りでない．

3　高圧接触電線は，第70条の規定にかかわらず，同条に規定する場所には，施設してはならない．

### 第6節　特殊機器の施設

**第74条　電気さくの施設禁止**　電気さくは，施設してはならない．ただし，田畑，牧場，その他これに類する場所において野獣の侵入又は家畜の脱出を防止するために施設する場合であって，絶縁性がないことを考慮し，感電又は火災のおそれがないように施設するときは，この限りでない．

**第75条　電撃殺虫器，X線発生装置の禁止場所**　電撃殺虫器又はエックス線発生装置は，第68条から第70条までに規定する場所には，施設してはならない．

**第76条　パイプライン電熱装置の施設禁止**　パイプライン等に施設する電熱装置は，第68条から第70条までに規定する場所には，施設してはならない．ただし，感電，爆発又は火災のおそ

れがないよう，適切な措置を講じた場合は，この限りでない．

**第77条　電気浴器等の施設**　電気浴器又は銀イオン殺菌装置は，第59条の規定にかかわらず，感電による人体への危害又は火災のおそれがない場合に限り，施設することができる．

**第78条　電気防食施設**　電気防食施設は，他の工作物に電食作用による障害を及ぼすおそれがないように施設しなければならない．

## II．発電用風力設備技術基準

**第1条　適用範囲**　この省令は，風力を原動力として電気を発生するために施設する電気工作物について適用する．

2　前項の電気工作物とは，一般用電気工作物及び事業用電気工作物をいう．

**第2条　定　義**　この省令において使用する用語は，電気事業法施行規則において使用する用語の例による．

**第3条　取扱者以外の者に対する危険防止措置**　風力発電所を施設するに当たっては，取扱者以外の者に見やすい箇所に風車が危険である旨を表示するとともに，当該者が容易に接近するおそれのないように適切な措置を講じなければならない．

2　一般用電気工作物の場合の読替え規定(略)

**第4条　風　車**　風車は，次の各号により施設しなければならない．

一　負荷を遮断したときの最大速度に対し，構造上安全であること．
二　風圧に対して構造上安全であること．
三　運転中に風車に損傷を与えるような振動がないように施設すること．
四　通常想定される最大風速においても取扱者の意図に反して風車が起動することのないように施設すること．
五　運転中に他の工作物，植物等に接触しないように施設すること．

**第5条　風車の安全な状態の確保**　風車は，次の各号の場合に安全かつ自動的に停止するような措置を講じなければならない．

一　回転速度が著しく上昇した場合
二　風車の制御装置の機能が著しく低下した場合

2　一般用電気工作物の場合の読替え規定(略)

3　最後部の地表からの高さが20mを超える発電用風力設備には，雷撃から風車を保護するような措置を講じなければならない．ただし，周囲の状況によって雷撃が風車を損傷するおそれがない場合においては，この限りでない．

**第6条＊　圧油装置及び圧縮空気装置の危険の防止**　本条では，圧油タンク・空気タンクの材料及び構造等を規定している．

**第7条　風車を支持する工作物**　風車を支持する工作物は，自重，積載荷重，積雪及び風圧並びに地震その他の振動及び衝撃に対して構造上安全でなければならない．

2　発電用風力設備が一般用電気工作物である場合には，風車を支持する工作物に取扱者以外の者が容易に登ることができないように適切な措置を講じること．

**第8条　公害等の防止**　電技第19条第8項及び第10項(振動規制法関連)の規定は，風力発電所に設置する風力発電設備について準用する．

2　一般用電気工作物の場合の読替え規定(略)

## III．法令条文の読み方み方

法令に現れる用語は，以下のように厳密に使い分けられている．日常生活で用いる用語もあるが，条文理解の上で注意を要する．

**1．条，項及び号**　条は第1条から最終条まで章や節に関係なく通し番号である．条の下に**項**があるが，第1項は番号をつけない．第2項以降は算用数字で2,3…のように表される．項の下に**号**がある．条の下にすぐ号が来ることもある．号は漢数字で一，二，三のように表される．号の下は，イ，ロ，ハなどで表す．なお，章，節及び条には見出しがあることが多いが，法令の検索や理解等のた

めに付けた区分に過ぎない．

**2．ただし書き**　一つの条又は項が二つに分かれ，そのうちの後段の文章が，「ただし，…この限りでない」と表現される場合がある．前段が**本文**である．後段が**ただし書き**であり，本文によらなくてもよいことを示している．

**3．準用**　特定の事象に関する規定をその事象とは本質の異なる他の事象について適用することをいう．条文の表現を簡単にするために用いられる．

**4．及び，並びに**　この2語は厳密に使い分けられている．等位的連結には，「及び」を用いる．2個の場合は，「A及びB」とし，3個以上の場合は，途中は読点で区切り最後のみに「及び」を用い，「A，B及びC」のようにする．

　並列語句に段階のある場合，大きな意味の併合的連結には「並びに」を用い，小さな意味の併合的連結には「及び」を用いる．例えば，「A並びにB，C及びD」は，「並びに」により「A」と「B，C，D」のグループが大きく連結され，「及び」により，「B，C，D」が連結されている．

**5．又は，若しくは**　この2語も厳密に使い分けられている．選択的に並列された語句は，2個の場合は，「A又はB」とし，3個以上の場合は，途中は読点で区切り最後のみに「又は」を用い，「A，B又はC」のようにする．

　選択語句に段階のある場合，大きな選択的連結には「又は」を用い，小さな選択的連結には「若しくは」を用いる．例えば，「A又はB，C若しくはD」は，「又は」により「A」と「B，C，D」とを大きく並列させ，「若しくは」により「B，C，D」を並列させている．

　「及び」と「又は」などが両方ある場合は，条文の記述の順に考えればよい．例えば，「A及びB又はC」の場合は，「A」と「B又はC」が併結されている．つまりこの場合，「AとB」か「AとC」になる．

**6．以上，以下，超える，未満**　ある数「以上」及び「以下」という場合は，その数が範囲内に入る．「超える」及び「未満」の場合は，その数は範囲内に入らない．

**7．各号による，いずれかによる**　法令でよくこの表現が現れるので注意しよう．「次の各号によること」の場合は，列挙されている各項目をすべて満たさなければならない．「次の各号のいずれかによること」の場合は，列挙されている各項目のうち，一つ以上を満たせばよい．

**8．条文の読み方のコツ**　法令の文章は，正確さを重要視するために独特の表現をしており，日常の事務的な文章に比べても非常にわかりにくい．下記のような点に留意し，何度も条文を読み込んで，法令の文章に慣れるようにしよう．

① 条文の中に出てくるカッコ書き(割注)は，とりあえず飛ばして読む．サインペンなどでマークしておくとよい．これにより条文の全体像をまず把握する．

② 本文とただし書きを明確に区分する．

③ 条文で他の条項を引いているときは，使用している法令集に，その条項の内容またはその記載ページを記入しておく．

④「適合しないものでないこと」などのいわゆる**二重否定**の表現に注意すること．法令上の厳密な表現方法であるが，このような場合，法的な厳密さから離れて，上の例でいえば，通常は単に「適合すること」と考えてよい．

# 付録2　電技・解釈の用語

　学習の参考のために，電技及び解釈で定義されている用語等を以下に記載する．各語の出典は説明文の末尾に( )で示した．「電」は「電気設備に関する技術基準を定める省令」（電技）の略，「解」は「電気設備の技術基準の解釈」（電技解釈）の略である．また，説明文中に太字(ゴシック体)で示された語は，他の項で定義されている用語である．号は算用数字で表した．

## 1．共通，発変電所関係

### 【あ行】

**移動用発電設備**　貨物自動車等に接地される又は貨物自動車等で移設して使用することを目的とする発電設備(解第48条第11項割注)

**A種接地工事**　主に高圧以上の機械器具の金属製外箱の保護接地，避雷器の接地に用いる．接地抵抗値は10Ω以下(解第17条第1項他)

**遠隔常時監視制御方式**(発電所)　**技術員**が，制御所に常時駐在し，**発電所**の運転状態の監視及び制御を行うもの(解第47条第1項第4号)

**遠隔常時監視制御方式**(変電所)　**技術員**が変電制御所に常時駐在し，**変電所**の監視及び機器の操作を行うもの(解第48条)

**遠隔断続監視制御方式**　**技術員**が**変電制御所**又はこれから300m以内にある技術員駐在所に常時駐在し，断続的に変電制御所に出向いて**変電所**の監視及び機器の操作を行うもの(解第48条)

### 【か行】

**開閉所**　構内に施設した開閉器その他の装置により電路を開閉する所であって，**発電所**，**変電所**及び需要場所以外のもの(電第1条第5号)

**開閉所に準ずる場所**　需要場所において**高圧**又は**特別高圧**の電気を受電し，開閉器その他の装置により**電路**の開閉をする場所であって，**変電所に準ずる場所**以外のもの(解第1条第6号)

**ガス絶縁機器**　充電部分が圧縮絶縁ガスにより絶縁された**電気機械器具**(電第33条割注)

**簡易監視制御方式**　**技術員**が必要に応じて**変電所**に出向いて，**変電所**の監視及び機器の操作を行うもの(解第48条)

**簡易接触防護措置**　次のいずれかに適合するように施設することをいう(解第1条第37号)

イ．屋内では床上1.8m以上，屋外では地表上2m以上の高さに，かつ，人が通る場所から容易に触れることのない範囲に設備を施設する．

ロ．**接触防護措置**のロに同じ．

**技術員**　設備の運転又は管理に必要な知識及び技能を有する者(解第1条第3号)

**給電所**　電力系統の運用に関する指令を行う所(解第134条第2号)

**建造物**　**造営物**のうち，人が居住若しくは勤務し，又は頻繁に出入し若しくは来集するもの(解第1条第24号)

**高圧**　直流では750Vを，交流では600Vを超え，7000V以下の電圧(電第2条)

**工作物**　人により加工されたすべての物体(解第1条第22号)

**公称電圧**　使用電圧に同じ(解第1条第1号)

### 【さ行】

**最大使用電圧**　通常の使用状態において**電路**に加わる最大の線間電圧，高圧以上では500kV級を除き使用電圧の1.15/1.1倍（解釈第1条第2号)

**C種接地工事**　300Vを超える低圧機械器具の金属製外箱の保護接地に用いる．接地抵抗値は原則として10Ω以下(解第17条第3項他)

**自消性のある難燃性** 難燃性であって，炎を除くと自然に消える性質(解第1条第33号)

**弱電流電線** 弱電流電気の伝送に使用する電気導体，絶縁物で被覆した電気導体又は絶縁物で被覆した上を保護被覆で保護した電気導体(電第1条第11号，解第1条第15号)

**弱電流電線等** 弱電流電線及び光ファイバーケーブル(解第1条第16号)

**需要場所** 電気使用場所を含む1の構内又はこれに順ずる区域であって，**発電所，変電所及び開閉所**以外のもの(解第1条第5号)

**使用電圧** 電路を代表する線間電圧(解第1条第1号)

**随時監視制御方式** 技術員が，必要に応じて発電所に出向き，運転状態の監視又は制御その他必要な措置を行うもの(解第47条第1項第3号)

**随時巡回方式** 技術員が，適当な間隔をおいて発電所を巡回し，運転状態の監視を行うもの(解第47条第1項第2号)

**接触防護措置** 次のいずれかに適合するように施設することをいう(解第釈1条第36号)
イ．屋内では床上2.3m以上，屋外では地表上2.5m以上の高さに，かつ，人が通る場所から手を伸ばしても触れることのない範囲に設備を施設する．
ロ．設備に人が接近又は接触しないよう，さく，へい等を設け，又は設備を金属管等に納める等の防護措置を施す．

**造営物** 土地に定着する**工作物**のうち，屋根及び柱又は壁を有する工作物(電第1条第16号割注，解第1条第23号)

## 【た行】

**耐火性** **不燃性**のうち，炎により加熱された状態においても著しく変形又は破壊しない性質(解第1条第35号)

**対地電圧** 接地式**電路**においては**電線**と大地の間の電圧，非接地式電路においては電線間の電圧(電第58条の表)

**多心型電線** 絶縁物で被覆した導体と絶縁物で被覆していない導体とからなる**電線**(解第1条第18号)

**他冷式**(変圧器) 変圧器の巻線及び鉄心を直接冷却するため封入した冷媒を強制循環させる冷却方式(解第43条，第47条)

**断続監視制御方式** 技術員が当該**変電所**又はこれから300m以内にある技術員駐在所に常時駐在し，断続的に**変電所**に出向いて変電所の監視及び機器の操作を行うもの(解第48条)

**調相設備** 無効電力を調整する**電気機械器具**(電第1条第10号)

**低圧** 直流では750V以下，交流では600V以下の電圧(電第2条)

**D種接地工事** 主に300V以下の低圧機械器具の金属製外箱の保護接地に用いる．接地抵抗値は原則として100Ω以下(解第17条第4項他)

**電気機械器具** 電路を構成する機械器具(電第1条第2号)

**電気使用機械器具** 電気を使用するための電気機械器具をいい，発電機，変圧器，蓄電池その他これに類するものを除く(解第142条第9号)

**電気使用場所** 電気を使用するための電気設備を施設した，1の建物又は1の単位をなす場所(解第1条第4号)

**電気鉄道用変電所** 直流変成器又は交流き電用変圧器を施設する**変電所**(解第48条)

**電線** 強電流電気の伝送に使用する電気導体，絶縁物で被覆した電気導体又は絶縁物で被覆した上を保護被覆で保護した電気導体(電第1条第6号)

**電力貯蔵装置** 電力を貯蔵する機械器具(電第1条第18号)

**電路** 通常の使用状態で電気が通じているところ(電第1条第1号)

**道路** 公道又は私道(横断歩道橋を除く)(解第1条第25号)

**特定昇降圧変電所** 使用電圧が170 000Vを超える特別高圧電路と使用電圧が100 000V以下

の特別高圧電路とを結合する変圧器を施設する**変電所**であって，昇圧又は降圧の用のみに供するもの(解第48条)

**特別高圧** 7 000Vを超える電圧(電第2条)

## 【な行】

**難燃性** 炎を当てても燃え広がらない性質(解第1条第32号)

## 【は行】

**発電所** 発電機，原動機，燃料電池，太陽電池その他の機械器具(小出力発電設備，非常用予備発電装置，携帯用発電機を除く)を施設して電気を発生させる所(電第1条第3号)

**発電制御所** **発電所**を遠隔監視制御する場所(解第135条)

**B種接地工事** 高圧・特高と結合する変圧器の低圧側に施す混触による危険防止用の接地工事．接地抵抗値は，原則として150[V]を1線地絡電流[A]で除した値[Ω]以下(解第17条第2項他)

**光ファイバーケーブル** 光信号の伝送に使用する伝送媒体であって，保護被覆で保護したもの(電第1条第13号)

**引出口** 常時又は事故時において，**発電所**又は**変電所**若しくはこれらに順ずる場所から**電線路**へ電流が流出する場所(解第36条の表)

**風車周辺区域** 風車を中心とする，半径が風車の最大地上高に相当する長さ(50m未満の場合は50m)の円の内側にある区域(解第47条第4項)

**複合ケーブル** 電線と弱電流電線とを束ねたものの上に保護被覆を施したケーブル(解第1条第20号)

**不燃性** **難燃性**のうち，炎を当てても燃えない性質(解第1条第34号)

**変電所** 構外から伝送される電気を構内に施設した変圧器，回転変流機，整流器その他の**電気機械器具**により変成する所であって，変成した電気をさらに構外に伝送するもの(電第1条第4号)

**変電所に準ずる場所** **需要場所**において**高圧**又は**特別高圧**の電気を受電し，変圧器その他の**電気機械器具**により電気を変成する場所(解第1条第6号)

**変電制御所** **変電所**を遠隔監視制御する場所(解第48条割注，解第135条)

## 2. 電線路関係

## 【あ行】

**異常時想定荷重** **架渉線**の切断を考慮する場合の荷重であって，**風圧**が**電線路**に直角の方向に加わる場合と電線路に平行に加わる場合とについて，それぞれ解釈の表に示す組み合わせによる荷重が同時に加わるものとして荷重を計算し，各部材について，その部材に大きい応力を生じさせる方の荷重(解第58条第1項第6号)

**異常着雪時想定荷重** 降雪の多い地域における着雪を考慮した荷重であって，**風圧**が**電線路**に直角の方向に加わる場合と電線路に平行に加わる場合とについて，それぞれ表に示す組み合わせによる荷重が同時に加わるものとして荷重を計算し，各部材について，その部材に大きい応力を生じさせる方の荷重(解第58条第1項第7号)

**A種鉄筋コンクリート柱** 基礎の強度計算を行わず，根入れ深さを解第59条第2項の規定値以上とすること等により施設する鉄筋コンクリート柱(解第49条第2号)

**A種鉄柱** 基礎の強度計算を行わず，根入れ深さを解第59条第3項の規定値以上とすること等により施設する鉄柱(解第49条第5号)

**屋内電線** 屋内に施設する**電線路**の電線及び**屋内配線**(解第142条第4号)

**乙種風圧荷重** **架渉線**の周囲に厚さ6mm，比重0.9の氷雪が付着した状態に対して，**甲種風圧荷重**の0.5倍を基礎として計算したもの(解第58条第1項第1号)

## 【か行】

**架空電車線** 架空方式により施設する電車線（解第201条第2号）

**架空電車線等** 架空方式により施設する電車線並びにこれと電気的に接続するちょう架線，ブラケット及びスパン線（解第201条第3号）

**架空電線** 架空電線路の電線（電第1条第16号割注）

**架空引込線** 架空電線路の支持物から他の支持物を経ずに需要場所に取付け点に至る架空電線（解第1条第9号）

**架空方式**（電車線） 支持物等に支持すること，又はトンネル，坑道その他これらに類する場所内の上面に施設することにより，電車線を線路の上方に施設する方式（解第201条第1号）

**架渉線** 架空電線，架空地線，ちょう架用線又は添架通信線等のもの（解第1条第38号）

**帰線** 架空単線式又はサードレール式電気鉄道のレール及びそのレールに接続する電線（解第201条第6号）

**き電線** 発電所又は変電所から他の発電所又は変電所を経ないで電車線にいたる電線（解第201条第4号）

**き電線路** き電線及びこれを支持し，保蔵する工作物（解第201条第5号）

**共架** 架空弱電流電線を，低高圧架空電線又は特別高圧架空電線と同一の支持物に施設している状態（解第81条及び第105条等の見出し），併架と混同しないこと．

**高圧保安工事** 高圧架空電線路の電線の断線，支持物の倒壊等による危険を防止するために行う工事（解第70条第2項）

**鋼管柱** 鋼管を柱体とする鉄柱（解第49条第8号）

**甲種風圧荷重** 構成材の垂直投影面に風速40m/秒の風が加わった場合の荷重．解58-1表で与えられる（解第58条第1項第1号）

**鋼板組立柱** 鋼板を管状にして組み立てたものを柱体とする鉄柱（解第49条第7号）

## 【さ行】

**索道** 索道の搬器を含み，索道用支柱を除くもの（解第49条第13号）

**支持物** 木柱，鉄柱，鉄筋コンクリート柱及び鉄塔並びにこれらに類する工作物であって，電線又は弱電流電線若しくは光ファイバーケーブルを支持することを主たる目的とするもの（電第1条第15号）

**支線荷重** 支線の張力の垂直分力により生じる荷重（解第58条第1項第10号）

**弱電流電線路** 弱電流電線及びこれを支持し，又は保蔵する工作物（造営物の屋内または屋側に施設するものを除く）（電第1条第12号）

**弱電流電線路等** 弱電流電線路及び光ファイバーケーブル線路（解第1条第17号）

**常時想定荷重** 架渉線の切断を考慮しない場合の荷重であって，風圧が電線路に直角の方向に加わる場合と電線路に平行に加わる場合とについて，それぞれ解釈の表に示す組み合わせによる荷重が同時に加わるものとして荷重を計算し，各部材について，その部材に大きい応力を生じさせる方の荷重（解第58条第1項第5号）

**上部造営材** 屋根，ひさし，物干し台その他の人が上部に乗るおそれがある造営材（手すり，さくその他の人が上部に乗るおそれがない部分を除く）（解第49条第12号）

**垂直角度荷重** 架渉線の想定最大張力の垂直分力により生じる荷重（解第58条第1項第8号）

**垂直荷重**（電線路） 垂直方向に作用する荷重であって，解58-4表に示すもの（解第58条第1項第2号）

**水平角度荷重** 電線路に水平角度がある場合において，架渉線の想定最大張力の水平分力により生じる荷重（解第58条第1項第9号）

**水平縦荷重** 電線路に平行な方向に作用する荷重であって，解58-4表に示すもの（解第58条第1項第4号）

**水平横荷重** 電線路に直角の方向に作用する荷重であって，解58-4表に示すもの（解第58条

1項第3号)

**接近** 一般的な接近している状態であって，並行する場合を含み，交差する場合及び同一**支持物**に施設される場合を除くもの(電第1条第21号)

**接近状態** 第1次接近状態及び第2次接近状態(解第49条第11号)

**接触電圧** 人が複数の導電性部分に同時に接触した場合に発生する導電性部分間の電圧(解第18条割注)

**想定最大張力** 高温季及び低温季の別に，それぞれの季節において想定される最大張力．ただし，異常着雪時想定荷重の計算に用いる場合にあっては，気温0℃の状態で**架渉線**に着雪荷重と着雪時風圧荷重との合成荷重が加わった場合の張力(解第49条第1号)

### 【た行】

**第1次接近状態** 架空電線が，他の**工作物**と**接近**する場合において，当該架空線が他の**工作物**の上方又は側方において，水平距離で3m以上，かつ，架空電線路の**支持物**の地表上の高さに相当する距離以内に施設されることにより，架空**電線路**の電線の切断，**支持物**の倒壊の際に，当該電線が他の**工作物**に接触するおそれがある状態(解第49条第9号)

**第2次接近状態** 架空電線が，他の**工作物**と**接近**する場合において，当該架空線が他の工作物の上方又は側方において水平距離で3m未満に施設される状態(解第49条第10号)

**地中管路** 地中電線路，地中弱電流電線路，地中光ファイバーケーブル線路，地中に施設する水管及びガス管その他これらに類するもの並びにこれらに付属する地中箱(解第201条第8号)

**地中電線** 地中電線路の**電線**(電第21条割注)

**着雪荷重** **架渉線**の周囲に比重0.6の雪が同心円状に付着したときの雪の重量による荷重(解第58条第1項第12号)

**着雪時風圧荷重** **架渉線**の周囲に比重0.6の雪が同心円状に付着した状態に対し，甲種風圧荷重の0.3倍を基礎として計算したもの(解第58条第1項第1号)

**ちょう架用線** ケーブルをちょう架する金属線(解第1条第19号)

**低圧保安工事** 低圧架空電線路の**電線**の断線，**支持物**の倒壊等による危険を防止するために行う工事(解第70条第1項)

**添架通信線** 架空電線路の**支持物**に施設する電力保安通信線(解第134条第1号)

**電車線** 電気機関車及び電車にその動力用の電気を供給するために使用する**接触電線**及び鋼索鉄道の車両内の信号装置，照明装置等に電気を供給するために使用する接触電線(電第1条第7号)

**電車線等** 電車線並びにこれと電気的に接続するちょう架線，ブラケット及びスパン線(解第1条第8号)

**電車線路** 電車線及びこれを支持する工作物(電第1条第9号)

**電線路** 発電所，変電所，開閉所及びこれらに類する場所並びに**電気使用場所**相互間の**電線**(電車線を除く)並びにこれを支持し，又は保蔵する**工作物**(電第1条第8号)

### 【は行】

**B種鉄筋コンクリート柱** A種鉄筋コンクリート柱以外の鉄筋コンクリート柱(解第49条第3号)

**B種鉄柱** A種鉄柱以外の鉄柱(解第49条第6号)

**光ファイバーケーブル線路** 光ファイバーケーブル及びこれを支持し，又は保蔵する**工作物**(造営物の屋内または屋側に施設する物を除く)(電第1条第14号)

**引込線** 架空引込線及び**需要場所**の造営物の側面等に施設する**電線**であって，当該**需要場所**の引込口に至るもの(解第1条第10号)

**被氷荷重** **架渉線**の周囲に厚さ6mm，比重0.9の氷雪が付着したときの氷雪の重量による荷重(解第58条第1項第11号)

**風圧荷重** 架空電線路の構成材に加わる風圧

による荷重(解第58条第1項)

**複合鉄筋コンクリート柱**　鋼管と組み合わせた鉄筋コンクリート柱(解第49条第4号)

**併架**　低圧架空電線と高圧架空電線を同一**支持物**に，又は低高圧架空電線と特別高圧架空電線を同一支持物に施設している状態(解第80条第及び第104条の見出し)，**共架**と混同しないこと．

**丙種風圧荷重**　甲種風圧荷重の0.5倍を基礎として計算したもの(解第58条第1項第1号)

## 【ら行】

**レール近接部分**　帰線用レール並びにレール間及びレールの外側30 cm 以内の部分(解第201条第7号)

**連接引込線**　一需要場所の**引込線**から分岐して，**支持物**を経ないで他の**需要場所**の引込口に至る部分の**電線**(電技1条第16号)

## 3. 電気使用場所関係

## 【あ行】

**移動電線**　電気使用場所に施設する**電線**のうち，造営物に固定しないものをいい，**電球線**及び**電気機械器具**内の電線を除く(解第142条第6号)

**引火性物質**　火のつきやすい可燃性の物質で，その蒸気と空気とがある割合の混合状態において点火源がある場合に爆発を起すもの(解第176条割注)

**XLPEケーブル**　IEC規格において規定する架橋ポリエチレン絶縁ビニルシースケーブル(解第218条割注)．CVケーブル同等品である．

**エックス線発生装置**　エックス線管，エックス線管用変圧器，陰極過熱用変圧器及びこれらの付属装置並びにエックス線管回路の**配線**(解第194条割注)

**屋外配線**　屋外の**電気使用場所**において，当該電気使用場所における電気の使用を目的として，固定して施設する**電線**(電気機械器具内，**管灯回路**等の電線を除く)(解第1条第13号)

**屋側配線**　屋内の**電気使用場所**において，当該電気使用場所における電気の使用を目的として，**造営物**に固定して施設する**電線**(電気機械器具内，**管灯回路**等の電線を除く)(解第1条第12号)

**屋内配線**　屋内の**電気使用場所**において，固定して施設する**電線**(電気機械器具内，**管灯回路**等の電線を除く)(解第1条第11号)

## 【か行】

**家庭用電気機械器具**　小形電動機，電熱器，ラジオ受信機，電気スタンド，電気用品安全法の適用を受ける装飾用電灯器具その他の電気機械器具であって，主として住宅その他これに類する場所で使用するものをいい，白熱電灯及び放電灯を除く(解第142条第10号)

**可燃性のガス**　常温において気体であり，空気とある割合の混合状態において点火源がある場合に爆発を起すもの(解第176条割注)

**可燃性粉じん**　小麦粉，でん粉その他の可燃性の粉じんであって，空中に浮遊した状態において着火したときに爆発するおそれがあるものをいい，**爆燃性粉じん**を除く(解第175条割注)

**乾燥した場所**　湿気の多い場所及び水気のある場所以外の場所(解第1条第28号)

**管灯回路**　放電灯用安定器又は放電灯用変圧器から放電管までの**電路**(解第1条第14号)

**危険物**(解釈の)　消防法に規定する危険物のうち第2類，第4類及び第5類に分類される物，その他燃えやすい危険な物質(解第177条割注)

**銀イオン殺菌装置**　浴槽内に電極を収納したイオン発生器を設け，その電極相互間に微弱な直流電圧を加えて銀イオンを発生させ，これにより殺菌する装置(電第77条割注)

**交通信号灯回路**　交通信号灯の制御装置から交通信号灯の電球までの**電路**(解第184条割注)

## 【さ行】

**湿気の多い場所**　水蒸気が充満する場所又は湿度が著しく高い場所(解第1条第27号)

**出退表示灯回路** 出退表示灯その他これに類する装置に接続する**電路**であって，**最大使用電圧**が 60V 以下のもの(**小勢力回路**及び**特別低電圧照明回路**を除く)(解第 162 条)

**昇温器**(温泉水の) 水管を経て供給される温泉水の温度を上げ，水管を経て浴槽に供給する電極式の温水器(解第 198 条割注)

**小勢力回路** 電磁開閉器の操作回路又は呼鈴若しくは警報ベル等に接続する**電路**であって，**最大使用電圧**が 60V 以下のもの(解第 161 条)

**制御回路等** 自動制御回路，遠方操作回路，遠方監視装置の信号回路その他これらに類する電気回路(解第 146 条割注)

**石油精製用不純物除去装置** 石油精製の用に供する設備に生じる燃料油中の不純物を高電圧により帯電させ，燃料油と分離して，除去する装置(解第 191 条割注)

**接触電線** 当該**電線**に接触してしゅう動する集電装置を介して，移動起重機，オートクリーナその他の移動して使用する**電気機械器具**に電気の供給を行うための**電線**(解第 142 条第 7 号)

## 【た行】

**低圧幹線** 引込口開閉器(解第 147 条)又は**変電所に準ずる場所**に施設した低圧開閉器を起点とする，**電気使用場所**に施設する**低圧**の**電路**であって，当該電路に，**電気機械器具**(配線器具を除く)に至る低圧電路であって過電流遮断器を施設するものを接続するもの(解第 142 条第 1 号)

**低圧配線** **低圧**の**屋内配線**，**屋側配線**及び**屋外配線**(解第 142 条第 3 号)．

**低圧分岐回路** **低圧幹線**から分岐して**電気機械器具**に至る低圧電路(解第 142 条第 2 号)．

**展開した場所** **点検できない隠ぺい場所**及び**点検できる隠ぺい場所**以外の場所(解第 1 条第 31 号)

**電気さく** 屋外において裸電線を固定して施設したさくであって，裸電線に充電して使用するもの(電第 74 条割注)

**電気温床等** 植物の栽培又は養蚕，ふ卵，育すう等の用に供する電熱装置をいい，電気用品安全法の適用を受ける電気育苗器，観賞植物用ヒータ，電気ふ卵器及び電気育すう器を除く(解第 196 条割注)

**電気防食回路** 電気防食用電源装置から陽極及び**被防食体**までの電路(解第 199 条割注)

**電気防食施設** **被防食体**の腐食を防止するため，地中又は水中に施設する陽極と被防食体との間に電気防食用電源装置を使用して防食電流を通じる施設(解第 199 条割注)

**電球線** **電気使用場所**に施設する**電線**のうち，**造営物**に固定しない白熱電灯に至るものであって，造営物に固定しないものをいい，電気機械器具内の電線を除く(解第 142 条第 5 号)

**電気浴器** 浴槽の両端に板状の電極を設け，その電極相互間に微弱な交流電圧を加えて入浴者に電気的刺激を与える装置(電第 77 条割注)

**点検できない隠ぺい場所** 天井ふところ，壁内又はコンクリート床内等，**工作物**を破壊しなければ電気設備に接近し，又は電気設備を点検できない場所(解第 1 条第 29 号)

**点検できる隠ぺい場所** 点検口がある天井裏，戸棚又は押入れ等，容易に電気設備に接近し，又は電気設備を点検できる隠ぺい場所(解第 1 条第 30 号)

**等電位ボンディング** 導電性部分間において，その部分間に発生する電位差を軽減するために施す電気的接続(解第 18 条割注)

**特別低電圧照明回路** 両端を**造営材**に固定した導体又は一端を造営材の下面に固定し吊り下げた導体により支持された白熱電灯に電気を供給する回路であって，専用の電源装置に接続されるもの(解第 183 条割注)

## 【な行】

**ネオン放電灯** 放電管にネオン放電管を使用する放電灯(解第 186 条割注)

## 【は行】

付録2

**配線** 電気使用場所において施設する**電線**(電気機械器具内及び電線路の電線を除く)(電第1条第17号)

**配線器具** 開閉器,遮断器,接続器その他これに類する器具(解第142条第11号)

**パイプライン等** 導管及びその他の工作物により流体の輸送を行う施設の総体(電第76条及び解第197条割注)

**白熱電灯** 白熱電球を使用する電灯のうち,電気スタンド,携帯等及び電気用品安全法の適用を受ける装飾用電灯器具以外のもの(解第142条第12号)

**爆燃性粉じん** マグネシウム,アルミニウム等の粉じんであって,空気中に浮遊した状態又は集積した状態において着火したときに爆発するおそれがあるもの(解第175条割注)

**被防食体** 地中若しくは水中に施設される金属体,又は,地中及び水中以外の場所に施設する機械器具の金属部分(解第199条割注)

**閉鎖電気運転区域** **高圧**又は**特別高圧**の機械器具を施設する,取扱者以外の者が立ち入らないように措置した部屋又はさく等により囲まれた場所(解第219条割注)

**防湿コード** 外部編組に防湿材を施したゴムコード(解第142条第8号)

**放電灯** 放電管,放電灯用安定器,放電灯用変圧器及び放電管の点灯に必要な付属品並びに**管灯回路**の**配線**をいい,電気スタンドその他これに類する放電灯器具を除く(解第142条第13号)

## 【ま行】

**水気のある場所** 水を扱う場所若しくは雨露にさらされる場所その他水滴が飛散する場所,又は常時水が漏出し若しくは結露する場所(解第1条第26号)

## 【や行】

**遊戯用電車** 遊園地の構内において遊戯用のために施設するものであって,人や物を別の場所に運送することを主な目的としないもの(解第189条割注)

# 4. 分散型電源連系関係

## 【か行】

**解列** 電力系統から切り離すこと(解第220条第3号)

**逆充電** 分散型電源を連系している電力系統が事故等によって系統電源と切り離された状態において,分散型電源のみが,連系している電力系統を加圧し,かつ,当該電力系統へ有効電力を供給していない状態(解第220条第6号)

**逆潮流** 分散型電源設置者の構内から,一般電気事業者が運用する電力系統側へ向かう有効電力の流れ(解第220条第4号)

## 【さ行】

**受動的方式の単独運転検出装置** **単独運転**移行時に生じる電圧位相又は周波数等の変化により,単独運転状態を検出する装置(解第220条第10号)

**自立運転** 分散型電源が,連系している電力系統から**解列**された状態において,当該分散型電源設置者の構内負荷にのみ電力を供給している状態(解第220条第7号)

**スポットネットワーク受電方式** 2以上の特別高圧配電線(スポットネットワーク配電線)で受電し,各回線に設置した受電変圧器を介して2次側電路をネットワーク母線で並列接続した受電方式(解第220条第12号)

**線路無電圧確認装置** 電線路の電圧の有無を確認するための装置(解第220条第8号)

## 【た行】

**単独運転** 分散型電源を連系している電力系統が事故等によって系統電源と切り離された状態において,当該分散型電源が発電を継続し,線

路負荷に有効電力を供給している状態(解第220条第5号)

**転送遮断装置**　遮断器の動作信号を通信回線で伝送し，別の構内に設置された遮断器を動作させる装置(解第220条第9号)

## 【な行】

**二次励磁制御巻線形誘導発電機**　二次巻線の交流励磁電流を周波数制御することにより可変速運転を行う巻線形誘導発電機(解第220条第13号)

**能動的方式の単独運転検出装置**　**分散型電源**の有効電力出力または無効電力出力等に平時から変動を与えておき，**単独運転**移行時に当該変動に起因して生じる周波数等の変化により，単独運転状態を検出する装置(解第220条第11号)

## 【は行】

**発電設備等**　発電設備又は**電力貯蔵装置**であって，常用電源の停電又は電圧低下の発生時にのみ使用する非常用予備電源以外のもの(解第220条第1号)

**分散型電源**　一般電気事業者及び卸電気事業者以外の者が設置する**発電設備等**であって，一般電気事業者が運用する電力系統に連系するもの(解第220条第2号)

# 索 引

## 記号・数字

%インピーダンス ……………… 161
π引込み……………………………89
1種金属製可とう電線管 ……… 118
1種線ぴ ………………………… 118
2極1素子 ……………………… 111
2種金属製可とう電線管 ……… 118
2種線ぴ ………………………… 118
50%衝撃せん絡電圧値…………82

## A

A種,B種接地工事の接地極の特例
………………………………32
A種接地工事……………… 29,207
A種柱………………………………71
A種鉄筋コンクリート柱……… 209
A種鉄柱 ………………………… 209

## B

B種接地工事……………29,33,209
B種柱………………………………71
B種鉄筋コンクリート柱……… 211
B種鉄柱 ………………………… 211

## C

CB形 …………………………… 161
CB連動試験 …………………… 164
CDケーブル………………………26
CTトリップ方式 ……………… 162
C種接地工事……………… 29,207

## D

D種接地工事……………… 29,208

## E

EVT ……………………………… 162

## I

IEC規格 ………………………… 141

## IT

IT系統接地方式 ……………… 142
IT接地方式 …………………… 143

## L

LDC方式 ……………………… 177
LNG火力 ……………………… 172

## M

MIケーブル………………………26

## N

NAS電池…………………………53

## P

PCB ………………………………9
PCB使用禁止……………………39
PF・S形 ………………………… 161
PVケーブル………………………53

## S

SNW方式 ……………………… 148

## T

TN系統接地方式 ……………… 142
TN接地方式 …………………… 143
TT系統接地方式 ……………… 142
TT接地方式 …………………… 143

## X

XLPEケーブル ………………… 212

## Z

ZPC …………………………… 162

## あ

アーク対策………………………39
アーク溶接装置………………… 136
雨露にさらされる場所………… 117
暗きょ式…………………………93
安全管理審査……………………6
安全増防爆形フレキシブルフィッチング
……………………………… 131

## い

異常時想定荷重………………… 209
異常着雪時想定荷重…………… 209
異常電圧想定……………………27
異常放流……………………………9
一般水力発電…………………… 171
一般電気事業…………………… 154
一般の低圧電路…………………27
一般用電気工作物………………3
一般用電気工作物の規制………4
一般用電気工作物の調査義務…4
移動電線…………………… 125,212
移動用発電設備………………… 207
引火性………………………………3
引火性物質………………… 131,212
インターロック試験…………… 165
インピーダンス電圧…………… 160

## う

薄鋼電線管……………………… 130
渦電流損………………………… 159

## え

エックス線発生装置……… 137,212
遠隔常時監視制御方式…… 55,207
遠隔断続監視制御方式…… 55,207

## お

屋外配線………………………… 212
屋外用バスダクト………………90
屋上電線路………………………67
屋側電線路………………………67
屋側配線………………………… 212
屋内電線………………………… 104,209
屋内の電線路……………………95
屋内配線………………………… 104
乙種風圧荷重……………… 69,209
卸電気事業……………………… 154
温度上昇試験……………………39

## か

がいし装置………………………81
がいし引き工事………… 89,117,123
外部電源方式…………………… 138
開閉所 ……………………… 50,207
開閉所に準ずる場所…………… 207
開放形 ………………………… 161
開放形変電室……………………51
解列 …………………………… 214
解列箇所………………………… 146
解列用遮断装置………………… 146
架空弱電流電線…………………85

| | | |
|---|---|---|
| 架空地線 …………………81 | キュービクル式受電設備 ……… 161 | コード ……………… 25,26 |
| 架空電車線 …………… 210 | 共架 ……………… 78,85,210 | コード接続器 ………………24 |
| 架空電車線等 ………… 210 | 供給義務 ………………… 154 | 混触 …………………………33 |
| 架空電線 ……………… 210 | 供給支障事故 ……………… 9 | 混触防止板 …………………34 |
| 架空電線路 …………………67 | 供給約款 ………………… 154 | コンデンサトリップ方式 …… 162 |
| 架空引込線 ………… 91,210 | 供給用電源 ……………… 139 | コンバインドサイクル …… 172 |
| 架空方式 ……………… 210 | 強制排流法 …………………96 | |
| がけの電線路 ………………95 | 共同地線 ……………………35 | |
| 篭効果 ………………………31 | 銀イオン殺菌装置 …… 138,212 | さ |
| 架渉線 ………………… 210 | 金糸コード ……………… 125 | サージインピーダンス ………47 |
| カスケード遮断方式 …………42 | 金属可とう電線管工事 …… 118 | サードレール式 ………… 136 |
| ガス絶縁機器 …………… 207 | 金属管工事 …………… 89,118 | 最高電圧 ……………………23 |
| 滑走路灯 ……………… 136 | 金属線ぴ工事 …………… 118 | 最大使用電圧 …………… 207 |
| 家庭用電気機械器具 …… 212 | 金属ダクト工事 ………… 119 | さく ……………………… 51 |
| 過電流遮断器 ………… 42,109 | 金属保護部 ……………… 121 | 索道 ……………………… 210 |
| 過電流保護 ……………… 162 | | 酸化測定 ………………… 164 |
| 可燃性ガス …………… 131,212 | | |
| 可燃性ガス等のある場所 … 129 | け | |
| 可燃性粉じん ………… 130,212 | 計器用変成器二次側接地 ……42 | し |
| ガバナフリー …………… 174 | 継電器試験 ……………… 164 | 事業者の自己責任の原則 ……22 |
| 過負荷保護装置 ………………43 | 系統外導電性部分 ……… 143 | 事業用電気工作物 ……………3 |
| 可変速運転 ……………… 171 | 系統周波数特性定数 …… 175 | 事業用電気工作物の規制 ……4 |
| 火薬庫 …………………… 129 | ケージ効果 …………… 31,143 | 自己支持形ケーブル …………76 |
| 火薬類の粉末 …………… 130 | ケーブル ………………… 24,26 | 事故報告 ………………………8 |
| 火力発電 ………………… 171 | ケーブル工事 ……… 89,119,123 | 支持物 ……………… 67,71,210 |
| 簡易監視制御方式 ……… 55,207 | 原子力発電 ……………… 172 | 死傷事故 ………………………8 |
| 簡易接触防護措置 ……… 207 | 建造物 …………………… 66,207 | 自消性のある難燃性 …… 208 |
| 簡易防護措置 …………………23 | 原動力設備 ……………………3 | 支線 ……………………… 73 |
| 慣性特性係数 …………… 162 | | 支線荷重 ………………… 210 |
| 幹線等 …………………… 108 | | 支柱 ……………………… 73 |
| 乾燥した場所 …………… 212 | こ | 湿気の多い場所 ………… 212 |
| 管灯回路 ………… 104,134,212 | 高圧 …………………… 23,207 | 弱電流電線 ……………… 208 |
| 管路式 …………………………92 | 高圧・特別高圧ケーブル ……26 | 弱電流電線等 …………… 208 |
| | 高圧・特別高圧電路 …………28 | 弱電流電線路 …………… 210 |
| | 高圧屋外配線 …………… 123 | 弱電流電線路等 ………… 210 |
| き | 高圧屋側配線 …………… 123 | 周波数 ……………………10,174 |
| 機械・器具等の電路 …………28 | 高圧ケーブル ………………25 | 重油火力 ………………… 172 |
| 機械器具外箱の接地 …………41 | 高圧ケーブルの金属遮へい層 …41 | 出退表示灯 ……………… 134 |
| 機械器具の接地の省略 ………41 | 高圧接触電線 …………… 126 | 受動的方式の単独運転検出装置 214 |
| 危険物 …………………… 212 | 高圧保安工事 …………… 77,210 | 主任技術者の義務 ……………6 |
| 技術員 …………………… 207 | 公共・社会的事故 ……………8 | 主任技術者の兼務 ……………7 |
| 基準電圧 ……………………23 | 工作物 …………………… 66,207 | 主任技術者の選任 ……………6 |
| 帰線 ……………………… 210 | 高周波利用設備 ………………42 | 主任技術者の選任の免除 ……7 |
| 基礎の安全率 ……………… 72 | 甲種風圧荷重 …………… 69,210 | 主任電気工事士の設置 ………14 |
| き電線 …………………… 210 | 公称電圧 ………………… 23,207 | 需要設備 ………………………3 |
| き電線路 ………………… 210 | 合成樹脂管工事 ………… 89,118 | 主要電気工作物 ………………9 |
| 逆充電 …………………… 214 | 合成樹脂線ぴ工事 ……… 120 | 主要電気工作物破損事故 ……8 |
| 逆潮流 …………………… 214 | 鋼注管 …………………… 210 | 需要場所 ……………… 22,208 |
| キャブタイヤケーブル … 25,26 | 高調波抑制対策ガイドライン … 165 | 需要場所の引込口の接地 ……33 |
| 給電所 …………………… 207 | 交通信号灯 ……………… 134 | 需要率 …………………… 157 |
| 給電指令 ………………… 174 | 交通信号灯回路 ………… 212 | 瞬時要素 ………………… 162 |
| キュービクル ………………51 | 硬銅線 ………………………91 | 昇温器 …………………… 138,213 |
| | 鋼板組立柱 ……………… 210 | 使用最大電力の制限 …………10 |

常時監視をしない発電所の施設
　　　　‥‥‥‥‥‥‥‥‥‥‥54,55
常時想定荷重‥‥‥‥‥‥‥‥‥210
小出力発電設備‥‥‥‥‥‥‥‥‥3
使用状況の報告‥‥‥‥‥‥‥‥‥10
小勢力回路‥‥‥‥‥‥‥‥133,213
使用電圧‥‥‥‥‥‥‥‥‥‥23,208
使用電力量の制限‥‥‥‥‥‥‥‥10
上部造営材‥‥‥‥‥‥‥‥‥‥210
使用前検査‥‥‥‥‥‥‥‥‥‥‥6
使用前自主検査‥‥‥‥‥‥‥‥‥6
自立運転‥‥‥‥‥‥‥‥‥144,214

### す

随時監視制御方式‥‥‥‥‥‥55,208
随時巡回方式‥‥‥‥‥‥‥‥55,208
水上・水底電線路‥‥‥‥‥‥‥‥94
水素冷却式発電機等の施設‥‥‥‥52
水中照明灯‥‥‥‥‥‥‥‥‥‥135
垂直角度荷重‥‥‥‥‥‥‥‥‥210
垂直荷重‥‥‥‥‥‥‥‥‥‥70,210
水道管の設置極使用‥‥‥‥‥‥‥32
水平角度荷重‥‥‥‥‥‥‥‥‥210
水平角度箇所‥‥‥‥‥‥‥‥‥‥73
水平荷重‥‥‥‥‥‥‥‥‥‥‥‥70
水平縦荷重‥‥‥‥‥‥‥‥‥70,210
水平横荷重‥‥‥‥‥‥‥‥‥70,210
スポットネットワーク受電‥‥‥214
スラスト軸受‥‥‥‥‥‥‥‥‥‥52

### せ

静止形無効電力補償装置‥‥‥‥176
静電誘導作用‥‥‥‥‥‥‥‥‥‥79
石炭火力‥‥‥‥‥‥‥‥‥‥‥172
石油精製用不純物除去装置‥‥‥213
施錠装置‥‥‥‥‥‥‥‥‥‥‥‥51
絶縁体の最高許容温度‥‥‥‥‥106
絶縁耐力試験‥‥‥‥‥‥‥‥‥164
絶縁抵抗計‥‥‥‥‥‥‥‥‥27,164
絶縁電線‥‥‥‥‥‥‥‥‥25,91,121
絶縁変圧器‥‥‥‥‥‥‥‥‥‥138
雪害対策‥‥‥‥‥‥‥‥‥‥‥‥86
接近‥‥‥‥‥‥‥‥‥‥‥‥66,211
接近状態‥‥‥‥‥‥‥‥‥66,78,211
接触電圧‥‥‥‥‥‥‥‥‥31,32,211
接触電線‥‥‥‥‥‥‥‥‥‥126,213
接触防護措置‥‥‥‥‥‥‥22,39,208
接続供給‥‥‥‥‥‥‥‥‥‥‥154
接地型計器用変圧器‥‥‥‥‥‥162
接地式電路‥‥‥‥‥‥‥‥‥‥‥24
接地線‥‥‥‥‥‥‥‥‥‥‥‥‥35

接地抵抗計‥‥‥‥‥‥‥‥‥‥164
設置の工事‥‥‥‥‥‥‥‥‥‥‥5
接地用コンデンサ‥‥‥‥‥‥‥162
セルラダクト工事‥‥‥‥‥‥‥120
選択排流法‥‥‥‥‥‥‥‥‥‥‥96
全日効率‥‥‥‥‥‥‥‥‥‥‥159
線路無電圧確認装置‥‥‥‥145,214

### そ

造営物‥‥‥‥‥‥‥‥‥‥66,208
送出電圧‥‥‥‥‥‥‥‥‥‥‥177
想定最大張力‥‥‥‥‥‥‥‥‥211
送電線路‥‥‥‥‥‥‥‥‥‥‥‥3
送電端原価‥‥‥‥‥‥‥‥‥‥173
速報‥‥‥‥‥‥‥‥‥‥‥‥‥‥9

### た

耐圧ケーブル‥‥‥‥‥‥‥‥‥26
耐圧防爆形フレキシブルフィッチング
　　　‥‥‥‥‥‥‥‥‥‥‥‥131
第1次接近状態‥‥‥‥‥‥‥66,211
第一種電気工事士‥‥‥‥‥‥‥‥13
耐火性‥‥‥‥‥‥‥‥‥‥‥‥208
第3種特別高圧保安工事‥‥‥‥‥83
大地絶縁‥‥‥‥‥‥‥‥‥‥‥‥27
対地電圧‥‥‥‥‥‥‥‥‥‥24,208
耐張型‥‥‥‥‥‥‥‥‥‥‥‥‥71
第2次接近状態‥‥‥‥‥‥‥66,211
第二種電気工事士‥‥‥‥‥‥‥‥13
第2種特別高圧保安工事‥‥‥‥‥82
耐熱性‥‥‥‥‥‥‥‥‥‥‥‥‥39
タイムスケジュール方式‥‥‥‥177
太陽電池発電所‥‥‥‥‥‥‥‥‥53
太陽電池発電設備‥‥‥‥‥‥‥139
太陽電池発電設備用直流ケーブル53
太陽電池モジュールの接地‥‥‥41
託送供給‥‥‥‥‥‥‥‥‥‥‥154
託送送電‥‥‥‥‥‥‥‥‥‥‥154
多心型電線‥‥‥‥‥‥‥‥25,75,208
立入検査‥‥‥‥‥‥‥‥‥‥‥‥11
建物鉄骨等の構造体接地‥‥‥‥30
他物との接近・交差‥‥‥‥‥‥123
ダム水路主任技術者‥‥‥‥‥‥‥6
他冷式‥‥‥‥‥‥‥‥‥‥‥‥208
断続監視制御方式‥‥‥‥‥‥55,208
単独運転‥‥‥‥‥‥‥‥‥144,214
断面係数‥‥‥‥‥‥‥‥‥‥‥‥72
短絡試験‥‥‥‥‥‥‥‥‥‥‥160
短絡保護‥‥‥‥‥‥‥‥‥‥‥‥43
短絡保護遮断器‥‥‥‥‥‥‥‥44
短絡保護専用ヒューズ‥‥‥‥‥44

### ち

蓄電池‥‥‥‥‥‥‥‥‥‥‥‥52
蓄電池の保護‥‥‥‥‥‥‥‥‥114
地上電線路‥‥‥‥‥‥‥‥‥‥‥95
地中管路‥‥‥‥‥‥‥‥‥‥‥211
地中電線‥‥‥‥‥‥‥‥‥‥92,211
地中電線路‥‥‥‥‥‥‥‥‥‥‥67
地中箱‥‥‥‥‥‥‥‥‥‥‥‥‥93
着雪荷重‥‥‥‥‥‥‥‥‥‥70,211
着雪時風圧荷重‥‥‥‥‥‥‥69,211
中間供給力‥‥‥‥‥‥‥‥‥‥171
中間負荷‥‥‥‥‥‥‥‥‥‥‥171
柱上の施設‥‥‥‥‥‥‥‥‥‥‥51
中性点接地‥‥‥‥‥‥‥‥‥‥‥32
ちょう架用線‥‥‥‥‥‥‥‥76,211
調整池式‥‥‥‥‥‥‥‥‥‥171,173
調相設備‥‥‥‥‥‥‥‥53,176,208
直接排流法‥‥‥‥‥‥‥‥‥‥‥96
直接埋設式‥‥‥‥‥‥‥‥‥‥‥93
直流トリップ方式‥‥‥‥‥‥‥162
貯水池式‥‥‥‥‥‥‥‥‥‥171,173
地絡遮断装置‥‥‥‥‥‥‥‥‥‥45

### つ

通信障害‥‥‥‥‥‥‥‥‥‥‥‥67
通知電気工事事業者‥‥‥‥‥‥‥14

### て

低圧‥‥‥‥‥‥‥‥‥‥‥‥23,208
低圧幹線‥‥‥‥‥‥‥‥‥‥104,213
低圧機械器具等の施設‥‥‥‥‥‥85
低圧ケーブル‥‥‥‥‥‥‥‥‥‥25
低圧接触電線‥‥‥‥‥‥‥‥‥126
低圧電線路‥‥‥‥‥‥‥‥‥‥‥27
低圧配線‥‥‥‥‥‥‥‥‥‥104,213
低圧分岐回路‥‥‥‥‥‥‥‥104,213
低圧保安工事‥‥‥‥‥‥‥‥77,211
低圧用非包装ヒューズ‥‥‥‥‥113
定額法‥‥‥‥‥‥‥‥‥‥‥‥173
定率法‥‥‥‥‥‥‥‥‥‥‥‥173
出退表示灯回路‥‥‥‥‥‥‥‥213
デッキプレート‥‥‥‥‥‥‥‥120
鉄損‥‥‥‥‥‥‥‥‥‥‥‥‥159
電圧指定方式‥‥‥‥‥‥‥‥‥176
展開した場所‥‥‥‥‥‥‥‥‥213
添架通信線‥‥‥‥‥‥‥‥‥‥211
電気・磁気的障害防止‥‥‥‥‥‥39
電気温床‥‥‥‥‥‥‥‥‥‥‥137
電気温床等‥‥‥‥‥‥‥‥‥‥213
電気火災事故‥‥‥‥‥‥‥‥‥‥8
電気関係報告規則‥‥‥‥‥‥‥‥8

| 電気管理技術者 | 7 |
| --- | --- |
| 電気機械器具 | 208 |
| 電気機械器具の施設 | 113 |
| 電気供給支障防止 | 39 |
| 電気工作物 | 2 |
| 電気工事業者の義務 | 14 |
| 電気さく | 137,213 |
| 電気事業 | 2,154 |
| 電気事業の用に供する電気工作物 | 3 |
| 電気事業法 | 2 |
| 電気自動車の電気供給・充電 | 138 |
| 電気集じん装置 | 136 |
| 電気主任技術者 | 6,163 |
| 電気使用機械器具 | 208 |
| 電気使用場所 | 22,104,208 |
| 電気設備 | 3 |
| 電気設備に関する技術基準 | 22 |
| 電気設備の技術基準の解釈 | 22 |
| 電気的遮へい層 | 26 |
| 電気鉄道用変電所 | 208 |
| 電気保安法人 | 7 |
| 電気防食回路 | 213 |
| 電気防食施設 | 138,213 |
| 電球線 | 124,213 |
| 電気浴器 | 213 |
| 電気浴器等 | 137 |
| 電撃殺虫器 | 137 |
| 点検できない隠ぺい場所 | 213 |
| 点検できる隠ぺい場所 | 213 |
| 電子機器の低圧電路等の接地 | 33 |
| 電車線 | 211 |
| 電車線等 | 211 |
| 電車線路 | 96,211 |
| 電磁誘導作用 | 79 |
| 電線 | 104,208 |
| 電線の種類 | 25 |
| 電線の接続法 | 24 |
| 電線の保安原則 | 24 |
| 電線路 | 66,211 |
| 電線路専用橋等の電線路 | 95 |
| 転送遮断装置 | 215 |
| 電動機の過負荷保護 | 113 |
| 電動機用過電流遮断器 | 43 |
| 電波障害 | 68 |
| 電流源等価回路 | 165 |
| 電力貯蔵装置 | 208 |
| 電力ヒューズ | 44 |
| 電力品質 | 144 |
| 電力ベクトル | 157 |
| 電路 | 22,208 |

### と

| 銅損 | 159 |
| --- | --- |
| 等電位ボンディング | 31,143,213 |
| 道路 | 208 |
| 登録電気工事事業者 | 13,14 |
| 特殊場所の電線路 | 67 |
| 特定規模電気事業 | 154 |
| 特定昇降圧変電所 | 208 |
| 特定電気事業 | 154 |
| 特定電気用品 | 15 |
| 特別高圧 | 23,209 |
| 特別高圧ケーブル | 25 |
| 特別高圧配電用変圧器 | 40 |
| 特別高圧保安工事 | 82 |
| 特別低電圧照明回路 | 134,213 |
| トンネル内の電線路 | 94 |

### な

| 内線規程 | 107 |
| --- | --- |
| 内部故障 | 52 |
| 流込式 | 171,173 |
| 難燃性 | 209 |

### に

| 二次励磁制御巻線形誘導発電機 | 215 |
| --- | --- |
| 日時を定めてする使用制限 | 10 |
| 認定電気工事従事者 | 13 |

### ね

| 根入れ深さ | 72 |
| --- | --- |
| ネオン工事資格者 | 13 |
| ネオン放電灯 | 213 |
| 根かせ | 72 |
| ねじり力荷重 | 70 |
| ネットワークプロテクタ | 41 |
| ネットワーク方式 | 40 |
| 燃料電池等の施設 | 52 |
| 燃料電池発電設備 | 139 |

### の

| 能動的方式の単独運転検出装置 | 215 |
| --- | --- |

### は

| 配線 | 104,213 |
| --- | --- |
| 配線器具 | 214 |
| 配線用遮断器 | 43 |
| 配電線路 | 3 |
| パイプライン等 | 214 |
| パイプラインの電熱装置 | 137 |

| 白熱電球用特別低電圧照明システム | 134 |
| --- | --- |
| 白熱電灯 | 106,214 |
| 爆燃性粉じん | 129,214 |
| 爆発性 | 3 |
| 橋の電線路 | 95 |
| バスダクト工事 | 89,119 |
| 裸電線 | 104 |
| 裸電線等 | 25 |
| 発電機周波数特性定数 | 175 |
| 発電機用風車 | 53 |
| 発電所 | 3,50,209 |
| 発電所等 | 50 |
| 発電制御所 | 209 |
| 発電設備等 | 215 |
| 発電端原価 | 173 |
| 発電用風力設備に関する技術基準 | 53,204 |
| 発熱装置の施設 | 113 |
| 反限時特性 | 162 |
| 半導電性外装ちょう架用高圧ケーブル | 76 |

### ひ

| ピーク供給力 | 171 |
| --- | --- |
| ピーク負荷 | 171 |
| 光ファイバーケーブル | 25,209 |
| 光ファイバーケーブル線路 | 211 |
| 引込口開閉器 | 108 |
| 引込線 | 91,211 |
| 引出口 | 209 |
| 引留箇所 | 73 |
| 引留型 | 71 |
| 非常用予備電源 | 104 |
| 非常用予備発電装置工事資格者 | 13 |
| ヒステリシス損 | 159 |
| ひずみ波 | 165 |
| ひずみ率 | 165 |
| 非接地式電路 | 24 |
| 皮相電力 | 157 |
| 必要有効貯水量 | 173 |
| 被水荷重 | 70,211 |
| 被防食体 | 214 |
| 非包装ヒューズ | 44 |
| ヒューズ | 42 |
| 漂遊負荷損 | 159 |
| 避雷器 | 46 |
| 平形保護層工事 | 120 |

### ふ

| 風圧荷重 | 211 |
| --- | --- |

| | | |
|---|---|---|
| 風車 ……………………………53 | 方向性地絡継電器…………… 162 | 力率 ……………………… 157 |
| 風車周辺区域……………… 209 | 報告書提出…………………… 9 | 力率改善 ………………… 157 |
| 負荷曲線………………… 156,171 | 防湿コード………………… 214 | 力率指定方式 …………… 176 |
| 負荷時電圧調整装置付変圧器… 176 | 包装ヒューズ ………………44 | 流況曲線 ………………… 173 |
| 負荷周波数特性定数……… 175 | 放電灯 …………………134,214 | 両側の径間差が大きい箇所…73 |
| 負荷損 ……………………… 159 | 補強型 ………………………71 | 利用率 …………………… 160 |
| 負荷の自己制御性………… 174 | 保護協調 …………………… 161 | 臨時電線路 …………… 67,95 |
| 負荷率 ……………………… 156 | 保護連動試験 ……………… 165 | 臨時配線 ………………… 132 |
| 複合ケーブル……………… 209 | 歩幅電圧 ……………………32 | |
| 複合鉄筋コンクリート………71 | ポリ塩化ビフェニル…………9,39 | **れ** |
| 複合鉄筋コンクリート柱… 211 | | 零相電圧…………………… 162 |
| 腐食性ガス等のある場所… 129 | **ま** | 零相電流…………………… 162 |
| 不等率 ……………………… 156 | 曲げモーメント………………72 | 零相変流器………………… 162 |
| 不燃性 ……………………… 209 | | レースウェイ …………… 118 |
| 不平均張力……………………73 | **み** | レール近接部分…………… 212 |
| プライマリーカットアウト…44 | 水気のある場所………… 117,214 | 連接引込線 …………… 91,212 |
| 振替供給 …………………… 154 | ミドル供給力 …………… 171 | |
| フリッカ …………………… 166 | | **わ** |
| フロアダクト工事………… 120 | **む** | ワイヤラス張り ………… 106 |
| フロアヒーティング……… 137 | 無効電力…………………… 157 | |
| 分岐回路 …………………… 110 | 無負荷試験………………… 160 | |
| 分散型電源………………… 215 | 無負荷損失………………… 159 | |
| 粉じんの多い場所………… 129 | | |
| 粉じん防爆形フレキシブルフィッチング | **め** | |
| ………………………… 130 | メタルモール……………… 118 | |
| 粉じん防爆特殊防じん構造… 130 | メタルラス張り…………… 106 | |
| 粉じん防爆普通防じん構造… 130 | | |
| | **も** | |
| **へ** | 漏れ電流………………………27 | |
| へい ……………………………51 | | |
| 併架 …………………… 78,85,212 | **ゆ** | |
| 閉鎖運転区域 ……………… 141 | 遊戯用電車……………… 136,214 | |
| 閉鎖形 ……………………… 161 | 有効電力…………………… 157 | |
| 閉鎖電気運転区域………… 214 | 油入開閉器……………………68 | |
| 丙種風圧荷重…………… 69,212 | 油入変圧器………………… 165 | |
| ベース供給力 ……………… 171 | | |
| ベース負荷………………… 171 | **よ** | |
| 変圧器 …………………… 54,159 | 揚水式水力発電…………… 171 | |
| 変圧器の安定巻線等の接地…33 | 用途による使用制限……………10 | |
| 変更の工事……………………5 | より線 …………………… 121 | |
| 変成器内巻線…………………27 | | |
| 変電所 ………………… 3,50,209 | **ら** | |
| 変電所に準ずる場所……… 209 | ライティングダクト工事……… 120 | |
| 変電制御所………………… 209 | | |
| | **り** | |
| **ほ** | 離隔距離………………………66 | |
| 保安管理業務外部委託承認制度… 7 | | |
| 保安規程…………………… 163 | | |
| 保安上必要な接地……………32 | | |
| ボイラー・タービン主任技術者… 6 | | |
| ボイラの変圧運転………… 172 | | |

〈著者略歴〉

菅原 秀雄（すがはら ひでお）
1948年生まれ．1971年（株）タクマ入社
平成4年度　電験第一種合格
技術士（電気電子，衛生工学，総合技術監理）
現在　菅原技術士事務所所長
著書「電験三種合格一直線　理論」
　　「電験三種合格一直線　機械」
　　「電験三種合格一直線　電力」
　　「電験三種機械科目の制覇」
　　「徹底理解 電気理論の攻略」（新電気2003年1月別冊）
共著「電験一，二種二次試験計算の攻略」
　　「ごみ焼却技術絵とき基本用語（改訂増補版）」
　　「大気汚染防止技術絵とき基本用語」
　　「水処理技術絵とき基本用語」（以上，オーム社刊）

- 本書の内容に関する質問は，オーム社雑誌部「（書名を明記）」係宛，書状またはFAX（03-3293-6889），E-mail（zasshi@ohmsha.co.jp）にてお願いします．お受けできる質問は本書で紹介した内容に限らせていただきます．なお，電話での質問にはお答えできませんので，あらかじめご了承ください．
- 万一，落丁・乱丁の場合は，送料当社負担でお取替えいたします．当社販売課宛お送りください．
- 本書の一部の複写複製を希望される場合は，本書扉裏を参照してください．
  JCOPY ＜（社）出版者著作権管理機構 委託出版物＞

電験三種合格一直線　法規

平成24年11月28日　　第1版第1刷発行

著　者　菅原秀雄
発行者　竹生修己
発行所　株式会社オーム社
　　　　郵便番号　101-8460
　　　　東京都千代田区神田錦町3-1
　　　　電　話　03(3233)0641（代表）
　　　　URL　http://www.ohmsha.co.jp/

© 菅原秀雄 2012

組版　高橋春紀　　印刷・製本　壮光舎印刷
ISBN978-4-274-50420-4　Printed in Japan

# 電験三種 合格一直線「理論」「機械」「電力」「法規」

菅原秀雄 著　B5変形判

## 科目ごとに基礎からしっかり学べる参考書

電験三種合格レベルの問題解法能力を確実に養うためのシリーズ（全4巻）です．学習項目の要点暗記にとどまらず，**「題意を見抜いて解く力」**の習得を重視し，計算問題の数式や，法規で問われる条文の意味などについて詳細に解説．学習成果を確かめるための練習問題等も豊富に用意しています．電験三種の受験にはもちろん，電験二種受験のステップアップにも末長く使える参考書です．

### 理論　310頁　ISBN 978-4-274-50345-0
【主要目次】　静電気／直流回路／磁気／単相交流／三相交流／電子理論／電気・電子計測／付録1 数学・物理の基礎／付録2 進んだ研究

### 機械　352頁　ISBN 978-4-274-50369-6
【主要目次】　直流機／同期機／変圧器・静止機器／誘導機／パワーエレクトロニクス／照明／電熱・各種応用／電動機応用／電気化学／自動制御／情報伝送・処理／付録1 電気機械入門／付録2 進んだ研究

### 電力　280頁　ISBN 978-4-274-50402-0
【主要目次】　水力発電／火力発電／その他発電・発電機／変電所／送電線路／電気的特性／配電設備／電力系統の管理／電気材料／付録 進んだ研究

### 法規　228頁　ISBN 978-4-274-50420-4
【主要目次】　電気関係法／電技解釈I（総則, 発変電所）／電技解釈II（電線路）／電技解釈III（電気使用場所）／電気施設管理／付録1 電技・風技の概要 ほか／付録2 電技・解釈の用語

---

**OHM　Ohmsha**　総合科学技術出版　**株式会社オーム社**

〒101-8460 東京都千代田区神田錦町3-1
TEL.03(3233)0643　FAX.03(3233)3440
http://www.ohmsha.co.jp/

# 数学・物理の公式集
(詳細は理論科目 付録1参照)

## §1. 代 数
**乗法公式**　　左→右は展開，右→左は分解
- $(a \pm b)^2 = a^2 \pm 2ab + b^2$
- $(a+b)(a-b) = a^2 - b^2$
- $(1 \pm x)^n \fallingdotseq 1 \pm nx$ 　$(x \ll 1)$

**二次方程式**
$ax^2 + bx + c = 0$ 　$a,b,c$は実数，$a \neq 0$

解　$x = \dfrac{-b \pm \sqrt{b^2 - 4ac}}{2a}$

**指数公式**　　$a^0 = 1$ 　$a^1 = a$ 　$1^n = 1$
- $a^m \cdot a^n = a^{m+n}$ 　$\dfrac{a^m}{a^n} = a^{m-n}$ 　$\dfrac{a^m}{a^n} = \dfrac{1}{a^{n-m}}$
- $(a^m)^n = a^{mn}$ 　$a^{-n} = \dfrac{1}{a^n}$ 　$a^{\frac{m}{n}} = \sqrt[n]{a^m} = (\sqrt[n]{a})^m$
- $\sqrt[n]{a} \cdot \sqrt[n]{b} = \sqrt[n]{ab}$ 　$\dfrac{\sqrt[n]{a}}{\sqrt[n]{b}} = \sqrt[n]{\dfrac{a}{b}}$ 　$\sqrt[m]{\sqrt[n]{a}} = \sqrt[mn]{a}$

**対数公式**　　$a^x = b \to \log_a b = x$ と表現，$a$は底
- $\log_a a = 1$ 　$\log_a 1 = 0$
- $\log_a (xy) = \log_a x + \log_a y$
- $\log_a (x/y) = \log_a x - \log_a y$
- $\log_a x^m = m \log_a x$, 　$\log_a \sqrt[m]{x} = \dfrac{1}{m} \log_a x$
- $\log_{10} x =$ 常用対数 　$\log_\varepsilon x = \ln x =$ 自然対数
- $\log_{10} x = 0.4343 \ln x$, 　$\ln x = 2.3026 \log_{10} x$

## §2. 三角関数
**基本式**　　角$\theta$は反時計方向が正
- 弧度法 $\theta =$ 円弧長/半径
  $180° = \pi$ [rad]
- $\sin \theta = \dfrac{b}{r}$, 　$\cos \theta = \dfrac{a}{r}$
- $\tan \theta = \dfrac{\sin \theta}{\cos \theta} = \dfrac{b}{a}$, 　$\sin^2 \theta + \cos^2 \theta = 1$

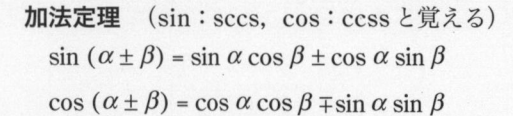

**加法定理**　（sin : sccs, cos : ccss と覚える）
$\sin(\alpha \pm \beta) = \sin \alpha \cos \beta \pm \cos \alpha \sin \beta$
$\cos(\alpha \pm \beta) = \cos \alpha \cos \beta \mp \sin \alpha \sin \beta$
$\tan(\alpha \pm \beta) = \dfrac{\tan \alpha \pm \tan \beta}{1 \mp \tan \alpha \tan \beta}$

**加法定理の応用**
合　成　$a \sin \theta + b \cos \theta = \sqrt{a^2 + b^2} \sin(\theta + \alpha)$
　　　　ただし，$\alpha = \tan^{-1}(b/a)$

倍　角　$\sin 2\alpha = 2 \sin \alpha \cos \alpha$
　　　　$\cos 2\alpha = \cos^2 \alpha - \sin^2 \alpha = 2\cos^2 \alpha - 1$
　　　　　　　　$= 1 - 2\sin^2 \alpha$

積→和　$\sin \alpha \cos \beta = \dfrac{\sin(\alpha + \beta) + \sin(\alpha - \beta)}{2}$
　　　　$\sin \alpha \sin \beta = \dfrac{\cos(\alpha - \beta) - \cos(\alpha + \beta)}{2}$
　　　　$\cos \alpha \cos \beta = \dfrac{\cos(\alpha - \beta) + \cos(\alpha + \beta)}{2}$

和→積　$\sin A \pm \sin B = 2 \sin \dfrac{A \pm B}{2} \cos \dfrac{A \mp B}{2}$
　　　　$\cos A + \cos B = 2 \cos \dfrac{A+B}{2} \cos \dfrac{A-B}{2}$
　　　　$\cos A - \cos B = -2 \sin \dfrac{A+B}{2} \sin \dfrac{A-B}{2}$

**逆三角関数**　　( )内は主値の範囲
$y = \sin \theta \to \theta = \sin^{-1} y$ 　$(\pi/2 \geq \theta \geq -\pi/2)$
$y = \cos \theta \to \theta = \cos^{-1} y$ 　$(\pi \geq \theta \geq 0)$
$y = \tan \theta \to \theta = \tan^{-1} y$ 　$(\pi/2 \geq \theta \geq -\pi/2)$

## §3. 複素数
**基本式**　　$\alpha = a + jb$, $a$：実部, $b$：虚部
- $j$は虚数単位，$j = \sqrt{-1}$, 　$j^2 = -1$, 　$1/j = -j$
- 直角表示　$\dot{Z} = a + jb$
- 極表示　$\dot{Z} = r(\cos \theta + j \sin \theta)$
　　　　　　　　$= r \angle \theta = r \varepsilon^{j\theta}$
　$r = |\dot{Z}| = \sqrt{a^2 + b^2}$, 　$\theta = \tan^{-1}(b/a)$

**オイラーの公式**　　$\varepsilon^{\pm j\theta} = \cos \theta \pm j \sin \theta$

## §4. 微分・積分
① **微分法**　$f'(x) = df(x)/dx$

定理　和差　$\{f(x) \pm g(x)\}' = f'(x) \pm g'(x)$
　　　定数　$\{Cf(x)\}' = Cf'(x)$ 　$C$は定数
　　積　　　$\{f(x) \cdot g(x)\}' = f'(x)g(x) + f(x)g'(x)$
　　商　　　$\left\{\dfrac{f(x)}{g(x)}\right\}' = \dfrac{f'(x)g(x) - f(x)g'(x)}{\{g(x)\}^2}$

関数の関数  $\dfrac{dy}{dx} = \dfrac{dy}{dt} \cdot \dfrac{dt}{dx}$

**主要関数の公式**

1. $\dfrac{d}{dx}x^n = nx^{n-1}$  　　 2. $\dfrac{d}{dx}\sin ax = a\cos ax$

3. $\dfrac{d}{dx}\cos ax = -a\sin ax$  　4. $\dfrac{d}{dx}\tan ax = a\sec^2 ax$

5. $\dfrac{d}{dx}a^x = a^x \log a$  　　6. $\dfrac{d}{dx}\varepsilon^{ax} = a\varepsilon^{ax}$

7. $\dfrac{d}{dx}\log_a x = \dfrac{1}{x}\log_a \varepsilon$  　8. $\dfrac{d}{dx}\log_\varepsilon x = \dfrac{1}{x}$

9. $\dfrac{d}{dx}\sin^{-1} x = \dfrac{1}{\sqrt{1-x^2}}$  　10. $\dfrac{d}{dx}\tan^{-1} x = \dfrac{1}{1+x^2}$

**極大・極小**　　$y' = 0$ が必要条件

$\dfrac{d^2 y}{dx^2} < 0$ …極大,　$\dfrac{d^2 y}{dx^2} > 0$ …極小

**② 積分法**　　微分の逆演算である

**定 義**　　微分の積分は元へ戻る

$$\int f(x)dx = F(x) + C \quad (C は積分定数)$$

**定 理**

**和差** $\int \{f(x) \pm g(x)\}dx = \int f(x)dx \pm \int g(x)dx$

**定数** $\int Cf(x)dx = C\int f(x)dx$　　$C$は定数

**変数置換** $\int f(x)dx = \int f(x) \cdot \dfrac{dx}{dt} \cdot dt$

**部分積分** $\int f'(x)g(x)dx = f(x)g(x) - \int f(x)g'(x)dx$

**定積分**　　面積, 体積の計算

$$\int_a^b f(x)dx = \left[F(x)\right]_a^b = F(b) - F(a)$$

$$\int_a^b f(x)dx = -\int_b^a f(x)dx$$

変数置換の場合, 上下端の値も変換する

**主要関数の公式**　　積分定数は省略

1. $\int x^n dx = \dfrac{x^{n+1}}{n+1} \ (n \neq -1)$  　2. $\int \dfrac{1}{x}dx = \log x$

3. $\int \varepsilon^{ax} dx = \dfrac{\varepsilon^{ax}}{a}$  　　4. $\int \dfrac{1}{x \pm a}dx = \log(x \pm a)$

5. $\int a^x dx = \dfrac{a^x}{\log a}$  　　6. $\int \dfrac{f'(x)}{f(x)}dx = \log\{f(x)\}$

7. $\int \sin ax\, dx = -\dfrac{\cos ax}{a}$  　8. $\int \cos ax\, dx = \dfrac{\sin ax}{a}$

9. $\int \log x\, dx = x\log x - x$  　10. $\int x\varepsilon^x dx = x\varepsilon^x - \varepsilon^x$

## §5. 物 理

**速度・加速度**　$x$：距離 [m], $t$：時間 [s]

・**速度**　　$v = \dfrac{dx}{dt}$ [m/s]

・**加速度**　$\alpha = \dfrac{dv}{dt} = \dfrac{d^2 x}{dt^2}$ [m/s²]

**運動の法則**　$F$：力 [N], $m$：質量 [kg]

　　$F = m\alpha$ [N]（第二法則）

**仕事と仕事率**　[J] = [N·m] = [W·s], $s$ は変位 [m]

・**仕 事**　　$W = F \cdot s = Fs\cos\theta$ [J]（スカラ積）

　　$\Delta W = F\Delta s$（力 × 距離）

・**仕事率**　　$P = W/t = Fv = \omega T$ [W]

　　$\omega$：角速度 [rad/s]　$T$：トルク [N·m]

**エネルギー**　仕事をなし得る源泉

・運動エネルギー　$W_k = \dfrac{1}{2}mv^2$ [J]

・位置エネルギー　$W_p = mgh$ [J]

・エネルギーの保存　$W_k + W_p =$ 一定

・重力　$F = mg$ [N], $g$は重力の加速度 = 9.8 [m/s²]

**ベクトルの積**　（空間ベクトルが対象）

・**スカラ積**　$C = \dot{A} \cdot \dot{B} = AB\cos\theta$

・**ベクトル積**　$\dot{C} = \dot{A} \times \dot{B}$, $|\dot{C}| = AB\sin\theta$

　Cの向きはAからBに回るときの右ねじの進む方向にとる

**回転運動**

・角速度　$\omega = \Delta\theta / \Delta t$ [rad/s]

・周速度　$v = \omega r$ [m/s]

・トルク　$T = Fr$ [N·m]

　　　　　（力×回転半径）

・動 力　$P = Fv = F\omega r = \omega T$ [W]

・運動エネルギー　$m$：質量[kg]

　　$W = \dfrac{1}{2}J\omega^2$ [J]　$J = mr^2$ [kg·m²] は慣性モーメント